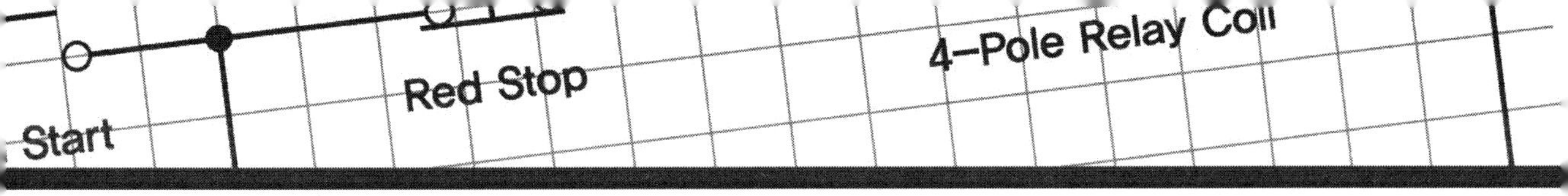

제 4 판

쉽게 배우는 릴레이 시퀀스 제어 완전정복

김 학 철 저

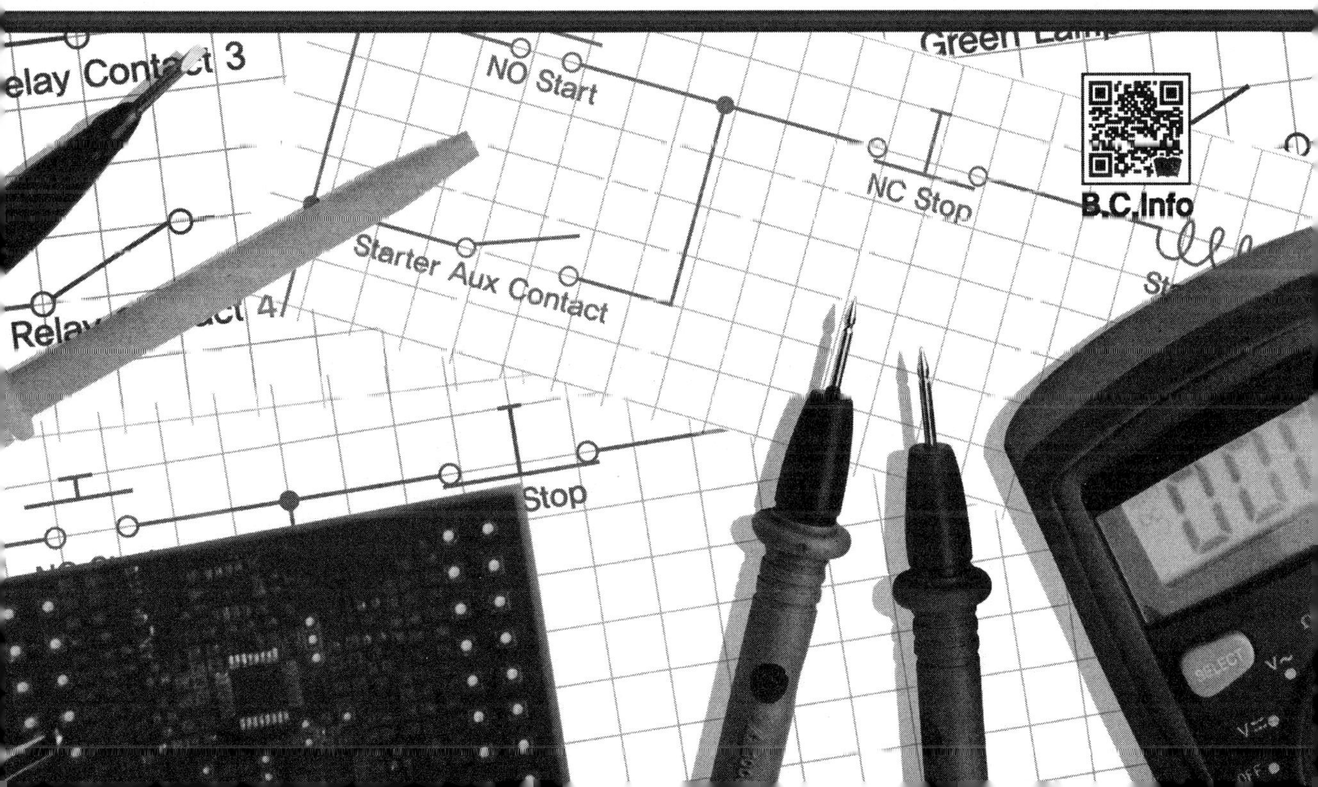

B.C.Info

공장자동화의 기본은 무엇보다도 각종 전기부품을 사용목적에 맞도록 유기적으로 연결하고 전원을 공급하여 설계했던 동작결과를 얻어내는 것이라고 생각한다. 물론 성능이 좋은 컨트롤러를 사용하여 프로그램을 하는 것도 필요하지만 부품에 신호를 주고 동작하게 만드는 것은 부품의 특성을 얼마나 많이 이해하고 실제 제어에 활용할 수 있느냐가 중요하다고 생각하고 있기 때문에 전기부품에 전기가 흐르게 연결하는 것이 우선조건이라고 할 수 있다.

우리 주변에 프로그램은 잘하지만 부품의 연결(배선, 또는 와이어링 작업)에 대해서는 자신감을 갖지 못하는 동료들이 있다. 학교에서 배웠던 회사에 입사하고 선배에게 배웠든 기초부터 순서에 맞게 체계적인 학습을 하지 못한 결과라고 말할 수 있다. 만약 현장에서 운영 중인 장비의 센서가 고장이 나서 동작을 정지한 상태에서 프로그램 고수라도 센서를 직접 교환하지 못한다면 그간 쌓아 왔던 자동화에 대한 자신감은 아마도 발바닥 아래로 추락하고 있음을 스스로 느끼게 될 것이다. "나는 프로그램만 잘해" 라고 말한다는 것은 "나는 자동화의 절반 밖에는 못한다"라는 말과 동일한 것이다.

부품간의 배선작업은 "부품의 전기적인 특성을 얼마나 많이 알고 있으냐"에 따라서 작업의 완성도는 달라진다. 전기가 부품에 잘못 인입된다면 한순간에 부품들은 망가지거나 다시 사용할 수 없을 정도로 신뢰성을 상실하게 된다. 고성능의 부품들은 가격도 상상 이상의 범주에 있기도 하다. 미리 걱정부터 하라는 것 같지만 체계적인 학습이 필요하다는 말을 하고 싶어서 꺼내든 말이다. 부품의 동작과 작동원리는 같은 부류에서는 대동소이하기 때문에 정확한 지식의 습득이 된다면 유사한 부품은 자연히 사용방법에 대한 자신감이 생긴다. 물론 부품의 사용자설명서(매뉴얼)의 내용을 먼저 습득한 뒤에 생기는 자신감을 말한다.

사용자설명서에는 그 부품의 전기적인 특성뿐만 아니라 배선방법에 대한 정보를 담고 있는 전기직종에 종사하고 있는 엔지니어에게는 꼭 필요한 지침서인 것이다. 처음은 누구나 어렵다고 느끼지만 한 번 보다는 두 번 그리고 필요할 때마다 한 번씩 찾아서 필요한 내용을 습득하도록 하자. 많이 볼수록 사용자설명서는 많은 정보를 담고 있다는 것을 느낄 수 있다. 이러한 느낌을 얻는 순간 자신의 지식이 한층 풍부해 졌다는 반증이 된다.

궁금한 내용을 누구에게 물어볼 수 있는 환경에서 근무하는 것은 직장생활에서 행운아인 것이다. 하지만 현실은 그렇지 못하다. 그렇다고 현실에 낙담하지 말고 스스로 노력하여 기술을 습득하는 방법을 찾도록 하자. 월급이 적다고 불평하지 말고 기술력을 향상시켜 그에 맞는 대우를 받도록 노력하는 것이 좀 더 설득력이 있는 엔지니어의 자세라고 생각한다.

공부는 학교에서만 하는 것이 아니다. 사회에서 생활하면서 필요한 지식은 그 범위가 무궁무진하지 않은가? 한 분야에 박사라는 타이틀을 갖기 위해서 얼마나 많은 시간과 노력 그리고 금전적인 투자가 필요한지 모두 잘 알고 있을 것이다. 모두가 아는 것은 기본 상식이고 잘 알지 못하는 내용에 대해 전문가라는 말을 듣는다면 희소성의 원칙에 따라 그에 대한 충분한 보상이 자연스럽게 따라오게 된다고 믿고 있다. 무덤에 들어가기까지는 하기 싫어도 해야만 하고 할 수 밖에 없는 것이 공부인 것이다.

마지막으로 내용적인 면에서 획기적인 것이 있는 것은 아니지만 전기부품을 사용하는 데 조금이라도 쉽게 접근할 수 있는 길을 걸을 수 있도록 설명하려고 노력하였다. 실제 사용하는 사례가 많은 회로에 대해 실습할 수 있도록 예제를 수록하였다. 하지만 충분히 많은 내용을 담기에는 책장의 수가 제한이 있었다는 점에 독자들의 양해를 구해본다.

차 례

APPENDIX 부록 365

1

C·H·A·P·T·E·R

시퀀스 제어의 기초

시퀀스 제어의 의미

시퀀스 제어(sequence control)는 다음 단계에서 해야 할 제어 동작이 미리 정해져 있어 앞 단계에서 제어 동작을 완료된 후, 다음 단계의 동작을 하는 것을 말한다.

즉 시퀀스 제어란 미리 정해진 순서에 따라 제어의 각 단계를 점차로 진행해 나가는 제어라 정의하고 있으며, 공정제어 등에 널리 이용된다. 이는 일종의 스위치나 버튼을 사용하여 전기회로의 부하를 운전하기도 하고, 부하의 운전 상태나 고장 상태를 알리기도 하는 일련의 제어를 말하는 것으로 근래에 사용되는 전기회로는 모두 이러한 시퀀스회로로 만들어져 있다.

이러한 시퀀스 제어 회로를 구현하는 데 사용하는 부품의 물리적인 신호 발생방법에 따라 PLC 등의 전자회로를 사용한 무접점 소자를 이용한 제어회로와 버튼스위치나 각종 계전기(Relay)를 사용한 유접점제어로 구분한다.

시퀀스제어는 반드시 공장에서 가동중인 기계에만 적용되는 것은 아니다. 우리 주변에도 시퀀스제어로 동작하는 기계류는 상당히 많다.

예를 들어 보면 자동차 세차기, 음료자판기, 세탁기 등이 있다. 이중에서 음료자판기의 동작을 살펴보도록 하자.

동전을 투입하면 선택할 수 있는 커피의 종류의 선택 스위치의 램프가 켜지고 이중 하나를 선택하면 컵이 나온다. 이후 커피, 프림, 설탕, 뜨거운 물이 나온다.

이후 동작이 완료되었음을 표시하는 램프가 켜지면서 동작이 마무리된다.

여기에서 커피 종류를 다른 것을 선택하였다고 위에서 설명한 동작의 순서가 서로 바뀌지는 않는다. 다만 컵에 담겨지는 커피재료의 내용물이 달라질 수는 있지만 여기에서는 커피 자판기의 동작 순서를 설명하고 있다는 것에 주의하자.

커피자판기의 동작은 한 단계의 동작이 완료된 후 다음 동작이 시작된다. 즉 동시에 동작하는 상황은 없다는 것이다. 컵이 나오면서 커피의 재료가 동시에 나온다고 가정을 해 보자. 시간적인 면에서는 이득이 있겠지만 커피재료가 컵 밖으로 나올 수 있거나 커피자판기가 쉽게 오염될 수 있을 것이다. 대신 컵이 먼저 나오고 커피재료가 순서대로 컵 속에 담겨지도록 제어하는 것이 동작이 이루어지는데 정확성이 있을 것이다.

이처럼 커피자판기를 만드는 회사에서는 커피자판기의 동작순서를 미리 정해 놓고 그에 따른 동작이 순서대로 진행되도록 프로그램을 작성하거나 전기적인 회로를 만든다. 기계의 동작순서를 미리 규정해 놓지 않고 기계를 만든다는 것은 가능하지 않거나 매우 어려워 질 것이다. 프로그램을 작성하거나 전기회로를 설계하는 엔지니어는 기계의 동작순서를 순서도(Flow Chart)를 이용한다.

위에서 시퀀스제어에 대해 살펴보았는데 "제어"라는 의미를 좀 더 알아보도록 하자.
우선 제어라는 의미는 "어떤 목적에 적합하도록 그 대상에 필요한 조작을 가하는 일(또는 것)"이라고 표현할 수 있다.

1-1 자동제어의 필요성

아무리 숙련된 작업자라 할지라도 24시간 계속 한 곳에서 주의력을 집중시킬 수 없으며, 열악한 환경에서 사람이 작업하는 것은 어려운 일이며 대부분 기피하고 있고 방사능 오염 등 위험한 환경에서 사람에 의한 작업은 근본적으로 불가능하다. 또한 아무리 숙련된 작업자라 할지라도 외부에서 불규칙하게 들어오는 외란의 영향을 원활히 극복할 수 없으므로 인간 대신 자동제어로 대신하면 정확도나 정밀도가 증가된다.

▌운전 경비의 절감 및 품질향상

자동제어에 의해 자원의 절약, 에너지절약, 인력의 절감, 재고감소 등이 실현할 수 있게 되었으며 자동제어에 의해 공정제어가 고도화, 일정화가 되므로 제품의 품질이 향상되며 균일성이 확보되었다.

▌인력의 효율적 활용

자동제어에 의해 고급인력을 고부가가치의 신규사업에 활용이 가능하게 되었다.

▌작업환경의 개선

자동화에 의해 고온, 고압, 폭발성, 유독가스 등의 위험한 환경에서의 작업이나 육체노동에서 벗어나게 되었으며 운전실수 감소, 진단기능의 추가로 안전운전이 이루어지게 되었다.

▌설비효율의 향상

자동화에 의해 생산량을 유연성 있게 할 수 있게 되어 중간 재고를 감소할 수 있게 되고 플랜트 제어의 경우 저장탱크나, 창고의 크기를 작게 할 수 있게 되었다.

제어의 종류는 다음과 같이 구분할 수 있다.

1-2 제어방식의 종류

▌제어방식의 종류

① 자동제어(Automatic control)

가로등의 자동 점멸이라든가, 전동식 우물펌프처럼 제어 대상의 동작 그 하나 하나가 사람의 손을 빌리지 않고 제어장치의 판단에 의해서 자동적으로 행해지는 제어이다.

② 수동제어(Manual control)

선반, 드릴프레스의 운전, 정지 등과 같이 사람이 직접 판단하여 제어장치에 조작을 가하여 제어대상의 동작을 결정하는 것이다.

③ 일인제어(One man control)

자동 엘리베이터와 같이 한 사람의 운전자가 인위적 원인을 주어서 정해진 조작과정을 자동적으로 행하는 제어이다.

④ 원격제어(Remote control)

리모트 콘트롤이 붙은 TV, 에어컨과 같이 어느 특정의 조건에 응해서 원거리에 있는 장치를 단독 장치마다의 전기적 제어회로를 통해서 인위적으로 제어하는 것이다.

⑤ 원격 감시제어(Supervisory control)

두 곳의 수력 발전소에서 주 발전소와 무인 발전소 사이에 수10본의 케이블로 연락을 취하며 무인발전소의 운전, 정지를 행하는 것이다. 먼 곳에 있는 장치를 소수의 공통 전기회로를 통해서 인위적 선택제어 및 감시를 행하는 제어이다.

⑥ 총괄제어(Multiple control)

전철의 지령실 및 한전의 급전 사령실과 같이 한 곳으로부터 전기적 제어회로를 통해서 다수의 단위 장치를 총괄적으로 제어하는 것이다.

그리고 자동제어는 다시 세분화하여 구분하면 다음과 같다.

① 피드백 제어(Feedback control)

피드백에 의해서 제어 량의 값을 목표 값과 비교하고 그것들을 일치시키도록 정정동작을 행하는 제어이다. (예 ; 전기다리미, 에어콘, 보일러)

② 프로그램 제어(Program control)

제어대상의 상태를 독립적으로 제어의 순서대로 프로그램으로 짜놓고, 차례차례로 된 프로그램으로부터 동작명령을 인출하여 제어의 각 단계를 진행하는 것이다. (예 ; 열처리 전기로)

③ 수치제어

여러 가지 기계의 조작을 자동조작 방식에 의해서 행하는 것이고 종이테이프나 자기테이프에 기록된 위치 등의 수치데이터와 기계의 조작 순서 등을 지령하는 데이터에 의해서 기계를 조작하는 방식이다. (예 ; N. C선반)

④ 계산기 제어(Computer control)

제어장치 중에 전자계산기를 사용하여 그 고도의 기능을 이용하는 제어이다.(예 ; 미사일 등)

⑤ 시퀀스 제어(Sequence control)

처음부터 정해진 순서에 따라 제어의 각 단계를 차례차례로 행하는 제어이다. (예 ; 세탁기)

이중에서 시퀀스제어는 이 책에서 다루는 제어 방식이며 그리고 공장자동화(FA Factory Automation)을 하기 위해 주로 사용하는 제어이다. 이 제어 방식은 다음과 같이 분류된다.

① 시한제어

제어의 순서와 제어시간이 기억되어 정해진 제어순서를 정해진 시간에 행하는 제어이다. 제어가 정해진 프로그램에 순서적으로 수행되는 관계로 프로그램 제어라고도 한다. (네온사인의 점멸, 파이프 올겐 자동연주)

② 순서제어

제어의 순서만이 기억되고 시간은 검출기에 의해 이루어지는 제어이다. 순서제어에는 순서제어의 기억장치 외에 리미트, 압력스위치, 근접센서, 광전센서 등이 필요하다. 공작기계의 프로그램 제어가 그 일례이다. 평삭반 등에 있어서 제품을 깍는 경우 및 물품과 제품의 움직이는 순서를 정해두고 한편 리미트 스위치에 의해서 개개 동작의 완료를 검출해서 차례 차례로 공작을 진행시켜 나가는 방법이다.

③ 조건제어

검출결과에 따라 제어명령이 결정되는 제어이다. 조건제어에는 위험방지, 기기 파손방지를 위해 응용 범위가 넓다.

엘리베이터에서 3층에서 호출버튼을 누르면 카의 위치가 4층 이상에 있으면 하강제어 명령을 내리고 2층 이하 있는 경우는 상승 제어명령을 내려야 한다.

즉, 그때의 조건에 따라서 적절한 제어 명령을 만들어 내지 않으면 안 된다. 조건제어는 이외에 위험방지, 기기의 파손방지를 위해서 응용되는 예가 많다. 시한제어, 순서제어, 조건제어는 제어방식에 따른 분류에 불과하며 실제의 시퀀스 제어장치는 이러한 방식이 적절히 결합되어 구성되고 있다.

위와 같은 제어를 구현하기 위해서 사용하는 전기 부품들이 있다. 전기는 에너지 관점에서도 볼 수 있지만 신호적인 측면에서도 의미가 있다. 전기라는 말을 들으면 전압, 전류가 생각이 날 것이다. 즉 전압이 몇 볼트인가에 따라서 신호의 On상태와 Off상태를 구별할 수 있다. 기준전압을 정해 놓고 그 이상과 이하로 구분하면 된다.

다음은 PLC 입력모듈의 전기적인 사양을 표시하는 부분이다. 여기에서 전기의 전압이 신호로 사용되었다는 내용을 확인해 볼 수 있다.

2. INPUT MODULE SPECIFICATIONS

2.1 QX10 AC Input Module

Specifications \ Type		AC Input Module QX10	Appearance
Number of input points		16 points	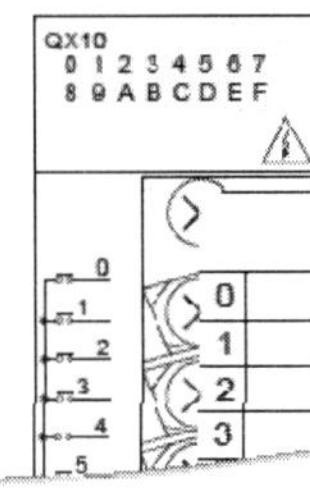
Isolation method		Photocoupler	
Rated input voltage, frequency		100-120VAC (+10/-15%) 50/60Hz (±3Hz) (distortion factor within 5%)	
Rated input current		Approx. 8mA (100VAC, 60Hz), approx. 7mA (100VAC, 50Hz)	
Input derating		Refer to the derating chart.	
Inrush current		Max. 200mA within 1ms (at 132VAC)	
ON voltage/ON current		80VAC or higher/5mA or higher (50Hz, 60Hz)	
OFF voltage/OFF current		30VAC or lower/1.7mA or lower (50Hz, 60Hz)	
Input impedance		Approx. 12kΩ (60Hz), approx. 15kΩ (50Hz)	
Response time	OFF to ON	15ms or less (100VAC 50Hz, 60Hz)	
	[illegible]	20ms or less (100VAC 50Hz, 60Hz)	
		[illegible] 2000m (6557.38ft.))	

위의 그림에서 On voltage/ On current, Off voltage/ Off current 항목은 외부에서 가해진 전압이 최소 80V(AC전원)인 경우 PLC입력모듈에서는 On신호가 인가되었다는 것으로 인식한다는 것과 3080VAC 이하인 경우는 Off신호가 된다는 것을 알 수 있다.

물론 전류신호도 함께 확인해 볼 수 있다.

1-3 시퀀스 제어의 구성

시퀀스 제어는 입력부, 제어부, 출력부로 구성되어 있으며 입력부는 입력요소에 따라 수동과 자동으로 분류할 수 있고 제어부는 입력신호를 이용하여 원하는 동작을 만들어 출력으로 내보내는 역할을 함으로 제어의 가장 중요한 기능을 하는 부분이며 출력부는 동작상태를 알려주는 표시부와 기기를 움직이는 구동부로 나눌 수 있다.

- **조작부** : 누름버튼스위치, 컨트롤 스위치를 부착하여 운전자가 조작
- **제어부** : 전자계전기와 타이머 등으로 구성되며 경우에 따라서 PLC와 조합하는 경우도 있다.
- **제어대상** : 모터와 전자클러치 등 제어부의 신호에 따라 실제의 일을 행하는 부분
- **검출부** : 구동부가 행한 일이 정해진 조건을 만족한 경우, 그것을 검출하여 제어부에 신호를 보내는 부분으로 기계적 변위와 전기적 변위 등은 검출용 스위치를 사용하여 검출
- **표시부** : 표시램프와 계측기 등 제어 대상의 동작 및 진행상태를 나타내는 부분, 제어회로에 이상이 발생하면 경보를 표시하고 모든 공정의 총괄 감시한다.

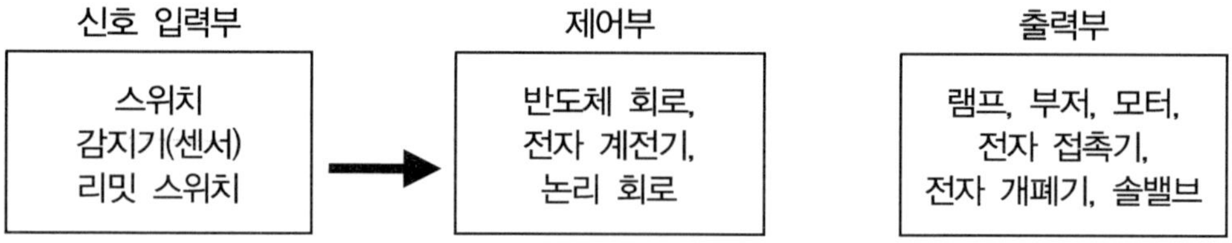

이 책에서는 제어부에 해당하는 역할은 릴레이를 사용하여 논리회로를 구성하고 구동부에 해당하는 부품들을 동작시킬 것이다.

신호입력부의 역할을 살펴보면 전기의 흐름을 연결 또는 차단하는 기능이다. 주로 스위치를 사용할 것인데 스위치는 하나의 전기선에서 다른 하나의 전기선으로 전기신호의 흐름을 연결하고 차단하는 전기부품이다. 방안이 어두워지면 스위치를 눌러 전등을 켠다. 즉 전등에 전기가 흐를 수 있도록 스위치를 이용하여 스위치 양 끝단에 접속되어 있는 전선을 연결하거나 연결을 끊는 기능이 스위치의 동작인 것이다.

그리고 액추에이터에 해당하는 부품들을 살펴보면 공급된 전기에너지를 어떠한 동작으로 변환하는 기능의 전기부품이다. 램프를 예를 들면 램프 양단의 단자에 전지를 연결하면 램프가 빛을 낸다. 이처럼 전기에너지를 소모하여 다른 형태의 동작으로 변경하는 장치를 모두 부하(Load)라고 부를 수 있다.

▌시퀀스 제어에 이용되는 기기의 기능 및 예

기기 명칭	기능 및 기기 예
조작용 기기	인간의 명령을 제어 시스템에 전달하는 역할을 한다. 주요 기기로는 버튼스위치나 토글스위치와 같은 조작 스위치가 있다.
제어용 기기	조작용 기기로부터 신호를 받아 제어 대상에 원하는 동작을 하게 하기 위한 제어 신호를 발생시키는 역할을 한다. 주요 기기로는 전자 릴레이, 타이머, 프로그래머블 컨트롤러 등이 있다.
구동용 기기	제어용 기기의 출력 신호에 따라 제어 대상을 직접 구동하기 위해 전압과 전류 레벨을 높이는 역할을 한다. 주요 기기로는 전자 접촉기, 전자 개폐기, SSR, 서보모터 등이 있다.
검출·보호용 기기	제어 대상의 상태를 각종 센서로 검출하여 제어 시스템에 정보를 전달하는 역할을 한다. 각종 센서를 사용한다.
표시·경고용 기기	인간에게 제어 시스템의 상태나 이상 유무를 알리는 데 필요한 상태를 표시하거나 소리를 발생시키거나 하는 역할을 한다. 램프나 발광 다이오드에 의한 시각 효과를 이용하거나 벨이나 버저 등에 의한 음향 효과를 이용한다.

▌시퀀스 제어회로와 FA(Factory Automation)에서 사용하는 각종 기기들의 예

분 류	종 류
릴레이류	제어용 릴레이, 타이머, 전자 접촉기, 전자 개폐기, 열동 릴레이 등
검출용 스위치	마이크로 스위치, 리밋 스위치, 근접 스위치, 광전 스위치, 압력 스위치 등
조작용 스위치	누름버튼스위치, 셀렉터스위치, 나이프스위치, 로타리스위치, 풋 스위치 등
작동기기	전동기, 전자 클러치, 전자 브레이크, 전자 밸브, 솔레노이드 등
표시 및 경보기구	표시등, 부저, 벨 등
기타	변압기, 정류기, 저항기, 전자카운터 등

- **스위치** : 비교적 작은 용량의 전기제품을 켜고 끄는 용도 또는 자동화기기의 위치, 온도, 레벨, 압력 등 제어를 위한 신호검출용 등으로 사용된다.
- **계전기** : 비교적 작은 용량의 원격제어가 가능한 (또는 원격제어를 돕기 위한) 자동 스위치류를 말한다. (보조 RELAY, MC, VC 등 제어용과 OCR, EOCR, UVR 등 보호계전기 등이 있다.)
- **차단기** : 대용량(전류기준) 전기 기기를 제어하거나 전원을 상시 공급하면서 위험시 자동으로 차단 되도록 고안된 자동스위치나 대형스위치로 이해하면 된다.

다음은 언급한 부품들에 대한 좀 더 자세한 설명이다.

2 C·H·A·P·T·E·R

신호입력부에 해당하는 부품들

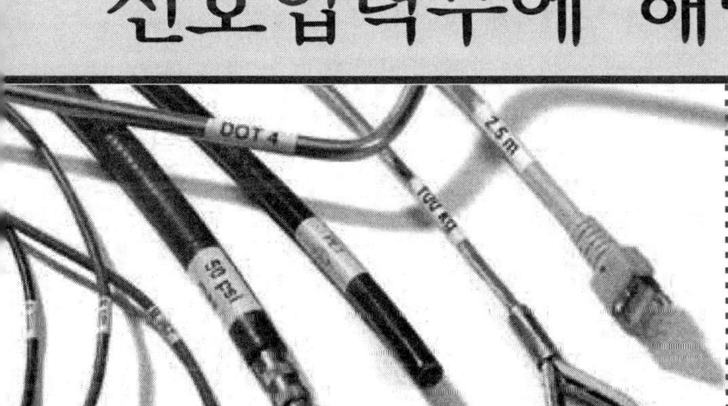

신호입력부에 해당하는 대표적인 전기부품으로 스위치를 들 수 있다. 스위치는 다음과 같이 설명할 수 있다. "제어명령을 내리거나 명령 처리 방법을 변경하고자 할 때 사용하며 사람이 수동조작으로 제어장치에 입력신호를 만들어 주는 기기"이다.

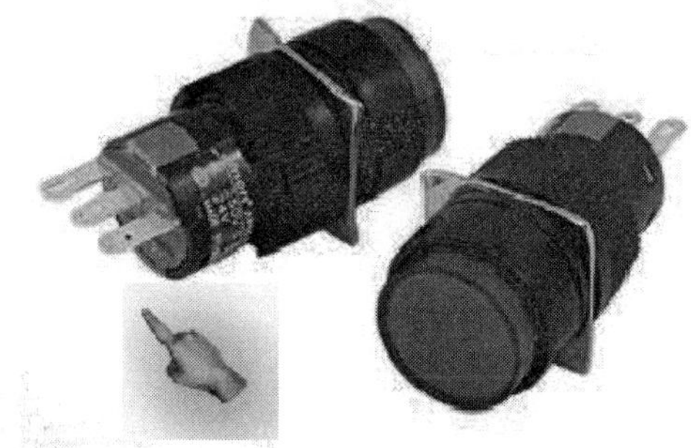

스위치의 뒷면을 보면 전선을 연결할 수 있는 부분이 있는데 납땜을 하거나 나사를 조여 전선을 접속하여 사용한다. 그림의 표시된 부분은 납땜을 하여 전선을 연결하는 방식의 스위치이다.

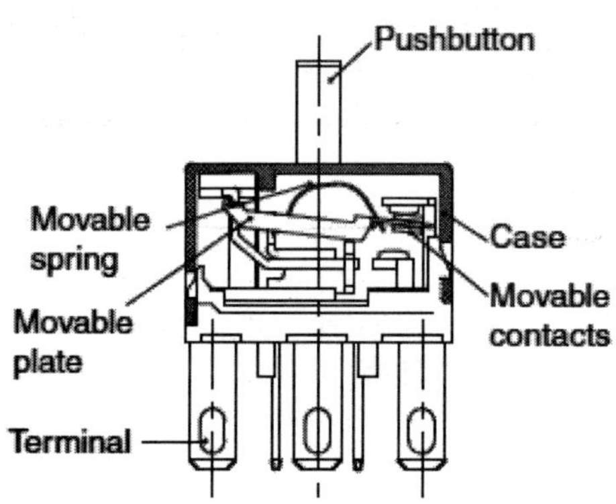

왼쪽 그림은 스위치의 단면을 표시한 것이다. 스위치를 누르면 가동스프링(Movable spring)이 눌리면서 가동편(Movable olate)가 동시에 밀리면서 가동접점(Movable contact)가 아래쪽 접점면에 접촉되는 동작을 한다.

스위치에서 손을 떼면 스위치의 스프링의 복원력에 의해 원위치로 복귀를 하면 가동접점이 원래의 위쪽 접점부위로 다시 접촉된다.

2-1 스위치 동작에 따른 종류

▌스위치의 동작에 따른 종류

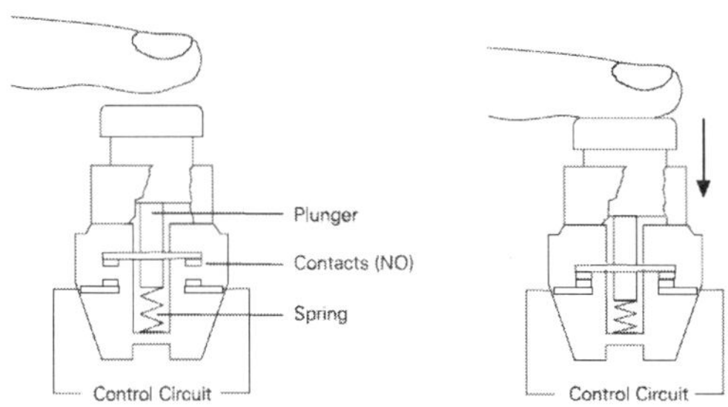

Normally Open 푸쉬 버튼의 동작

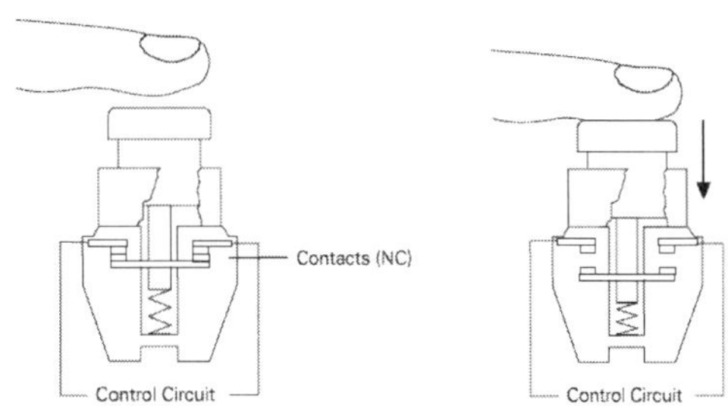

Normally Closed 푸쉬 버튼의 동작

① 복귀형 스위치(None Lock Or Spring Return : 논 로크식 Momentary operation)

푸시버튼 스위치가 대부분 복귀형이며 버튼을 누르고 있는 동안만 접점이 개, 폐 상태로 유지하고 버튼에서 손을 떼면 내부의 스프링에 의하여 원 상태로 복귀하는 스위치로 수동작동 자동 복귀 방식의 스위치이다. (Push Button Switch)

② 유지형 스위치(Alternate operation)

텀블러(Tumber), 비상정지형 스위치와 같이 한번 조작하면 접점이 개, 폐되고 손을 떼어도 개, 폐 상태를 유지하고 다시 한 번 누르거나(Push-pull operation) 돌리면(Push-lock, turn -reset operation) 원 상태로 되돌아오는 스위치로 수동동작 수동 복귀 방식의 스위치이다. (비상정지 스위치, 텀블러 스위치, 셀렉터 스위치, 토글스위치)

스위치의 뒷면을 보면 다음과 같은 글자가 표시되어 있다.

COM Common terminal
NC Normally closed terminal
NO Normally open terminal
\+ Lamp (+극)
\- Lamp (-극)

터미널(terminal) 또는 접점이라고 하는 부분에 전선을 연결한다. + 또는 - 접점은 스위치에 램프기능이 있느냐에 따라서 없을 수도 있다.

위의 접점부분을 기호로 표시하면 다음과 같다.

접점의 이름	기호	
Normally closed	COM — NC	1b
Normally opened	COM — NO	1a
Double-throw	COM — NC / NO	1a1b
Double-break	NO — NO / NC — NC	1a1b

버튼헤드 + 링1 + 장착패널(Panel) + 스페이서링 + 링2 + 장착링 + 브라켓 + 접점블럭으로 구성된다.

스위치의 패널(Panel) 조립과 해체

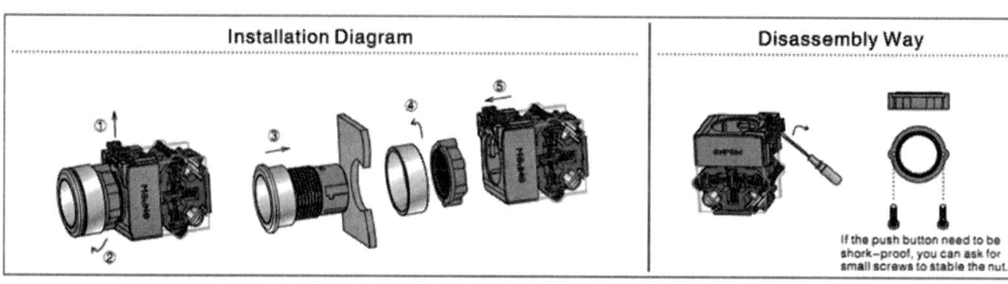

▌스위치의 패널(Panel) 조립과 해체

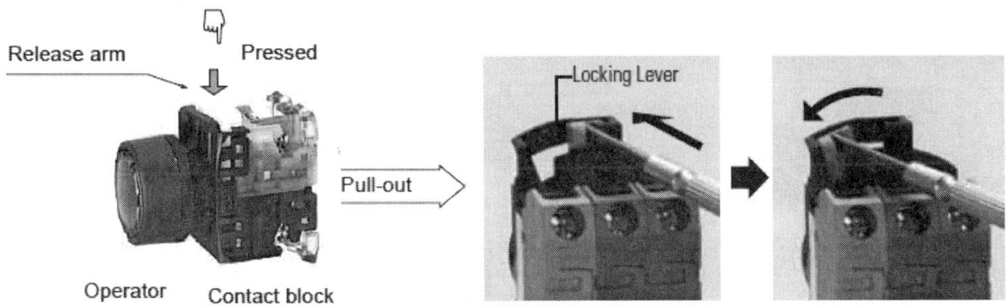

버튼헤드와 접점블럭을 분리하기 위해서 장착링과 접점블럭을 돌려 빼내는 방법과 Locking Lever(고정레버)를 그림과 같이 Unlock위치로 한 뒤 빼내는 방법이 있다. Unlock은 돌리거나 누르면 된다.

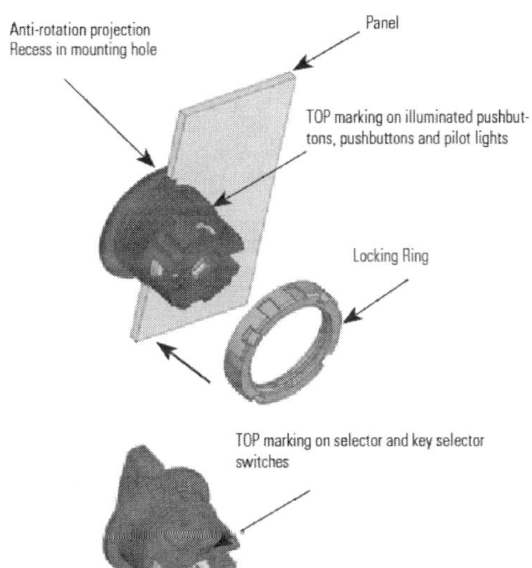

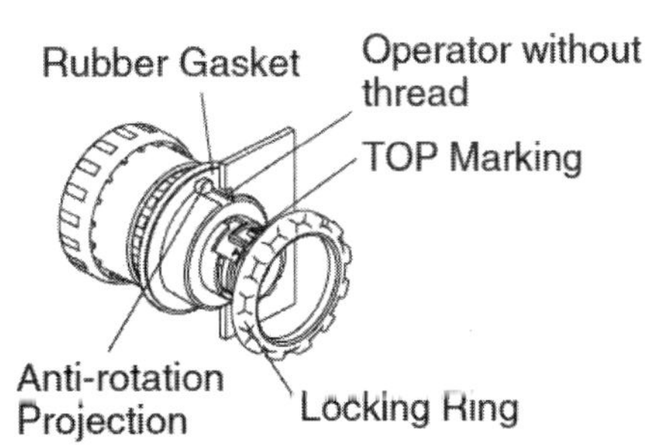

패널(Panel)에 장착할 때는 회전방지용 고무링과 가스켓을 장착하도록 한다.

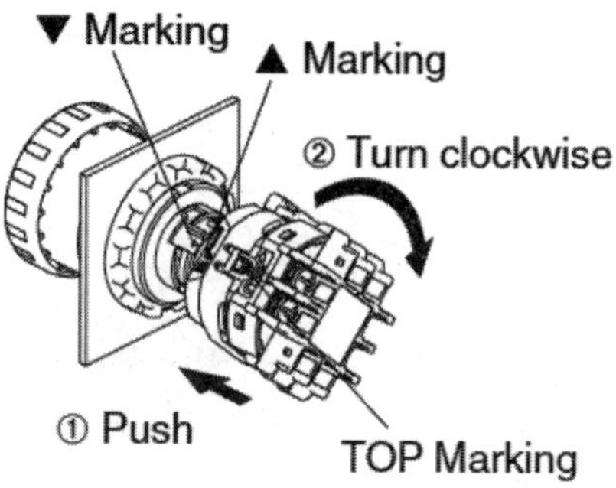

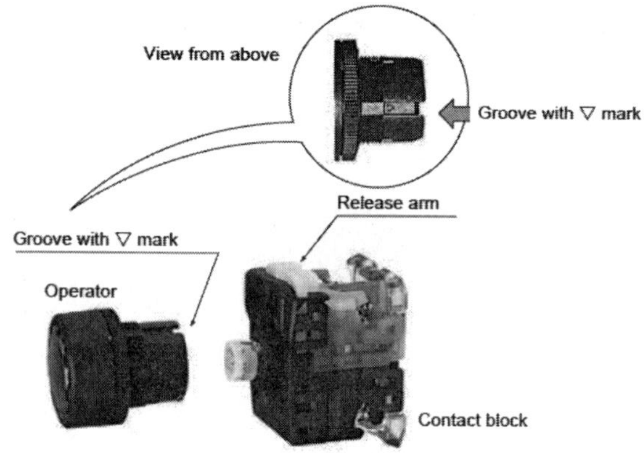

장착방법은 버튼헤드와 접점블럭을 결합한 뒤 돌리면 결합이 된다.

Non Illuminated Pushbutton

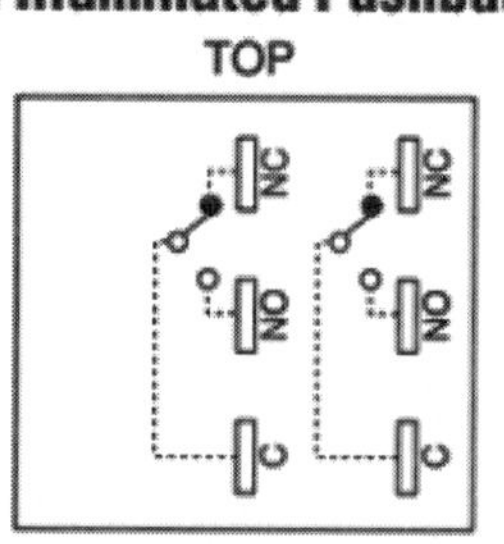

Illuminated Pushbuttons

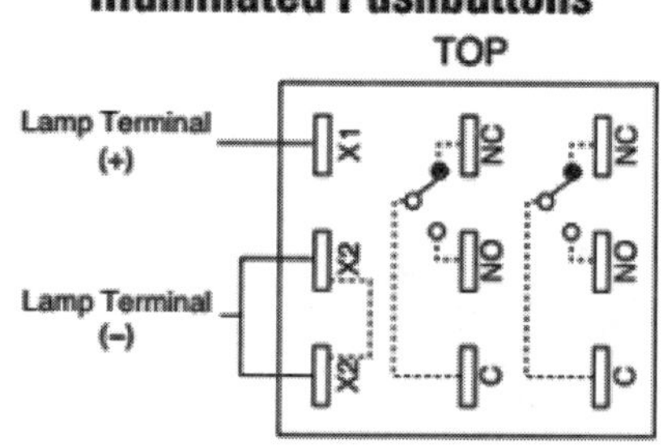

Pilot Lights

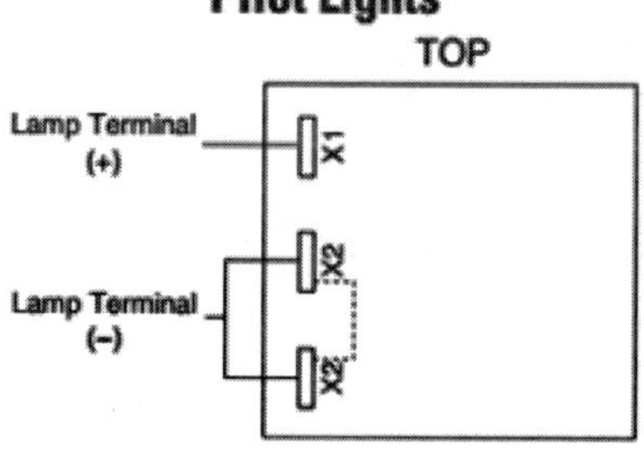

Buzzer

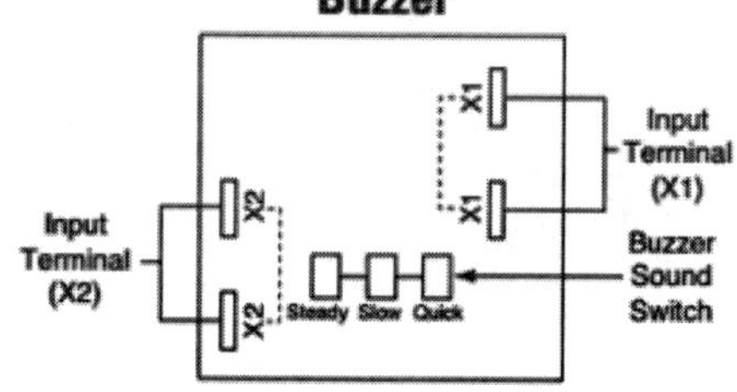

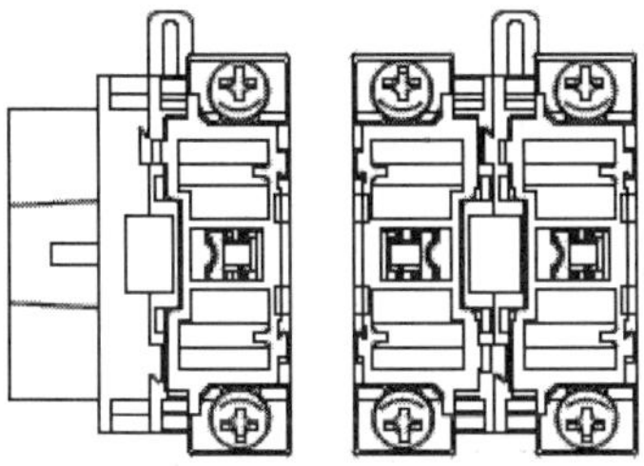

1 contact block　　2 contact blocks
4 contact blocks

스위치의 접점블럭은 1, 2, 4등이 있다. 각 접점의 형태에 따라 NO, NC 등이 각인되어 있다.

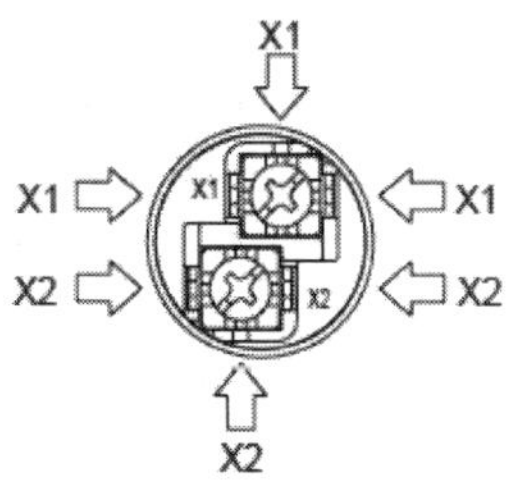

Terminal No.X1 (+), X2 (−)*

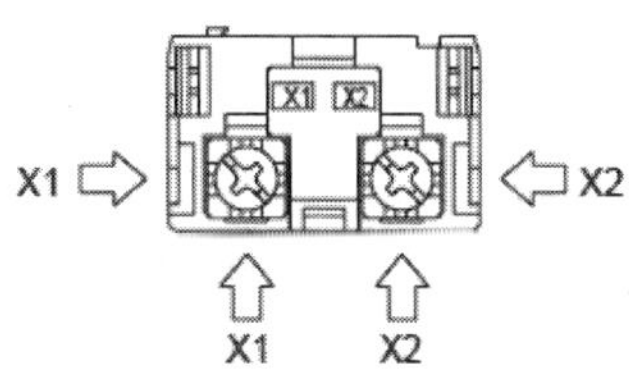

Terminal No.X1, X2

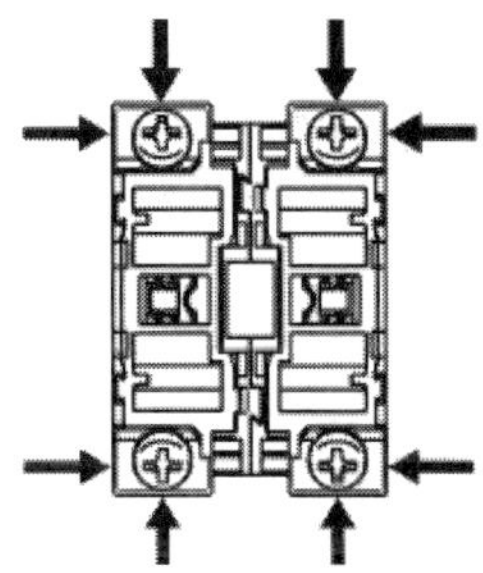

접점블럭의 단자 터미널을 접속하는 방향은 위의 그림과 같은 방향으로 한다.

▌스위치의 접점의 명칭

접점의 명칭	기호
SPST Single Pole Single Throw SPDT Single Pole Double Throw DPST Double Pole Single Throw DPDT Double Pole Double Throw	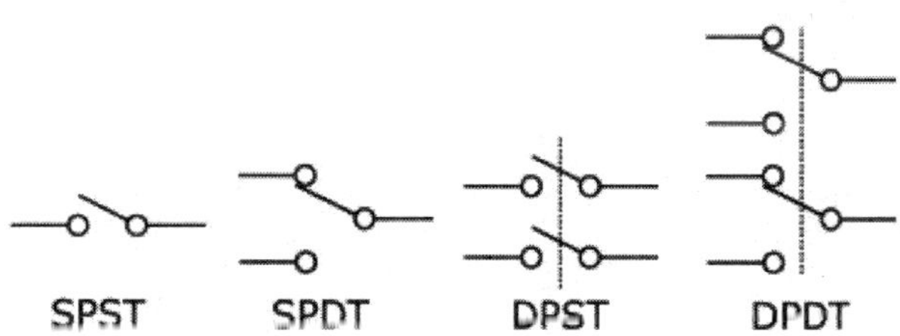

- SPST

  1개의 COM과 1개의 a접점 또는 b접점으로 구성된 접점 기호를 나타내며 SPST(1a) 또는 SPST(1b)로 표시한다.

- SPDT

  1개의 COM과 a접점 1개와 b접점 1개로 구성된 접점기호를 나타내며 SPDT(1a1b) 또는 SPDT(1c)로 표시한다.

- DPST

  2개의 COM과 2개의 a접점 또는 b접점으로 구성된 접점 기호를 나타내며 DPST(2a) 또는 DPST(2b)로 표시한다.

- DPDT

  2개의 COM과 2개의 a접점, 2개의 b접점으로 구성된 접점 기호를 나타내며 DPDT(2a2b) 또는 DPDT(2c)로 표시한다.

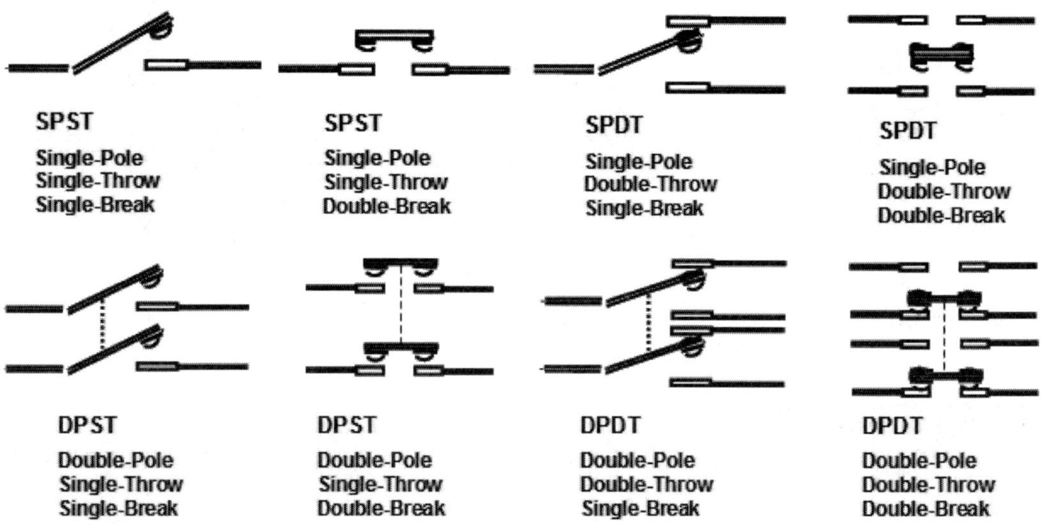

2-2 스위치의 색상과 의미

색상	의미	설명	적용 예
적색	비상	위험한 상태 또는 비상시 작동	비상정지스위치
노랑	비정상	비정상 상태 유발시 작동	비정상상태를 해소하기 위한 표시 차단된 자동사이클기능 재기동 표시
녹색	안전	정상상태에서 작동	
청색	강제	강제적 동작이 필요한 상태의 작동	복귀 기능 스위치
흰색	지정된 의미 없음	비상정지 이외의 일반적인 기능 개시 (주 참조)	기동스위치(선호됨), 정지스위치
회색			기동스위치, 정지스위치
흑색			기동스위치, 정지스위치(선호됨)

(주) 모양이나 구조상으로 식별되는 누름버튼 스위치의 경우에는 흰색, 회색, 흑색을 동일한 색상으로 사용될 수 있다.(기동 및 정지스위치에 흰색 사용)

다음은 『산업용 기계설비의 전기장치 설치에 관한 기술기준』 에 "누름버튼 스위치의 색상 구분 및 의미"에 관련된 내용으로 참고하기 바란다.

① 기동(Start/On)스위치의 색상은 흰색, 회색, 흑색을 선정하되, 가능한 흰색으로 하도록 한다. 단, 녹색의 사용도 가능하나 적색은 사용해서는 안 된다.
② 적색은 비상정지스위치에만 사용되어야 한다.
③ 정지(Stop/Off)스위치의 색상은 흑색, 회색, 흰색을 선정하되 가능한 흑색이 선정되도록 한다. 단, 적색도 허용되나 비상정지 기구에 근접한 곳에서는 적용하지 않아야 한다.
④ 흰색, 회색, 흑색은 교대로 기동과 정지 기능을 하는 누름버튼 색상으로 사용할 수 있다. 단, 이와 같은 기능스위치에 적색, 황색, 녹색은 사용할 수 없다.
⑤ 누름버튼을 누르고 있는 동안만 작동하고 누름을 멈추면 멈추는 형식의 누름버튼 스위치에는 흰색, 회색 또는 흑색을 사용할 수 있다. 단, 적색, 황색, 녹색은 사용되어서는 안 된다.
⑥ 복귀기능 누름버튼 스위치의 색상은 청색, 흰색, 회색을 선정하도록 한다. 단, 정지버튼 색상을 흰색, 회색, 흑색의 사용이 가능하나, 가능한 한 흑색을 선정토록 하고, 녹색은 사용되어서는 안 된다.
⑦ 안전 또는 정상상태를 나타내는 곳에는 녹색색을 사용한다.
⑧ 주의 또는 비정상 상태를 나타내는 곳에는 노란색을 사용한다.
⑨ 청색은 의무적인 중요한 기능용으로 사용한다.

2-3 검출용 스위치

검출 스위치는 자동화 시스템에서 없어서는 안될 만큼 제어 대상의 상태나 변화 등을 검출하기 위한 것으로 위치, 액면, 온도, 전압, 그 밖의 여러 제어량을 검출하는 데에 사용되고 있다

- 리밋 스위치(Limit Switch) : 위치 검출용 스위치

㉮ 접촉자에 물체가 닿으면 접촉자가 움직여 접점이 개폐된다.
㉯ 용도 : 생산설비와 공장 자동화 설비 등에 사용된다.
㉰ 접촉자에 접촉하는 물체의 형, 또는 뾰족한 부분을 캠, 또는 도그(dog)라 한다.

구조

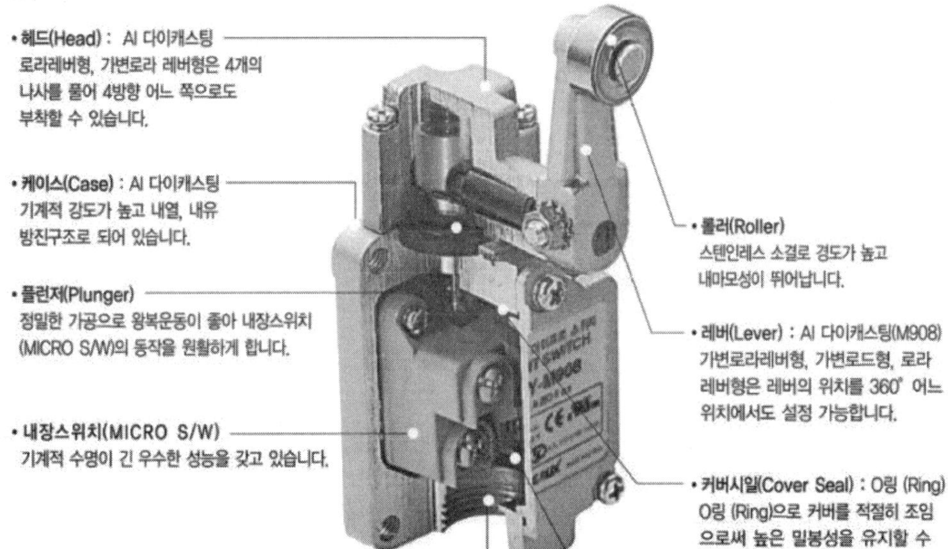

▌광전 스위치(Photo Electric Switch)

㉮ 투광기와 수광기로 구성되어 물체가 광로를 차단하므로 접점이 개폐된다. 전기 에너지를 빛으로 변환시키는 발광 소자(GaAs, CaAlAs, Gap 등의 PN 접합 소자)를 사용하여 빛을 내는 발광부에 의해 검출 대상을 향해 빛을 조사하고, 검출 대상에 의해 변화된 빛을 수신하여 전기적 신호로 변환 및 증폭(포토 다이오드, 포토 트랜지스터 등의 소자) 시키는 수광부

를 갖춘 일명의 센서를 광전 스위치라 한다.

㉯ 물체에 직접 접촉하지 않고 검지한다.

㉰ 용도 : 직접 접촉할 수 없는 물품 등의 계수, 기계 동작의 제한 등에 사용되며 또한 자동문이나, 컨베이어로 운반하고 있는 물품의 검출에 사용

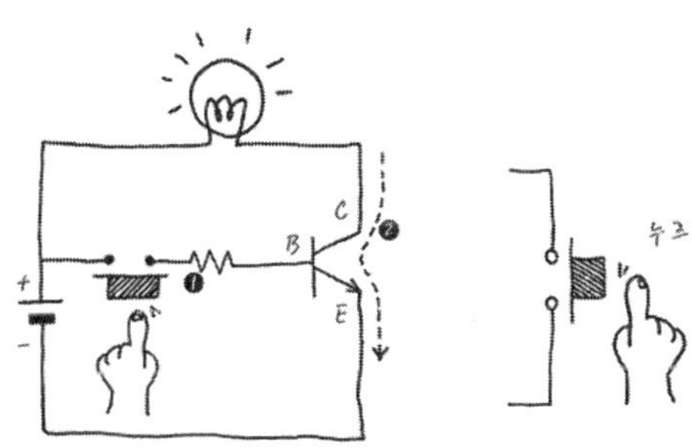

종류는 미러반사형, 투수광형, 직접반사형이 있다.

근접 스위치(Proximity Switch)

㉮ 원리 : 고주파 발진, 자기, 정전 용량, 초음파, 공압기, 광전 효과 등을 이용 발진회로나 브리지회로를 내장하고 금속체나 자성체가 접근하였을 때에 물체에 의해 전기장이나 자기장을 변화시켜, 그것에 의해 접점이 개폐된다.

㉯ 물체에 직접 접촉하지 않고 검지하는 정지형 스위치로서 반도체 소자를 응용하여 기계적인 힘이 전혀 불필요하다.

㉰ 금속체나 자성체를 검지한다.

㉱ 동작 거리는 근접체의 재질, 형상, 크기 또는 접근 방향에 따라 다르지만 대개 5~50mm

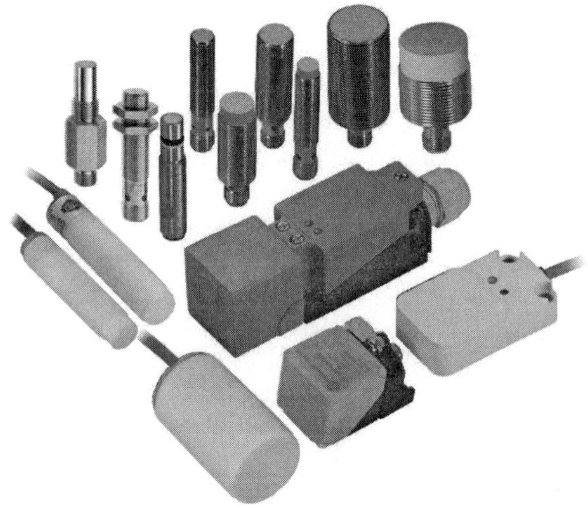

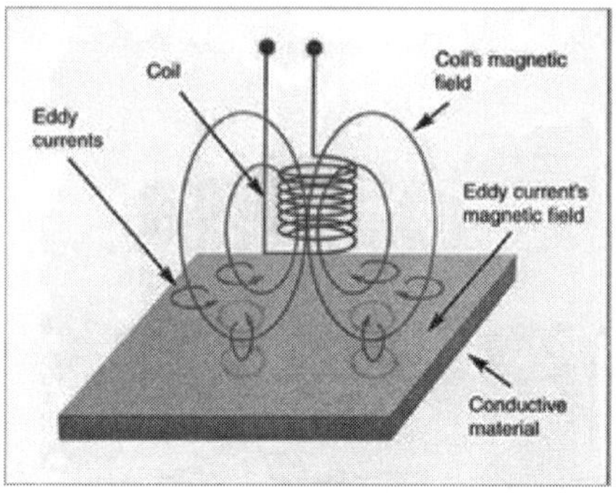

2-4 접점의 표시 방법

접점이란 회로가 연결되거나 떨어지는 동작을 행하는 곳을 말하며, 동작상태에 따라 a접점, b접점, c접점이 있다. 접점은 항상 기기가 작동하지 않는 상태를 말하며, 외부의 어떠한 힘도 작용하지 않은 상태로 나타낸다.

㉮ 회로를 연결(ON)하거나 떨어지는(OFF) 동작을 하는 것
㉯ 동작의 상태에 따라 a, b, c 접점으로 나눈다.
㉰ 접점수를 앞에 붙여 1a, 2b, 3c 등과 같이 표시한다.

• a 접점(arbeit contact, make contact, Normal Open ; N.O)
일하는 접점이란 뜻으로 평상시 열려 있다가 외부의 힘에 의해서 닫히는 접점을 말한다.

㉮ 메이크 접점(make contact) 또는 상개 접점(NO접점 : Nomally Open Contact)이라고도 한다.
㉯ 항상 열려(OFF) 있다가 외부에서 힘을 가하면 닫히는(ON) 접점이다.
㉰ 반드시 소문자를 사용한다.
㉱ a접점의 기호형태

가로 표시	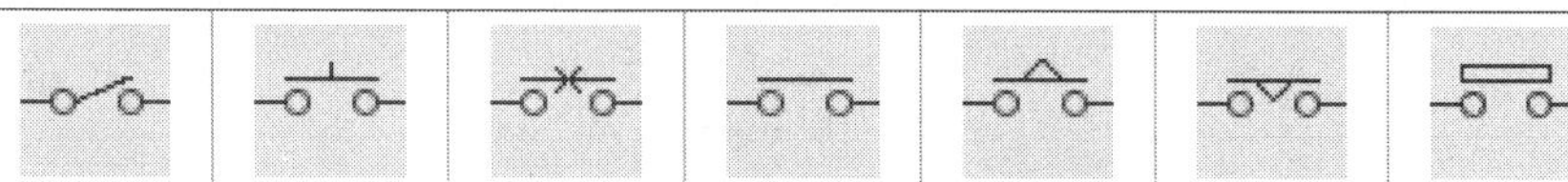
세로 표시	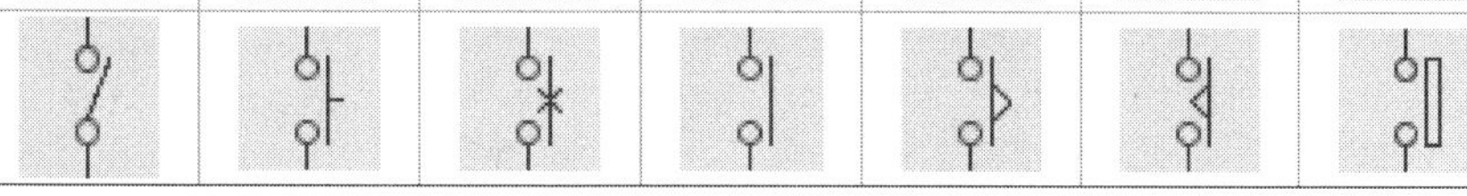

- b 접점(break contact, Normal Close ; N.C)

  열리는 접점이란 뜻으로 평상시 닫혀 있다가 외부에 힘에 의해서 열리는 접점을 말한다.

㉮ 상폐 접점(NC접점 : Normally close contact)이라 한다.

㉯ 항상 닫혀(ON) 있다가 외부에서 힘을 가하면 열리는(OFF) 접점이다.

㉰ 반드시 소문자를 사용한다.

㉱ b 접점의 기호형태

가로 표시	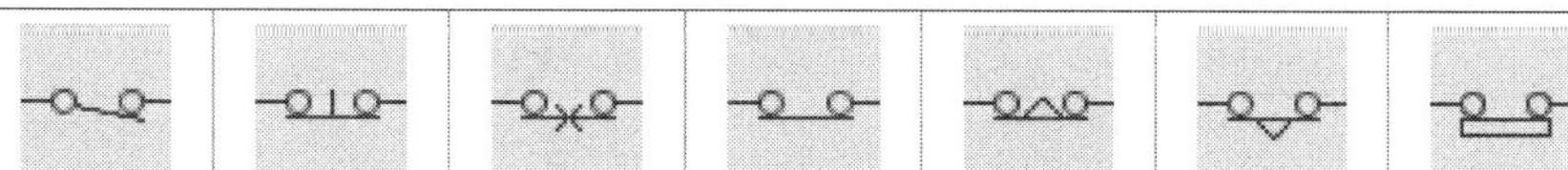
세로 표시	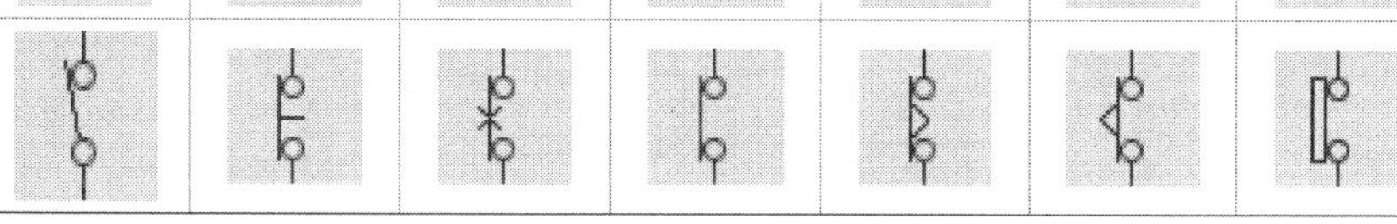

- c 접점(Change–over contact)

  전환 접점이란 뜻으로 a접점과 b접점을 공유한 접점을 말한다.

㉮ a접점과 b접점 사이에서 한쪽의 가동 접점부를 공유한다.

㉯ 트랜스퍼 접점(transfer contact)이라고도 한다.

㉰ a, b 접점과 같이 소문자를 사용한다.

㉱ c 전점의 기호형태

가로 표시	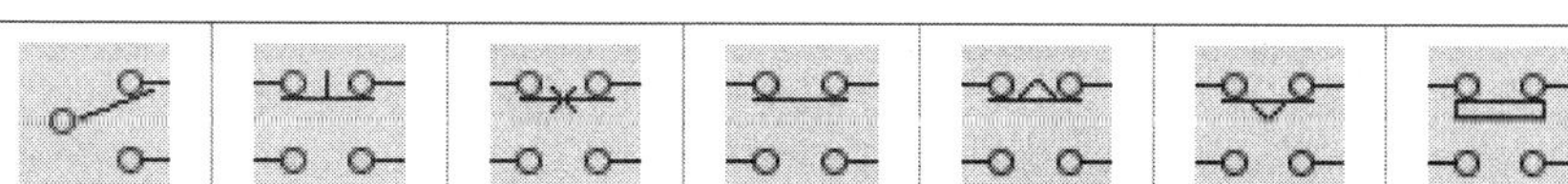
세로 표시	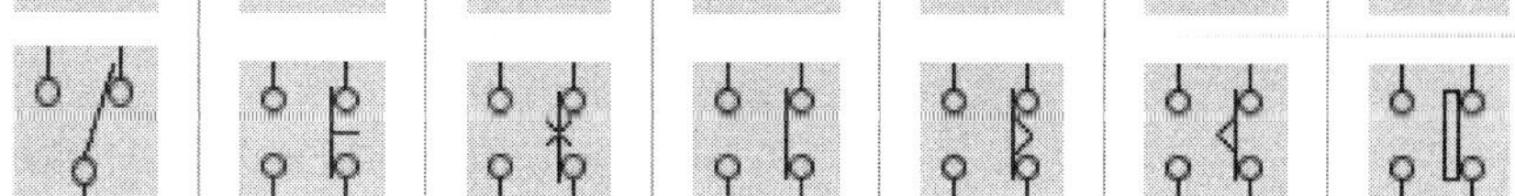

신호			기호		비고
			가로표기	세로표기	
출력신호 (코일)			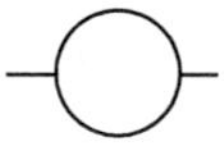	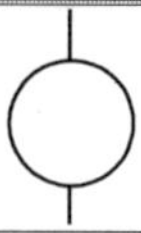	계전기, 타이머, 전자 접촉기 등의 코일로 전원 인가
입력신호	보통접점	a접점	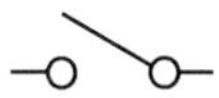		접점조작을 개로나 폐로를 연결하고 차단하는 것(유지형)
		b접점			
	수동조작 자동복귀	a접점	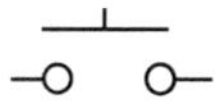		수동조작하면 폐로 또는 개로 하지만 손을 떼면 스프링 등의 힘으로 복귀하는 접점 (누름형, 당김형)
		b접점	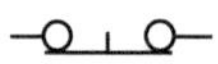		
	계전기 및 보조 계전기	a접점	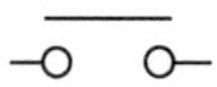		계전기나 전자접촉기의 보조 접점으로 전자코일에 전류가 흐르거나 그렇지 않음에 따라 개로 또는 폐로하는 접점(순시 접점)
		b접점			
	한시동작	a접점	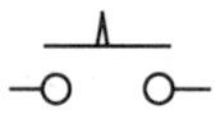	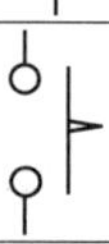	타이머 등 한시계전기의 접점으로 접점이 개로 또는 폐로하는데 시간이 걸리는 접점
		b접점			
	전자접촉기	a접점	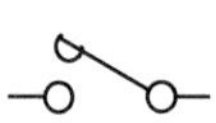		전자 접촉기의 주접점
		b접점			
	수동복귀	a접점	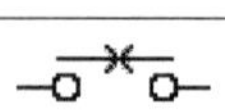		열동 계전기 접점 (인위적으로 복귀되는 것, 전자석으로 복귀되는 것도 포함)
		b접점			

3 C·H·A·P·T·E·R

제어부에 사용하는 릴레이와 SSR

3-1 보조 계전기(제어 릴레이, auxiliary relay)

▌릴레이의 정의

릴레이란 자동제어부품으로 그 입력은 전기, 자기, 소리 빛 ,열 등 여러 가지의 신호가 단자에 연결되었을 때 그 접점 터미널이 이동하여 회로를 바꿈으로 여러 가지 역할을 하는 것을 말한다.

계전기는 푸시버튼과는 달리 사람의 손으로 동작되는 것이 아니라 계전기 내의 전자석에 의해 동작되며, 전자석 코일에 전류가 흐르는 동안에만 접점이 동작하는 스위치의 일종으로 코일부와 접점부로 나누어지고 기호로 나타낼 경우에도 코일부와 접점부로 나누어 표시한다. 접점은 a접점과 b접점이 공유하고 있는 접점을 주로 사용하며 이를 c접점이라 한다. c접점은 a접점, b접점을 동시에 사용할 수도 있고 별도로 한 접점만 사용할 수도 있다. 특히 c접점에서 a접점, b접점을 동시에 사용할 경우에 c접점(공통접점)으로 인하여 회로가 단락되는 경우가 있으니 반드시 공통접점부가 회로에서 공통으로 사용되고 있는지 확인하고 사용하여야 한다.

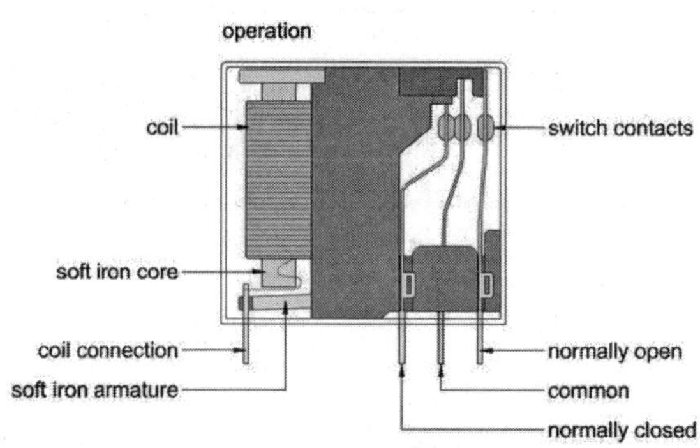

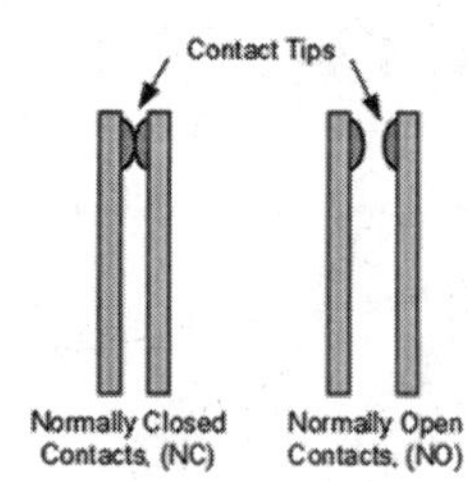

릴레이의 코일 양단자에 전압이나 전류가 인가되었을 때 자기의 흐름이 코아(코일이 감겨져 있는 원통 Core) 및 아마추어(Amature) 공간으로 형성된다. 이러한 자기장의 흐름으로 아마추어가 코아로 당겨지고 접점(N.C)를 개방하거나 접점(N.O)로 밀어 붙게 한다. 코일 양단에 인가된 전압 및 전류가 일정값 이하로 낮아지면 그 기계적인 스프링 복귀력이 전자기적 흡입력보다 커지면 아마추어가 원상태로 돌아오며 접점(Contact)이 접점(N.O)부터 개방되어 접점(N.C)로 돌아온다.

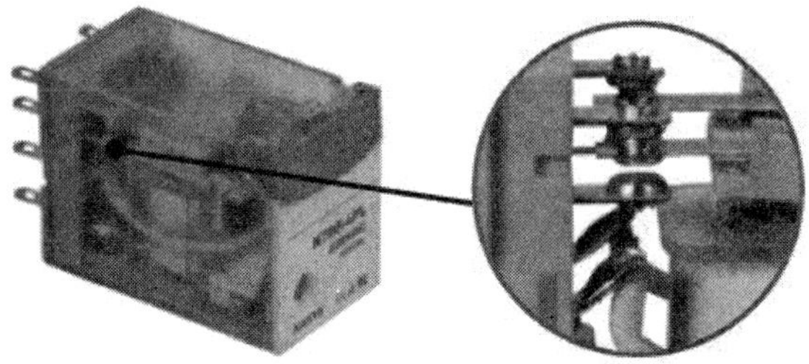

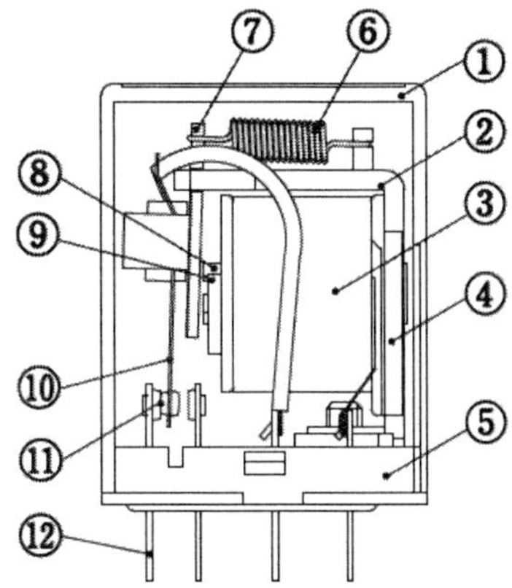

전자기 릴레이는 자기장 시스템, 접점 시스템, 복귀 메커니즘으로 구성된다. 자기장 시스템은 코아철, 요크철, 아마추어철과 같은 것으로 구성되어 있고, 접점 시스템은 고정 접점 스프링, 가동 접점 스프링, 접점조 등으로 구성되어 있고, 복귀 메커니즘은 복귀 스프링으로 구성되어 있다.

No.	부품(Part)	재질(Materials)
1	Cover	PC 수지 (Polycarbonate Resin)
2	Frame	탄소강 (Carbon Steel)
3	Coil	구리선 (Polyurethane Copper Wire)
4	Bobbin 66	나일론 (66 Nylon)
5	Base	PBT Resin
6	Return Spring	스테인리스 (Stainless Steel)
7	Amature	순철 (Pure Iron)
8	Washer plate	동판 (Plate Copper)
9	Shaft	순철 (Pure Iron)
10	Moving Terminal	인천동 (Phosphor Bronze)
11	Contact	은접점 (Ag)
12	Fixed Terminal	황동 (Brass)

전자 계전기는 철심에 코일을 감고 전류를 흘려주면 철심은 전자석이 되어 철편을 끌어당기는 전자력이 생긴다. 이 때, 전자기력에 의하여 접점을 개폐하는 기능을 가진 제어 장치를 전자 계전기(Electromagnetic relay)라 한다.

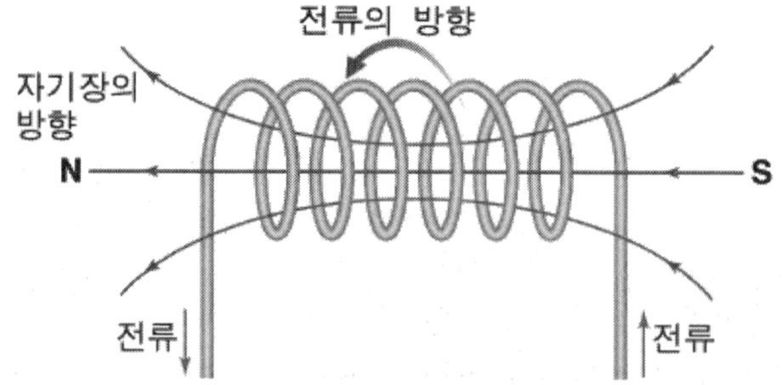

코일에 전류가 흐르면 코일주변에 자기장이 형성된다. 코일을 원통에 감게 되면 자기장이 중첩되면서, 코일의 중앙에 한 방향으로 작용하는 자기장이 형성된다. 코일 안에 철심을 넣으면 자기장이 강해지면서 자석과 같은 힘이 발생하게 된다.

전자 계전기를 보통 릴레이(Relay)라고 하며, 이 릴레이를 이용한 제어를 전자 계전기 제어 또는 유접점 제어라 한다.

㉮ 전자계전기(릴레이)는 시퀀스 제어회로에 가장 많이 사용되는 제어기기이다. 릴레이의 접점은 전류가 흐르고 있을 때에만 동작하고 전류가 흐르지 않게 되면 스프링의 힘에 의해 원래 상태로 복귀한다.

㉯ 직류용(DC 6~100V)과 교류용(AC 6~220V)이 있다.

㉰ 핀 수는 8핀(2a 2b), 11핀(3a 3b), 14핀(4a 4b)가 있고 릴레이 소켓을 사용하여 배선하고 릴레이 핀을 소켓에 삽입하여 사용한다.

제어용 릴레이의 사용 시는 조작 전원의 정격, 필요한 접점의 수, 제어 전원의 용량 등을 고려하여 특성에 맞게 선택하여야 한다.

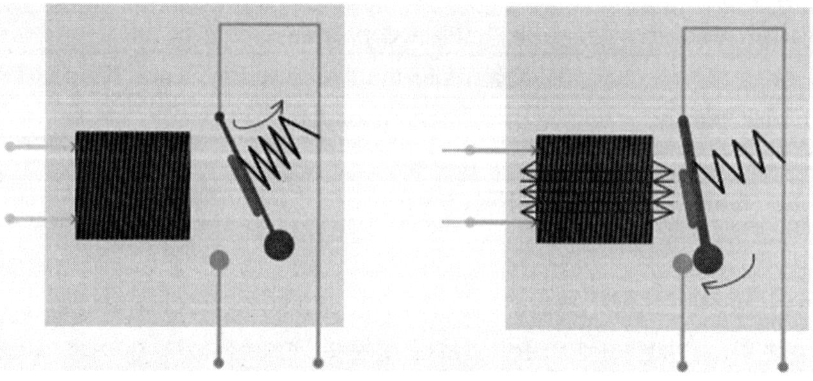

전류가 흐르면 자력이 발생하여 스위치가 닫힌 상태로 되며, 전류가 흐르지 않을 때에는 자력이 없어져 스위치가 열린 상태로 된다.

릴레이는 쉽게 말해 ON, OFF가 있는 일종의 '스위치'이다.

하지만 우리가 일반적으로 알고 있는 불을 켜고 끌 때 누르는 스위치와는 '동작원리'가 다르다. 우리가 일반적으로 접하는 스위치는 '수동'으로 ON, OFF 해주지만, 릴레이는 '자동'으로 ON, OFF 할 수 있게끔 해주는 전자부품이다.

조금 더 전문적으로 말하자면, 별도로 분리되어 흐르는 전기를 스위칭할 수 있는 신호 또는 펄스를 만들어 준다.

이러한 릴레이는 작동하기 위해 필요한 전압은 낮지만, 입력될 수 있는 전압은 높다. 그렇기 때문에 릴레이는 흔히 낮은 전압/전류를 이용하여 더 높은 전압/전류를 제어하는 데 많이 사용한다.

릴레이의 역할

1) 제어 스위치 역할

릴레이는 하나의 스위치로서 전자석으로 작동한다. 자기 코일에 흐르는 작은 제어 전류로 스위치 레버를 동작시켜서 접점을 닫아 이 후에 부하 전류 회로를 구성시킨다. 릴레이에 전조등 램프가 접속되어 높은 부하 전류가 흐르는 동안 전조등 스위치를 통하여 작은 제어 전류로 자동차 전조등의 스위치를 닫아서 큰 전류가 흐른다. 작은 제어 전류가 많은 부하전류를 흐르게 한다. 즉 일종의 제어 스위치 역할을 한다.

2) 부하 전류회로를 단순화 역할

전조등 스위치가 작은 제어 전류를 흐르게 하므로 케이블의 단면적이 작고 접점이 쉽게 손상되지 않으므로 내구성이 높지 않는 스위치를 사용할 수 있다. 부하 전류 회로에서 단면적이 큰 배선을 짧게 사용함으로써 무게나 비용을 최소화할 수 있어 스위치에 많은 비중을 둘 필요가 없다. 부하 전류 회로에 도선과 접촉 저항을 줄일 수 있다. 초기 전류부담으로 부하에 문제가 없는 닫힌 회로를 구성할 수 있다.

릴레이의 기능

1) 분기 기능

릴레이 코일 1개의 입력 신호에 대해 출력접점 수를 많게 하면 신호가 분기되어 동시에 몇 개의 기기를 제어할 수 있다. 입력 신호 1회로의 4개의 출력 신호가 얻어지기도 한다.

2) 증폭 기능

릴레이 코일에 흘려지는 전류를 ON OFF 함에 따라 출력접점 회로에서는 큰 전류를 개폐할 수 있다. 코일의 소비전력을 입력으로 할 때 출력인 접점에는 입력의 몇십 배에 해당하는 전류를 인가할 수 있다.

릴레이 코일의 소비전력을 입력, 접점의 부하 개폐능력을 출력이라고 하면 출력은 입력에 대해 1～1000배까지 가능하다.

3) 변환 기능

릴레이의 코일부와 접점부는 전기적으로 분리되어 있으므로 각각 다른 성질의 신호를 취급할 수 있다. 일례로 입력은 DC 전원으로, 출력은 AC 전원으로 상용하고 있으므로 직류신호를 교류 신호로 변환하는 꼴이다.

4) 반전 기능

릴레이의 b 접점을 이용하면 입력이 OFF일 때 출력은 ON이 되고, 입력이 ON일 때 출력은 OFF가 되어 신호를 반전시킬 수 있다.

5) 메모리 기능

릴레이는 자신의 접점에 의해 입력상태의 유지가 가능하여 동작 신호를 기억할 수 있다. 이 기능은 릴레이의 a 접점을 사용하여 자기유지회로를 구성함으로써 얻어진다.

6) 전달기능

회로의 차단, 접속이 가능하다.

릴레이를 사용하는 주요목적은

① 접점의 수를 확장시키는 경우 : 예) 센서를 통해서 전달된 신호를 표현하는 여러 개의 접점을 활용할 수 있다.

② 접점의 형태를 바꿀때 사용 : a접점 신호와 b접점 신호의 상태를 서로 변환할 수 있다.

③ 전기제어 시스템에서 다른 전위를 혼용하는 것이 불가능하지만 릴레이를 사용하면 정격용량 안에서 다른 전위 사용이 가능하다.

• 장점

- 여러 동작 전압에 쉽게 작동한다.
- 주위 온도에 영향을 많이 받지 않는다.
- 80～ －40도에서 확실히 작동한다.(일상생활에서 확실한 작동)
- 여러 독립회로 개폐가 가능하다.

• 단점

- 상시 개방점은 아크나 산회에 의해 마모가 쉽다.
- 트랜지스터에 비해 큰 공간이 필요하다.
- 개폐시 소음이 발생한다.
- 개폐시간이 3~17ms로 제한이 있다.
- 접점이 오염에 영향을 받으면 오작동의 원인이 된다.

릴레이의 종류

1) 전압 코일 릴레이

릴레이의 종류는 2가지가 있다. 작은 전류용 코일로 구성된 릴레이로서 전압 코일을 가진 릴레이라고 한다. 가는 전선으로 코일 권선수를 많이 감는다. 제어 코일의 저항이 크다. 제어 전류 회로에 미세한 전류가 흐른다. 일반 스위치 릴레이에 적용된다.

2) 전류 코일 릴레이

코일에 흐르는 전류가 많은 릴레이 이런 것을 전류코일을 갖는 릴레이라고 한다. 굵은 전선으로 코일 권선수가 적게 감는다. 코일의 저항이 낮다. 제어 전류 회로에 많은 전류가 흐른다. 리드 릴레이로서 램프 감시에 사용한다.

동작원리에 따른 분류

1) 전자기 릴레이

입력부의 전류적인 영향으로 그 내부의 기계적인 부품들이 움직여서 출력을 만들어내는 것을 전자기 릴레이라 한다. 이러한 점에서 DC 전자기 릴레이, AC 전자기 릴레이, 마그네틱-레칭 릴레이, 유극성 릴레이, 리드 릴레이가 있다.

① DC 전자기 릴레이 : 입력부의 전류가 DC인 릴레이를 말한다.
② AC 전자기 릴레이 : 입력부의 전류가 AC인 릴레이를 말한다.
③ 마그네틱-레칭 릴레이 : 릴레이의 코일에서 전류가 오프된 후에도 내부의 전자석 때문에 아마추어가 움직이지 않고 있어서 처음의 전류가 인가된 상태를 유지하고 있는 릴레이를 말한다. 그러므로 두(출력부) 상태를 유지한다.
④ 유극성 릴레이 : 입력신호의 극성에 따라 그 출력의 상태를 바꾸는 릴레이를 말한다.
⑤ Reed 릴레이 : 전자관 내부의 구성된 reed의 움직임에 의하여 접점 reed와 아마추어 전자석이 전류를 연결시켰다, 끊었다, 혹은 회로를 개폐했다 하는 릴레이를 말한다.

2) Solid-state 릴레이

릴레이의 입출력 기능이 어떤 기계적인 움직임이 없이 오로지 전자적 요소로만 수행되는 것을 말한다.

3) Time 릴레이

입력신호가 주어지거나 혹은 제거되었을 때 출력신호가 지연되거나 혹은 일정시간 후에 회로를 연결시켜 주거나 끊어 주는 릴레이를 말한다.

4) 온도 릴레이

외부온도가 일정시점까지 상승했을 때 동작하는 릴레이를 말한다.

5) 풍속 릴레이

바람의 속도가 일정시점에 도달할 때 릴레이가 동작하거나 혹은 끊어주는 릴레이를 말한다.

6) 속도 릴레이

움직임의 속도가 일정시점에 도달할 때 릴레이가 동작하거나 혹은 끊어주는 릴레이를 말한다.

7) 기타

그 밖의 다른 종류로는 광, 소리, 열 릴레이가 있다.

릴레이는 10 A 순수 저항부하를 개폐할 수 있고 유도부하가 아니며 또한 10 mA 이하는 개폐를 정상적으로 할 수 없을 수도 있다는 것을 분명히 명시해 두어야 한다. 왜냐하면, 다른 부하 조건에서는 전기 접점 메커니즘이 완전히 다르기 때문이다. 접점의 오용은 릴레이 Failure의 주 원인이다. 그러므로 다른 부하와 다른 부하 조건에서의 특성과 고장, 고장 메커니즘 등에 대한 적당한 이해가 필수적이고 릴레이 동작 특성을 개선하는데 상호 협조해야 한다. 제조자는 접점 부하의 내용을 표시하여야 하고 또 다르면 분리해서 마킹해야 한다.

• 형광 램프 부하

찬 상태에 텅스텐 섬유의 저항은 극미하다. 그러나 스위치를 On 할 때, 서지 전류는 정상상태 전류보다 많게는 15배에 달할 수 있다. 이 크기의 서지 전류는 쉽게 접점 융착할 수 있고 심지어 융접으로 고장을 일으킬 수 있다. 서지 전류는 흐름을 제한하는 저항에 두는 것으로 감소될 수 있다.

• 모터 부하

모터가 활동하지 않을 때, 입력 임피던스는 극미하다. 그러나 서지 전류는 모터가 On 하는 순간 엄청나다. 전류가 들어가고, 전류와 자기장 간에 상호작용은 토크를 만든다. 모터가 On 할 때, 내부 전동력이 만들어 지고 난 후 전류의 감소를 가져온다. 모터가 스위치 Off할 때, 역기전력은 접점 사이에 일어나고, 아크를 발생 하며 접점을 융착시킬 수 있다. 그러나 스위치 Off 할 때, 속도가 떨어지므로 전자기에너지의 일부분과 모터를 타고 축적된 운동에너지는 열에너지로 바뀌면서 소모되고, 역전동력은 줄어들 것이다.

• 유도 부하

인덕터, 전자석, 접촉기 코일 그리고 Choke 코일은 모두 유도 부하들이다. 파워 On 했을 때, 전자기 코일은 서지 전류의 발생을 방해하기 위하여 전류의 상승을 억압하는 경향이 있다. 그러나 파워 Off 했을 때, 전자기 코일에 축적된 전자기에너지는 접점간 아크에 의하여 소모되고 그리고 접점의 금속 전이와 융착을 일으킨다. RC 네트워크들 다이오드 그리고 Piezoresistors와 같은 보호 장치들은 접점의 융착을 줄일 수 있다.

• 캐패시터 부하

캐패시터의 충전 전류는 거대할 것 같다. 처음 상태에서, 캐패시터 회로는 short circuit과 같다. 그것의 전류는 전선 저항밖에 없다. 사용자가 부하가 캐패시터인 것을 모르는 경우도 있다. 사실상, 긴 전선, 자성 간섭을 제거하는 전기 필터, 파워 소스 등은 모두 높은 캐패시터 부하이다. 그것이 연결되는 순간, 저항을 제한하는 것들은 서지 전류를 줄일 수 있다.

• DC 부하

DC 부하는 일반적으로 AC 부하 보다 Break Off 어렵다. 그이유는 전압이 Non-zero-crossing 이고, 접점이 개방할 때, 아크가 발생하고, 외부전압이 계속 유지되면, 전기적 아크는 발생을 하여 그것 자신을 유지할 수 없고, 사라지는 경향이 있기 때문이다. 아크 에너지는 접점에 심각한 마모석인 손상을 준다. DC 부하의 접점간 간격은 그래서 충분해야 하고 아크를 억제하는 방안이 충분히 고려되어야 한다.

• 지 전류 수준

저 전기 수준은 10~100mV의 범위에서 open-circuit 회로를 말한다. 접촉의 스위칭 전류는 마이크로 암페어로부터 10mA까지 된다. 접점면에 붙어있는 유기적인 물질과 화학적인 이물질들은 부하를 개폐할 때 제거되지 않고, 접촉저항을 높이고 불안전하게 하는 요인이며, 전기의 흐름을 불안정하게 하며, 접점의 전압 강하를 증가시킨다. 이 문제에 효과적인 해결책은 1~3m

와 같은 금 도금으로 부드러운 접점 재료를 채택하는 것이다. 기술적인 개선책은 또한 접촉면 깨끗이 해야 하고 relay 내에 유해한 가스의 발생을 억제해야 한다. 그러나 relay의 비용은 상당히 비싸질 것이다.

접점의 유무	릴레이의 명칭	릴레이의 종류와 특징
유접점	전자기 릴레이	전자석(권선에 제어 입력 전류를 흘려 자화시킨 것)에 의해 접점을 물리적으로 움직이게 하여 접점을 개폐하는 릴레이이다. 전자석을 구동하는 소비 전력이 크고 물리적인 동작을 동반하므로 동작(응답) 시간이 느린 단점이 있다. 그러나 과전압 · 전류에 강하고 고주파 제어도 가능하다는 장점이 있다. 접점의 물리적인 구성에 따라 힌지형과 플런저형이 있다. 힌지형은 전자석의 접극자가 지점을 중심으로 회전 운동을 하고 직접 또는 간접적으로 접점의 개폐를 하는 릴레이이다. 플런저형은 접촉부를 플런저형 전자석으로 구동하여 접점의 개폐를 하는 릴레이이다. 동작 모드로는 단안정과 쌍안정이 있다. 단안정은 전자석에 전류를 흘릴 때만 접점의 개폐가 이루어지고 전류가 멈추면 스프링 등의 힘에 의해 이전 상태로 돌아가는 동작 모드이다. 쌍안정은 래칭 릴레이 또는 킵 릴레이라고도 하고 전자석 철심의 자화 현상 등을 이용하여 입력 전류가 멈춘 후에도 동작할 때의 개폐 상태를 유지하는 동작 모드이다. 상태 전환을 위해서는 같은 철심에 반대로 감긴 코일로 전류를 흘려야 한다. 접점의 개폐 상태로는 다음과 같은 3종류가 있다. a 접점 : 열려 있고 코일에 전기가 통할 때 닫힌다. b 접점 : 닫혀 있고 코일에 전기가 통할 때 열린다. c 접점 : 접점을 코일의 통전 상태로 전환한다. 실제 전자기 릴레이에서는 접점 종류와 극수를 병기하여 다음과 같이 나타낸다. 1a : a 접점 릴레이 1b : b 접점 릴레이 2a2b : 접점이 2극, b 접점이 2극인 릴레이
	리드 릴레이	강자성체의 금속 리드를 불활성 가스와 함께 용기 안에 봉지하고 주위에 코일을 감은 구조를 갖추고 있다. 주위의 코일에 전류를 흘려 자기장을 발생시키는 것으로 리드를 구동하고 접점을 개폐한다.
	프로그램 릴레이	여러 가지 릴레이 기능과 조합을 패키지화한 릴레이이다. 프로그램 릴레이의 조작 버튼과 외부 컴퓨터 등을 통해 릴레이 기능과 조합을 변경할 수 있다. 많은 릴레이가 필요한 회로를 제작하거나 기능 변경을 빈번하게 하거나 하는 애플리케이션에 사용된다
무접점	반도체 릴레이 (SSR : 솔리드 스테이트 릴레이)	사이리스터나 포토커플러와 같은 반도체 소자를 이용하여 작은 입력 전력으로 큰 출력 전압을 개폐하는 릴레이이다. 소형, 경량으로 응답 시간이 짧은 것뿐 아니라 전자기 릴레이를 사용할 때에 문제가 되었던 접점의 수명, 접점에서의 아크 발생에 따른 노이즈, 이력 현상 등을 해결하거나 완화할 수 있다. 또한, 입력과 출력 사이에 포트커플러라고 하는 광반도체를 이용해서 빛 신호로 전달하므로 절연되어 있다.

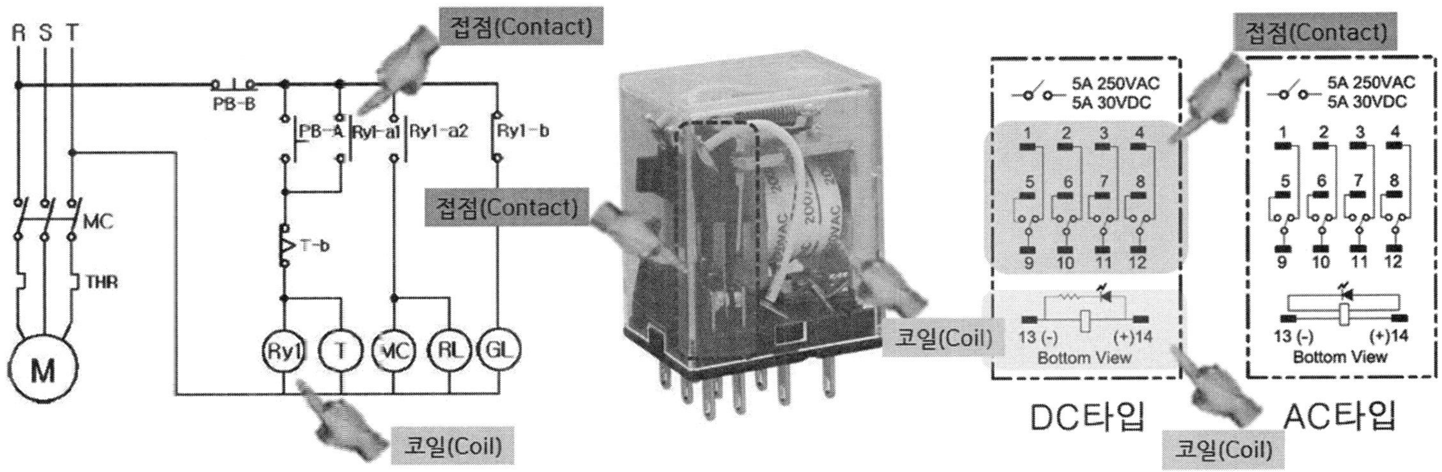

릴레이 접점 : 스위치의 접점과 동일한 기능으로 전기가 흐르는 통로 역할을 한다.
릴레이 코일 : b접점 상태에서 a접점으로 변환이 가능하도록 전자석으로 전자력을 만들어 주는 역할을 한다.

3-2 S.S.R의 개요

MAGNET RELAY가 전자력에 의한 동작으로 이루어지는 방식인 반면에 S.S.R은 기계적인 접점 구조가 없는 [무접점 릴레이] 로서 스위칭 반도체 소자를 사용하여 케이스에 수지 몰딩된 상태로 스위칭이 이루어지는 방식으로 완전히 고체화된 전자 스위치이다.

S.S.R은 MAGNET RELAY에 비해 신뢰성이 높고 수명이 길며, 노이즈(EMI)와 충격에 강하고 소신호로 동작하며 응답 속도가 빠른 우수한 특성을 지니고 있어 산업기기, 사무기기 등의 광범위한 분야에서 정밀 제어시 적용하기에 적합하다.

▌S.S.R의 특징

① PHOTO COUPLER로 입출력간 절연

S.S.R 입력과 출력의 전기적 절연을 위해 광소자(PHOTO COUPLER)를 사용하여 입력과 출력간을 절연시키고, 부하측의 노이즈가 입력측으로 FEED-BACK되는 것을 차단한다.

② 소신호 동작

광소자 결합으로 입력 신호에 저전압, 저전류를 인가해도 S.S.R이 동작하므로 DTL, TTL, C-MOS 및 LINEAR IC등으로도 직접 구동할 수 있다.

③ ZERO–CROSS 기능회로 내장

ZERO-CROSS회로 내장형은 S.S.R 입력측에 신호가 인가되어도 부하 전원 전압의 '제로점' 부근에서 스위칭이 이루어지기 때문에 TURN-ON시 돌입 전류 및 노이즈(EMI)를 억제시킨다.

④ 위상제어 가능

MAGNET RELAY는 TURN-ON 시간이 길고 채터링이 발생하여 위상제어가 불가능한 반면

S.S.R은 스위칭이 빠르고 위상 제어가 가능하다.

⑤ 완전 수지몰딩(Molding)화

난연성 수지로 완전 몰딩되어 습기, 먼지, 가스 등에 영향 받지 않으며, 진동이나 충격 등에도 강하다.

⑥ 높은 신뢰성

반도체 스위치 사용으로 아크, SURGE 등의 노이즈 발생 및 동작음이 없으며, MAGNET RELAY와 달리 기계적인 접점 마모가 없어 수명이 길고 신뢰성이 높다.

S.S.R의 응용분야

① 공장 자동화(FA) / 설비

전기로, NC M/C, SEQUANCE 제어기, 공작기, 항온기, 초음파 세척기 등

② 교통 / 조명제어기

교통신호기, 철도신호기, 전광표시판, DIMMER CONTROLLER 등

③ 사무자동화(OA)

컴퓨터 주변기기, 복사기, FAX 등

④ 가정자동화(HA)

에어콘, 냉장고, 식기세척기, 전자레인지 등

⑤ 기타

ELEVATOR, 의료기, 사진현상기

S.S.R의 동작원리

동작개요(AC OUTPUT 기준)

S.S.R 입력측에 동작 전압(PICK-UP VOLTAGE) 이상의 HIGH -SIGNAL이 인가되면 PHOTO COUPLER가 동작하여 TRIGGER회로에 의해 스위칭소자(TRIAC 또는 SCR 등)가 TURN-ON되어 출력측에 전류가 흐르고, 입력 전압이 복귀 전압(DROP-OUT VOLTAGE) 이하의 LOW-SIGNAL이 되면 스위칭 소자가 TURN-OFF 된다.

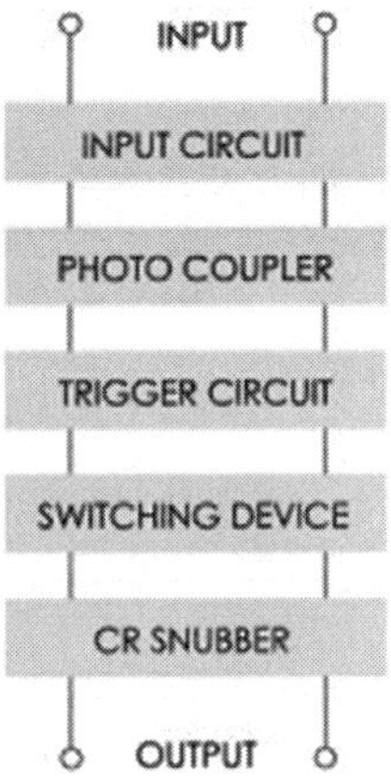

여기에서, PHOTO COUPLER는 광결합 소자로서 신호 전달 및 1, 2차간 절연 유지 회로이며, CR SNUBBER는 ON/OFF시 전압 상승률(dv/dt) 및 과도 전압을 억제하여 스위칭 소자를 보호하기 위한 회로이다.

무접점릴레이(SSR : Solid-State Relay)와 기계식릴레이(EMR : Electro Mechanical Relay)의 차이

항목	S.S.R	MAGNET RELAY
입력동작전력	수 mW 이하	수백 mW ~ 수W
입력전압범위	FREE VOLTAGE 가능	정격전압 ± 10%
부하전원압범위	스위칭 소자의 정격에 따름	광범위
절연전압	일반적으로 25000VAC	고전압
누설전류	수 mA	전혀없음
ZERO-CROSS 기능	가능	불가능
접점열손실	접합열 발생	접점 불량시 발생
동작속도	10mses 이내	100mses 이상
접촉신뢰성	접촉 불량 없음	접촉 불량 발생
ARC 발생	전혀없음	발생가능
NOISE, SURGE 발생	전혀없음	유도 부하시 발생
수명 MTTF	10만 시간이상	수십~수백만회
동작음	전혀없음	있음
습기, 먼지, 가스 영향	없음	접촉불량, 폭팔의 원인
진동, 충격	강함	오동작, 파괴의 원인

▌S.S.R 응용회로

① 백열구의 점멸제어

백열구의 스위칭시 큰 SURGE 전류가 흐르므로 S.S.R의 SURGE 정격 이내에서 사용한다.

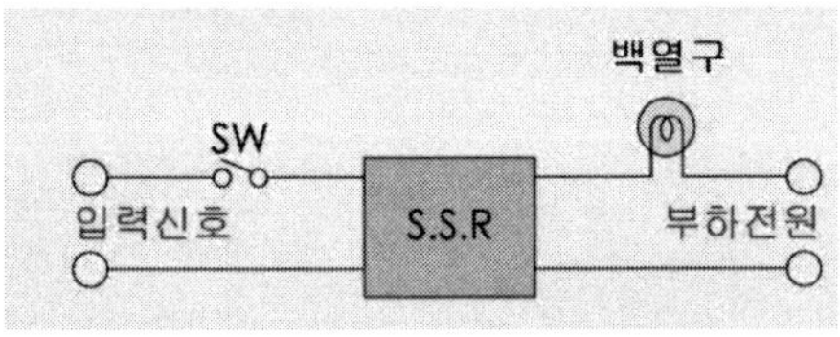

② 히타의 온도제어

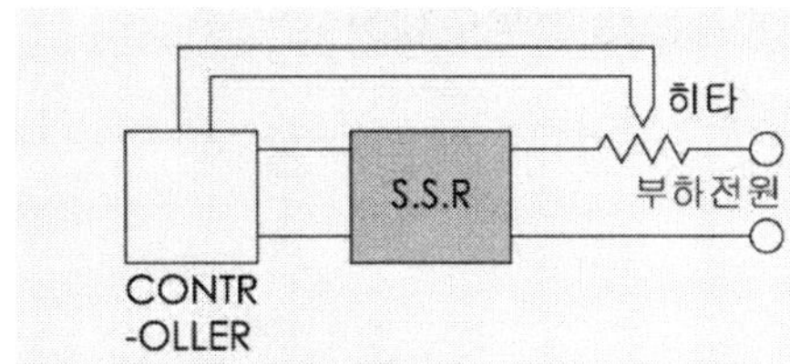

③ 솔레노이드 밸브의 구동

SOLENOID VALVE는 수 CYCLE 동안 돌입 전류가 흐른 뒤 정상 전류가 흐르므로 S.S.R의 SURGE 정격 이내에서 사용한다.

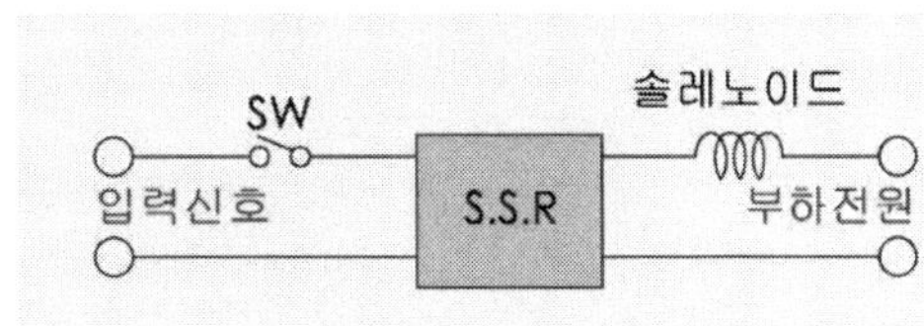

④ 단상 유도 전동기의 ON/OFF 제어

초기 동작시 큰 돌입 전류가 흐르므로 S.S.R의 SURGE 전류 정격 이내에서 사용한다.

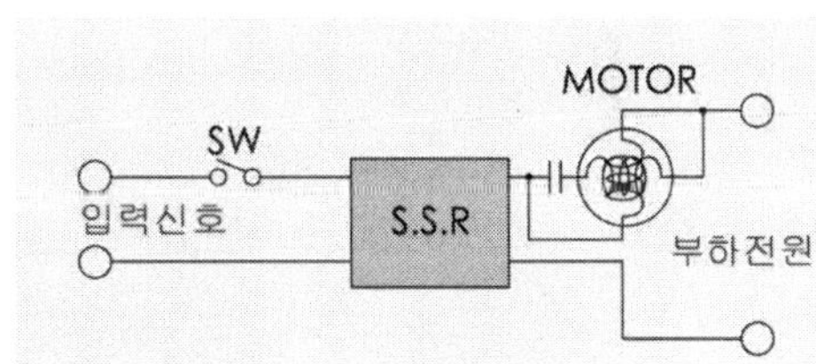

⑤ 단상유도전도기의 정 · 역제어

두 개의 S.S.R 중 OFF 하고 있는 쪽의 출력단자에 전동기의 LC 특성에 의해 부하 전원의 2배의 전압이 걸리므로 부하 전원의 2배에 전압 정격의 S.S.R를 사용한다.

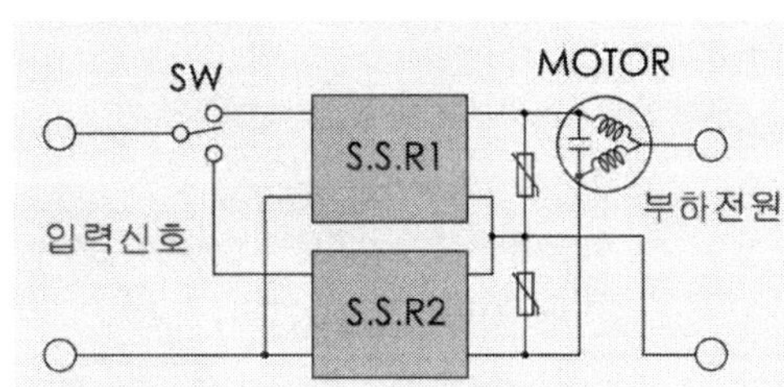

⑥ 단상 S.S.R로 삼상부하제어

부하 전원이 항상 연결되어 있어 전동기의 절연 약화와 감전에 주의해야 하며, 안전상 사용치 않을시 전원 차단을 위해 NFB를 OFF하는 것이 좋다.

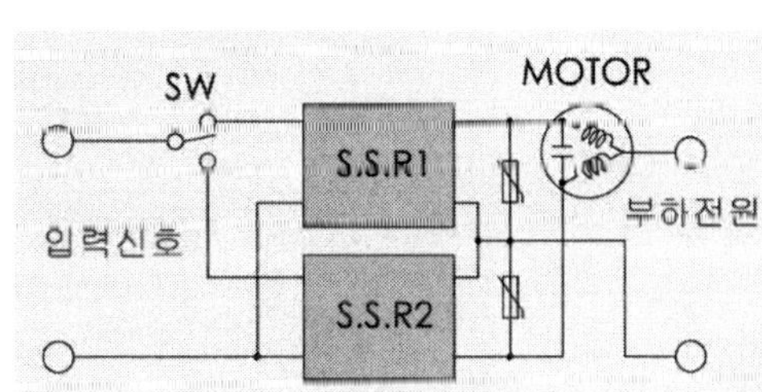

⑦ 삼상히타온도제어

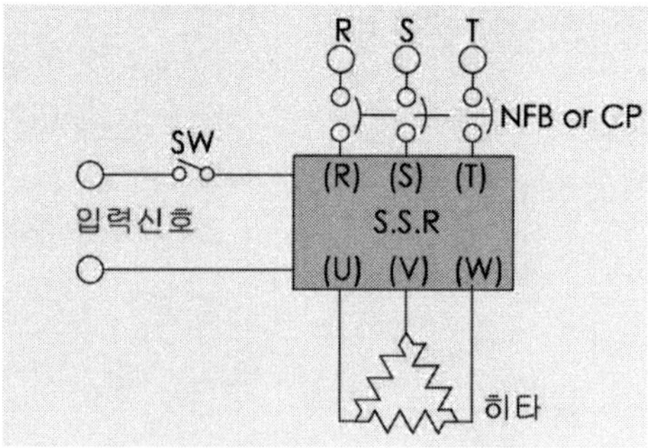

⑧ 삼상유도전동기의 ON/OFF제어

초기 동작시 큰 돌입 전류가 흐르므로 S.S.R의 SURGE 전류 정격 이내에서 사용한다.

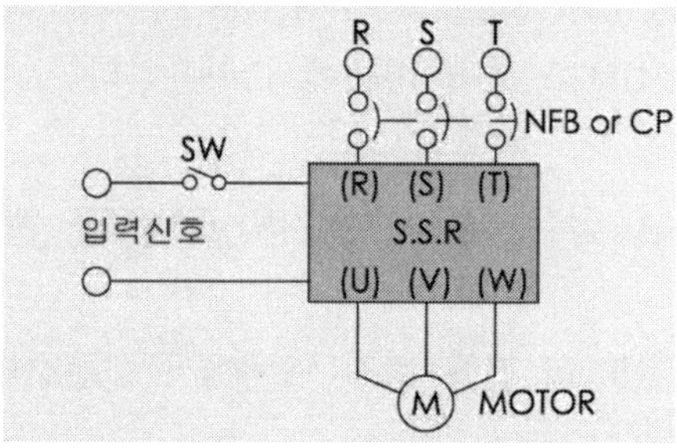

4

C·H·A·P·T·E·R

구동부에 해당하는 부하(Load)

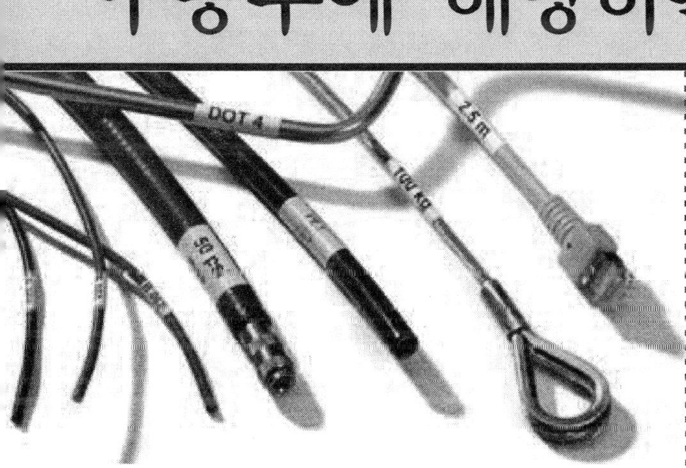

4-1 램프(Lamp)

파일럿램프(표시등)은 회로의 동작 상태를 확인하는 용도로 쓰이며 사용하는 색상에 따라 의미가 다르므로 색상을 맞춰 정확하게 사용해 한다.

기호는 원안에 약자(RL, GL, OL 등)로 표시한다.

- 운전자에게 시각에 의한 기기의 동작 상태를 알려주는 요소
- 전원의 인가상태, 제어대상의 동작상태, 회로의 고장 유무
- 백(W): 전원, 녹(G): 운전, 적(R): 정지, 등(O): 고장, 황(Y): 경보

기호	의미
WL	전원이 공급되고 있는지를 확인하는 램프이며 배전반의 상단에 부착한다.
RL	운전(동작)상태를 나타낸다.
GL	정지 상태를 나타낸다.
OL	경보를 표시한다. 이를테면 과부하계전기가 동작했을 때 부저와 OL이 번갈아 가면서 동작하게 구성하는 경우에 사용한다.
YL	시스템이 고장이 경우에 점등된다.

다음은 『산업용 기계설비의 전기장치 설치에 관한 기술기준』에 "표시램프(파일롯)용 렌즈의 색상"에 관련된 내용으로 참고하기 바란다.

색상	의미	설명	조작방법	적용예
적색	비상	위험한 상황	위험상황에서 즉시 작동 (비상정지스위치 작동)	한계값을 초과한 압력, 온도, 전압 강하, 정지 위치 이탈 등
노랑	비정상	비정상 상태	감시 및 조치(기능재설정 등)	정상값을 초과하는 압력, 온도 보호장치의 트리핑
녹색	안전	정상상태	선택 사양	운전 가능한 정상상태에서의 압력·온도
청색	강제	조작자의 작동	강제 작동	지정한 값으로 지시
흰색	중립	상태표시 기타 상태(적색, 황색, 녹색, 청색 적용 모호시 사용)	감시	일반 정보

아래는 표시등의 외관이며 뒷면은 교류전원용은 L1과 L2 두 개의 단자로 구성되어 있다. 단자의 기호에 관계없이 전원을 공급하면 점등이 된다. 그리고 LED가 채용된 램프가 많이 보급되고 있는데 이와 같이 극성이 있는 직류전원용 램프의 경우 (+), (-) 단자가 표시되어 있으므로 전원의 극성과 동일하게 결선하여 동작될 수 있도록 주의해야 한다.

교류전원 형식: L1, L2
교류전원 형식: (+), (-)

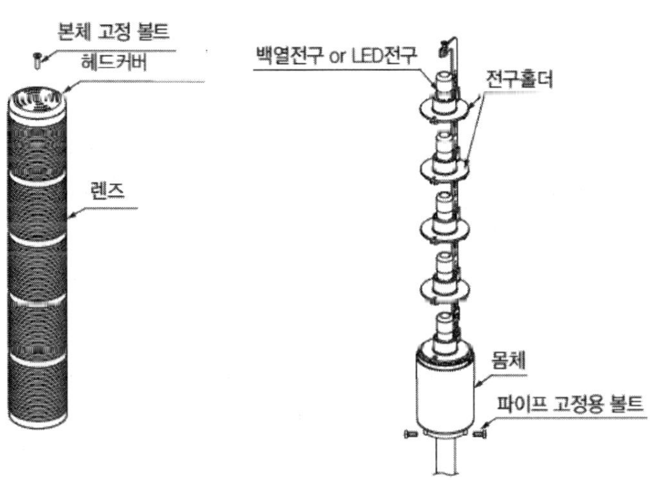

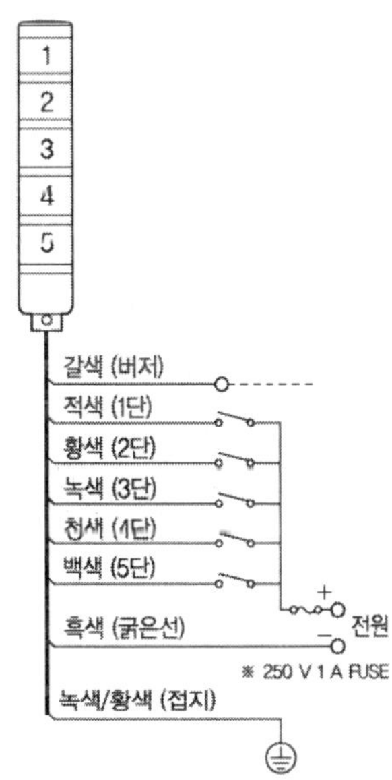

4-2 부저(Buzzer)

부저(Buzzer)란 전기 신호를 소리로 변환시켜 주는 장치이다. 부저에는 내부에 전자석과 진동을 일으키는 판으로 이루어져 있으며, 전자석이 진동판을 아주 빠르게 흔들어 소리를 발생 시키는 원리를 가지고 있다. 그래서 부저에 음을 출력하면 PWM 파형의 길이에 따라 음의 높이가 다르게 출력이 되는 것이다. 또한, 일반 스피커와는 달리 출력 주파수의 범위가 한정되어 있어 주로 단순한 용도로 사용된다.

부저는 음향을 출력하는 부품이지만 스피커와 달리 간단하고 일정한 단속음만을 발생한다는 점이 스피커와 다른 점이며 주파수 특성이 나쁘다.

① 마그네틱 부저(Magnetic Buzzer)

원리는 마그네틱 스피커와 같으나 작은 진동판을 붙인 간단한 모양으로 만들기 때문에 음성 출력용으로는 쓰이지 않고 전자기기 내부에서 발생하는 단속음 등 음향신호 출력용으로 주로 사용한다.

② 피에조 부저(Piezo Buzzer)

압전기 효과를 이용한 것으로 음향특성은 좋지 않지만 작은 전기신호로 큰 음량을 낼 수 있기 때문에 전자시계의 알람 멜로디나 전화기의 벨소리 등을 출력하는데 널리 사용한다.

③ 멜로디 부저(Melody Buzzer)

입력된 멜로디 음을 선택적으로 사용할 수 있다.

피에조 부저

마그네틱 부저

멜로디 부저

5 C·H·A·P·T·E·R

전자접촉기와 전자개폐기

전자 접촉기는 일반 제어용 계전기 보다 훨씬 큰 용량의 전류를 개폐 할 수 있는 접점을 가지는 계전기이다. 접점은 은-텅스텐 합금, 은-산화 카드뮴 합금 등을 사용해서 접촉저항을 낮추고 개로(Open circuit) 시 접점간에 발생하는 아크를 빨리 끄는 신호장치, 아크 단락을 방지하기 위한 각 상간의 간격판 등을 설치한 것이다. 전자 접촉기에는 직류용과 교류용이 있고 전기회로의 개폐 빈도가 높은 전동기 기타의 교류, 직류회로의 부하전류 개폐에 쓰인다. 전자 개폐기는 전자 접촉기에 과부하 보호장치를(열동형 과부하 계전기나 전자식 과부하 계전기가 있음) 구비한 개폐기로 교류전동기의 운전에 대단히 많이 사용된다.

5-1 전자접촉기(MC)

전자접촉기는 전자석의 동작에 의해 접점을 개폐하는 기구로서, 전동기 등의 동력부하에는 필수적으로 사용되고 있다. 동작은 계전기와 같고, 접점은 주접점과 보조접점으로 나뉘어 있어 주접점은 부하의 전원을 개폐하며 보조접점은 계전기와 동일하게 제어회로에 사용된다.

접점의 구성

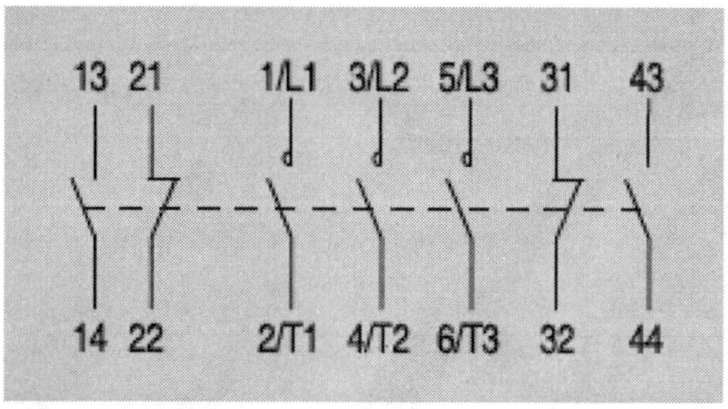

주접점 : 3극 (3a)

보조접점 : 2a2b (표준)

1) 명칭의 정의

전자 접촉기, 전자개폐기를 MC라고도 하며 MS라고도 불린다.

MC: Magnet Contact의 약자이며 M.S: Magnet Switch의 약어이이도 하다.

그리고 전기도면에서 “88” 또는 전자 접촉기를 숫자화한 기호이기도 하다. 전기도면에서는 각 부품별로 숫자화 된 도식화 기호를 쓴다.

예를 들어　　88: MC: Magnet Contact
　　　　　　49: TH: 열동형 과부하 계전기 등이 있다.

2) 전자접촉기 내부의 각 부분별 명칭 및 역할은 아래와 같다.

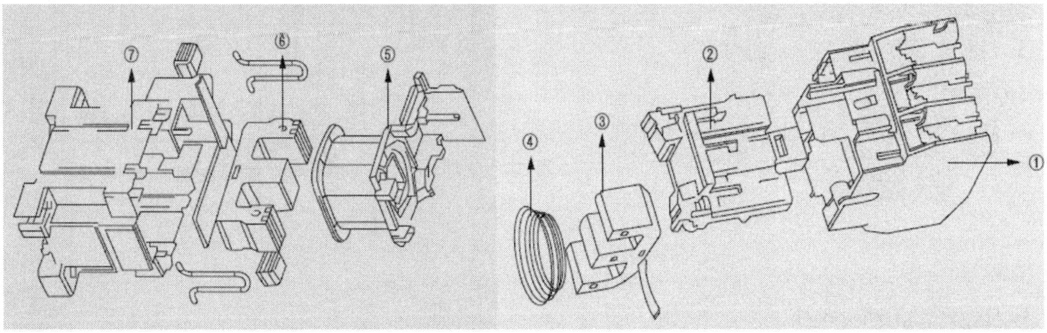

명칭	주요 역할
①	상부프레임 주/보조접점의 고정접점, 소호실 등이 구성되어 있으며 주전원 연결 및 On-Off 시 발생되는 Arc를 소호시켜주는 장치가 있음.
②	홀더 가동접점을 이용하여 주전원 On-Off
③	가동코어 고정코어와 함께 발생된 자기력에 의하여 전자접촉기 구동
④	Back-스프링 조작코일단 전원 Off시 접촉기를 초기 상태로 복귀시키는 장치
⑤	조작코일 전자접촉기 구동하기위한 장치
⑥	고정코어 가동코어와 함께 발생된 자기력에 의하여 전자접촉기 구동
⑦	하부프레임 고정코어, 조작코일등을 취부하며 상부프레임과 함께 전자접촉기 외관을 구성함.

3) 사용상 주의할 점

통상적으로 모터 부하를 연결할 때 MC를 주로 사용하며 제품의 선정시 정격전압 및 전류를 고려하여야 한다. 만약에 전압이 틀리다면 코일전원이 소손되어 MC가 타버린다. 그리고 정격전류가 적다면 상황에 따라서는 운전중에 MC접촉지기 눌어붙는 현상이 발생된다. 이는 곧 부하(모터, 각종기구)의 소손으로도 이루어질 수 있다.

접촉이 빈번하게 이뤄지는 장비나 기구인수로 정격에 맞는 선정이 필요하다.

4) MC 사용방법/마그네트 스위치 사용법

MC는 제조사별 고유의 브랜드명을 사용한다. 예를 들자면 LS 산전의 MEC, 현대의 경우 HMC 등을 사용한다.

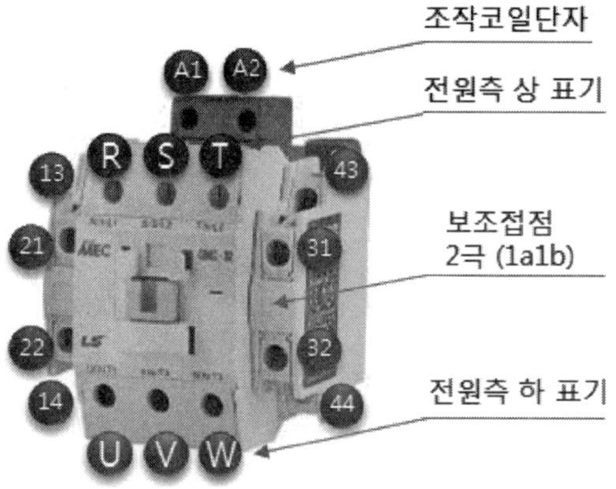

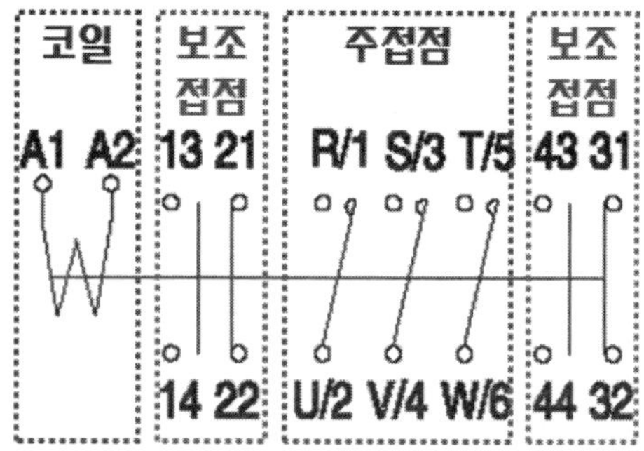

<내부 결선도>

① 코일접점(A1, A2)

MC의 하단에 보면 A1, A2 이렇게 표기된 부분이 있는데 이곳이 MC에 전원을 인가하여 코일을 여자시킨다.

② 주접점(R/1/L1, S/3/L2, T/5/L3)

MC의 1차 측으로 불리며 3상 전원을 사용하는 모터나 히터의 경우 이곳에 차단기에서 내려온 전선을 결선한다.

통상 좌측에서부터 우측으로 R상, S상, T상 이런 순으로 결선한다. 이곳에 결선될 전원은 사용부하 정격에 따라 DC24V, AC110V, AC220V, AC380V 등 선택하여 사용한다.

③ 주접점(U/2/T1, V/4/T2, W/6/T3)

이곳이 부하(모터, 히터 등)에서 올라온 선을 결선하는 MC 2차측이라고 한다.

④ 보조접점

옆면이나 상부에 보조접점이 위치한다. 이는 넘버로 기재되어 있으며

NO 13, 14 : Normal Open의 약자이며 평상시에 접점이 붙어있지 않고

NO 43, 44 : MC 코일이 여자되었을 때 접점이 On 되는 접점이다. 일명 "A" 접점이라고 한다.

NC 21, 22 : Normal Close 접점으로 위의 NO와는 정반대의 동작을 한다.

NC 31, 32 : 일명 "B" 접점이라고 한다.

5) 마그네트 스위치 고장유무 판별법

① 코일상태

A1, A2에 정격전압을 인가하였을 때 전자개폐기의 가운데에 위치한 사각형 모양의 주황색(LS, 현대) 꼭지가 들어가면 정격전압을 인가하였을 때 정상동작 한다고 본다.

② 접촉자

전원이 차단된 상태에서, 강제로 주황색 꼭지를 누르고 있는 상태에서 주접점을 테스터기의 저항 모드에서 접점 구성이 되는지 확인한다.

> **마그넷 스위치의 경우 말그대로 스위치 형태이므로**
> 전원이 인가된 상태에서 주황색 꼭지를 누르면 부하가 동작되어야 한다.
> 예를 들어 모터 시퀀스회로가 잘못되어 전자개폐기를 동작시키지 못할 경우 임시방편으로 주황색 꼭지를 강제로 눌러 임시 구동하기도 한다.
> 그러나 이 방법은 약간은 모터 측의 회로를 점검, 확인한 후 실행하여야 되며 전기적인 지식이 없이는 위험한 방법이므로 사용자의 주의가 필요하겠다.

다음은 전자접촉기의 주요 용도를 표시한 그림이다.

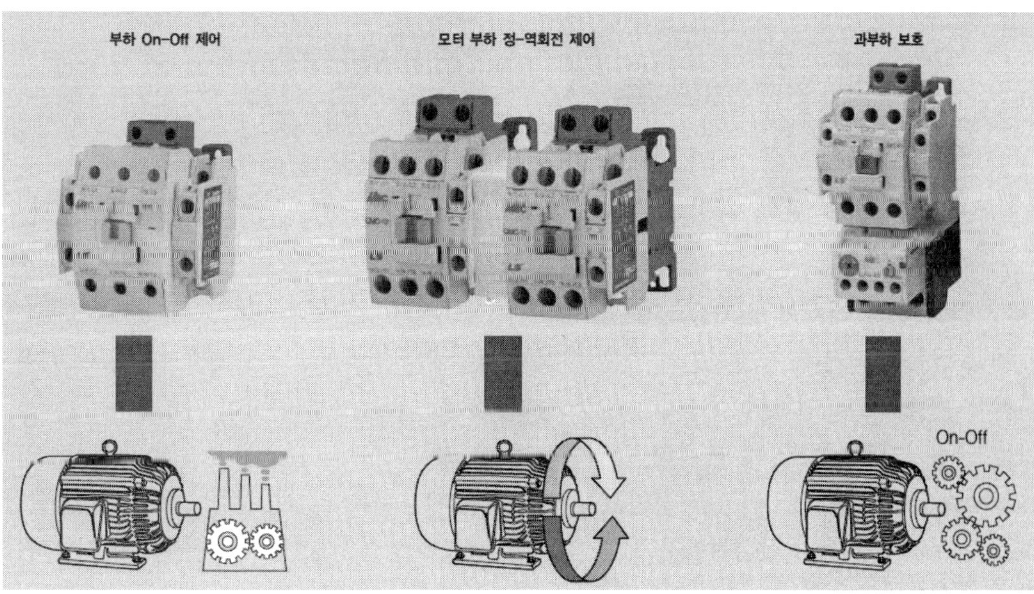

▌전자접촉기 종류와 사용 용도

① 표준형 전자접촉기(개폐기)

전자접촉기의 가장 기본적인 제품으로 우측 그림과 같은 외관을 하고 있으며, 단독부하 개폐시 사용된다.

일반적으로 개방형으로 불리기도 하는데, 이는 상입형을 제외하고는 모두 개방형으로 분류할 수 있다.

② 가역형 전자접촉기

전자접촉기는 주로 모터 부하의 개폐를 위하여 설치하게 되는데 모터의 정역회전을 제어하기 위해서는 3상 전원을 제어해주어야 한다. 이를 제어하기 위해 사용되는 접촉기가 가역형 제품이다.

그림에서 보는 바와 같이 표준형 제품 2대를 조합하여 구성되어 있으며, 두 제품간의 기계적 인터록 장치가 되어있다. 이 제품은 가역형 기능 이외에 다른 용도로도 사용될 수 있다. 회로 구성에 따라 저압 Auto Transfer Switch 기능으로도 구현이 가능하다.

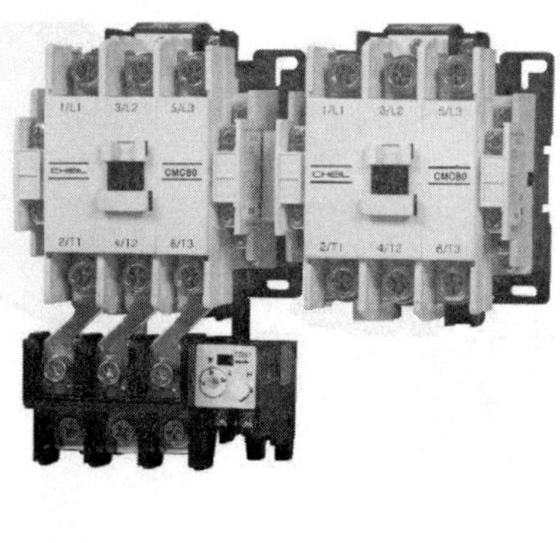

③ 지연석방형, 래치형 전자접촉기

전압 변동이 크거나, 순간정전이 많은 지역의 경우에는 전자접촉기의 조작코일에 인가되는 전원의 불평형으로 인하여 접촉기가 정상 상태에서도 Chattering 현상이 나타날 수 있으며, 이는 안정적인 전력공급에 문제를 발생시킬 수도 있다.

전력계통상에 일정한 전원을 정전없이 받도록 설계가 되는 것이 원칙이지만, 위에 말한 것과 같이 전원 자체가 안정적이지 못한 경우에는 지연석방형, 래치형 전자접촉기를 사용하는 것이 최적이다.

먼저 지연석방형 제품에 대하여 설명하면, 순간정전이 많은 지역의 경우에 주로 적용되는 제품으로 일반형 전자접촉기(직류조작코일 제품)에 지연석방 유닛을 별도로 구입하여 조작코일과 연결하여 사용하는 제품으로 지연석방 유닛은 내부에 설치되어 있는 콘덴서가 일정 전원을 충전하고 있어서 순간 정전시 몇 초간은 전원이 Off되더라도 접촉기 조작 코일단에 전원을 공급해준다. 따라서 순간정전 또는 전압강하가 되더라도 접촉기 코일단에는 일정 전원이 공급되므로 접촉기가 Off 되거나 Chattering 현상은 나타나지 않는다.

래치형 접촉기는 지연석방형 제품과는 좀 더 다른 용도로 사용된다. 지연석방 유닛이 전기적으로 구성되는 반면에 래치형 제품은 접촉기를 기계적으로 On을 유지하게 해준다.

따라서 래치유닛에 조작전원을 인가 후에는 접촉기 조작코일단에 전원을 Off 하여도 접촉기는 On 상태를 유지하게 된다.

래치형 접촉기를 사용하는 주된 이유는 조작전원이 Off 되더라도 주전원은 계속적으로 유지되어야하는 회로에 주로 적용된다.

래치형 전자접촉기는 일반형 전자접촉기에 신뢰성 있는 기계적 래치기구를 부착한 것으로 투입 코일과 복귀 코일을 구비하여 주접점을 기계적으로 유지하는 접촉기이다.

정전, 순시정전, 전압강하에도 전자접촉기가 개로되어서는 안되는 기억회로, 개폐빈도가 낮아서 상시 소비전력의 절약이나 소음이 없어야 되는 분전반 회로, 도로 조명용 또는 2대를 조합시킨 전원설비, 자가발전의 전원 대체용으로 사용된다.

또한, 기계적으로 접촉기를 On시켜 주므로 유지시 접촉기의 소음이 전혀 없다. 무소음이 요구되어지는 회로에 매우 적합하다고 할 수 있다.

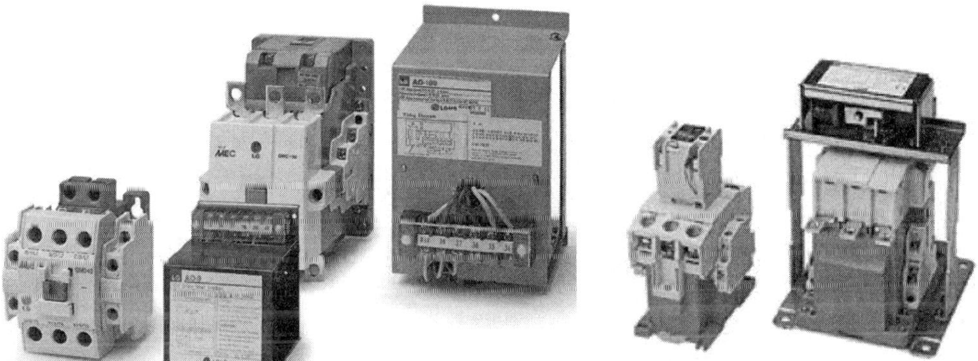

- 순간정전치 및 전압강하에도 개폐기가 동작하지 않아야하는 중요 회로에 적합하다.
- 배전선 낙뢰 등에 의한 전압강하가 발생할 경우, 전압이 회복될 때까지 1~4초간 조작코일에 병렬로 접속되어 있는 콘덴서에 의해 주회로의 접속을 유지한다.

④ 상입형 전자접촉기(개폐기)

상입형이란 전자접촉기(개폐기)를 외함 구조를 가진 Case에 넣은 것으로 영문 명칭은 Enclosed Type이라고 한다.

사용 용도는 전자접촉기(개폐기)를 단독으로 사용할 경우 주로 적용한다. 외함 구조에 따라 철제형과 플라스틱형으로 구분되며, 외함에 조작용 버튼의 설치 유무에 따라 버튼형으로 구분한다.

⑤ 직류전자접촉기

주전원이 직류인 경우에는 일반 교류 전자접촉기를 적용시에는 몇 가지 고려할 사항이 있다. 원칙적으로 일반 전자접촉기는 주전원이 교류형으로 직류부하에 적용은 불가하다.

직류의 경우, 전류 '영점'이 없기 때문에 동급의 교류용량에 비하여 개폐기 Surge 발생이 크다. 이에 따라 제조업체별로 다소 차이는 있으나, 카탈로그 등의 자료에는 교류정격에 비하여 낮은 정격치를 제시하고 있다.

- 주전원이 직류인 직류모터 제어 등 직류회로에 사용되는 접촉기로서 시정수가 적은 회로에 적합하다.
- 조작전원에 따라 직류조작형, 교류조작형으로 구분한다.

⑥ 단상 전용 전자접촉기

- 개폐 빈도가 많지 않은 에어컨, 냉동기, 쇼케이스, 산업용 청소기, 전기온수기, 건조기, 공조기, 펌프, 콤프레셔 등의 모터 제어 및 히터와 조명기기의 개폐 등에 광범위하게 이용되는 소형, 경량의 전자접촉기이다.
- 단자 구조의 다양화로 배선이 편리하다.(나사 방식, 퀵커넥트 방식)

⑦ 4극형 전자접촉기

- 주접점이 4극형인 전자접촉기로서 3상4선식 선로 적용 및 2개의 단상회로 동시에 제어 가능하다.
- 주접점이 4a 구조, 단상 부하 제어시 1대의 제품으로 2회로
- 동시 제어 가능(가로등 점멸기 제어등)
- 3상4선식 회로 적용시 “N”상까지 개폐 가능
- 기존 3극형 전자접촉기의 부속장치 공용사용 가능

5-2 전자개폐기

전자개폐기는 전자접촉기와 과부하계전기가 일체화 된 것으로, 전자접촉기에 의한 부하의 ON, OFF 조작과 열동계전기에 의한 과부하 보호 기능을 함께 갖는 기구이다.

접점의 구성
주접점 : 3극 (3a)
보조접점 : 1a1b 또는 2a2b

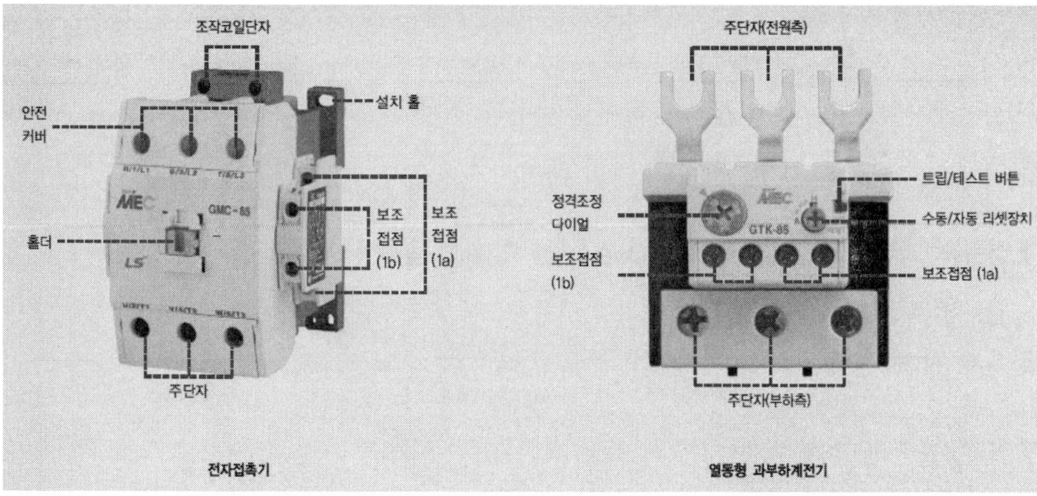

5-3 과부하계전기(THR, thermal relay, Overload Relay)

과부하계전기는 열동계전기 또는 서멀릴레이라고도 하며 주로 과부하 보호에 사용된다. 정격 전류 이상의 전류(과부하 전류)가 흐르면 내부에서 발생된 열에 의해 바이메탈이 동작하여 접점이 차단되고 전자접촉기의 회로를 차단하여 부하와 전선의 과열을 방지하는데 사용한다.

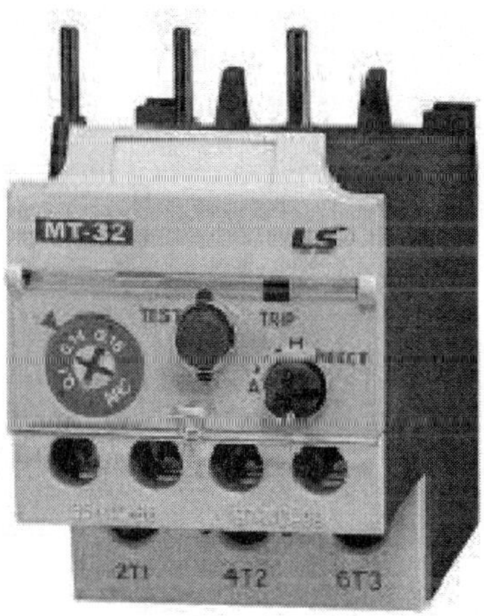

3극 열동형 (bimetallic style)

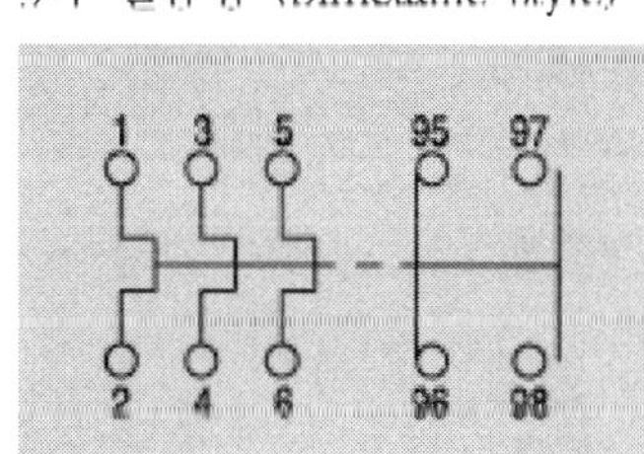

표준보조접점 : 1a1b (1NO+1NC)

과부하계전기 종류는 부하전류를 검출하는 방식이 Bi-metal 특성을 이용하여 검출하는 방식인 열동형 과부하계전기(Thermal Overload Relay)와 CT(Current Transformer)를 통하여 검출된 미소전류를 전자회로부를 이용하여 검출하는 전자식 모터보호계전기(Electronic Motor Protection Relay)로 나눌 수 있다.

▌열동형 과부하계전기(Thermal Overload Relay) 종류

열동형 과부하계전기의 종류는 부하별 사용용도에 따라 "일반(표준)형", "결상보호형", "지동형"으로 나눌 수 있다.

① 일반(표준)형 과부하계전기

일반형은 국내에서 가장 많이 사용하는 제품으로 내부 Bi-metal 각 상에 과전류 요소를 검출하는 히터 장착 수에 따라 "2소자" 제품과 "3소자" 제품으로 나누어진다.

② 결상보호형 과부하계전기

결상보호형은 "일반(표준)형" 기능에 추가로 "결상 검출 기능"을 추가한 제품으로서 모터소손 원인 중 많은 부분을 차지하는 "결상"에 의한 사고 방지를 위하여 사용된다. "결상"이란 3상 전원 공급 Line중 1상이 단선된 상태에서 전원이 공급되는 상태를 말하며 이때 나타나는 현상으로는 결상된 이외의 상에는 정격전류의 약 1.5배의 전류가 흐르게 되어 모터 내부 권선의 열화가 발생되며(결상인 상태로 기동 투입시에는 정격전류의 6~8배의 기동전류가 지속적으로 흐르게 되어 모터의 소손으로 이어짐), 경우에 따라서는 모터 소손으로 파급되는 매우 위험한 상태로 될 수도 있다.

③ 지동형 과부하계전기

지동형은 기동시간이 긴 Blower, Fan, 원심분리기 등 관성이 큰 부하에 적용되는 부품으로 동작 특성이 일반형과는 다르다. 관성이 큰 부하의 경우에는 기동시간이 크므로 일반형 과부하계전기를 적용할 경우 기동중 트립이 되는 경우가 발생되어 정상운전이 어렵게 되므로 지동형을 적용하여야 정상적인 운전이 가능하다.

▌열동형 과부하계전기의 사용방법

① 외부구조

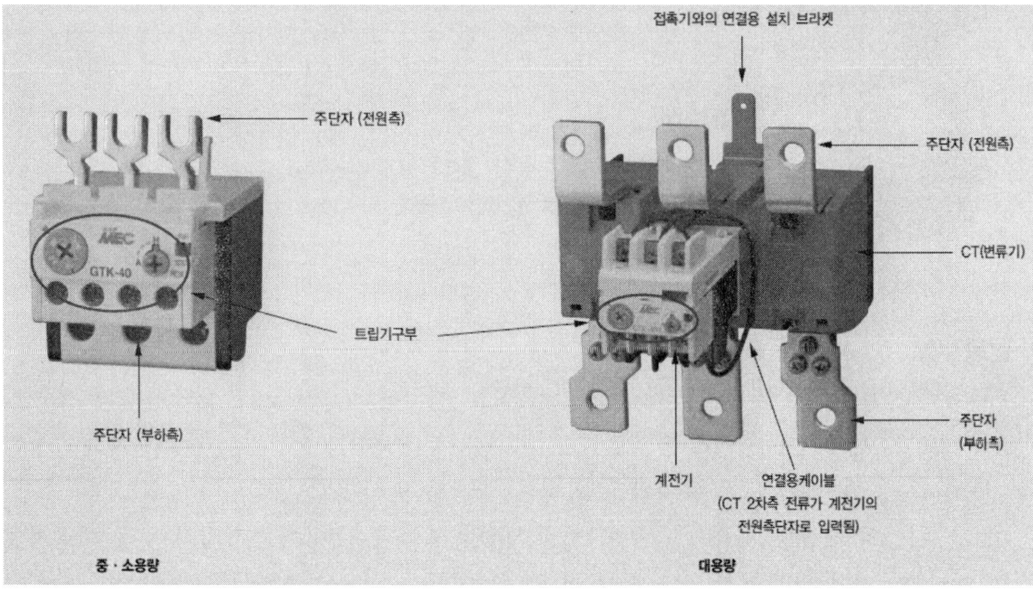

명칭	기능
전류조정기	작동 레버의 간격 조정으로 자기 전류 용량을 80~120%까지의 전류 범위 조정 가능. 눈금 전류 값의 80% 미만의 전류 값으로는 작동하지 않음.
주회로단자	단자는 부하 전류를 흘릴 수 있는 단자로서, 바이메탈과 히터가 연결 됨
복귀버튼 (Reset bar)	과전류 계전기의 가동 접점을 수동으로 조작 가능(복귀 동작)
트립(Trip)	강제로 회로를 차단
접점	고정 a접전+고정 b접전, 동자 레버의 압판에 의하여 동작 고정 b접점에 접촉되어 회로를 구성하다가 과전류가 흐르게 되면 b접점을 이탈하여 고정 a접점에 접촉 됨

② 설치방법

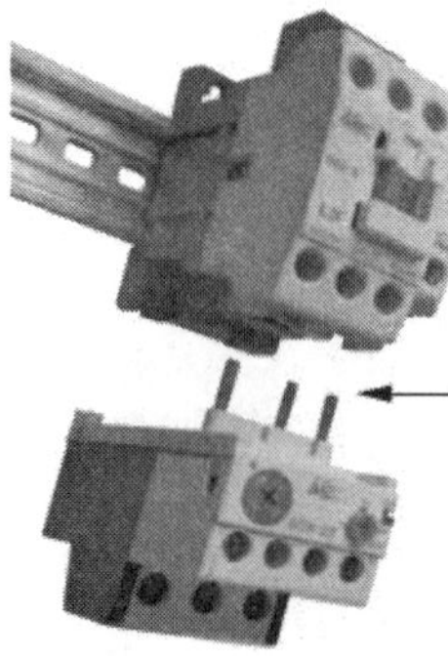

전자접촉기에 직접 연결 – 열동형 과부하계전기(Thermal Overload Relay)는 사용용도에 따라 전자접촉기와 연결하여 사용하거나 또는 단독으로 설치할 수 있도록 되어있으며, 전자접촉기와 연결사용의 편리성을 위하여 접촉기와 연결되는 부분에는 그림과 같이 직결로 연결이 가능하다. 직결형 구조가 아닌 경우에는 접촉기와 연결시 별도의 연결자 등을 이용하여 연결을 해야 되므로 작업공수의 증가 등의 불편함이 있다.

• 단독설치

Y-D 구성시에는 열동형 과부하계전기를 단독으로 설치할 필요가 있다. 중소용량의 경우(정격전류 80A 이하)에는 단독으로 설치할 수는 없지만, 부속장치를 이용하여 단독설치가 가능하다. 아래 그림에는 단독설치 유닛과 조합하는 상태를 나타내고 있다.

100AF 이상의 대용량 제품의 경우에는 중소용량 제품과 같이 단독설치 유닛을 이용하지 않고, 패널(Panel)에 직접 부착할 수 있는 구조로 되어있다. (600AF 이상 대용량의 경우 외장형 CT 등을 사용하므로 별도의 부착판에 설치하는 경우도 있다.)

단독설치유닛

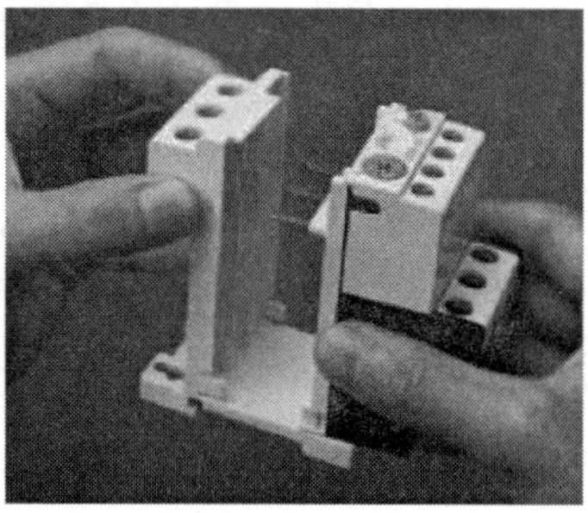
TOR과 조합

조합된 상태

③ 조작부 사용법

조작부는 전류조정다이얼, 수동/자동 리셋장치 및 트립표시 장치의 3가지로 구성되어 있다.

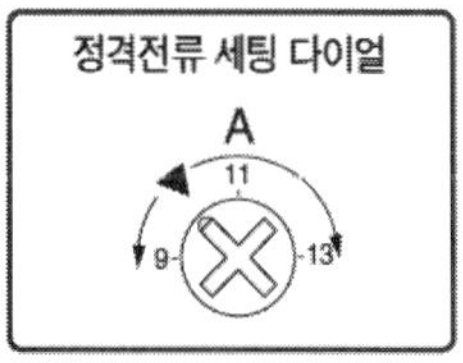

(11A 세팅 예시)

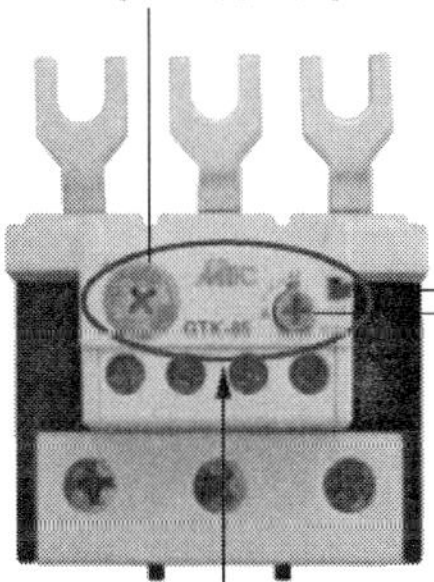

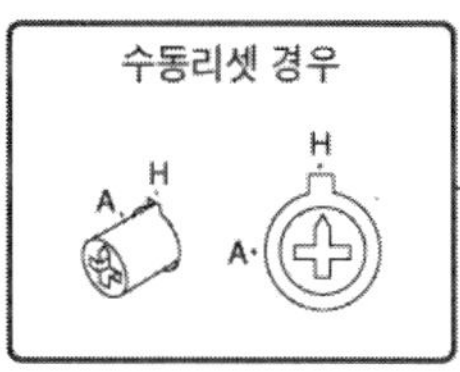

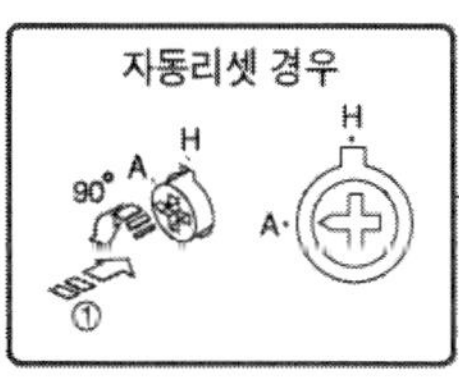

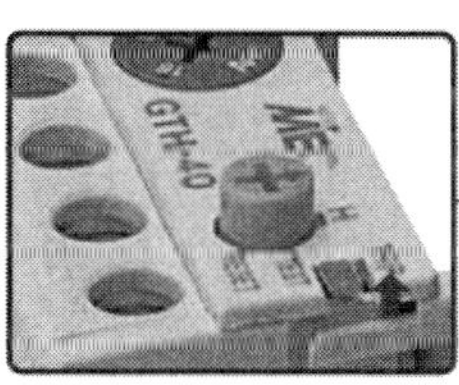

정격전류 세팅 다이얼

정격전류는 조정 다이얼로 가조정 세팅이 가능하게 되어있다. 일반적으로 열동식의 경우는 3점 세팅을 할 수 있게 되어있다. 전자식의 경우는 보다 넓은 범위를 조정하게 되어 있으나 열동식의 경우는 Bi-metal의 특성상 전자식과 같이 넓은 범위의 조정은 어렵다.
정격전류는 사용부하 전부하 전류치에 맞추어 설정하여야 되며, 부하특성을 고려하여 설정하여야 한다.
예를 들어 전부하 전류가 10A인 경우 LS산전 열동형 과부하계전기 기준하여 정격 세팅치가 7-8.5-10A 제품과 9-11-13A 제품이 있는데 전부하전류값인 10A가 중간 값에 가까운 9-11-13A 제품을 이용하여 세팅하는 것이 바람직하다. 각 용량별 정격치는 제조회사 별로 조금씩 차이가 있으므로 각 사에서 제공하는 카타로그를 보고 선정한다.

수동 – 자동 리셋장치

전면 표시창에 정격전류 세팅 다이얼 우측에 H, A표기가 되어 있는 것이 리셋 장치이다. 과부하계전기는 세팅된 전류치를 기준하여 과부하 및 이상전류 발생시 이를 감지하여 전자접촉기 조작전원을 Off하게 하여 선로 전원을 차단한다. 이때 사고 원인을 제거한 후 전자접촉기를 다시 기동하기 위하여서는 조작부 리셋장치를 1회 눌러주면 초기화 상태로 되면서 접촉기가 On이 된다. 이와 같이 사용자가 직접 사고원인 등을 제거한 후 리셋을 하는 것을 수동리셋이라고 한다. 이때 다이얼 표기는 "H"에 위치한다. (H는 Handle의 약자) 그러나 부하종류에 따라 다소 다르지만, 간헐적으로 일시적인 과부하가 생기는 부하의 경우 잦은 Trip으로 인하여 사용자가 계속적으로 현장을 방문하여 일일이 Reset하기가 어려운 경우에는 다이얼의 위치를 "A"(A는 Auto의 약자)로 하게 되면, 과부하 발생시에는 접촉기가 Trip되어 선로가 개방되지만, 일정시간 이후 정격전류상태로 되면 사용자가 수동으로 Reset하지 않아도 자동으로 Reset이 되어 접촉기 조작전원을 On하게 된다.
최초 수동리셋으로 되어 있으며 사용자가 자동리셋으로 필요시에는 "+"자 드라이버를 사용하여 "A"의 위치로 하면 자동리셋으로 사용이 가능하다.

트립표시장치

조작부 표시창 맨 우측에 설치되어있는 트립표시장치는 과부하에 따른 Trip발생시 붉은색 드럼봉이 위로 약 5mm 돌출되어 Trip상태를 표시한다. 오렌지색의 리셋스위치를 1회 눌러주면 트립표시장치는 원래대로 복귀한다. 접촉기 및 과부하계전기 결선 후 전원인가 후 Test하기 위하여 Trip 표시장치를 위로 올리면 접촉기가 Off되는 것을 확인할 수 있는 자가Test가 가능하다.

5-4 전자 과부하 릴레이(EOCR; Elctronic Overcurrent Relay)

일반 과부하 릴레이(OCR)는 기계적 접점이 가동하는 구조이며, 전자 과부하 릴레이(EOCR)는 반도체 무접점으로 되어 있고 반응 속도가 빠르며 반응 속도를 맘대로 조절할 수 있을 뿐 아니라 접점 수명이 길며 가볍고 미세한 전류의 변화에도 반응하게 할 수 있도록 정밀하게 만들수 있는 편리함을 가지고 있다.

내부에는 Op amp와 조직회로를 조합하거나 마이크로 프로세서를 사용하여 사이리스트 같은 무접점 출력소자를 제어 한다. 과부하 릴레이의 OCR은 과전류 릴레이(Over Current Relay)라는 의미에서 사용된 약호이다.

EOCR이란 전자식 과전류 계전기를 말한다. 보통 모터보호용으로 사용하고 설정치보다 전류값이 커지면 동작해서 모터의 소손을 방지하기 위해서이다.

예전에는 열동형 계전기(TH)를 많이 사용하였으나. 요즘의 거의 전자식 계전기를 사용한다. CT, PT, EOCR이란 고압배선에 꼭 필요한 것으로 주로 사용되는 목적은 CT(과전류 계전기) 전류가 허용치 이상으로 흐를 때 이를 차단하여 기기를 보호하는 역할을 한다.

PT(과전압 계전기) 전압이 허용치 이상으로 흐를 때 이를 차단하여 기기를 보호하는 역할을 한다. EOCR(부족전압 계전기) 전압이 세팅 값 이하로 떨어졌을 경우 계전기가 단락되어 회로를 재구성시키는 역할을 한다.

이들에 대한 세부적인 사용용도는 EOCR의 경우는 모터의 전원부 결선시에 사용되며 대부분의 결선도에 표현되어 있다.

CT, PT는 변압기에 주로 사용되며 일반적으로는 변압기의 회로 보호용으로 쓰인다.

▌EMPR(EOCR) 조정방법

① EMPR은 저압모터를 보호하기 위해 사용되는 전자식 모터보호계전기(Electronic Motor Protection Relay)로 전자식 과전류계전기(Electronic Over_current Relay) 또는 전자식 과부하계전기(Electronic Overload Relay)라고도 한다.

② 종류에는 정한시형과 반한시형이 있다.
현장에선 대부분 정한시형을 쓰고 있다.

③ TEST방법

a. 먼저 TEST버튼을 한 번 누르면 TRIP을 나타내는 O.L표시등이 점등된다.

b. TEST버튼을 다시 한 번 누르면 표시등이 소등되며 초기상태로 복귀(RESET)된다.

c. 운전하면서 TEST해 보려면 기동중 RC(A) 조정노브를 좌측으로 조정, 인위적인 과부하를

만들어 O.L 표시등이 점멸됨을 보고 설정시간 후 과전류가 트립되어 완전 점등됨을 확인하면 된다. 그리고 다시 SETTING하고 REST버튼을 눌러 RESET시킴.

④ 조정(SETTING방법)

a. D-TIME(Delay-Time) 노브

㉠ 모터의 기동전류(일반적으로 정격전류의 600~800%)에 동작하는 시간동안 EMPR의 동작을 지연시켜주는 시간을 조정하는 노브다.

㉡ 모터의 기동 지속시간은 부하의 종류에 따라 달라지게 된다.

㉢ 기동지연시간을 모르는 경우는 최대로 설정한 후에 모터의 기동전류가 정상이 될 때까지의 시간을 측정해야 한다.

㉣ 참고 : 일반적인 펌프와 같은 부하의 경우 약 3~5초 정도로 설정한다.

b. O-TIME(Opearting-Time) 노브

㉠ 부하에 과전류가 흐르게 되는 경우, 과전류가 흐르기 시작할 때부터 EMPR이 트립될 때까지의 시간을 말한다.

㉡ 설정된 동작시간이 흐른 후에 EMPR이 트립된다.

㉢ 참고 : 일반적으로 4~6초 정도로 설정하여 사용한다.

c. RC(Rating Current) 노브

㉠ 과전류보호를 위해 설정하는 것으로 모터의 정격전류(정상운전전류)를 기준으로 설정한다.

㉡ 먼저 RC 노브를 최대로 두고 모터를 운전한다.

㉢ 정상 운전상태에서 RC노브를 서서히 반시계 방향으로 돌려서 과전류 표시등(O.L)이 점멸되는 지점에서 정지한다. 바로 이 지점이 모터의 실부하 전류값(100%)를 나타낸다.

㉣ 이 지점에서 다시 시계방향으로 RC 노브를 돌려 O.L 표시등이 완전히 소등되는 지점에 노브를 설정하면 되는데 일반적으로 110~125% 정도에 설정한다.

㉤ 반한시형은 TIME 노브가 하나로 통합되어 있으며 기동전류 지속시간 이상으로 설정하면 되고 전류값(RC) 설정은 정한시형과 같다.

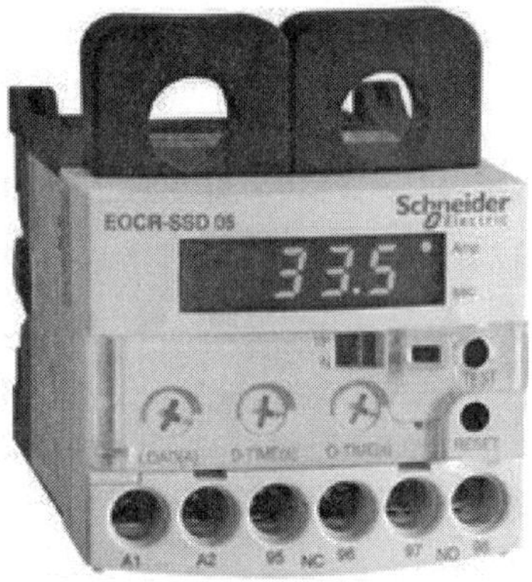

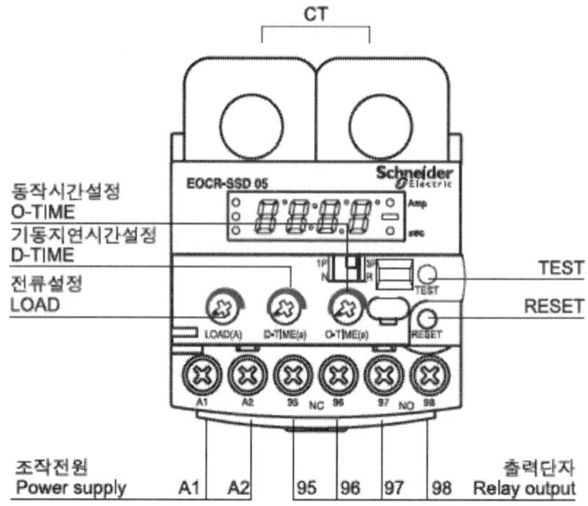

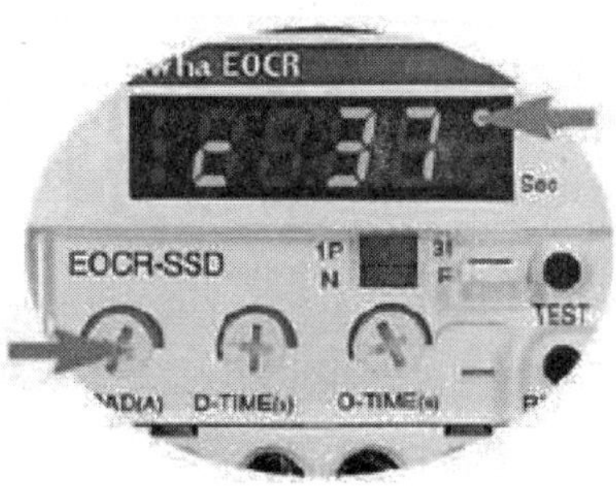

동작전류설정

모터의 정격전류에 설정하고 기계 또는 부하까지 보호하려면 기동이 완료된 후 정상적인 부하 상태하에서 실부하 전류를 디지털 지시치로 확인한 후 운전전류보다 110~125% 높게 Load Knob을 돌려 설정한다.

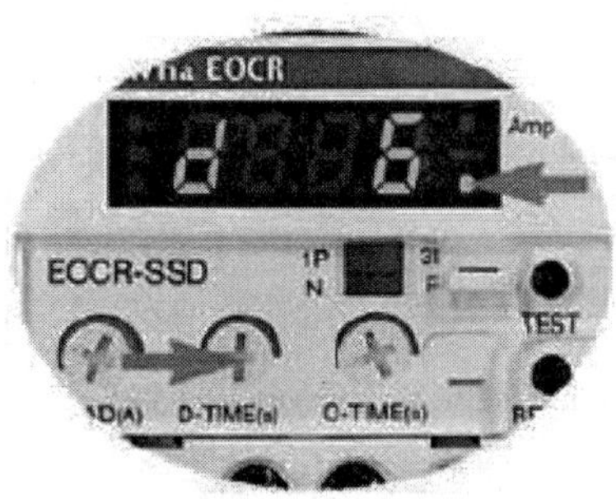

기동지연시간 설정

①기동시에 설정값을 최대에 두고 모터를 기동한다.
②모터를 기동한 수 전류를 확인하면서 기동전류가 정상전류로 돌아올 때까지의 시간을 측정하여 그 시간보다 1초 정도 길게 D-Time Knob로 설정하다.

동작시간설정

전류설정치 이상의 전류가 흐르기 시작하여 계전기가 동작할 때까지의 시간을 O-Time Knob로 설정한다.

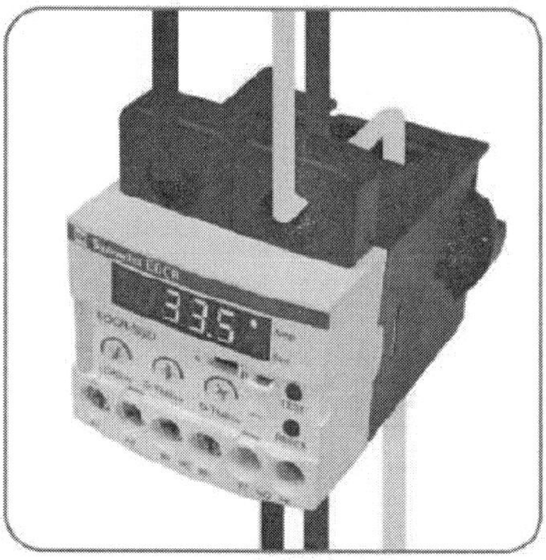

SSD의 배선 예

SSD+MC의 배선 예

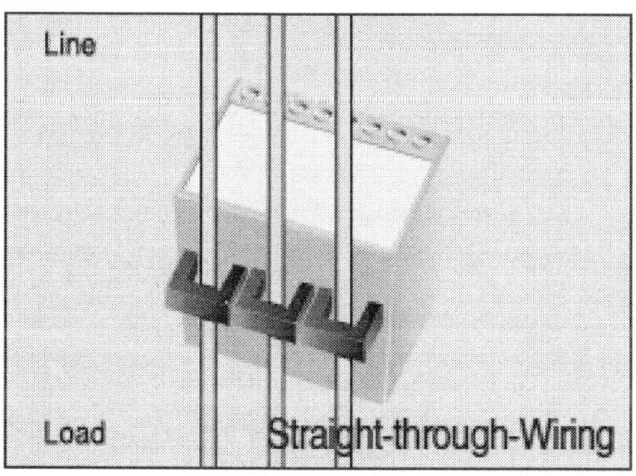

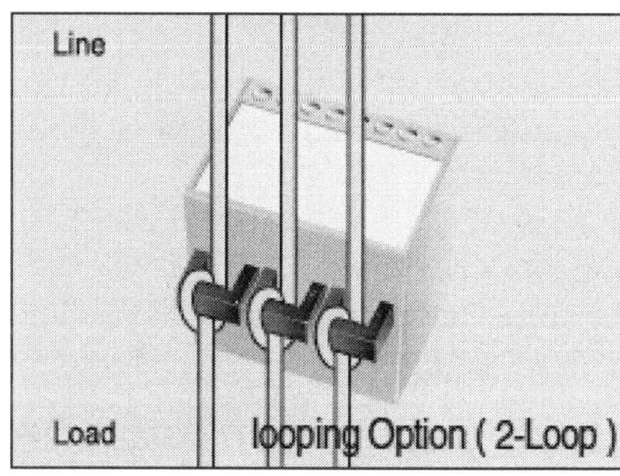

3상 모터 전선 관통

단상 모터 전선 관통

0.5A 미만의 소형 모터에서 전류감지용 CT홀을 통과하는 전선의 관통횟수를 증가시켜 증폭된 감지전류로 결선한다.

LOOPING	Loop 수	리드선의 CT홀 관통횟수	과전류 설정범위[A]
05Type	0	1	0.50~6.0A
관통횟수 조절에 따른 전류설정 범위	1	2	0.25~3.0A
	2	3	0.17~2.0A
	3	4	0.12~1.5A
	4	5	0.10~1.2A

N Type (Fail-safe Mode / No Volt Release)

NVR(No Volt Release)/On(N Type)
Fail-safe

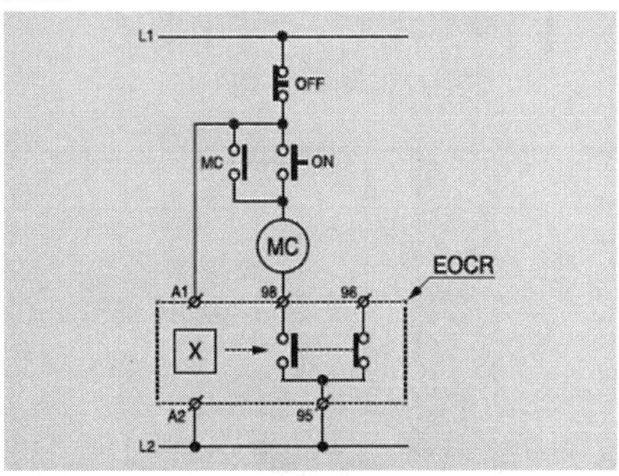

R type (Non-Fail-Safe Mode)

NVR(No Volt Release)/Off (R Type)
Non-Fail-safe

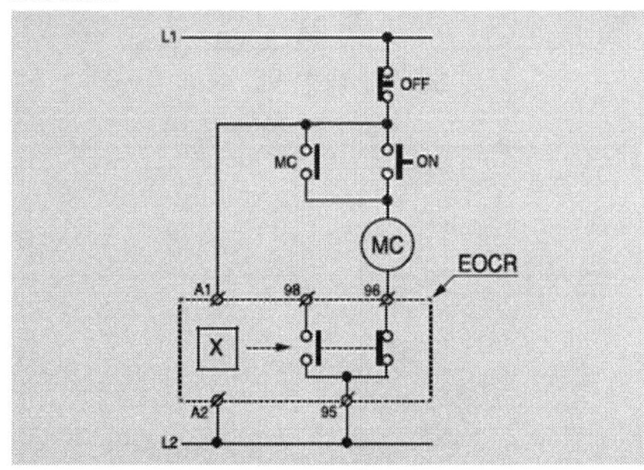

EOCR의 Fail Safe모드에 따른 보조접점을 사용한 회로의 구성 예
보조접점의 96, 98의 사용에 따라 구분을 한 것을 알 수 있다.

① N형

조작전원이 인가되면 내부Relay가 여자되면서 Sequence가 정상적으로 구성되어 모터를 기동시킬 수 있고, 과전류 등으로 Trip될 때 소자되는 Type이다.

만약 조작전원이 공급 안 되거나 EOCR내부 회로에 이상이 있으면 모터를 기동시킬 수 없다.

② R형

처음부터 조작전원의 정상유무에 관계없이 내부 Relay가 소자상태로 있으면서 Sequence가 정상적으로 구성되어 모터를 기동시킬 수 있으며, 과전류 등으로 Trip될 때 여자되는 Type이다.

▌디지털EOCR과 열동형 계전기의 기능 비교

구 분	열동형(TH Type) (Thermal Relay)	디지털(EOCR-FD "E" Type) (Electronic Over Current Relay)
동작 원리	전열선(heater)감응에 의한 바이메탈(bimetal)만곡 방식	전자논리회로에 의한 보조 릴레이 동작 방식
과전류 보호	부정확함	매우 정확함
상 보호 (상 불평형 심화시)	할 수 없음	할 수 있음
역상 보호	할 수 없음	할 수 있음
지락 보호	할 수 없음	할 수 있음
정밀 미세 조정	할 수 없음	할 수 있음
전류계 역할	할 수 없음	3상전류 자동순환표시:Display meter
무전압 계전기 역할	할 수 없음	할 수 있음
저 전류 보호	할 수 없음	할 수 있음
기동, 정지, 정, 역회전이 빈번한 부하보호	*부적합	아주 적합함
자체 보호 기능 (fail safe기능)	없음	있음
조정 기준	계산치, 실측치에 의함	실제 전류를 확인하여 실행
정격전류의 1.25배에서의 동작시간	2시간 이내	임의로 조정 가능 1. 기동전류동작지연시간 : 0.2초~120초 조정 2. 운전 전류가 보호 설정치 이상 흐를 때 동작 지연 시간 : 0.2초~25초 조정
정격전류의 2배에서의 동작 시간	2분 이내	
복귀 방법	bimetal온도가 정상 상태로 돌아와야 가능	자동 또는 수동 즉시 복귀
사전 경보 기능	불가능	보호설정 전류치의 50~100% 범위 내에서 사전 경보 전류치 설정 운전자가 시각적으로 운전전류의 경보 설정 전류치 초과 여부를 BAR GRAPH를 통해서 확인할 수 있음.
고장원인표시 및 고장 기억기능	없음	정확한 고장원인 표시 및 최종3회 기억 전문기술자가 상주하지 않는 장소에 고장복구 시간단축에 크게 기여할 수 있음.
적용 범위	주로 저압 모터 보호	고, 저압 설비는 물론 모든 기종의 모터 보호 가능
주위 온도 영향	있음	없음
전력 소모(낭비)	3[W]~24[W]	0.5[W]~3[W]

열동형 계전기는 다음과 같은 문제점을 갖고 있다.

① 전력 소모(낭비 전력)가 높다(3W~15W).
② 온도 보상이 되어있다고는 하지만 모터와 조작패널(Panel)이 분리 설치된 경우 외기 온도의 영향을 무시할 수 없고 주위온도 40℃ 이상에서는 성능을 보장할 수 없어 제한적으로 사용
③ 고장 예방 차원에서의 고장 원인 파악 후 트립 전 사전 경고를 위한 DATA수집이 실현될 수 없다.
④ 부하 변동이 심한 부하에 사용될 때 부하 특성에 맞는 부하 보호 PATTERN을 맞추기 어렵다. 모터 기동 시 7~8배의 기동전류나 순간적인 부하 상승, 등으로 인하여 자체 열축적을 발생시켜 오동작의 소지를 남기게 되므로 이와 같은 정상 운전 상태 이외의 여러 순간 변동 상황에 맞게 적절한 능동적 대응이 곤란하다.

5-5 배선용차단기(MCCB; Molded Case Circuit Breaker)

① 개요

배선용차단기(MCCB : Molded Case Circuit Breaker)의 다른 명칭은 NFB(No Fuse Breaker)으로서 개폐기구, 트립장치 등을 절연물 용기내에 일체로 조립한 것으로 통전상태의 전로를 수동 또는 전기 조작에 의해 개폐할 수 있으며, 과부하 및 단락 등의 이상 상태시 자동적으로 전류를 차단하는 기구를 말한다.

배선용차단기는 교류 600V 이하 또는 직류 250V 이하의 저압 옥내전로의 보호에 사용되는 mold case 차단기를 말한다. 소형이며 조작이 안전하고 퓨즈를 끼우는 등의 수고가 없기 때문에 종래의 나이프 스위치와 퓨즈를 결합한 것에 대신하여 널리 사용되고 있다.

트립장치에는 열동형(바이메탈이 차단기를 흐르는 전류에 의하여 가열되어 만곡되므로 트립 동작을 하는 것), 코일에 전류를 통하여 과전류에 의하여 철편을 흡인하여 동작하는 것 양자를 결합한 열동전자식 및 전자식 등이 있다.

트립 특성은 정격전류의 100%를 연속 통전하여도 트립 동작하지 않고 정격전류의 125%, 200%의 전류에 대한 동작시간이 별도로 정해져 있다.

배선용차단기는 손잡이를 ON, OFF 시킴으로써 단자 부에 배선된 전기회로를 개폐할 수 있으며, 단락보호와 과부하 보호의 목적으로 사용된다. 전류 이상을 감지하여 선로가 열에 의해 타서 손상되기 전에 선로를 차단하여 주는 배선 보호용 기기이다. 전자 기기가 정상적으로 작동하고 있을 때 흐르는 전류의 값을 정격전류라고 한다. 배선용 차단기는 이 전류가 흐를

때에는 작동되니 않고 정격전류가 아닌 이상상태에서는 위험을 감지하고 전자기기들을 보호하기 위해 전류를 차단한다. 단락이나 과부하 시 자동적으로 트립(trip)되어 회로를 자동으로 차단하며 트립의 원인을 제거한 후 다시 손잡이를 올리면 정상동작을 한다.

회로의 과전류를 차단하는 가장 간단한 것은 퓨즈이다. 일반적으로 퓨즈는 단락 및 과전류를 여는 경우 보호 계전기를 사용하지 않는 간단한 방법으로 사용되나 과부하 보호에는 적합하지 않다. 3상 전동기 운전 회로에서 과부하로 퓨즈가 1상만 끊어진다면 전동기는 "웅" 소리만 나고 운전하지 않는다. 이런 상태가 장시간 계속되면 전동기가 손상될 수 있다.

이러한 위험을 방지하기 위해 퓨즈를 사용하지 않고 NFB(노 퓨즈 브레이커) 또는 MCCB라 불리는 배선용 차단기를 사용한다. 출력이 0.2 kw를 넘는 전동기에는 소손 방지를 위해 전동기 보호용 배선용 차단기를 설치하도록 되어 있다.

② 구조

개폐기구, 과전류 트립장치, 소호장치, 접점, 단자, 몰드케이스로 구성된다.

차단기의 상태(투입, 차단, 트립)를 원격으로 감시할 수 있는 보조접점을 가지고 있는 것도 있다.

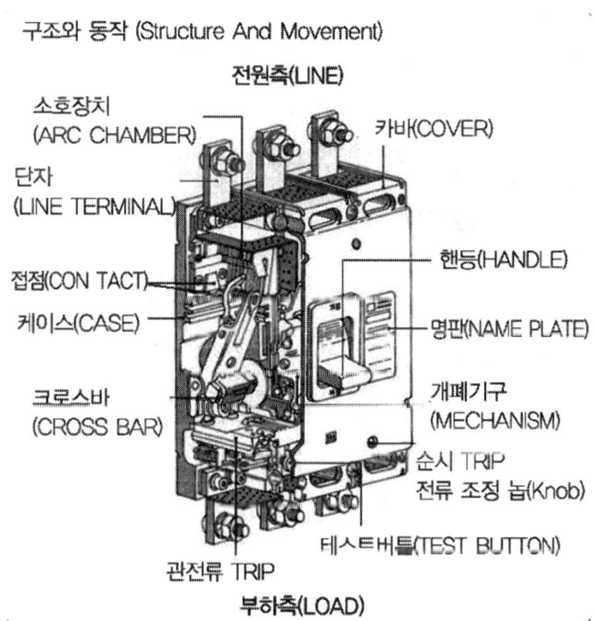

㉮ 소호장치

대전류를 차단할 때 접점간의 아크(Arc)를 효과적으로 소호할 수 있다.

㉯ 한류작용

단락시 회로의 임피던스를 크게 증대시킴으로써 단락절류 피크치를 크게 한류시킨다.

㉰ 동시트립구조

R, S, T상중 어느 한상에 과전류가 흘러도 R, S, T 상에 동시에 트립된다.

③ 종류

가. 동작방식에 의한 분류

구분	특징
열동식	바이메탈의 열에 대한 변화(변형)특성을 이용하여 동작하는 것. 직렬식 : 소용량에 적용 병렬식 : 중, 대용량에 적용 CT 식 : 교류 대용량에 적용
열동전자식	열동식과 전자식 두가지 동작요소를 갖고 과부하 영역에서는 열동식 소자가 동작하고, 단락 대전류 영역에서는 전자식 소자에 의해 단시간에 동작.
電磁식	전자석에 의해 동작하는 것으로 동작시간이 길어진다.
電子식	CT를 설치하여 CT2차 전류를 연산하고 연산결과에 의해 소 전류 영역에서는 長시한, 대전류 영역에서는 短시한, 단락전류 영역에서는 순시에 동작한다.

나. 용도에 의한 분류

구분		특징
배선보호용		일반배선용 전압회로의 간선 및 분기회로에 일반적으로 사용된다. 2.5~200KA까지 제작되고 있다.
전동기보호 겸용		모터브레이커라고 하며, 분기회로의 과전류차단기로 사용되며, 전동기의 전부하전류에 맞춘 것으로서 전동기의 과부하보호를 겸한다.
특수용	단한시 차단 MCCB	저압전로의 선택차단 협조를 도모하는 목적으로 몇 cycle 정도의 단시간지연의 과전류 차단장치를 갖춘 것으로 선택차단방식의 주회로 차단기로 사용되고 있다.
	순시 차단 MCCB	단락전류에 대한 보호만을 목적으로 하는 것이며, 전동기 분기회로에서 전자개폐기의 과부하계전기와 동작협조를 유지시키고 컴비네이션, 콘트롤센타로 통합된 것 또는 과전류 내량이 적은 반도체회로의 보호용으로 순시차단전류가 낮은 수치로 설정된 것이 사용되고 있다.
	4극 MCCB	3상 4선식 전로에서 중성극을 동시에 개폐할 목적으로 중성선 전용극을 갖춘 차단기.

④ 선정시 유의사항

가. 정격전류 :

정격전압, 정격주파수, 주위온도 40℃를 기준으로 연속하여 안전하게 가능전류로서 이 전류에서는 장시간 계속 사용하여도 발열, 파손, 열화되지 않고 사용할 수 있는 것을 보증하는 전류.

나. 정격차단전류 :

통과하는 단락전류 이상의 차단용량을 가지는 것으로서 단일식 MCCB로 차단하는 것이 원칙이다. 단일식 MCCB에서는 차단용량이 부족할 경우에는 단락전류를 10kA를 초과한다, 전원측 MCCB에서는 차단용량이 10kA를 초과할 경우에 한하여 전원측에서 보호협조하여 단락차단을 하는 종속차단을 인정하고 있다.

전원측 MCCB로서 한류형 MCCB를 사용할 경우 현저한 효과를 얻을 수 있으므로 경제적인 방법으로 많이 이용하고 있다.(단락전류 억제대책 캐스케이드 방식)

⑤ 차단용량의 선정

차단용량(MVA)은 정격차단전류 I(KA)와 정격전압(KV)에 의해 결정되며, 배선용차단기의 정격차단용량은 전기설비기술기준 제42조 6항(저압전로에 시설하는 과전류 차단기는 이를 시설하는 곳을 통과하는 단락 전류를 차단하는 능력을 가지는 것이어야 한다. 다만, 그 곳을 통과하는 최대 단락 전류가 10,000A를 넘는 경우에 과전류 차단기로서 10,000A 이상의 단락전류를 차단하는 능력을 가지는 배선용 차단기를 시설하고 그곳으로부터 전원측의 전로에 그 배선용 차단기의 단락 전류을 차단하는 능력을 넘고 그 최대 단락전류 이하의 단락 전류를 그 배선용 차단기보다 빨리 또는 동시에 차단하는 능력을 가지는 과전류 차단기를 시설하는 때에는 그러하지 아니하다)의 기준에 따르고 또한 다음 표1, 표2에서 열거한 값(시중에서 생산 유통되는 것 중) 이상이어야 한다. 또한, 배선용차단기는 정격전류산정도 중요하지만 사고시 사고전류를 차단하는 능력이 더욱 중요하므로 설계시 단락전류에 대한 검토가 필요하다.

[배전방식에 따른 저압 배선용 차단기의 정격차단전류 표준값(안전공사 검사기준)]

공급방식	공급전압 (V)	차단기 정격전류 (A) 이하	정격 차단전류(kA)
단상	110	30	1.5
		75	2.5
	220	30	1.5
		50	5
		75	5
3상	200	30	1.5
		75	5
		200	7.5
		225	10
		600	18
	380(400)	30	2.5
		125	5
		150	5 (7.5)
		225	7.5 (10)
		600	14

- 정격차단전류는 전선길이 20m(변압기 2차에서 저압 주차단기 후단의 차단기까지)를 기준으로 한 수치임.
- 저압 주차단기 이외의 차단기는 상기 수치에 의하지 않을 수 있다.
- 차단기의 정격전류가 상기 값을 초과하는 경우에는 고장전류를 계산한다.

[시중에서 유통되는 저압배선용차단기의 종류별 정격차단전류(kA) – (LG 산전의 제시값)]

종류(Type)		경제형(E)	표준형(S)	고차단형(H)	한류형(L)
30AF	600V	-	2.5	5	-
	460V	1.5	5	10	-
	220V	2.5	10	25	-
50AF	600V	2.5	5	7.5	-
	460V	5	10	14	-
	220V	10	25	25	-
100AF	600V	5	7.5	14	-
	460V	10	14	18	-
	220V	25	25	30	-
225AF	600V	7.5	7.5	25	35
	460V	10	14	42	65
	220V	18	25	85	125
400AF	600V	18	22	30	35
	460V	25	30	42	60
	220V	35	42	85	125
600AF	600V	22	30	-	35
	460V	30	42	-	60
	220V	42	85	-	125
800AF	600V	22	30	-	35
	460V	30	42	-	60
	220V	42	85	-	125
1000AF	600V	-	45	-	-
	460V	-	65	-	-
	220V	-	100	-	-
1200AF	600V	-	45	-	-
	460V	-	65	-	-
	220V	-	100	-	-

⑥ 전선의 보호

전선의 허용온도 상승치 이내에서 과전류를 차단하여야 한다.

⑦ 전동기회로의 보호

전동기 회로에 시설하는 과전류 보호기로서는 전동기의 용량, 운전특성, 개폐수명,

단락용량 등을 고려하여야 한다.

가. 단락보호 : 순시차단식 MCCB, 모터브레이커, MCCB

나. 과전류보호 : 계전기(기계식,전자식) + 전자개폐기의 조합

⑧ 특징

- 과전류로 차단시 그 원인을 제거하면 즉시 재투입이 가능하고 반복사용할 수 있다.
- 접점의 개폐속도가 일정하고 빠르다.
- 동작 후 복구시간이 필요하지 않으며 예비품이 불필요하다.
- 과전류가 1상에만 흘러도 각 극이 동시에 차단되므로 결상이 생기지 않는다.
- 개폐기구를 겸할 수 있다.

⑨ 시공시 주의사항

가. 온도 : -5℃ ～ 40℃

나. 습도 : 45 ～ 85%

다. 수증기, 유증기, 먼지, 염분, 부식성물질이 존재하지 않는 장소

라. 절연거리를 확보할 것

마. 도체고정은 정격토크로 체결할 것

▌차단기 용량표기에 대한 내용 (AF/AT)

- AF는 Ampere Frame의 initial이다.
- AT의 뜻은 Ampere Trip의 약자이고 AF는 Ampere Frame의 약자이다.
- AT는 배선용차단기의 과전류트립 기준치로 정격사용전류를 말한다. AF는 같은 형명으로 제작할 수 있는 최대정격전류로 부르며, 배선용차단기의 제품 크기를 좌우한다.
- 한국산업규격인 KS에서 정의하는 Ampere Frame(AF)은 정격전압, 절연성능, 차단용량 등 차단기의 주요한 기능을 동일한 크기에서 구현 가능한 최대 정격전류값을 AF이라고 정의하고 있다. 즉, 100AF 제품은 정격전류(Ampere Trip, AT)가 여러 가지이지만, 제품의 외형크기로는 100A가 최대 정격 전류치이다.
- Frame의 사전적 의미는 뼈대, 구조, 틀이라는 의미를 가지고 있으며, Frame 용량은 일반적으로 30, 50, 60, 100, 225, 400, 600, 800, 1000, 1200 등이 생산된다. Trip치에 관계없이 이들 각각 규격의 size는 동일하다.
  (예 : 100AF/100AT과 100AF/75AT의 외형크기는 동일하다.)
- AT는 Ampere Trip의 initial로서 규격은 일반적으로 15, 20, 30, 40, 50, 60, 75, 80, 100,

125, 150, 175, 200, 225, 250, 300, 350, 400, 5000, 600, 700, 800, 1000, 1200 등이 있다.

그리고 AF값과 AT값은 1번의 예와 같이 각각 별도로 표기된다.

차단기의 용량에서 AT는 트립용량 즉 안전하게 통전시킬 수 있는 최대용량의 전류이다. AF는 프레임 용량으로 단락 등의 사고 시 화재, 폭발 등이 발생하지 않고 흘릴 수(견딜 수 있는) 있는 최대 용량의 전류이다. 물론 이때 차단기로서의 기능을 수행하는 것을 전제로 한다.

▌배선용 차단기의 정격전류 선정시 AT 용량선정 후 AF(Frame)용량선정 방법

① 배선용차단기의 정격은 전기설비기술기준 제42조~제45조에서 만족하는 차단기를 선정하여야 하는데 먼저 용어의 정의는 다음과 같다.

가. 정격전류 :

배선용차단기의 정격전류는 정격전류의 1.1배의 전류에 견디고, 정격전류의 1.6배 및 2배의 전류를 통한 경우 전기설비기술기준 제42조의 표에서 정한 시간 안에 용단되도록 하고 있음(예 100/30 AF/AT인 경우 30은 차단기 정격전류 값이고 1.1은 안전율로 보면 된다. 실제 차단기가 동작하는 전류는 차단기 정격전류의 1.1배 이상에서 동작하게 된다.)

나. 차단전류 :

전기설비기술기준 제42조 제6호에 의하면 "저압전로에 시설하는 과전류 차단기는 이를 시설하는 곳을 통과하는 단락전류를 차단하는 능력을 가지는 것으로 사용토록 하고 있다. 차단전류는 차단기의 명판에 정격 차단전류라고 표기된 OO [KA]의 형태로 표기된 내용을 의미한다.

5-6 누전차단기(ELB; Earth Leakage Breaker)

① 누전차단기 정의 및 외형

비충전 금속부의 전압이나 누설 전류에 의한 전원의 불평형 전류가 소정의 값을 초과하였을 경우 전원을 차단하는 장치. earth leakage breaker(영어) 비충전 금속부의 전압이나 누설 전류에 의한 전원의 불평형 전류가 소정의 값을 초과하였을 경우 전원을 차단하는 장치. 사전식 용어해설은 위와 같이 설명할 수 있다.

간단하게 설명하자면 전기위험으로 부터 인체(사람)의 감전사고 예방을 위해 주로 사용된다.

구조와 동작 (Structure And Movement)

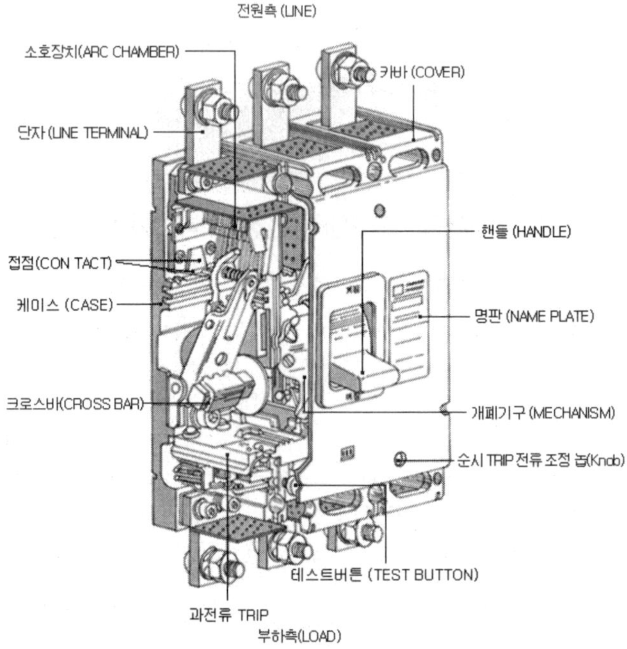

ELB와 NFB의 차이점

ELB : 과부하 차단도 목적이 되지만 주 목적은 누전 차단이 목적
누전 차단 만을 목적으로 하는 누전차단기도 있다. 시험버튼이 청색 혹은 녹색이면 그 ELB는 누전만을 차단하고 과부하시에는 차단되지 않음.

NFB : 과부하 차단 보호가 목적
누전시 흐르는 누설 전류가 NFB의 정격전류를 넘어서도 NFB는 OFF 된다.
과부하란 합선에 의한 과대전류, 부하(기기, 기계)의 과다 사용으로 인한 전류의 과다한 흐름 그리고 누전에 의한 과전류를 말한다.

* ELB는 누전, 합선, 과부하시 모두 차단되며, NFB는 합선 과부하시 차단된다.

5-7 회로보호용 차단기(CP; Circuit Protector, CBE; Circuit Breakers for Equipment)

이 차단기는 전기 회로에 발생하는 이상전류를 검출하여 회로를 차단, 보호하는 장치이다. 배선용 차단기와 누전차단기는 건물 벽에 설치된 철제함에 설치되어 있다. 하지만 회로보호용 차단기는 기계 내부, 특히 이동이 가능한 작은 기계 내부에 위치한다.

배선용 차단기와 누전차단기는 전선을 보호하지만 회로보호용 차단기는 기계 내부의 회로, 반도체, 모터 등을 보호한다.

퓨즈(Fuse)와 비슷한 역할을 한다고도 볼 수 있다. 퓨즈는 한번 끊기면 교체해 주기 전까지는 다시 동작할 수 없지만, 회로보호용 차단기는 어느 정도 시간이 지난 뒤 원래의 기능이 동작하도록 복귀시킬 수 있다.

회로보호용 차단기는 PC, 용접기, 이동용 발전기 등의 전원(on/off) 스위치 역할을 하는데 주로 쓰인다. 또한 직류전원장치와 제어반에서도 사용되고 있다.

전선 및 전동기의 보호인 경우 일반배선용 차단기와 다른 점이 없으며 과부하 내량이 적은 SCR 등 반도체소자의 경우 평균 순전류의 10배 이상 보호에는 어려운 경우가 있어 CP는 과부하보호를 주체로 하며 반도체 보호용 Fuse와 병용하여 완전보호가 가능한 것으로 알려지고 있다.

① 종류

가. 부착방식에 따른 분류

표면형, 매입형, 패널(Panel)부착형, 레일부착형, 프러그형

나. 동작방식에 의한 분류

R형, M형, S형

다. Tripping방식에 따른 분류

열동식(TO), 열동전자식(TM), 유체전자식(HM)

HM : 전자식에 포함되는 것으로 일반적으로 오일대쉬포트라 불리는 플런저 장치와 코일을 조합하여 Tripping하는 것

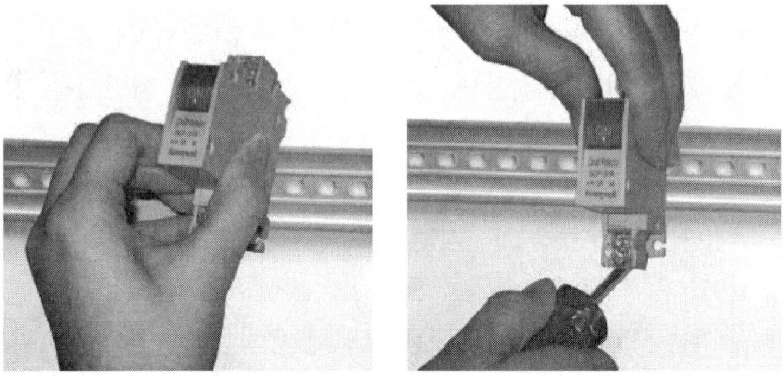

Din레일 장착 및 탈착

② 배전용 차단기와 다른 점

항목	Circuit Protector	배선용 차단기 KSC 8321
정격 전압 정격 전류 정격차단용량	AC 50 ~ 415V DC 12 ~240V 0.05 ~ 100A 100 ~ 10000A	AC 110 ~ 550V DC 125 ~ 250V 15 ~ 2500A 2500 ~ 200000A
과전류 동작특성	임의 조정가능 125 % × 정격전류	125% × 정격전류 200% × 정격전류

6

C·H·A·P·T·E·R

전선(Wire)과 단자대

6-1 전선(Wire)

전선을 사전적 의미로 보면, 『electric wire(電線)로 “전류가 흐르도록 도체로서 쓰는 선”』이라고 정의하고 있고, 우리나라의 전기기술기준의 대표적인 “전기설비기술기준”의 용어 정의에서는 『“전선”이라 함은 강전류 전기의 전송에 사용하는 전기도체, 절연물로 피복한 전기도체 또는 절연물로 피복한 위를 보호 피복으로 보호한 전기도체를 말한다.』 되어있다.

또한, 국제전기기술위원회IEC)에서는 전선을 『도체(conductor)로 정의하고, 정해진 전류를 운송하기 위한 도전성 부분(conductive part intended to carry a specified electric current)』이라고 용어정의를 하고 있다.

▌단선도체와 연선도체

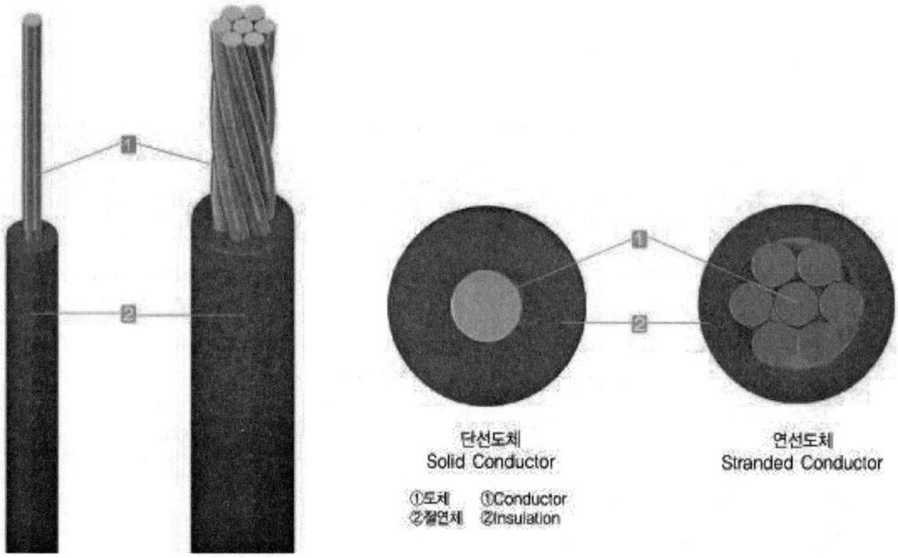

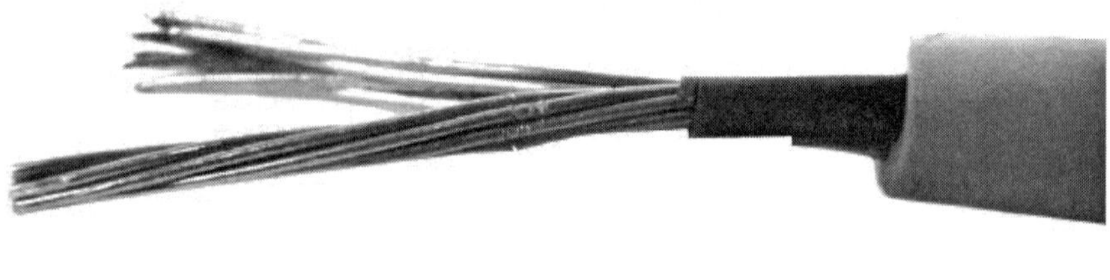

- 심선 : 전선의 도체를 말한다.
- 소선 : 도체를 형성하는 한가닥 선을 말한다.
- 단선 : 도체가 한가닥 소선으로 형성되어있는 것을 이른다.
  단면이 원형인 1본의 도체, 공칭 단면적[㎟]으로 표시.
- 연선 : 소선 2가닥 이상 꼬아 형성된 도체를 말한다.
  1본의 중심선 위에 6의 층수 배수만큼 증가하는 구조

▌전선의 구비 조건

① 도전율이 크고 고유 저항은 작을 것,
② 기계적 강도 및 가요성(유연성)이 커야 하고,
③ 내구성이 있어야 하며,
⑤ 비중이 작고,
⑥ 가격이 저렴하여야 하고,
⑦ 시공 및 보수의 취급이 용이해야 한다.

▌전선의 종류

전선의 종류에는 절연전선, 코드, 케이블 및 나전선 등이 있고. 그 도체로는 동(연동 및 경동), 알루미늄 합금, 동합금 등이 사용되고 있다. 그 절연체나 보호 피복 재료로는 천연고무, 합성고무, 합성수지 등이 사용되고 있으나 최근에는 주로 합성수지가 사용되고 있다. 이러한 전선이나 케이블은 그 종류가 대단히 많을 뿐 아니라 종류에 따라 특성에 차이가 있으므로, 설계나 사용 과정에서는 사용 목적에 적합한 것을 선정하여야 한다.

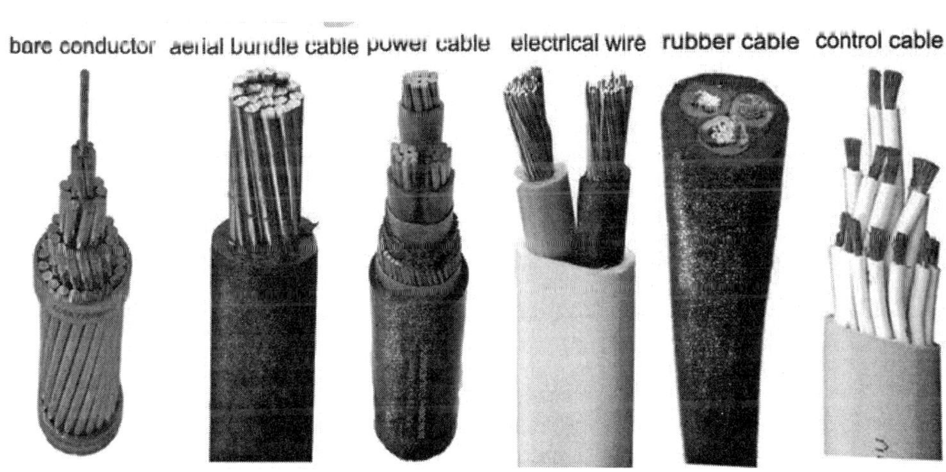

① 절연전선

기호(명칭)	명칭	용도	비고
OW (out-door weather proof wire)	옥외용 비닐 절연전선	저압 가공 배전선로에 사용	KSC 3313
DV (drop-wire)	인입용 비닐 절연전선	저압 가공 인입선에 사용	KSC 3315
IV (indoor-wire)	600V 비닐 절연전선	600V 이하의 옥내 배선에 사용	KSC 3302
HIV (heat-resistant wire)	600V 2종 비닐 절연전선	600V 이하의 옥내 배선용으로 소방 및 비상전력에 사용	KSC 3328
KIV (Insulated Flexibled Wire)	600V 전기기기용 절연전선	600V 이하의 주로 일반전기공작물, 전기기기의 배선에 사용	KSC 3325
GV (ground wire)	접지용 비닐절연전선	전기 건축물 규정에 준하는 제1급 및 제2급 접지용	KSC 3323

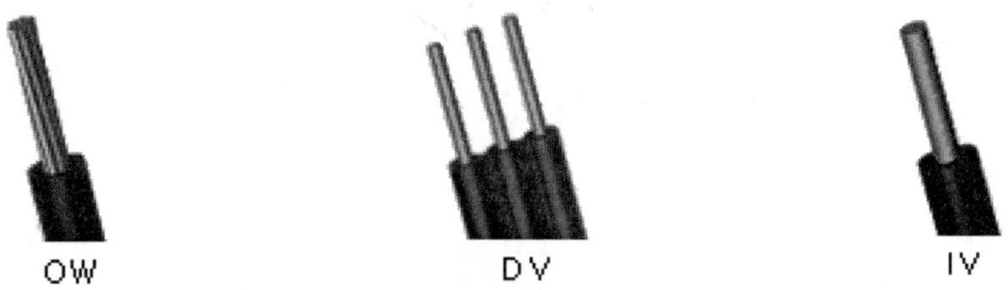

주요 절연전선의 종류

② 코드(cord)

연동선 지름 0.18~0.329[㎜]인 심선을 여러 가닥 비닐이나 고무를 피복한 것으로 옥내 코드(KS C 3303)와 기구용 비닐 코드(KS C 3304) 등이 있다. 용도를 위의 절연전선과 비교한다면 주로 옥내에서 AC 300V 이하의 소형 전기 기구에 사용되며 유연성이 좋으며 색깔이 선명하다.

심선수	색별	비고
2심 3심 4심	흑, 백 흑, 백, 적 또는 흑,백,녹 흑, 백, 적, 녹	o 전압선(선도체) : 흑, 적색 o 중선선(중선도체) : 백색 o 접지선(접지도체) : 녹색

코드의 종류	기호
단심 비닐코드	VSF
2종 단심 비닐코드	HVSF
2개연 비닐코드	VTF
2종 2개연비닐코드	HVTF
비닐평형 코드	VFF
2종 비닐평형 코드	HVFF
비닐 캡타이어 원형코드	VCTF
2종 비닐 캡타이어 원형코드	HVCTF
비닐 캡타이어 타원형코드	VCTFK
2종 비닐 캡타이어 타원형코드	HVCTFK

③ 전력용 케이블

기호(명칭)	명칭	용도	비고
EV (Polyehtlene insulated PVC sheathed power cable)	폴리에틸렌 절연 비닐 시스 케이블	전기 특성이 우수 내약품성이 우수	600V, 3.3㎸, 6.6㎸, 22㎸, 33㎸
VV (PVC/PVC(영,미) PVC insulated PVC sheathed power cable)	비닐 절연 비닐시스 케이블	600V 이하인 저압 회로에 사용	600V 이하
BN (Butyl rubber insulated power cable)	부틸고무절연 클로로프렌 시스 케이블	내열성이 우수 안정된 성능 광범위한 사용	600V, 3.3㎸, 6.6㎸, 22㎸, 33㎸
RN (Rubber insulated chloropren sheathed cable)	고무절연 클로로프렌 시스 케이블	내후성 및 기계적 특성이 우수 사용조건이 가혹한 곳도 견딤	600V 이하 3.3㎸
CV XLPE/PVC(영, 미) (Cross linked polyethlene insulated cable)	가교 폴리에틸렌 케이블	전력 케이블의 대표격 가장 널리 사용	600V, 3.3㎸, 6.6㎸, 22㎸, 33㎸
600V CV, 600V EV	폴리에틸렌 절연 비닐 시스케이블	600V 이하의 상업용 또는 주거용으로 사용되는 배선용 또는 조명용	KS C 3611
3300V CV	가교 폴리에틸렌 전선	3,300V 이하의 상업용 또는 산업용배전회로용 전선으로 사용되며 관로 또는 직매 등에 포설	KS C 3131
6600V CV	가교 폴리에틸렌 전선	6,600V 이하의 상업용 또는 산업용 배전회로용 전선으로 사용되며 관로 또는 직매 등으로 포설	KS C 3131

④ 제어용 케이블

약칭	명칭	주요 용도
CVS	제어신호용 비닐절연 비닐시스 케이블	정밀용, 600V 이하의 제어용 회로에 사용되는 케이블로 PVC로 절연 및 시스하고 시스사이를 PVC로 메움
CVV	제어용 비닐 절연 시스 케이블	일반용, 600V 이하의 제어용 회로에 사용되는 케이블로 관로 등에 기중 포설되며 최대도체사용온도는 60℃
CVV-S	정전 차폐부 제어용 비닐시스 케이블	차폐용, 600V 이하의 정전차폐가 요구되는 제어용 회로에 사용되는 케이블로 관로 등에 포설되며 최대 도체사용온도는 60℃
CVV-SB	편조형 제어용 비닐절연 비닐 시스케이블	
CEV	제어용 폴리에틸렌 절연 비닐시스 케이블	일반용, 난연용
CCV	제어용 큐프렌절연비닐시스케이블	내구성, 내열용
CRN	제어용 고무절연플로로프린 시스 케이블	일반용, 가요성, 저온 특수성
CBN	제어용 부틸고무 절연 클로로프린 시스 케이블	내구성, 내열성, 난연성
HCVV	제어용 내열 PVC절연 내열비닐시스케이블	내열성 가소제를 사용한 PVC로 절연 및 시스 케이블
FR-CV	제어용 내열 PVC절연 내열비닐시스케이블	난연 PVC로 절연하고 난연성 PVC로 시스 케이블

⑥ 나전선(bre conductor)

동도체 나선은 전력선이나 통신선의 도체로 사용하며 세선(0.18mm)에서 태선(4.0mm)까지의 단선 도체와 경동연선(HS) 및 연동연선(AS) 및 복합 연동 연선(ACSR) 등이 있다.

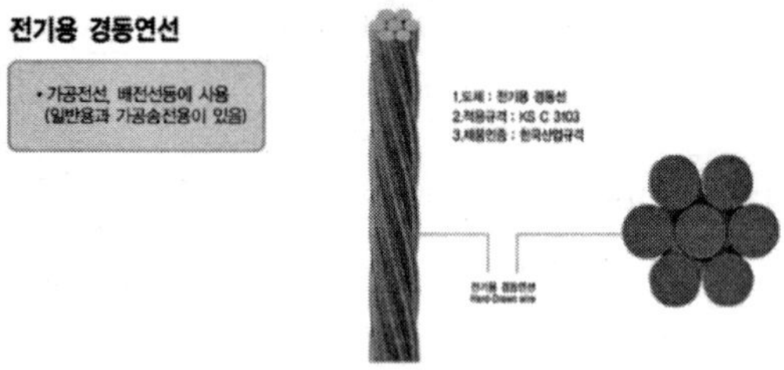

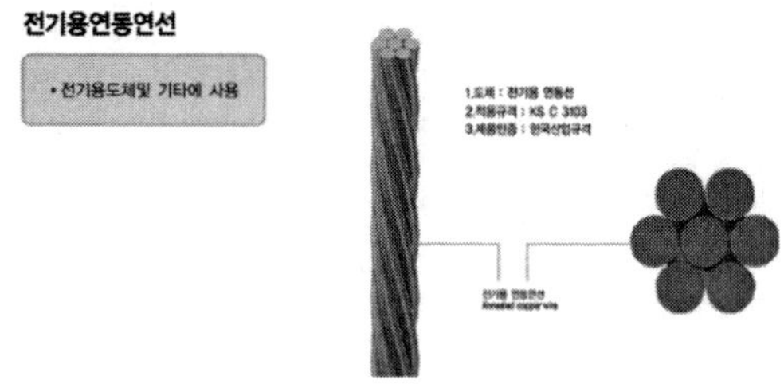

전선 읽는 방법과 의미

① 전선이나 케이블 앞의 영문표기 : 전선의 내피와 외피의 재질을 표시하는 약자 용어(즉 전선(내피, 외피)의 종류를 의미한다.)

② 그 다음의 숫자표기 : 중심의 심선(구리선)의 전선 규격 단위를 표시한다.
전선은 단선과 연신으로 나누어진다.
연선은 mm(㎟)=SQ[sqare]=㎟로 표시하며, 심선의 단면적을 표시한다.
단선은 mm로 표기하며 심선의 지름을 표시한다.
SQ는 square의 약자로 '평방제곱'을 의미한다. 즉, SQ 단위는 도체의 단면적을 Square[㎟]로 나타내는 도체 단면적 SIZE의 표시이다. 예를 들어 소선구성이 20/0.18의 도체일 경우 지름이 0.18mm의 소선이 20가닥 꼬여 있는 상태이므로 소선 하나의 단면적은 $(0.18/2)^2\times\pi$가 되고 연선 된 도체의 단면적은 $(0.18/2)^2\times\pi\times 20$이 된다. 이 값을 계산하면 약 0.5㎟, 즉 0.5mm이며 통상적으로 0.5 SQ로 표시된다.

③ 진선규격/2C, 2P는 케이블에서 내부의 진선(소선)수를 말한다. (C=Core, P=Pare)
2C와 2P는 같은 말이며 외피 하나 안에 전선(소선)이 2개 있다는 의미이다.
3C는 3개의 전선이 있고 4C는 4개의 전선이 있다는 뜻이다.
전기용 전선은 위와 같으며, 통신용 전선에서 2P는 2쌍을 말하는 것도 있다.

④ 앞의 전선규격은 아라비아 숫자로 읽고 뒤의 소선수는 영어로 읽는다.
CVV - 4 ㎟ / 2 c → 시브이브이 사 스퀘어 투시(또는 투 코아)
CVVS는 CVV(제어용 비닐절연 시즈 케이블) 소선 위에 차폐용 망이나 금속막을 씌우고 그 위로 외피를 감싼 케이블을 말한다.

예를 들어
4C 0.6/1kv(15.5mm) 6SQ㎟ * 7/1.04㎟ 로 표시된 경우이 이미를 살펴보면

가닥수 : 4C- 선심이 4가닥이라는 의미이다. 선심이란 도체에 절연물을 피복한 것을 말하고, 전선용어에서 도체란 전선에 전류를 흘리기 위한 금속부분의 것을 말한다. 재질은 구리 OR 알루미늄이다.
정격전압 : 0.6/1kV-정격 600V~1000V 이내까지 이 케이블을 쓸 수 있다는 의미이다.
외경치수 : (15.5mm)-0.6/1kV f-cv 4심 6sq짜리 케이블 완성품 외경을 나타낸다. 완성품이란 4c를 포함한 절연층까지 다 포함한 외경치수 표시이다. 대략 16.0mm 정도이다.
단면적 : 6sq-케이블 도체의 공칭단면적을 표시하므로 도체 굵기이다.

소선가닥 수 및 소선의 지름 : 7/1.04㎟ -도체의 구성분을 나타낸 것으로 7은 소선수를 (소선수란 도체를 형성하는 1가닥의 선을 말한다. 구리나 알루미늄선을 여러 가닥을 꼬아서 말아 놓은 형태로 7가닥이다. 1.04는 소선의 지름을 나타낸다.) 때문에 표기는 ㎟가 아니고 mm를 사용한다.

▌전선의 굵기를 표시하는 방법 AWG

AWG라는 것은 American wire gauge 의 약자로 미국 전선 규격이라는 의미이다. 미국에서 사용하는 표준 규격인데 우리나라도 이 규격을 따라 쓰고 있고, 일본이나 중국 쪽에서도 이 규격을 같이 사용한다. 뒤의 숫자들은 전선의 직경(굵기)이나 단면적을 기준으로 구분하는 내용이다.

전선의 지름이 얇아질수록 저항이 커지기 때문에 흐를 수 있는 전류의 양도 줄어들게 된다. 허용 전류는 1제곱 밀리미터당 10암페어 정도로 보면 된다고 한다.

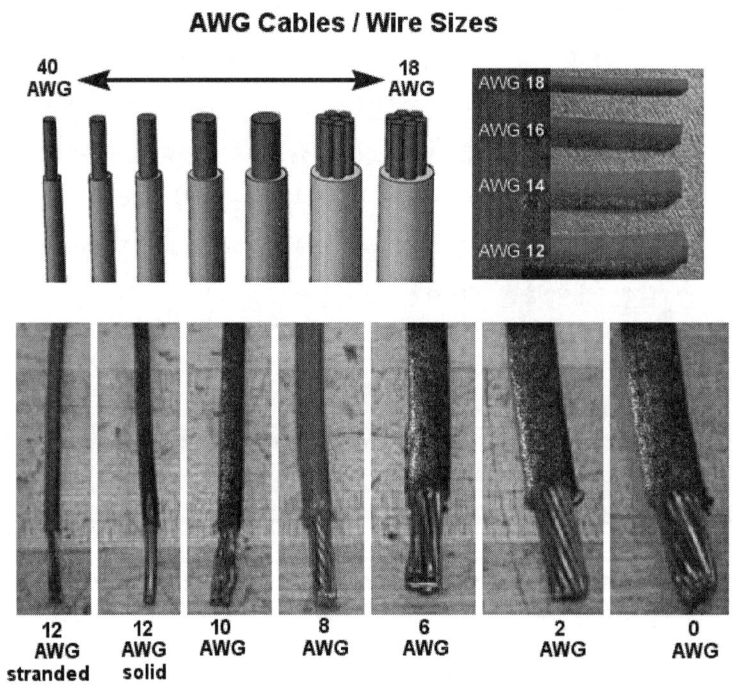

다음은 KS 및 내선 규정에 등록되어 있는 전선의 색상과 관련된 사항이다.
참고하기 바란다.

전선 및 단자 등의 색별 표시

1) 전선 및 단자의 색별표시

케이블 및 코드심선의 색별표시와 콘센트접속기 단자의 색별구분은 다음과 같이 한다.

2) 접지선 및 접지측 전선 등의 색별구분 (KSC 0804)

사용전압 교류 600[V] 이하의 전기설비 등에서 접지선 및 접지측 전선에 사용하는 절연전선 케이블, 코드류, 단자 등의 색별구분을 다음과 같이 한다.

(1) 접지선 및 접지단자 : 접지선은 접지극에 접속된 도체를 말하고, 이에 접속된 단자를 접지단자라 하며 이의 색별구분은 다음과 같이 한다.
- 색은 녹색으로 하되 불가피한 경우에는 녹색과 황색의 줄무늬 사용
- 접지단자는 E(유럽계), G(미국계) 등으로 표시(색별표시 곤란할 경우)

(2) 접지측 전선 및 접지측 단자 : 접지측 전선은 저압전로에서 기술상의 필요에 의하여 접지한 중선선 또는 접지한 1선을 말하며 이에 접속된 단지를 접지측단자라 한다.
- 색은 백색으로 하되 불가피한 경우에는 엷은 회색 사용
- 접지측 단지는 N(유럽계), W(미국계)로 표시(색별이 곤란한 경우)

(3) 중성선은 전기회로도 및 조립도상에 분명하게 표시되어야 하며, 분리된 단자에 중성선 구분기호 "N"표시를 하여야 한다.

3) 전선의 식별

(1) 일반 사항

① 각각의 전선은 기술 자료와 일치하도록 식별되어야 한다(19절 참조).

② 전선 식별을 위한 색상은 다음과 같다.
검정색(BLACK), 갈색(BROWN), 빨강(RED), 주황(ORANGE), 노란색(YELLOW), 녹색(GREEN), 파랑(밝은 파랑 포함, BLUE, including LIGHT BLUE), 보라(VIOLET), 회색(GREY), 흰색(WHITE), 분홍(PINK), 청록(TURQUOISE)

③ 전선을 구별하는 방법으로 색상을 사용할 때는 절연체에 색상이나 표시를 전선 전체에 입혀 주는 것이 바람직하나. 선택된 장소에 추가로 식별표시를 사용하는 것도 한 방법이다.

④ 안전상의 이유로 녹색과 노란색은 노란색-녹색 이중색상 배합으로 혼동할 우려가 있는 곳에서는 안전상 사용해서는 안된다.(15.2.2항 참조),

⑤ 녹색-노란색의 혼합색을 사용할 경우 녹색이나 노란색은 서로 혼동될 수 있으므로 안전상 사용하지 않아야 한다.

⑥ 녹색-노란색 조합선의 경우를 제외하고는 녹색이나 노란색을 사용하지 말고, 혼동되지 않는다면 위의 색상을 전선 식별용으로 사용한다.

(2) 보호접지선의 식별

① 보호 접지선은 형태나 위치, 부호, 색을 통해 쉽게 구별할 수 있어야 하며, 색상만으로 식별해야 하는 경우, 노란색-녹색 이중색상 배합을 전체에 사용해야 한다. 이 색상은 접지선에만 사용된다.

② 절연도체에 노란색-녹색 이중색상 배합을 할 경우 한 색상의 길이는 최소 15㎜로 그 비율은 30~70%이어야 하며, 그 나머지 부분은 다른 색으로 하여야 한다.

③ 형태나 위치, 구조(편조 도체, 전선 등)만으로도 보호접지선을 쉽게 식별할 수 있거나 절연전선에 쉽게 접속할 수 없는 경우, 전선 전체에 식별 목적으로 색을 표기하지 않을 수 있다. 단, 전선의 끝이나 접근 가능한 위치에 그래픽 기호 또는 노란색-녹색의 이중색상 배합을 사용해서 분명하게 다른 전선들과 식별되도록 해야 한다

(3) 중성선의 식별

① 색상에 의해 중성선을 식별해야 하는 경우, 색상은 밝은 파랑색이어야 하며, 혼동을 피하기 위하여 밝은 파란색은 다른 용도의 전선에는 사용하지 않는다.

② 색상에 의해 전선을 구별할 경우 중성선으로 사용된 나전선은 접근 가능한 위치나 필요 부위에 15~100㎜의 밝은 파란색 줄무늬를 입히거나 나전선 전체에 밝은 파란색을 입힌다.

(4) 다른 전선들의 식별

① 다른 전선을 색(한 가지 색만 사용하거나 하나 이상의 줄무늬 사용)이나 숫자, 문자와 숫자의 조합, 색과 숫자 또는 문자와 숫자의 조합으로 구별되도록 한다. 숫자를 사용하는 경우, 아라비아 숫자이어야 하며, 문자를 사용할 경우 로마체를 사용하여야 한다.

② 절연 단심 전선의 식별시 다음과 같은 색을 사용한다.

㉮ 검정 : 교류 및 직류 전원회로

㉯ 빨강 : 교류 제어 회로

㉰ 파랑 : 직류 제어 회로

㉱ 주황 : 외부 전원에서 공급되는 연동 제어 회로(15.1.3 참조)

③ 다음의 경우 예외로 할 수 있다.

㉮ 배선이 마무리된 상태로 구매한 각각의 장치 내부 배선을 하는 경우

㉯ 필요한 색상의 절연재가 없을 경우

㉰ 다심케이블이면서도 노란색-녹색의 이중색상 배합이 사용되지 않은 경우

6-2 압착(Crimping)

압착단자, 압착공구의 적절한 편성에 의한 고압력으로 전선접속을 행한다.

▌압착과 납땜접속의 비교

압착에 의한 접속은 납땜과 달리 전기회로를 드라이버로 간단하게 작업할 수 있으며 변경과 착탈이 용이하다. 또한 고압전선(Ø3.5 이상의 굵은 전선)과 같은 경우 납땜에서는 고도의 숙련이 필요하지만, 압착은 압착공구의 취급법을 충분히 인식하고 있다면 굵은 전선이라도 간단하게 접속할 수 있다.

단, 단자, 공구, 전선의 편성을 틀리게 작업한다면 압착은 나쁜 결과가 되어 버린다. 아울러 아무리 좋은 압착작업을 행하였다고 하여도 취부지점이 부정확한 것이라면 나쁜결과가 나타난다.

▌압착의 구조와 방식

1) 구조

압착은 일반적으로 금속을 압축해서 그것을 조직적으로 일체화 시키는 전선접속의 한 방법이다.

2) 방식

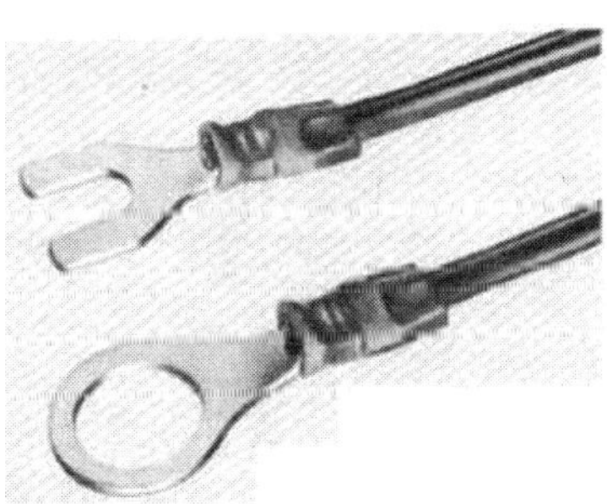

① H 압착
절연된 단자(PG단자)를 압착

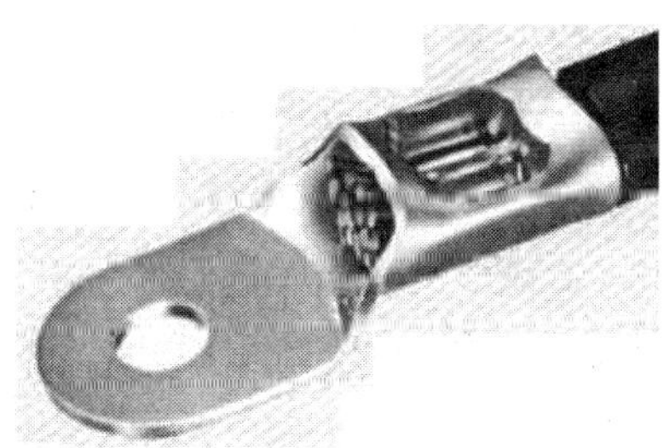

② O 압착
주로 나단자 (SS단자)에 많이 사용.
압착한 단면의 형상에서 생겨난 명칭

▌압착의 장단점

1) 장점

- 특별한 숙련을 필요하지 않는다.
- 균일한 전선 접속 품질을 얻을 수 있다.
- 전선 접속 작업의 양산이 가능하다.(자동압착장치 및 공기압식 공구를 사용할 수 있다)
- 열에 의한 영향이 없다.
- 목시점검이 용이하다. 또 점검상의 피로도가 적다.
- 응용분야가 넓다.
  (동과 황동 외에 니켈, 니크롬, 알루미늄 등 넓은 범위의 도체 접속에도 이용할 수 있다.)
- 배선중, 배선후의 회로변경이 용이하다.

2) 단점

- 전선의 종류에 따라 압착단자 및 전용압착공구로 바꿔야 한다.
- 압착공구의 교정시 특수설비가 필요하다.
  (공구의 사용자가 간단하게 할 수 없다.)
- 수동공구를 사용할 경우 피로도가 약간 높다.
  (다른 공구에 비하여 무겁고 크다.)

▌압착단자

1) 압착단자의 구조

- 단자 : KET(한국단자공업주식회사)의 규격 및 형태에 맞는 것을 선정하는 것이 바람직하다. 표준단자에 대하여 용도를 잘 알아둘 것.
- 단자재질 : 압착에 적합하고 도전율이 높은 재질일 것.(Cu : 동)
- 단자도금 : 전기저항이 낮고 방식성이 좋은 전기 주석(Sn)이 일반적으로 사용된다. 주석이외에 금, 은, 니켈 도금 등도 있다.
- 용접 : 압착시 커다란 힘으로 가압시킨 용접부분은 단자의 성능을 좌우하는 중요한 사항이다.
- 슬리브 : 진동에 의하여 압착 접속부의 단선을 방지하는 역할을 하며 재질은 동을 쓴다.
- 절연물 : 표준단자에는 비닐계(V)와 나일론계(N)가 있고 일반적으로 비닐은 주위온도가 75℃ 이하 나이론은 120℃ 이하인 곳에 사용한다.
- 기타 : 그 외 단자 동부에 흠, 부식, 녹 등이 생긴 것은 압착단자로서 부적당하고 전기적 저항의 증대, 노화촉진을 피하기 때문에 주의해야 한다.

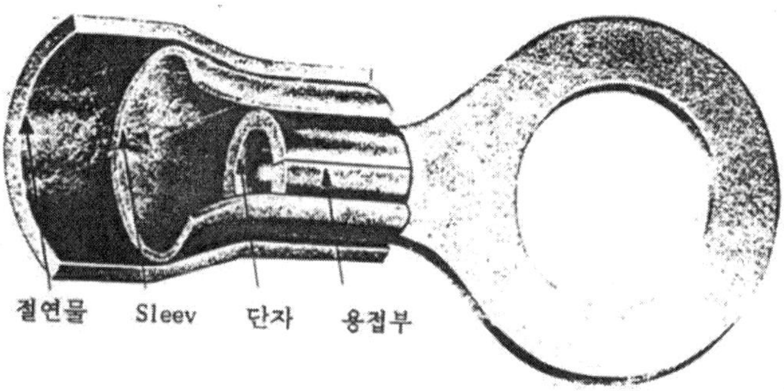

2) 압착단자의 분류

① 취부형태로 분류

- 체결형 단자 ⇒ 압착후 볼트(SCREW)로 접속개소에 취부하는 단자.

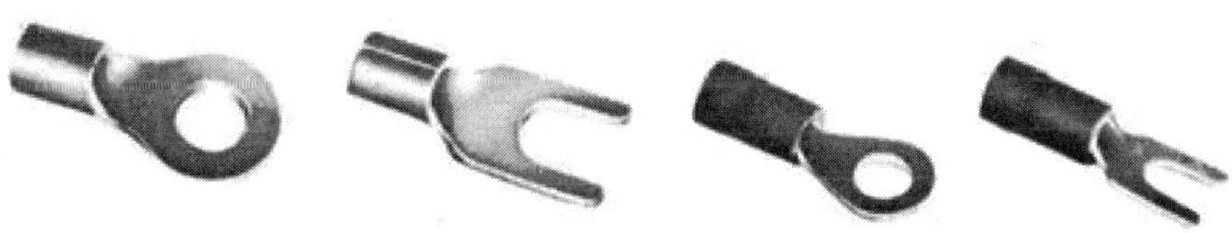

- 삽입형 단자 ⇒ 압착후 주로 커넥터 같이 상대에게 삽입하여 취부하는 단자.

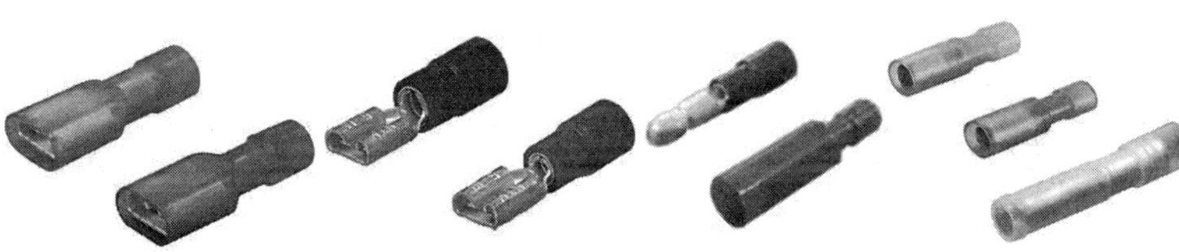

- 접속형 단자 ⇒ 전선과 선선을 접속하는 단자로 그 접속부는 고정하지 않는다.

② 커넥터 등에 삽입하는 핀(PIN) 타입의 단자를 제외한 압착단자는 절연체를 갖는 것과 그렇지 않은 것(나단자)이 있다.

3) 압착단자의 종류

① 절연부착단자 (PG단자) ⇒ 1.25SQ(적색), 2.0SQ(청색), 5.5SQ(황색)

원형단자

U형단자

② 나단자 (SS단자)

원형단자

U형단자

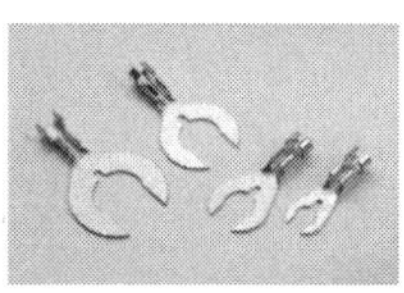

원끝 개방형단자

원옆 개방형단자

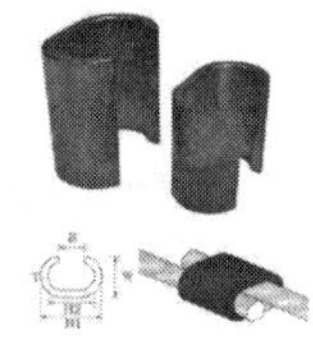

C형 슬리브단자

③ 동슬리브를 넣은 절연 부착 단자

원형단자

페스톤 단자

④ 접속단자

절연물이 없는 단자

절연물이 붙어 있는 단자

⑤ 삽입단자

페스톤(FASTEN) 단자

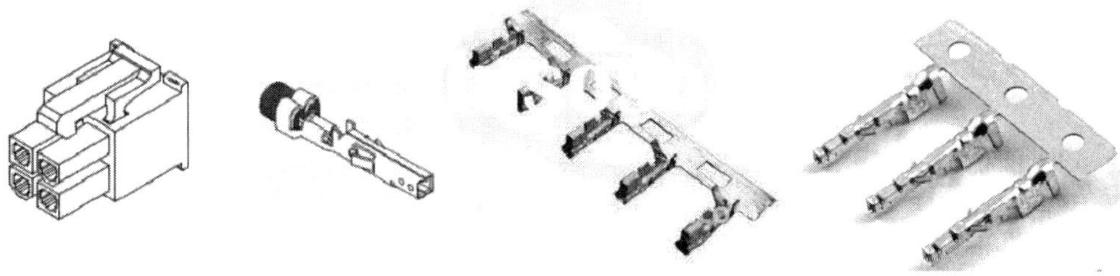

커넥터용 십입단자(Molex)

앞에서 설명한 각종 터미널 단자에 대해 정리해 보면 다음과 같다.

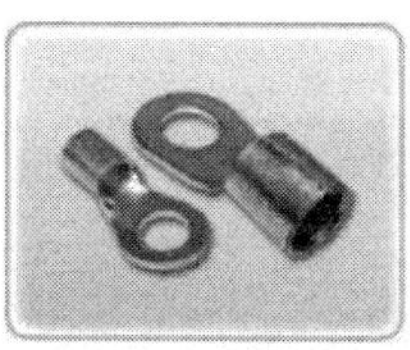

링타입 압착터미널
Ring-Type Terminals

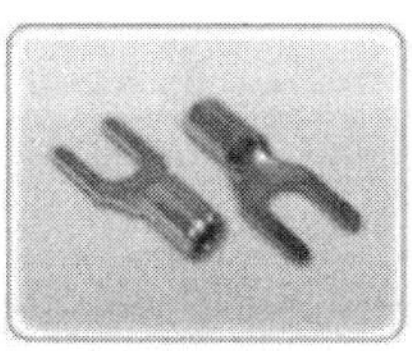

포크타입 터미널
Fork-Type Terminals

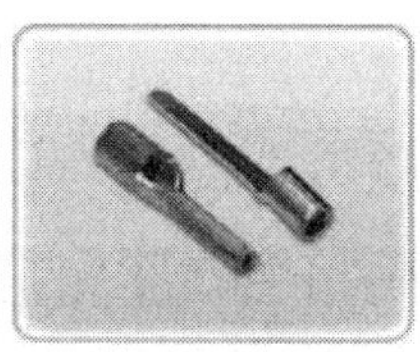

핀타입 터미널
Pin-Type Terminals

각형 터미널
GS-Type Terminals

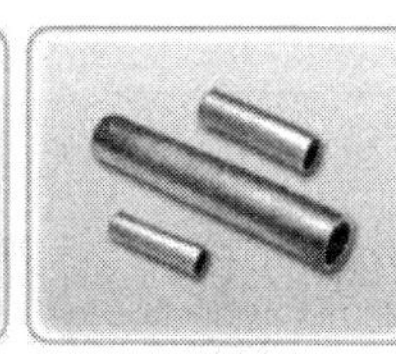

슬리브
Sleeves

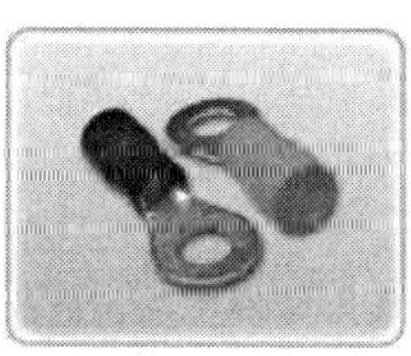

링타입 PG 터미널
R-Type Terminals

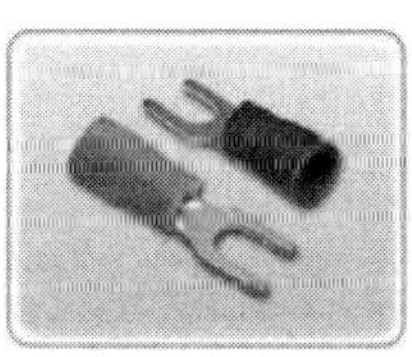

포크타입 PG 터미널
Fork-Type PG Terminals

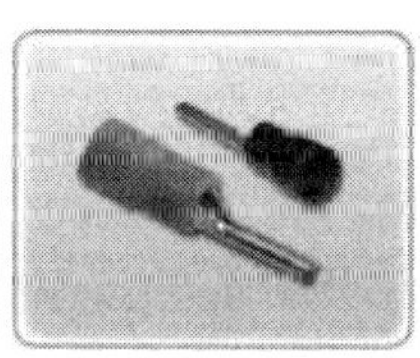

핀타입 PG 터미널
Pin-Type PG Terminals

NYLON PG 슬리브
NYLON PG Sleeves

PVC PG 슬리브
PVC PG Sleeves

신주단자
QUICK CONNECT
TERMINALS

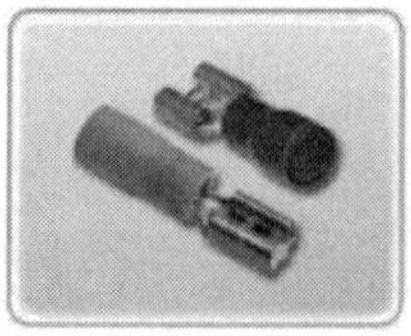
PG 신주단자
INSULATED
QUICK CONNECTS

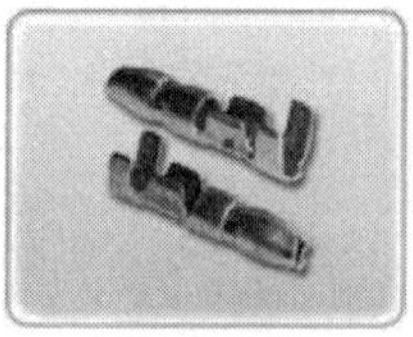
SHUR PLUGS
PIN BULLET
TERMILAL

PG SHUR 플러그
INSULATED
SHUR PLUGS

FULLY PG 신주단자
FULLY INSULATED
TERMINALS

C형 슬리브
C-Type
CONNECTORS

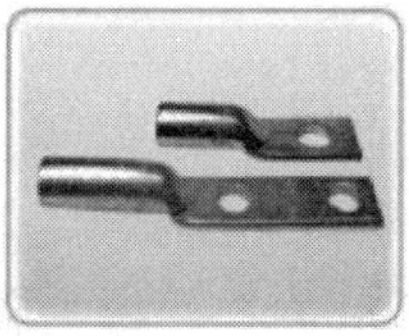
동관단자-1홀,2홀
COMPRESSION
TERMINALS-1,2 HOLE

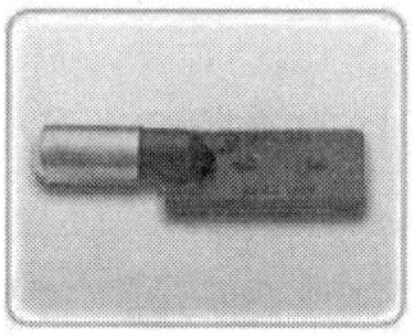
동 주물단자-1,2,4,6홀
COMPRESSION
CASTING LUGS

부스바단자
변압기용
1Hole,2Hole

주물터미널
전선콘넥터
Termimal,Connector

▌압착공구

① 압착공구의 구조

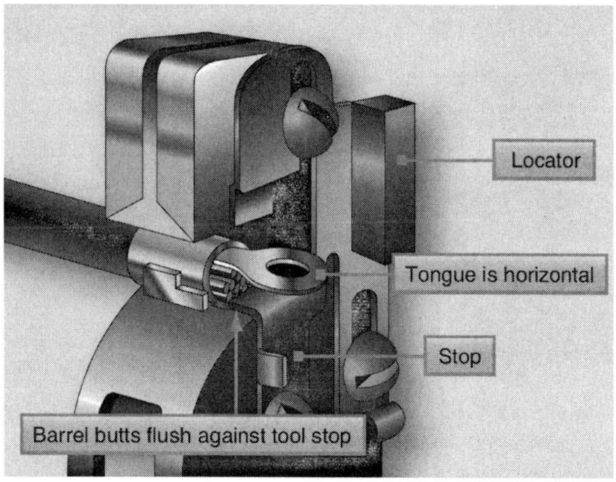

② 압착작업 수순

㉠ 전선의 절단

정해진 전선 촌법으로 전선의 양단을 절단한다.
(전선의 종별, 색별을 잘 확인해서 절단한다. 전선의 절단을 안일하게 니퍼로 하지 말 것. 잘 잘리는 컷터(수동 스트립퍼)를 사용한다.)

㉡ 넘버링의 삽입

규정된 넘버링을 전선에 삽입한다.
(넘버링 각인 문자의 긁힘, 상처 등에 주의한다. 기호와 삽입방향이 틀린 것은 없는 지를 확인한다.)

㉢ 전선 탈피

정해진 탈피 촌법으로 스트립피의 홈의 내경에 맞추어 심선의 상처 혹은 절단되지 않도록 탈피한다. 심선이 잘리거나 상해서는 안 된다.

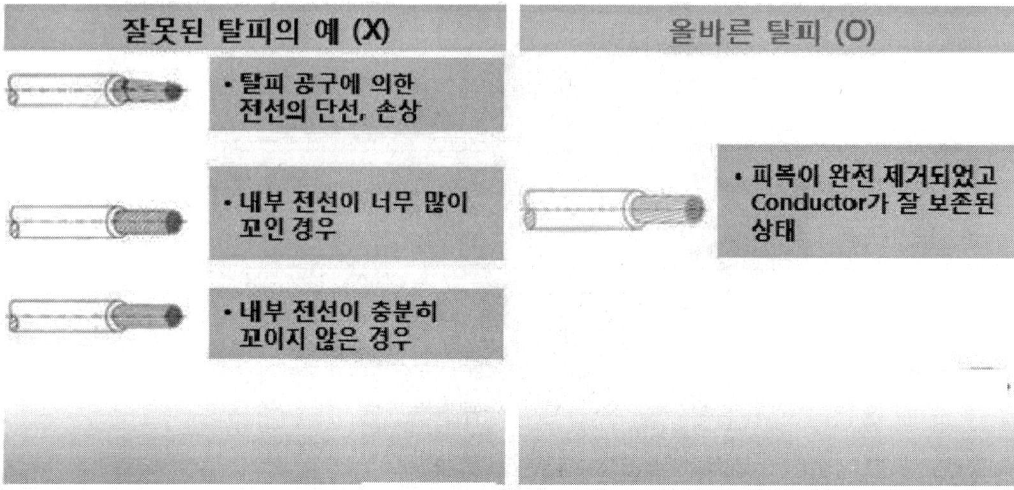

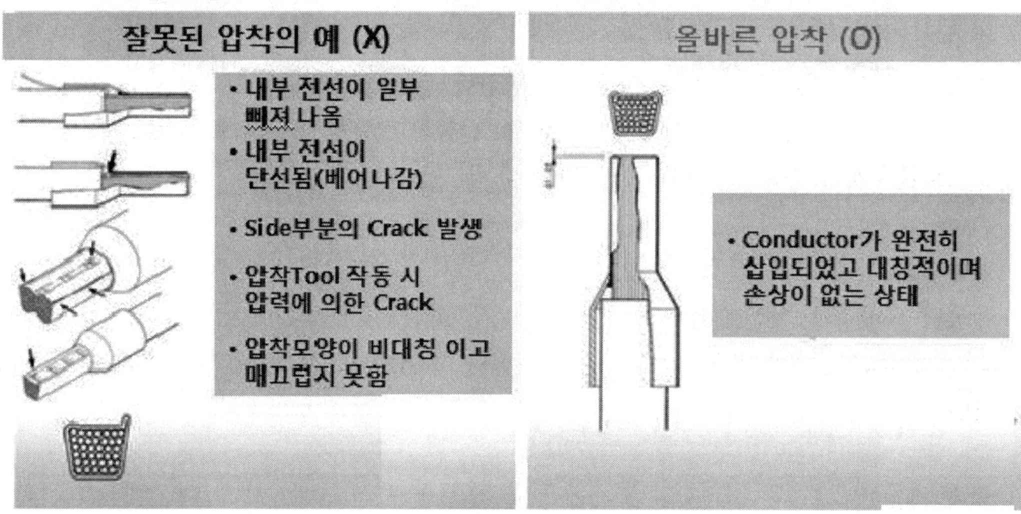

㉣ 다이스 개방

공구의 핸들을 힘껏 잡아 라쳇터를 개방시켜 다이스를 연다.

(수동형 압착 공구에서 나쁘게 공구를 사용하면 라쳇터의 파손, 다이스의 마모 촉진할 뿐 아니라 불량 압착의 현상을 일으킬 수 있다.)

아래 그림과 같이 공구를 바르게 잡고 행하지 않으면 안된다.

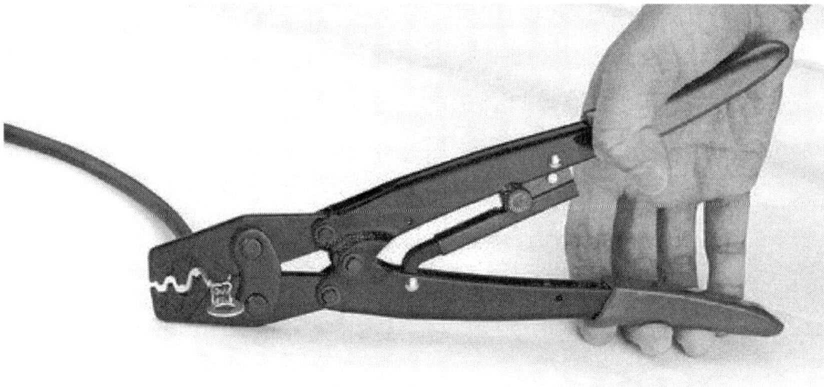

바르게 공구를 잡는 방법

③ 압착공구에 압착단자 장착 및 고정

㉠ 전선에 대해서 압착공구 및 압착단자가 적합한가를 확인한 후에 단자의 구부러짐과 어긋남이 없도록 해서 바르게 장착한다. 방법은 아래 그림에서 제시한 바와 같이 단자의 혀부분이 록커 아래로부터 밀어내듯이 한다.

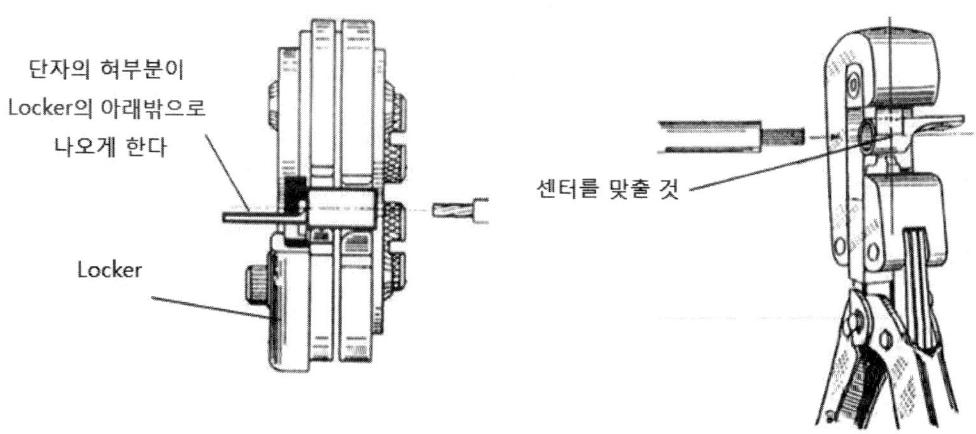

㉡ 단자가 공구로부터 떨어지지 않을 정도로 핸들을 가볍게 잡아 누른다. 이때 단자가 흔들리지 않도록 주의한다.

④ 전선의 삽입 및 압착

㉠ 전선의 삽입

소정의 길이로 피복을 벗긴 전선을 압착단자에 삽입한다.

심선이 흐트러지지 않도록 해서 단자의 속에 삽입한다.

심선은 스톱퍼(STOPPER)에 걸릴 때까지 완전히 삽입해서 왼쪽 그림과 같이 심선이 밖으로 나옴을 확인한다. (심선의 노출이 과다하거나 짧은 것을 단자 내부에서 조립해서는 안된다. 반드시 전선과 단자로부터 꺼낸 심선을 절단하고 다시 탈피한 후에 맞게 작업해야 한다.)

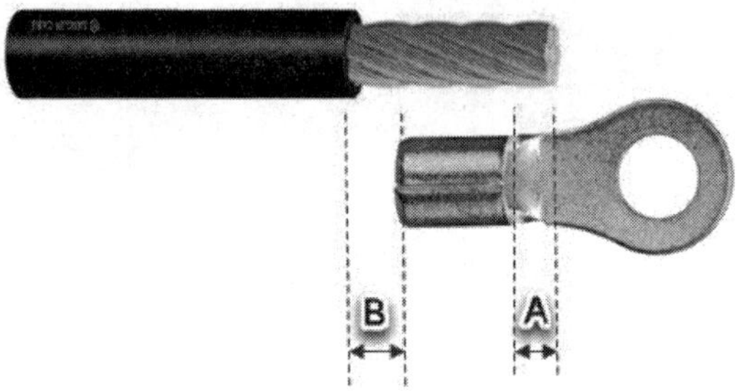

전선단면적 ㎟	나전선(SS)단자 일 때		PS단자(A)	PSH단자(A)
	A	B		
2.0 이하	0.2~1.0	0.2~1.0	0.2~1.0	1.0~1.5
3.5~8.0	0.2~1.5	1.0~2.0	0.2~1.5	
14.0~22.0	1.0~3.0	1.0~2.0		
38	1.0~3.0	4.0~8.0		
50.0~80.0	1.0~3.0	4.0~8.0		
100	1.0~5.0	4.0~12.0		

㉡ 압착

공구의 조정핀을 전선에 맞춘 후 라쳇트에서 압착 종료음이 날 때까지 한손 또는 양손으로 핸들 양쪽에 힘껏 균일한 힘을 가한다. 이때 단자에 끼워 넣은 전선이 나오지 않도록 주의해야 한다.

보통 고급 장비에 사용되는 단자(ul, ce, ks 인증품)는 이음새 부분이 용접이 되어있다. 그래서 규격에 맞는 케이블을 넣고 이음새 부분 가운데를 압착하더라도 용접이 끊어지지 않는다. 그리고 원래 이음새 부분을 압착하는 것이 맞는 방법이다.
이음새 부분을 압착하면 케이블의 심선은 직선으로 가는 방향으로 압착된다. 하지만 등 부분을 압착하게 되면 선이 약간 휜 것처럼 된다. 그래서 LCD, 반도체 쪽 장비들은 대부분 이음새 부분을 압착한다.
인증제품이 아닌 경우 이음새 부분용접이 부실하여 압착할 때 이음새 부분이 찢어진다.

6-3 전선의 접속 단자대(Terminal Block)

일반적으로 터미널 단자대는 각종 산업현장에서 전기적인 신호를 인터페이스 해주는 역할을 하는 것으로, 각 현장의 센서류 등의 신호 케이블을 전기실 제어반에 터미널 단자대를 이용하여 집합 연결하고 이들 신호를 각종 제어 시스템 또는 PLC(Programmable Logic Controller)의 카드에 연결시켜 주는 역할을 한다.

터미널 블록은 전선의 접속점이다. 전선이 인입, 인출 되는 곳에 사용된다. 이를 통해 전류의 과부하를 방지하고 전선의 유지 보수를 한층 쉽게 할 수 있다.

와이어링(Wiring)은 거의 모든 산업의 설비와 시스템에서 반드시 이루어지게 되어 있지만, 여러 설비를 연결하여 공장자동화를 구성하는 경우가 대표적 적용사례라 할 수 있다. 예컨대 공장자동화 시스템의 제어패널(Panel)은 각 설비의 정보를 모으고 분배하는 곳으로 무수한 배선 · 결선이 이루어진다. 때문에 한 모델의 터미널이나 한 기능의 커넥터가 쓰이는 것이 아니다. 제어 패널(Panel)의 파워서플라이용, I/O 인터페이스용, 전선을 분기시키는 서킷 와이어링 등 용도와 기능에 따른 다양한 배선 · 결선 부품이 동원된다.

단위 기계 내 또는 공장자동화를 구성하는 기계들 사이나 시스템 간의 와이어링은 내용에 따라 전기를 실어 나르거나 정보를 연결하는 역할을 한다.

배선 · 결선은 전원을 공급하는 단순한 기능을 벗어나 지금은 시퀀서, I/O 인터페이스 기능으로 확대되면서 그 중요성도 커지고 있다. 더구나 설치 공간을 절약하려는 기계의 소형화와 공장 공간의 효율화가 꾸준히 이루어지면서 와이어링도 이에 부응하는 제품이 필요해졌다. 배선 · 결선에서 가능한 시간을 절약할 수 있어야 하고, 소형화한 기계 내부에 맞게 공간을 절약하는 심플한 제품이어야 할 것이 요구되고 있다. 모든 산업설비에서 전력이나 정보를 연결하는 배선 · 결선 부품의 제조기술이 발전하여 원터치 방식이 적용되고 있는 추세이다.

L
N
E
202 202A 202B P24 P24 P24 P24

▌단자대 명칭과 조립방법

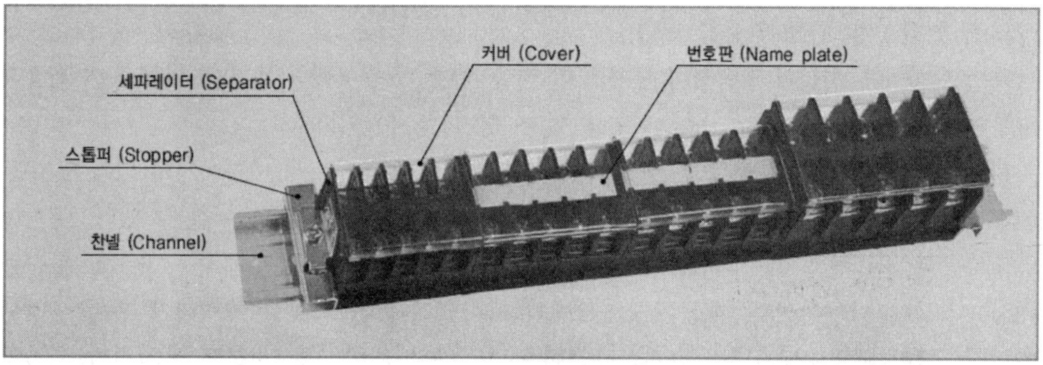
커버 (Cover)
번호판 (Name plate)
세파레이터 (Separator)
스톱퍼 (Stopper)
찬넬 (Channel)

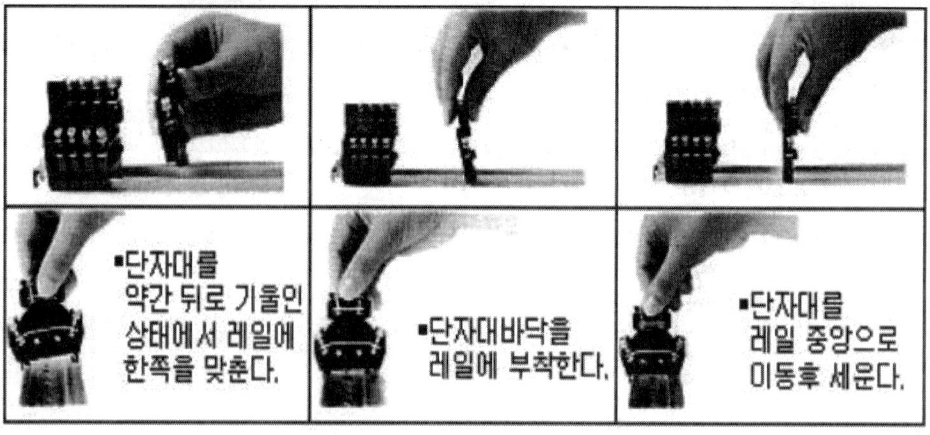
▪단자대를 약간 뒤로 기울인 상태에서 레일에 한쪽을 맞춘다.
▪단자대바닥을 레일에 부착한다.
▪단자대를 레일 중앙으로 이동후 세운다.

Lever Cage Clamp Cable Terminal Blocks Wire Spring Connectors

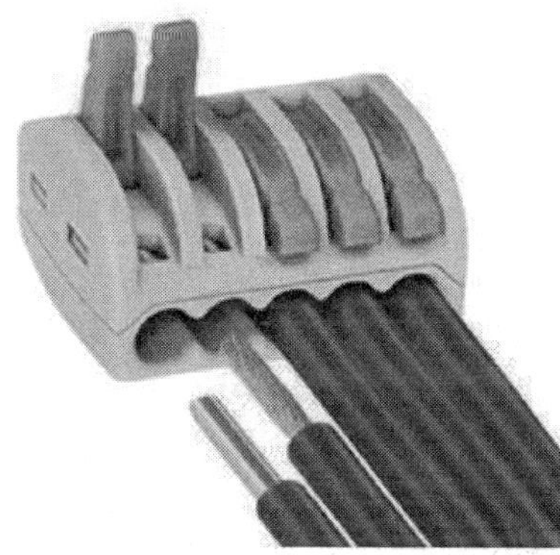

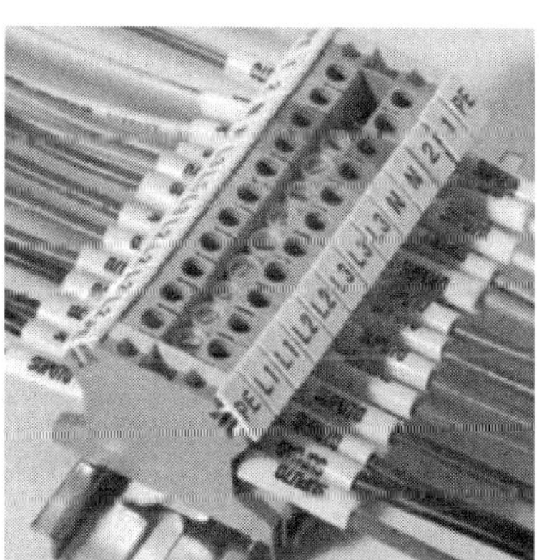

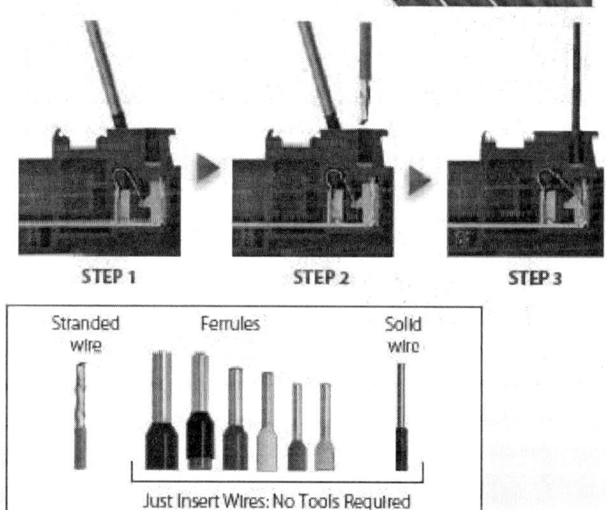

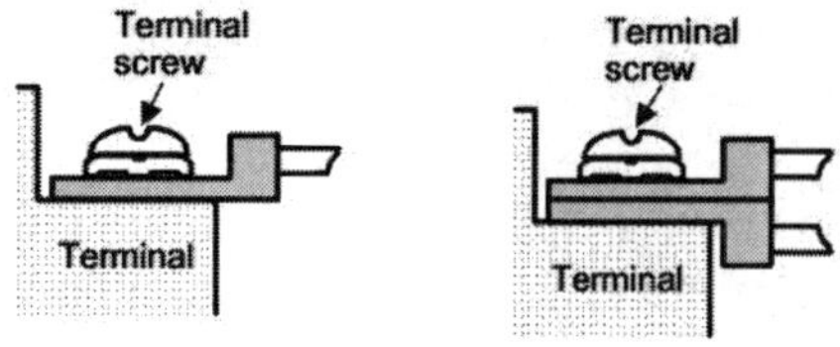

한 단자대에 2개를 연결해야 하는 경우에는 그림 처럼 단자대핀의 평평한면이 서로 맞닿게 해서 연결한다.

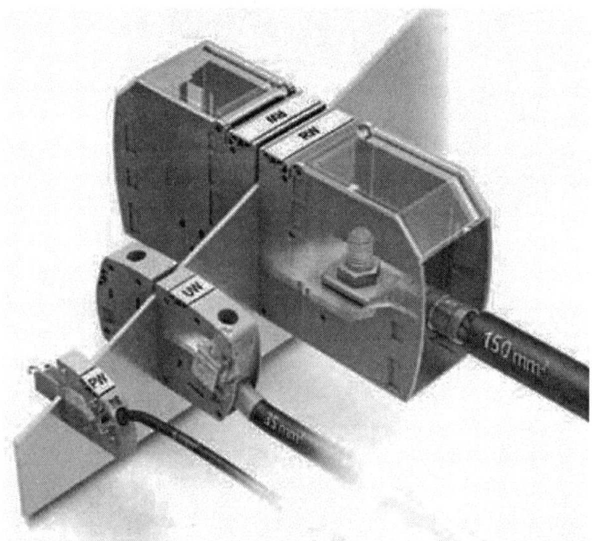

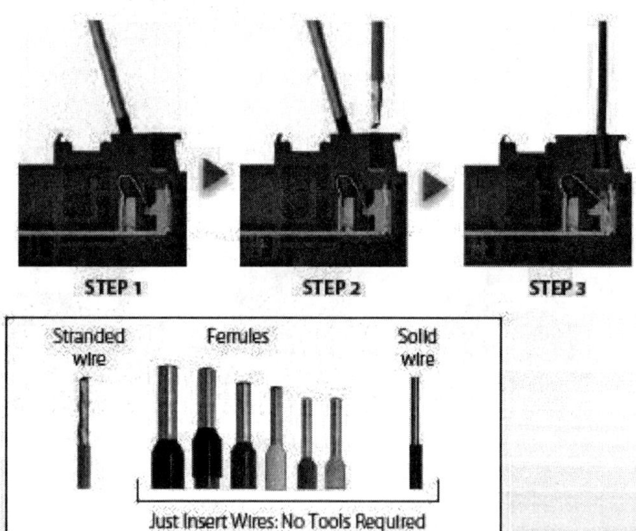

나사 장착식 퓨즈 터미널 유럽 표준

배선 요령

(1) 전선의 색상별(Color Code)배선

① 색상의 구분하여 배선하는 이유

㉮ 접지선과 중성선을 전압선과 쉽게 구분할 수 있다.

㉯ 전원측의 상(pahse)과 극성(pole)을 부하측에서 쉽게 파악할 수 있다. 그러므로 3상 4선식 배선 계통에서 부하 분담을 확실하게 할 수 있다.

㉰ 3상 회로에서 분기 배선하는 경우 같은 색상끼리 접속함으로써 계통 파악이 용이하다.

㉱ 전기사용 장소에서 점검, 보수, 고장개소 찾기가 용이하다.

② 규정에서 정하고 있는 배선의 색상 표시

㉮ 3상 3선식 배전선로의 색상

- R상 : 흑색(B)
- S상 : 적색(R)
- T상 : 청색(BL)

㉯ 접지선과 중성선의 색상

- 접지선(E) : 녹색(G) 또는 황록 얼룩무늬색(G/Y)
- 중성선(N) : 백색(W)

③ 단상회로의 색상표시는 규정에서 정하고 있지 않으나 전압선(L)과 중성선(N, 접지측선)의 색상을 구분하여 배선하여야 한다. 즉, 전압선은 흑색, 적색, 청색 전선 중 하나를, 중성선은 백색 전선을 사용하면 된다.

④ 제어회로의 배선은 단일색의 전선을 사용하며(황색, 백색, 적색 등) 계통별로 색상을 달리하여 배선할 수 있다.

⑤ 본선에서 분기하는 분기선의 색상은 본선의 색상과 같이 한다.

⑥ 3상 전동기를 정·역회전시키는 배선 계통에 있어서 전자 개폐기 2대를 사용하는 경우 역회전용 전자개폐기의 2차측 배선 중 2개 선은 본선의 색상과 일치시킬 수 없다.

⑦ 2-3-4-5심 등 다심 케이블의 심선 색상은 접지선의 색상을 제외하고는 제조자가 임의로 색상을 정하고 있으므로 3상 3선식 배전선로의 지정된 색상대로 배선할 수 없는 경우가 있다.

그러므로 전선과 케이블을 접속(특히 분기회로)하여 배선 계통을 이루는 경우 전선의 색상별 배선 기준에 따라 배선하되 색상이 맞지 않는 대는 유사한 색상끼리 접속토록 한다.

【참고】 외국의 전선 색별 표시는 우리나라에서 적용하는 색상과 다르며, 접지선은 황록색의 것으로 지정하고 있다.

▌기구 단자 접속

배선 기구의 전선(리드선 포함) 접속 단자는 대부분의 기구에서 볼 수 있는 조임 나사형과 대각형 스위치에서 볼 수 있는 꽂임접속형이 있다.

조임나사형은 기구의 용도와 형태에 따라 여러 모양으로 되어 있으며, 전선 접속 형태로는 고리를 만들어 접속나사를 조여서 접속하는 것과 전선을 꽂고(Insert) 누름 판을 조여서 접속하는 형태의 것이 있다.

(1) 조임나사 단자 접속

① 고리 접속(Eyelet wiring)

㉮ 단자고리를 만들어 조임나사에 물리어 접속하는 방법으로 1.2~2.0[mm]의 단선 접속에 적합하다.

㉯ 조임나사에는 원칙적으로 1가닥의 전선을 물려야 한다. 그러나 접속나사가 크고 전선이 가는 때에는 2가닥을 물릴 수 있다.

㉰ 연선을 고리로 만들어 접속할 때는 소선이 흐트러지지 않게 납땜을 하거나 워셔를 사용하여야 한다. 워셔가 없을 때에는 세심한 주의가 필요하다.

㉱ 코드를 접속하고자 할 때는 소선이 아주 가늘어서 소선을 꼬은 후에 고리를 만들어 접속하되 반드시 워셔를 사용하여야 한다. 그렇지 않으면 소선이 끊어질 우려가 있다.

㉲ 연선을 고리로 만들어 접속하는데 접속이 불안정하다고 판단될 때는 소선을 반으로 나누어 접속나사의 양쪽으로 돌리어 접속할 수 있다. 그러나 이 방법은 좋은 방법이 아니다.

※ 와셔(wadher)를 사용하는 것은 전선을 단자와 접속함에 있어 접속나사가 조여지면서 심선(소선)이 끊어지거나 손상이 가는 것을 방지하기 위함이며, 또한 나사 조이는 방향으로 고리가 밀려나가는 것을 방지하기 위함이다. 와셔는 볼록한 면이 전선과 접하게 하고, 오목한 면이 볼트나 너트면에 접하게 한다.

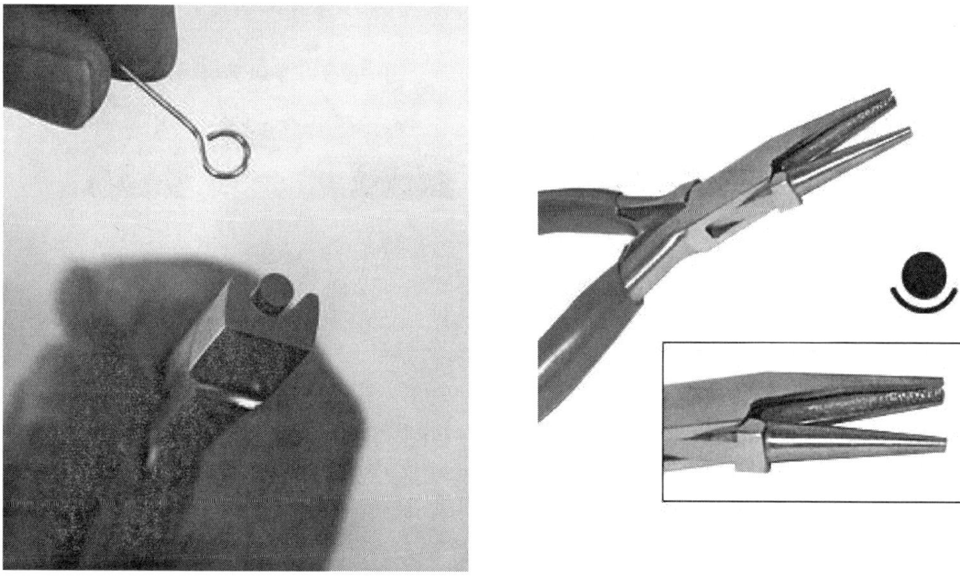

wire looping pliers

1선 접속 예

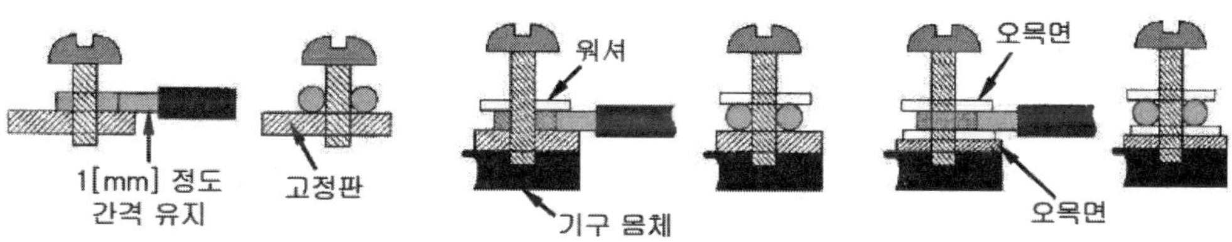

(워셔 없음) (워셔 1개 사용) (워셔 2개 사용)

2선 접속 예

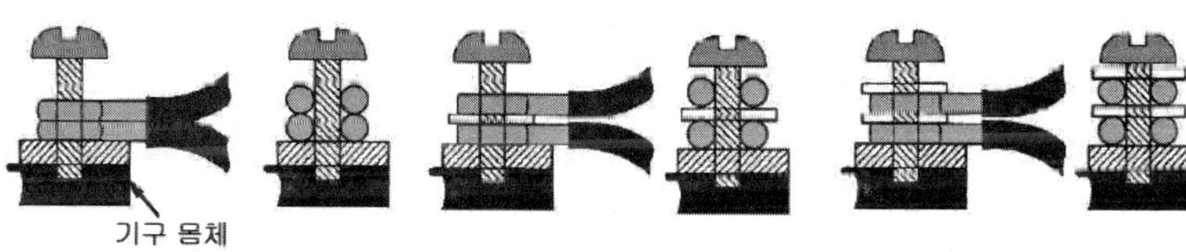

(워셔 없음) (워셔 1개 사용) (워셔 2개 사용)

㊟ 1개 단자에 2가닥 접속은 가급적 하지 않는 것이 좋다

※ 2.5[SQ]와 4[SQ]를 함께 접속할 때는 4[SQ]을 아래측에 있게 한다

잘못된 접속 예시

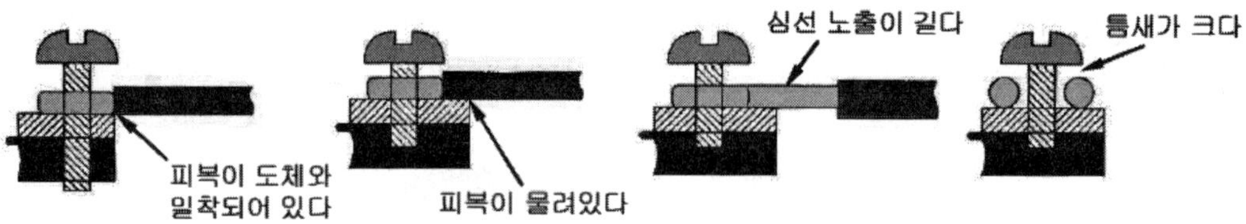

② 삽입 접속(Insert wiring)

기구의 단자에 고정판(또는 전선 물림집)과 누름판이 있는 단자의 접속은 이들 판 사이에 전선을 넣고 조이나사를 조여서 접속하는 방법이다.

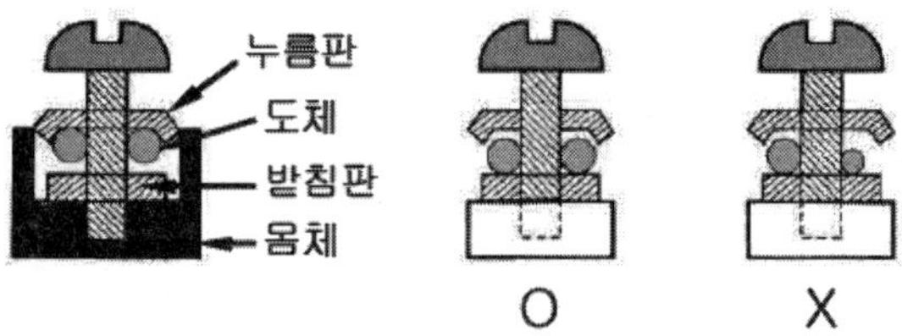

누름판이 있는 단자

배선용 차단기 단자

㉮ 단선이나 연선 모두 쉽게 접속할 수 있으면 코드(세심연선)는 납땜하여 접속하는 것이 바람직하다.

㉯ 단자대, 철판 조립용 표시등과 푸시버튼, 제어용 계전기 소켓의 단자 접속은 삽입 접속 방법에 의하여 연선을 접속하는 경우 압착 단자를 사용하여 접속한다.

㉰ 연선에 I형 압착단자를 사용하면 단선을 접속하는 것과 같다.

㉱ 접속할 때는 피복이 누름판에 물리지 않게 하고, 피복 벗긴 부분이 누름판(고정판) 단면과 0.5~1[mm] 정도 간격이 있게 한다. 이는 피복이 부름판에 물리지 않았음을 확인하는 이유이기도 하다. 또한, 동선의 끝은 누름판 밖으로 1[mm] 정도 나오게 한다. 누름판과 동선의 접속이 충분하게 하기 위함이다.

㉲ 전선을 접속할 때는 조임나사의 좌측에 삽입하여야 하며, 이는 전선 끝이 나사 조이는 방향으로 힘을 받아 접속이 확실하게 되기 때문이다. 전선을 조임나사의 우측에 삽입하면 전선 끝부분이 누름판 밖으로 밀려 나와 접속이 불완전하게 될 수 있다.

㉳ 1개의 단자에 2가닥의 전선을 접속할 때는 같은 굵기의 전선(또는 크기가 약간 차이 있는 전선)을 조임나사 양쪽으로 삽입하여야 한다. 한쪽 전선이 다른쪽 전선보다 월등하

게 굵으면 가는 쪽 전선이 접속되지 않는다.

㉦ 배선용 차단기와 같이 누름판이 없는 기구에서는 조임나사가 전선을 직접 눌러 접속하게 되므로 접속구의 크기에 맞는 동선을 사용하여야 한다. 동선의 굵기가 가는 때에는 끝을 굽히어 삽입하기도 한다.

(2) 꽂임 단자 접속(Lugless wiring)

조립형 단자대의 전선 접속은 2.5[mm] 또는 4[mm] 단선을 기구의 접속 단자 구멍에 직접 꽂아 접속하는 방법에 의한다. 연선을 접속하고자 할 때는 심선을 납땜하여 사용한다.

① 전선의 피복 벗기는 길이는 16[mm] 정도이고, 8[mm]이하가 되면 접속이 안 된다. 최소길이는 12[mm]이다.

② 접속시에는 접속 부분의 길이를 곧게 펴고, 피복이 꽂임구멍 깊숙이 들어갈 때까지 힘을 주어 꽂아야 한다.

③ 조립식 단자대의 전선꽂임 구멍 옆에는 멈춤 록이 있는데 이는 전선이 빠지지 않게 잡아주는 역할을 하고 있으면 전선을 뽑을 때는 이 멈춤 록을 드라이버 등으로 눌러 주어야 한다. 꽂임 단자대에 있어서도 멈춤 록이 있으므로 같은 방법으로 전선을 뽑는다.

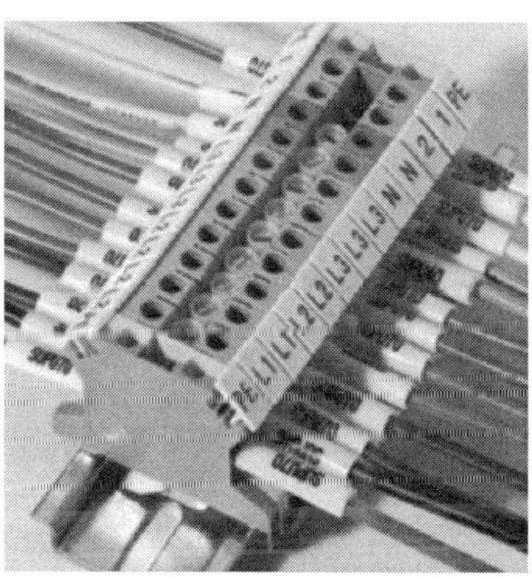

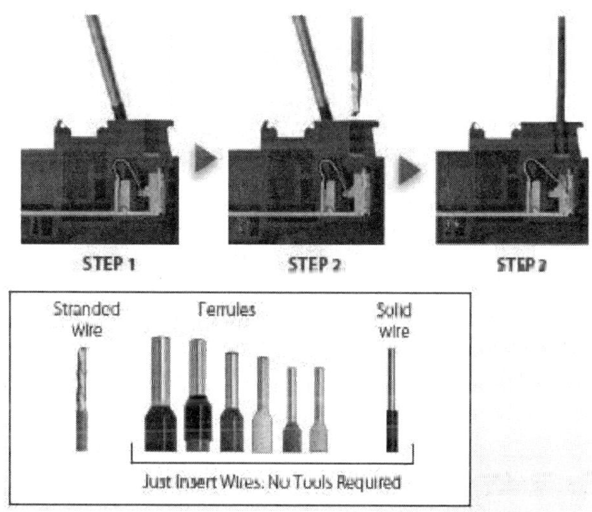

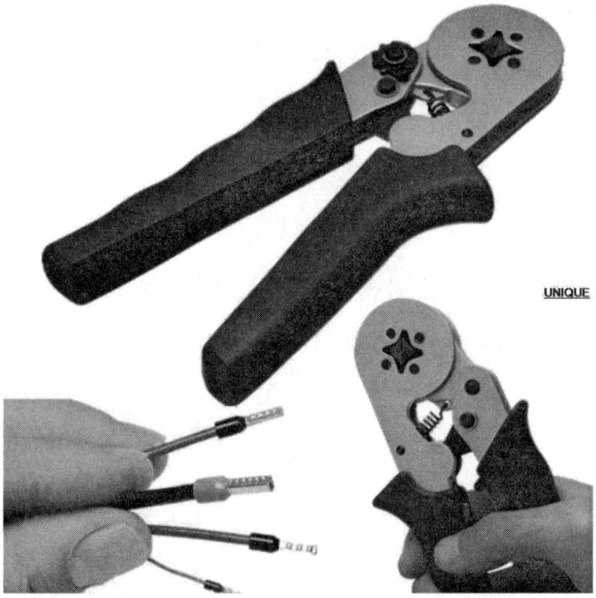

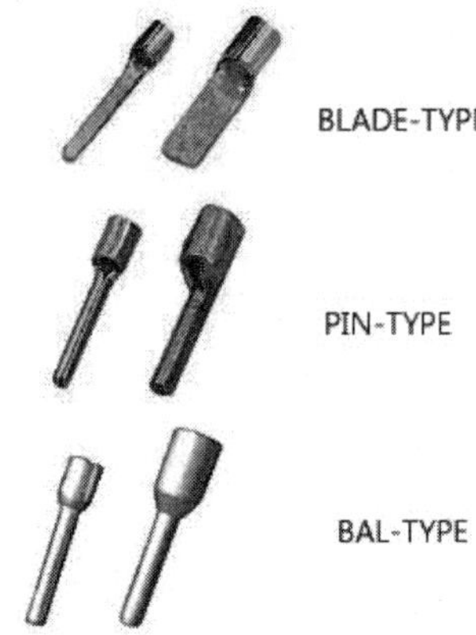

핀터미널과
압착공구(Crimping tools)

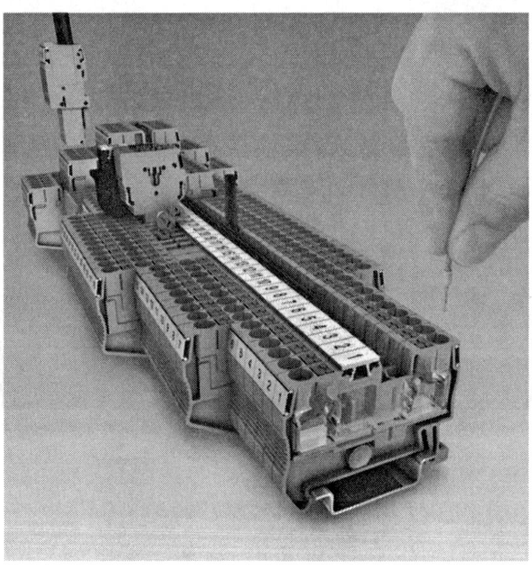

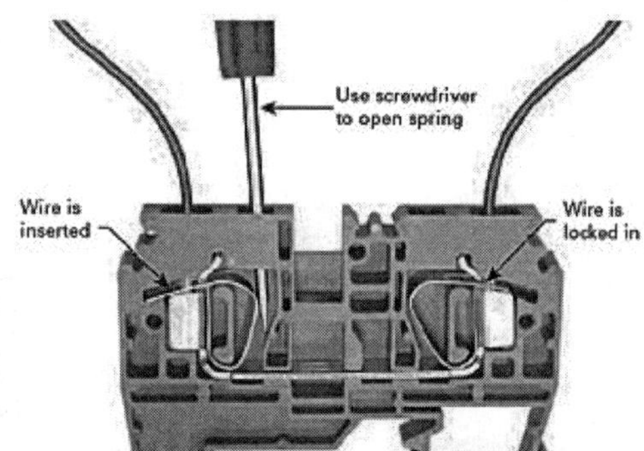

(3) 압착단자 사용 접속(Lug terminals wiring)

전선 끝에 압착 단자를 물리어 접속하는 방법으로서 연선을 기구 단자와 접속하는데 널리 적용하고 있다. 압착 단자와 전선의 접속 방법에서 설명한 바와 같이 전선 접속이 확실한 것 이 특징이다.

압착 단자를 터미널 블록에 접속하는 방법은 다음 그림과 같다.

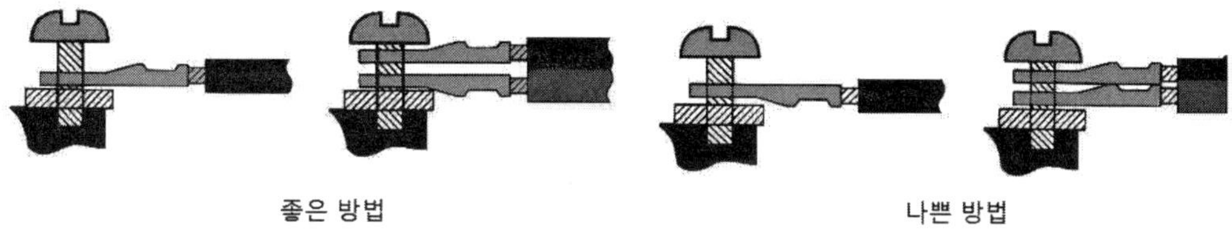

압착 단자를 사용하여 전선 상호간을 접속하는 경우 다음 그림과 같이 위셔를 사용한다. 전동기 리드와 배선과의 접속은 이 방법에 의한다.

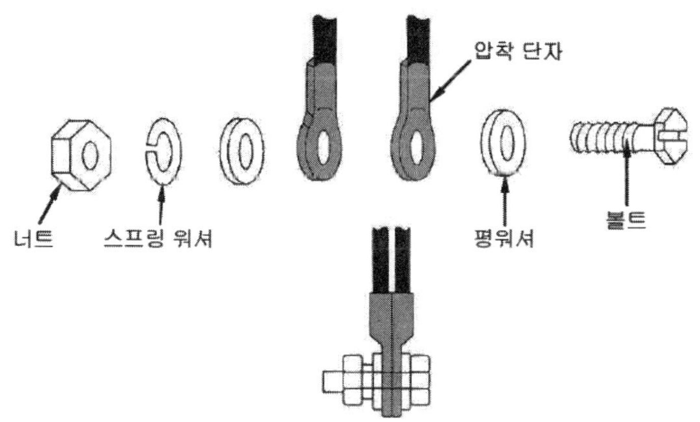

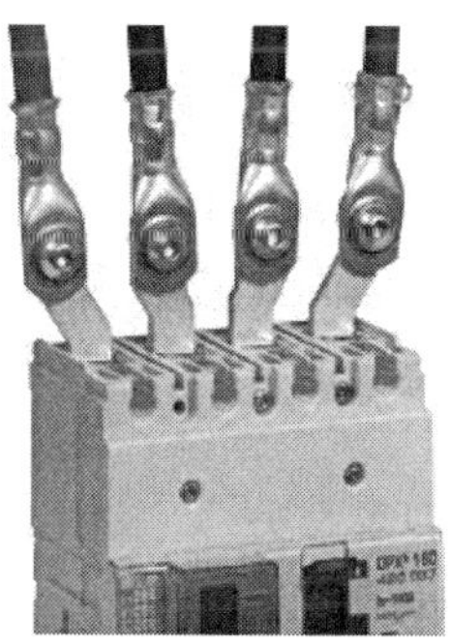

7

C·H·A·P·T·E·R

전기패널(Panel)

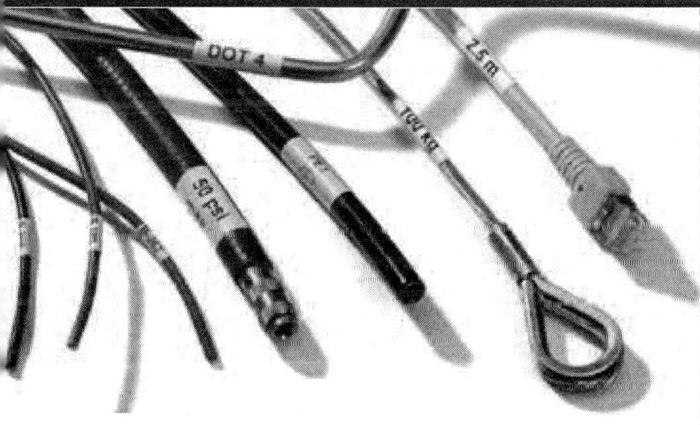

STEEL(or Stainless Steel)제 외함의 내부에 계기류, 계전기류, 차단기(개폐기)류 및 각종 장치를 설치하여 전류를 개폐하거나 각종 자동회로를 구성하는 장치인데 최근에는 단순히 전류의 제어뿐 아니라 발전소, 변전소, 제철소, 정수장, 하처리수장, 화학플랜트, 고층빌딩 기타 전기기기가 설치되어 있는 플랜트의 감시제어장치, 자동제어장치, 데이터처리장치, 보호장치 및 주회로 개폐장치 등을 수용한 장치를 총칭하여 전기패널(Panel)이라 부르고 있다.

전기패널은 전력계통 또는 기기의 감시, 제어를 목적으로 설치한 것으로 전기설비와 감시제어자간의 중계적 역할을 담당하는 기기운전의 중추적인 요소이다. 전기패널의 종류로는 수직 벽 지지형, 수직 자립형, 벤치형, 데스크형, 폐쇄형 및 그래픽형이 있으며, 기술의 진보에 따라서 감시, 제어 및 보호방식이 고도화 되고 있어 다양한 종류의 전기패널이 사용되고 있다.

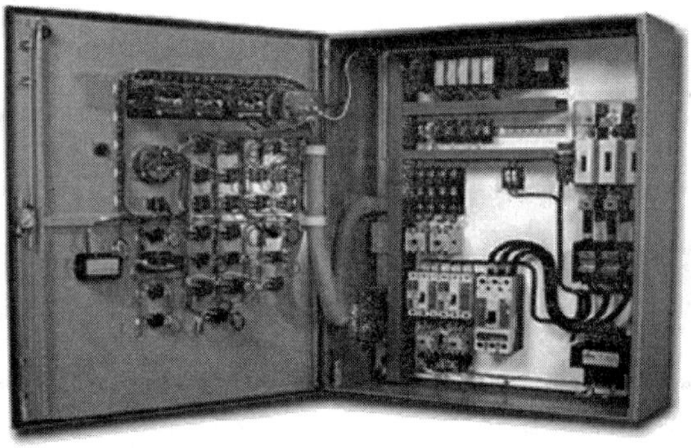

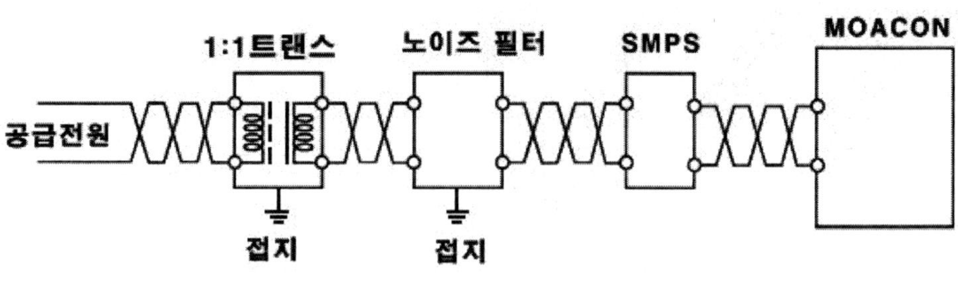

제어반내 전원은 1:1 트랜스를 써서 외부전원과 일단 분리를 시킨 뒤, 노이즈 필터를 거쳐서 SMPS로 가도록 하는 것이 좋다.

제어함의 기구 조립

(1) 제어함(Control circuit panel)의 조립

제어함에는 전자 접촉기, 열동 계전기, 보조 계전기, 타이머, 플러그 퓨즈홀더, 단자대, 케이블 덕트를 조립판에 조립하고 도어에는 표시등과 푸시버튼, 버저, 조작스위치, 지시계기들을 조립한다. 따라서 이들 기구(부품)의 조립은 기구의 위 · 아래를 확인하여 지정된 위치에 고정하며, 조립볼트는 머리가 기구 쪽에 있고, 너트가 조립판 뒷면으로 가게 한다.

기구를 조립할 때 기구를 보호하고, 조립 상태를 견고하게 하기 위하여 평워셔(Flat washer)와스프링 워셔(Spring washer)를 사용하기도 한다. 워셔와 너트는 안쪽 면과 바깥 면으로 구분되어 있으며(안쪽면과 바깥면이 구분되지 않는 것도 있다) 기구 조립시의 워셔 사용법은 다음 그림과 같다.

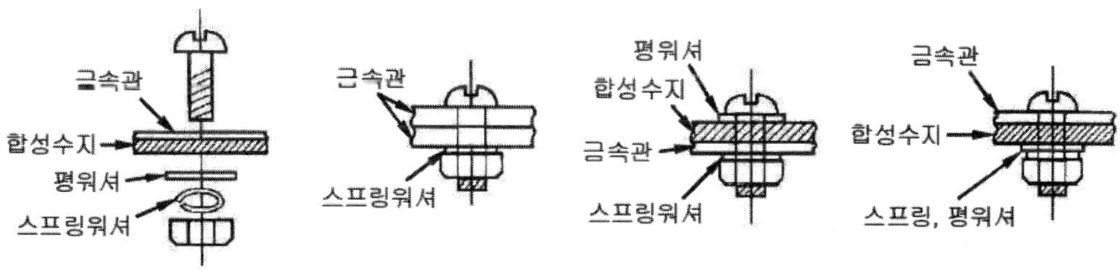

또한, 도면에 각 기구의 위치가 구체적으로 지정되어 있지 않은 때에는 기본 치수와 주된 기구의 위치에 따라 배선에 지장이 없고, 기구 상호간의 공간적 조화를 이루도록 적정한 위치를 정하여 고정한다.

제어함에 제어 기구와 조립용 단자대를 조립할 때 DIN RAIL을 사용하면 '원터치' 방식에 의한 조립이 가능하므로 매우 간편하게 조립할 수 있다.

DIN-Rail Mounting Bracket,
screws,
grommets,
DIN-Rail Stoppers,
terminal strips,
end plates,
and jumpers

DIN–Rail Mounting Kit

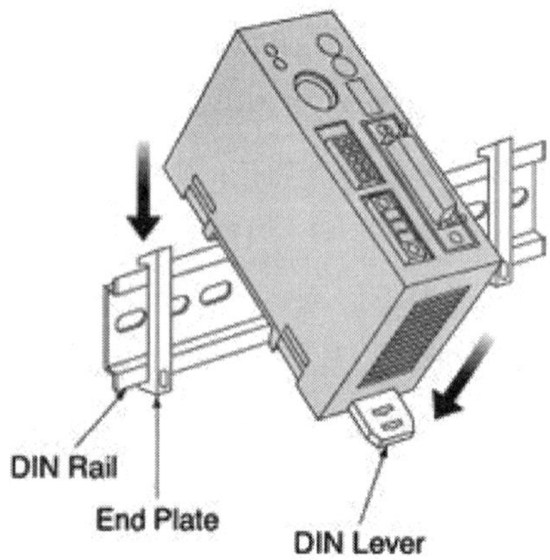

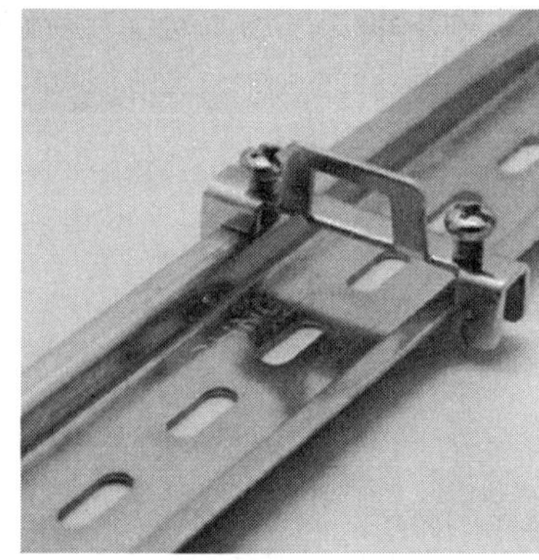

최근에 생산되는 전자 접촉기(전자 개폐기)와 보조 계전기의 소켓(베이스)은 DIN RAIL에 조립할 수 있는 구조로 만들어져 있다.

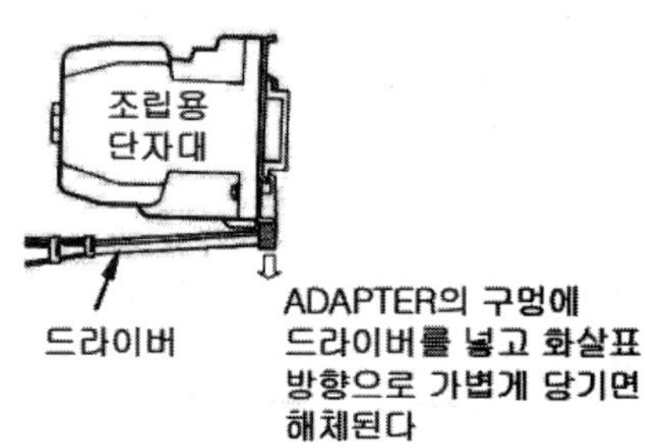

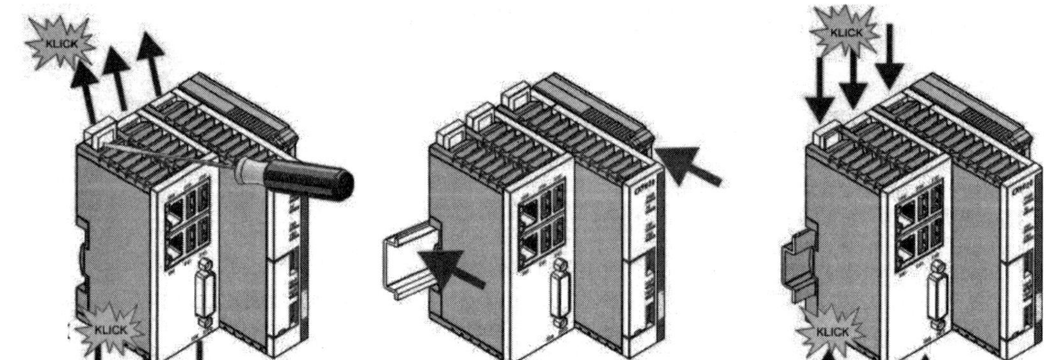

① 기구 조립판(속판)에 기구 조립

조립판은 외함의 바닥면 크기보다 가로×세로가 각각 15~20[mm] 정도 작다. 그리고 4개 모서리에는 외함과 조립하는 볼트 구멍이 있다. 따라서 기구와 케이블 덕트를 배치하고, 조립할 때에는 외함과의 적절한 공간을 유지하도록 고려하여야 한다. 조립판에 기구를 조리하는 요령은 아래와 같다.

㉮ 전자 접촉기와 열동 계전기 : 전자 개폐기로서 열동 계전기가 공장에서 조립되어 보급되는 것은 그 자체로 고정하면 되지만, 분리되어 있는 것은 열동 계전기를 따로 배치 · 고정하거나 전자 접촉기에 조립(통상 아랫부분)하여 고정한다.

㉯ 계전기 베이스(Relay socket) : 각종 계전기의 베이스 중앙 부분에는 계전기가 잘못 조립되는 것을 방지하기 위하여 모양의 구멍이 있다. 고로 이 구멍의 뾰족한 곳이 아래측으로 향하게 한다.

㉰ 플러그 퓨즈홀더(Plug fuse holder) : 전원 접속 단자가 위측에, 부하측 접속 단자(홀더나사와 연결된 단자)가 아래측에 오도록 조립한다.

㉱ 단자대(Terminal blocks) : 고정형(Fixed type)은 지정된 위치에 볼트를 사용하여 조립하면 된다. 그러나 조립형(Mounting type)은 조립레일에 조립하고, 양쪽 끝에 멈춤판을 조립하는 방법을 알아야 한다. 또한, 중성선 단자와 접지선 단자는 배선도에 지정되어 있는 위치에 조립하여야 한다.

㉲ 케이블 덕트 (Cable duct/trunking) : 합성수지제품 이므로 조립판에 고정할 때 바닥면을 일직선상으로 고정하면 좌우로 흔들리므로 지그재그 방식으로 고정하여야 한다.

② 표시등(Pilot lamp)과 푸시버튼(Push button)의 배치

도어에 조립하는 표시등과 푸시버튼의 배치는 통상적으로 다음 그림 같다.

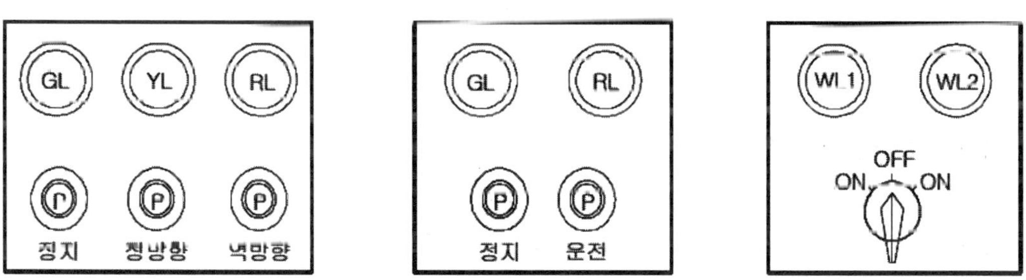

푸시버튼 박스에 조립하는 푸시버튼의 배치는 다음 그림 같다. 또한, 푸시버튼의 박스에 표시등을 조립할 때도 푸시버튼의 기능에 따른 순서대로 조립한다.

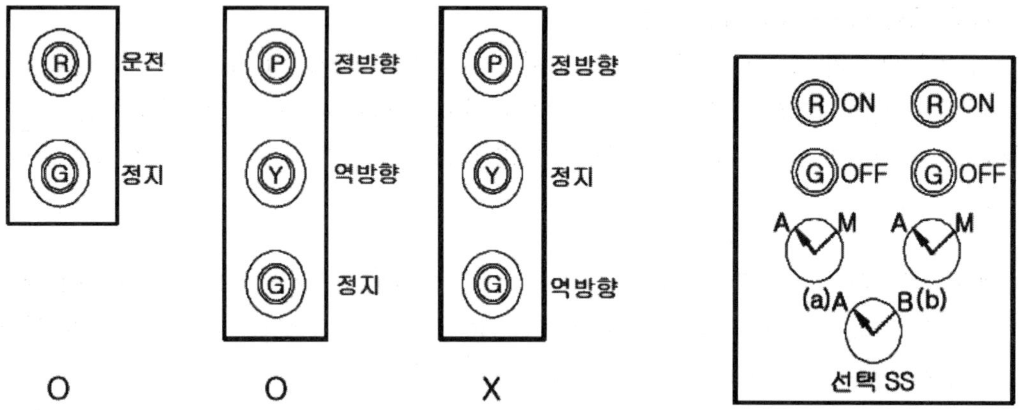

푸시버튼 박스의 푸시버튼 박스 배치 (표시등의 배치도 이에 따른다.)

③ 표시등과 푸시버튼의 조립

철판 조립용 표시등과 푸시버튼의 조립부분의 크기는 25[mm]와 30[mm]의 것이 있다. 도어에 조립하는 경우 동에 조립 구멍을 뚫어야 한다. 구멍 뚫기는 홀소우 또는 녹아웃 펀치를 사용한다. 기구를 조립할 때는 패킹(Packing)을 사용한다.

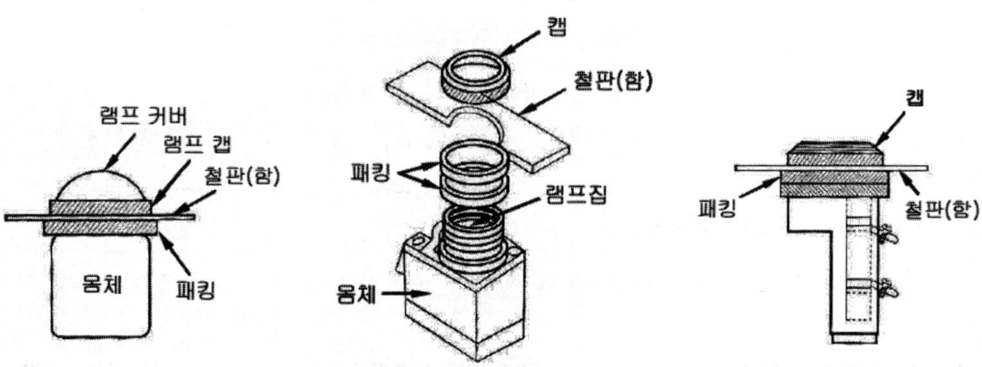

(a) 패킹 1개 사용　(b) 패킹과 램프 커버의 해체된 상태　(c) 패킹 2개 사용

• 패킹을 사용하는 이유

㉮ 패킹 재질의 탄력성으로 견고한 조립이 가능하고

㉯ 떨림 또는 흔들림으로 인하여 조임이 풀리는 것을 방지하고

㉰ 습기 또는 물기가 있는 장소에서는 방습기능을 기하기 위함이다.

패킹 사용방법은 도어의 안쪽(내면)에 사용하고 밖(표면)에 사용해서는 안 된다.

일반적으로 표시등과 푸시버튼의 신품에는 패킹이 3개씩 끼워 있으나, 실제 도어나 박스 등에 조립할 때는 3개 모두를 사용하지 않아도 된다. 패킹의 사용 개수는 조립기구의 구조 또는 조립대상 철판의 두께, 사용 장소의 조건에 따라 1개 또는 2개 이상을 사용하게 된다.

8

C·H·A·P·T·E·R

직류(DC)와 교류(AC)

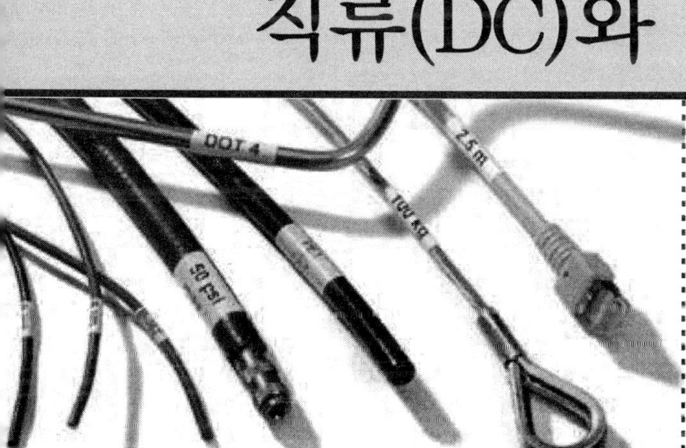

8-1 직류(DC)와 교류(AC)

전기는 직류전기와 교류전기가 있다. 원래 전기는 에디슨에 의하여 직류로 먼저 만들어졌다. 그러나 당시에는 반도체와 같은 기술이 없어서 먼 거리까지 보내지 못하는 약점이 있었는데, 에디슨의 직원이었던 테슬러라는 사람이 위에서 설명한 발전기의 원리를 이용하여 교류라는 전기를 만들게 되었다. 교류는 패러데이 유도법칙을 이용하는 변압기를 사용하기 때문에 전압을 쉽게 높이거나 낮출 수 있으며, 발전기(generator)와 전동기(motor) 등을 구동하는 것이 직류에 비하여 편리하다

현재 우리가 광범위 하게 사용하는 전기는 220볼트의 전압이 발전기의 원리에서와 같이 +220볼트, -220볼트를 Sine파를 가지고 왕복을 하게 된다. 우리가 사용하는 전기가 60Hz (Hertz, 헤르츠)라는 것은 주파수를 말하는 것으로 1초 동안 60번의 주기를 가지고 움직인다는 의미이다.

반면, 직류전기는 (+), (-)와 같은 극성이 없이 항상 일정한 전압을 보내주는 것으로, 건전지나 태양광과 같이 발전기 동작과 같은 것이 없는 전기를 의미한다.

직류는 교류와 같이 파형이 없는데, 이는 회로의 트랜지스터나 다이오드 같은 정류부품이 파형을 없애기 때문이다.

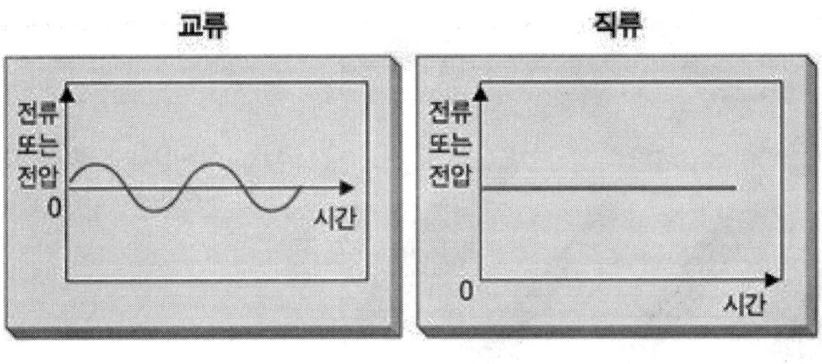

교류는 시간에 따라 크기와 방향이 주기적으로 변하지만, 직류는 일정하다. 시간(가로축)에 따른 전류와 전압 값(세로축)을 그래프로 그려보면 교류는 일정한 너비와 폭이 반복되는 파동 모양이 되는데 반해 직류는 평평한 일직선으로 나타난다. 이 같은 물리적 특성 때문에 교류와 직류 전기는 전송할 때 차이가 생긴다.

- 직류(DC, direct current)

전압 및 전류의 크기와 방향이 항상 일정한 전기를 말한다. 직류는 전류의 세기가 고르기 때문에 전기 제품에 손상을 주지 않는 장점이 있고 직류 발전기의 구조가 복잡하고 전압을

높이기가 쉽지 않아 장거리 송전이 어렵고 교류로 변환이 어렵다는 단점이 있다.

• 교류(AC, alternating current)

전압 및 전류의 크기와 방향이 시간에 따라 변하는 전기를 말하며, 이는 발전기의 극성에 의하여 발생된다. 1초 동안에 +와 -가 서로 교대되는 횟수를 사이클 또는 헤르쯔(Hz)라고 한다. 교류 전류는 전압이 고르지 않아 전기 회로에 손상을 주기도 한다는 단점이 있으며 다음과 같은 장점 때문에 현재 직류보다 많이 사용된다.

① 구조가 간단한 교류 발전기로 쉽게 전기를 발생할 수 있다.
② 변압기로 전압을 쉽게 높일 수 있어 장거리 송전이 가능하다.
③ 직류전동기 보다 구조가 간단하고 튼튼한 교류전동기에 사용할 수 있다.
④ 직류로 변환이 쉽다.

직류와 교류는 각각 그 쓰임이 다르다.

직류 전원은 화학에너지로 바꿔 저장해 놓을 수 있어서 사용할 때에 전기 에너지 형태로 다시 출력시킬 수 있다. 전지가 바로 이런 원리며 시작할 때 강력한 힘이 필요한 전원에 적합하다. 예를 들어 전철에 보내져 오는 전류는 직류모터를 쓰는 경우가 많다.

반면 교류 전류는 전류의 방향이나 전압의 크기를 자유롭게 바꿀 수 있다. 그래서 발전소에서 교류를 보내는 경우에는 전압을 높여서 되도록 송전을 통한 에너지 손실이 없도록 한다. 동력원으로 전류를 쓸 때나 오디오 기기와 같이 한 방향으로 안정된 전류를 공급해야 할 때는 교류를 일단 직류로 바꾼다. 인버터라는 장치를 사용하여 교류의 주파수를 높은 주파수로 하여 모터의 움직임을 조절하기도 하고, 다이오드라는 정류자를 사용하여 교류를 직류로 바꾸기도 한다.

교류와 직류의 차이점을 보면

① 교류는 주파수가 있고 직류는 주파수가 없다.
② 교류는 저장할 수 없고 직류는 저장할 수 있다.(축전지)
③ 교류는 전압변경이 쉽고 직류는 전압변경이 어렵다.
④ 교류는 대용량 부하에 적합 하고 직류는 소용량 부하에 적합하다.
⑤ 교류는 고정부하(가정집, 공장 등)에 적합 하고 직류는 이동부하(건전지)에 적합하다.
⑥ 교류는 극성이 없고 직류는 (+), (-) 극성이 있다.

- 신호로써의 전압과 전류

① 전압신호

센서 자체가 전압출력을 내는 원리로는 브리지회로, 스트레인게이지, 자계와 홀 발전기 등이 있으며, 전압신호의 경우 전압이 높음과 동시에 신호원의 내부 저항이 낮아야 하고, 부하의 내부 저항은 대단히 커야 한다. 그러지 않으면 신호원의 기전력이 부하에 정확히 전달되지 않는다. 따라서 이때 신호원 다음에 증폭기를 사용하면 전압을 높일수 있을 뿐만 아니라 내부 저항을 크게 할 수 있다.

신호로 사용되는 전압레벨은 1~5V이며, 계기반 내 근거리 전송시 사용한다. 단점으로는 노이즈가 많은 장소에 신호 전송오차가 크다. 그리고 미약 전압은 특수 케이블을 사용하는 일이 많으며, 보상도선을 이용하는 열전대 기전력 전송, 전자유량계 검출부와 변환기간 신호 전송, 로드셀에서 변환기까지의 신호전송에 이용되며, 사용 신호레벨은 0mV~10V이다.

② 전류신호

신호전송에 전류를 쓰이는 예가 많다. 전류 신호는 전압신호에 비해 노이즈가 강하다. 그 이유는 유도잡음은 정전 유도잡음과 전자 유도잡음은 전압으로 되어 신호 케이블에 유도된다. 이 때문에 전압 신호에는 잡음 전압이 중첩되기 때문에 노이즈에 약하지만 전류 신호는 송신회로 입력 임피던스가 높기 때문에 잡음 전압이 수 볼트 유기 되어도 잡음 전류는 적게 된다. 송신측에서 이용되는 파워가 작으므로 보통 신호레벨이 4mA 정도라면 전송측의 각종 전원에 이용할 수 있다.

전류 신호의 적용 예로서 노이즈에 강하기 때문에 현장 계기에서 계기반까지의 신호 전송 거리가 먼 다른 시스템에의 전송이다.

대부분 전류신호를 채택하고 있는 것은 다음과 같은 특징이 있으므로 많이 사용한다.

① 전압출력의 경우 신호 임피던스나 배선의 임피던스에 의한 전압 강하가 있으며 그것이 오차의 원인이 된다. 그에 대해서 신호로서 전류를 사용한다면 오차가 생기지 않게 된다. 즉 원리적으로는 전압은 저항에 의해 변화하지만, 전류는 저항에 반하여 흐르므로 저항 변화로 인한 오차를 없앤다.

② 전류 신호로서 예를 들면, 많이 사용하는 4~20mA 신호 레인지와 같이 0에서 시작되는 것이 아니라 조금 높은 신호를 사용하는 경우가 많다. 이 경우 전송기에 전원 공급선과 전송 신호선을 겸용한 2선식 배선이 가능하다.

③ 전류 신호는 250[Ω] 저항을 수신측에 맡기는데, 따라서 쉽게 전압신호로 변환이 가능하다.

8-2 직류변환장치 SMPS

SMPS란 스위칭 모드 파워 서플라이(Switching-Mode Power Supply : SMPS)의 약자로서 현재 전자계산기, 전자 교환기 및 자동화기기 등 전자·통신 기기의 직류 안정화 전원으로서 폭넓게 이용되고 있다. 종래의 안정화 전원에 비하여 고효율, 소형 및 경량화한 안정화 전원이라 볼 수 있다.

스위칭 모드 파워 서플라이는 전력용 MOSFET 등 반도체 소자를 스위치로 사용하여 직류 입력 전압을 일단 구형파 형태의 전압으로 변환한 후, 필터를 통하여 제어된 직류 출력 전압을 얻는 장치로서 반도체 소자의 스위칭 프로세서를 이용하여 전력의 흐름을 제어함으로 종래의 리니어 방식의 전원 공급장치에 비해 효율이 높고 내구성이 강하며, 소형, 경량화에 유리한 안정화 전원 장치이다.

SMPS는 스위칭 주파수를 높여 에너지 축적용 소자를 소형화함으로써 소형, 경량화를 이룰 수 있고, 이를 위해서는 고속 반도체 소자의 개발이 필요하다. 그러나 스위칭 주파수를 고주파화하면 스위칭 손실, 인덕터 손실 등 전력 손실이 증대하게 되는 점과 스위치에 의해 발생하는 써지, 노이즈 문제를 고려해야 한다.

SMPS의 용도는 통신용과 산업용 및 PC, OA기기, 가전기기 등의 민수용으로 분류된다.

SMPS는 전자 통신 기기에 있어서 안정된 전력을 공급해 주어야 한다는 의미에서 시스템의 심장부라 할 수 있기 때문에 SMPS의 연구 개발은 현대의 전자, 정보, 통신 산업의 발달에 기본적이고 필수적인 위치에 있다고 할 수 있다.

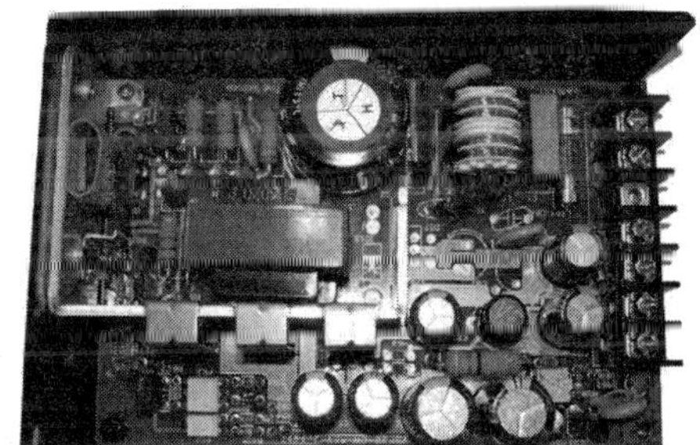

Power Supply 분류

Power supply의 설계방식을 두 가지로 분류한다. 첫째는 Linear type이고 둘째는 Switching type이 있다.

① Linear Type

일반적으로 실험실에서 사용하는 부피가 크고 무거운 그런 type을 말한다. Linear type은 기본적인 전원 공급기, 전자적 조절가능 저항요소 그리고 전압 감지기와 안정된 기준 전압으로 구성된다. 동작은 전압 감지기가 계속해서 DC 출력전압을 감지하고 기준전압과 비교하다가 출력전압을 변화하면 조절 가능 저항을 전자적으로 조절해서 즉시 원하는 DC 출력전압을 유지한다.

② Switching Type

Switching type은 기본적인 전원공급기와 switching 소자, control circuit와 안정된 기준 전압으로 구성된다. 동작원리는 linear와 비슷하며, control circuit에서 DC출력전압을 모니터하고 안정된 기준전압과 비교한다.

그리고 출력 전압이 변화하면 전자적 switch를 조절 원하는 출력 전압을 유지시킨다. control circuit이 switch를 조절하는 방식에 크게 두 가지가 있는데 한 가지 방식은 switch의 on - time과 off - time의 비를 조절하는 것인데, 이를 PWM(pulse-width modulation)이라고 한다. 또 다른 방식은 PWM에 사용되어지는 switching transistor 대신에 SCR(silicon controlled rectifier)을 사용하는 이 방식은 phase angle을 변화시키므로 PCM(phase controlled modulation)이라고 한다.

③ Linear와 SMPS의 비교

linear 방식의 장점은 cutoff(0 volt 출력)에서부터 saturation(최대 출력 전압)에 이르기까지 매우 넓은 범위에 걸쳐서 조절 가능하다는 것이다. 단점은 우선 효율이 30~40% 정도 밖에 안 된다. 그래서 변압기의 2차 측에서 필요로 하는 전압보다 다소 높은 전압을 필요로 하는데 이것을 head room이라고 한다.

또 다른 단점은 부피가 크고, linear요소 중의 하나인 pass transistor에 대한 heat sinking(열방출장비)도 많은 부피를 차지하고 60Hz 변압이고 큰 부피를 차지한다. 일례로 medium -power linear의 경우 변압기 무게가 50파운드나 된다. 그러므로 현대와 같이 장비가 소형화되는 추세에서는 큰 단점을 가진다.

S.M.P.S의 기본구성

S.M.P.S의 기본구성은 교류 입력 전원으로부터 입력 정류 평활 회로를 통해 얻은 직류 입력 전압을 직류출력 전압으로 변화하는 DC-DC 컨버터, 출력 전압을 안정화 시키는 궤환 제어 회로, 과전압, 과전류 보호회로 등으로 되어있다.

궤환 제어 회로는 다시 출력 전압의 오차를 증폭하는 오차 증폭기, 증폭된 오차와 삼각파를 비교하여 구동 펄스를 생성하는 비교기, DC-DC 컨버터의 주 스위치를 구동하는 구동회로 등으로 구성되어 있고, DC-DC 컨버터는 주 스위치와 환류 다이오드, 2차의 저역 통과 필터인 LC 필터 등으로 구성되어 있다.

여기서 DC-DC컨버터는 전력의 변환을 담당하는 주요 부분으로서 입출력 변화비의 크기 및 회로 구성에 따라 많은 종류의 컨버터로 분류된다.

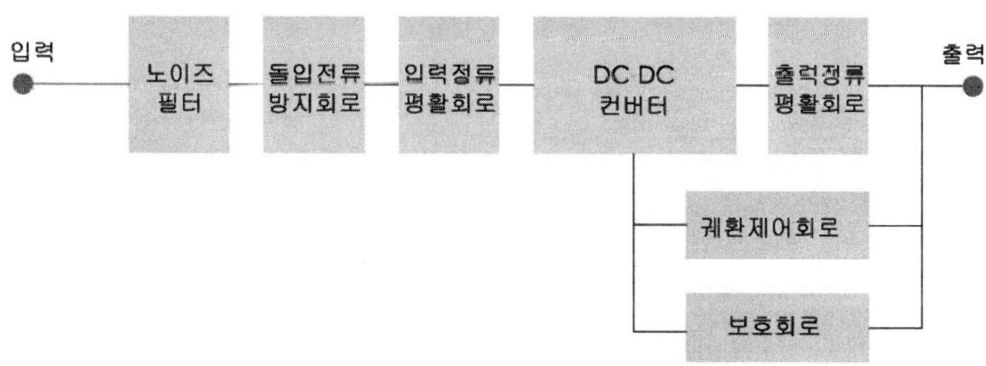

SMPS는 크게 교류를 직류로 변환하는 AC-DC 컨버터와 직류를 직류로 변환하는 DC-DC 컨버터로 구분할 수 있다.

a) AC - DC 컨버터 전력변환 과정

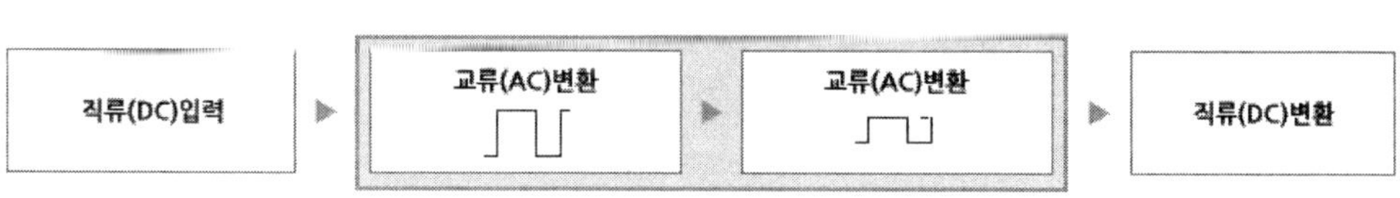

b) DC - DC 컨버터 전력변환 과정

S.M.P.S의 회로 방식은 고주파 트랜스포머의 유무에 따라 크게 비절연형과 절연형으로 나눌 수 있는데, 비절연형 으로서는 Buck 방식, Boost 방식, Buck-boost 방식 등이 있고, 절연형으로서는 Flyback 방식, Forward 방식, Full-bridge 방식, Half-bridge 방식 등이 있다.

접속단자

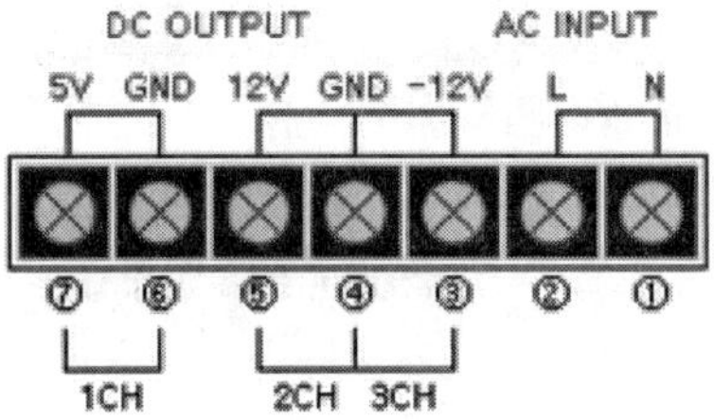

* AC INPUT
① N : AC INPUT NEUTRAL LINE
② L : AC INPUT HOT LINE
* DC OUTPUT
· 3CH / 2CH
③ -12V : DC OUTPUT
④ GND : DC GROUND
⑤ 12V : DC OUTPUT
· 1CH
⑥ GND : DC GROUND
⑦ 5V : DC OUTPUT

9 C·H·A·P·T·E·R

튜브 라벨링

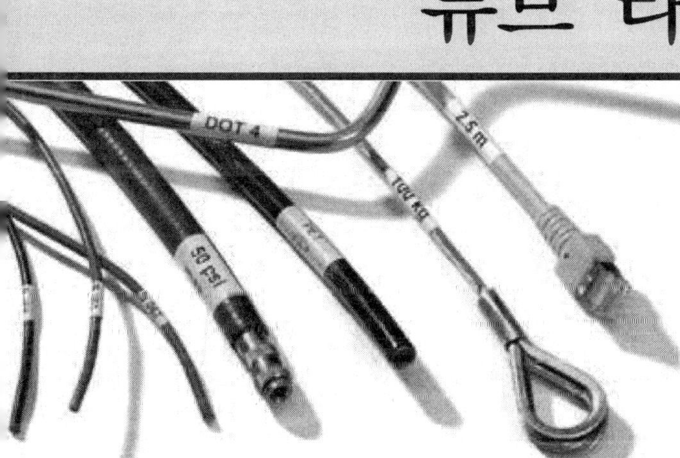

전기 도면의 와이어 번호는 와이어를 개별적으로 식별하기 위한 중요한 정보이다. 전원선이나 제어선의 터미널 블록에서와 같이 전선의 접속시 전선 상호간의 명칭을 표시하기 위해 튜브에 설계도에 명시된 형태의 문자나 기호를 표기한다. 인입, 인출선에 라벨링을 하여 배선작업의 효율성을 얻을 수 있다. 또한 전선에 접속한 터미널 단자를 감싸 불필요한 접촉에 의한 쇼트를 방지할 수 있는 절연의 효과도 얻을 수 있다.

SEQUENCE 계통에 문제가 생겨서 도면과 매칭을 시키고자 CABLE 배선을 좀 더 빠르고 쉽게 식별하고 유지보수 측면에서 보면 해당 신호선이나 전원선을 쉽게 확인할 수 있다는 장점이 있다.

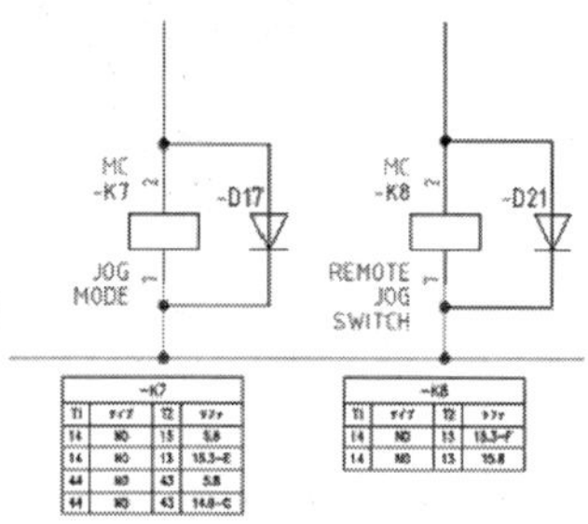

코일과 접점

와이어 레이블

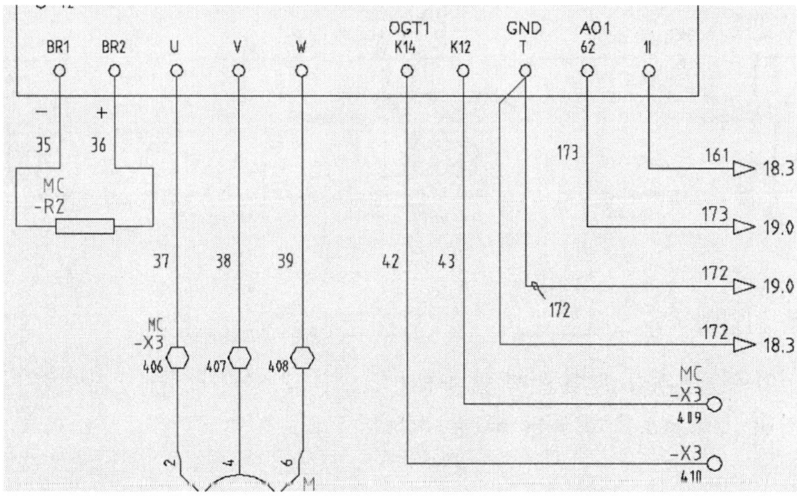

도면에서도 배선과 장치에 대한 넘버링을 지정한다.
넘버링 규칙은 페이지번호, 열/행번호, 전위값, 장치명, 카운터 등 다양한 방법을 통해 작성할 수 있다.
상호참조란 관련성 있는 두 심볼간의 상호 위치(페이지, 열, 행)를 표시하는 것을 의미한다. 예를 들면, 푸시버튼 스위치의 경우 스위치 심볼과 램프 심볼간의 상호 위치, 릴레이에서는 코일과 접점간의 상호 위치 등이 대표적인 상호참조 표시 방법 중 하나이다.

태그넘버

각각의 부품을 구별하는 번호로 모델명이나 이름의 약자를 붙이고 연번으로 구분한다. 와이어 라벨링의 몇 가지 예를 들면 다음과 같다.

부품	내용	표기 예
MCCB	배선용차단기(NFB), 누전차단기(ELB) 등	NFB1,2,3
릴레이	릴레이와 전자접촉기(MC)를 사용하므로 CR(콘트롤 릴레이) MC 등으로 구분	CR,1,2,3
터미널블록 번호	많은 수의 터미널블록을 사용할 경우 선 찾기가 불편하므로 사용처 별로 구분하여 번호 부여	TB1,2,3
터미널 넘버	배선과 수리를 편리성을 위해 각각의 선끝에 서로를 구분하는 번호나 문자를 새긴 튜브를 사용하는데 각 부품의 단자를 지날 때마다 번호를 바꿔준다.	
전원	교류전원의 상수와 직류전원	R,S,T,N L,N P24, N24

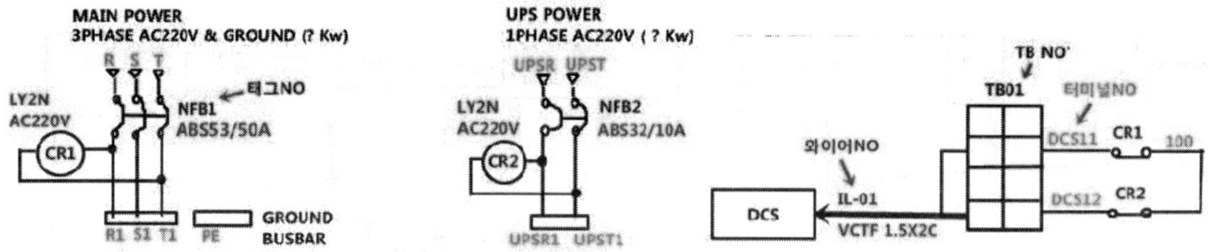

▌단자번호 기입법

시퀀스를 이용한 제품을 보면 필히 단자대가 있으며 그 단자대에는 단자번호가 있는데 시퀀스에서 단자번호가 필요한 이유는 아래와 같다.

- 설치 용이
- 점검 용이
- 보수 용이

단자번호 부여하는 경우는 아래와 같다.

- 내부에서 외부로 나가는 경우
- 점검이 필요하다고 느낄 경우
- 기타 사유로 단자부여 필요성이 있을 경우

10

C·H·A·P·T·E·R

배선정리 부품들

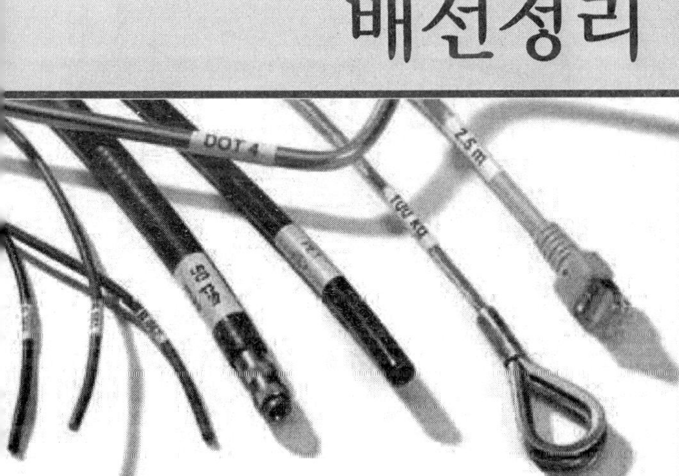

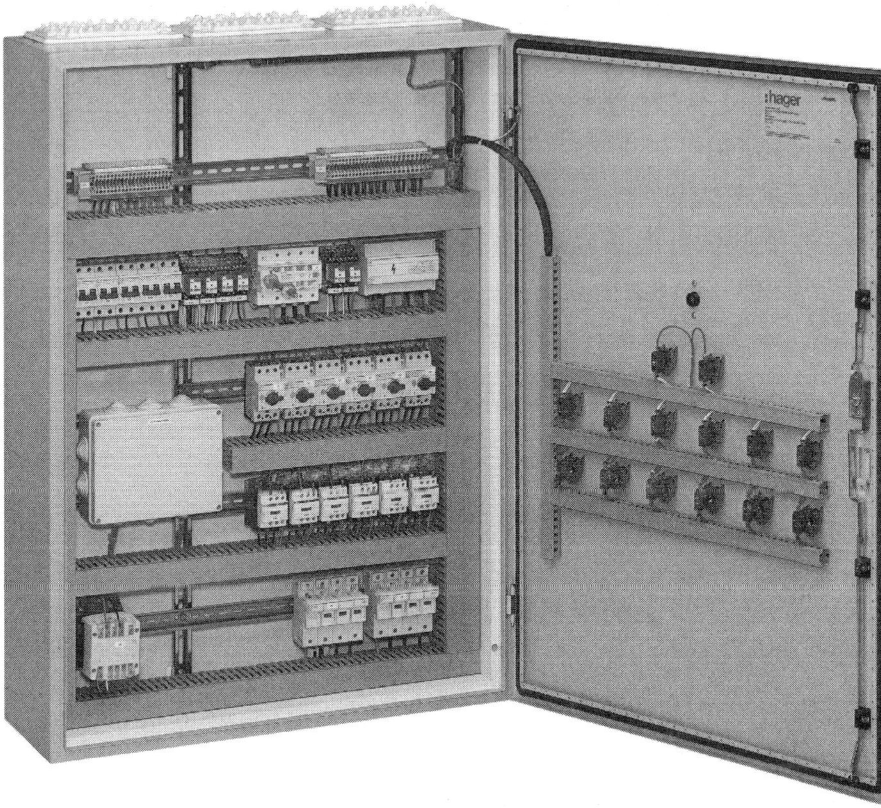
hager

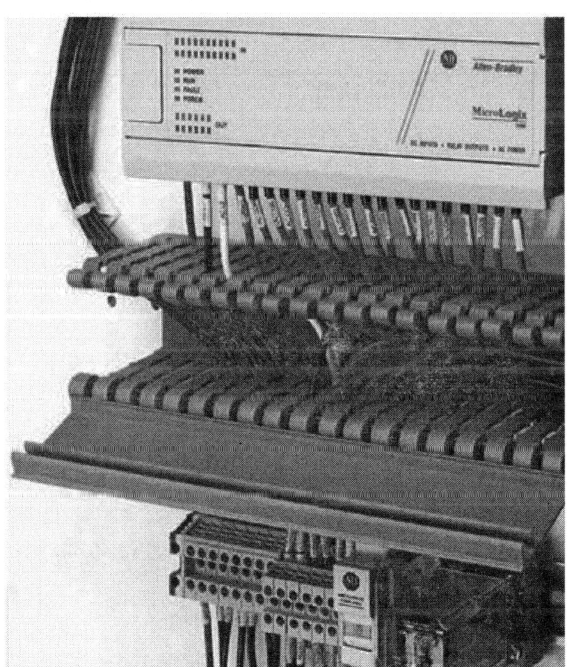
Allen-Bradley
MicroLogix

공장, 빌딩 등 수요가 많은 장소에서 굵은 전선과 많은 양의 전선을 전선관에 의하여 배선하는 데는 한계가 있다. 전기 설비가 집중적으로 설치된 전기실에서 직각 벽면이나 각층에 설치된 배전반(또는 분전반)에 이르는 많은 회로의 간선과 분기선은 한 개의 도관(덕트라 함)을 통하여 배선하면 매우 편리하다.

덕트는 일정한 규격이 없으며, 필요에 따라 제작하여 시설한다. P.C.V 덕트는 폭 35[mm]이상, 두께 2[mm] 이상이어야 하고 금속 덕트는 폭 50[mm] 이상, 두께 1.2[mm] 이상의 철판으로 제작하고, 아연도금이나 에나멜 페인트를 칠하여야 한다.

덕트의 시공은 노출 장소와 점검이 가능한 은폐 장소(건물 지하 덕트 등)에 노출로 시공하며, 크기가 작은 것은 바닥(또는 벽)에 직접 고정하지만 큰 것은 천장에 매달아 시공한다. 덕트 배선에서 주의 사항은 다음과 같다.

① 덕트 안에서 전선을 접속하지 않는다.
② 덕트 안에 배선에 지장이 있는 기구를 설치하지 않는다.
③ 전선은 내부 단면적의 20[%] 이하로 배선한다.(제어회로인 경우 50[%]까지 가능하다)
④ 덕트에서 전선을 빼낼 때는 전선관 또는 가요 전선관을 사용하며 케이블인 경우 직접 인출할 수 있다(케이블 관통 부분에서 케이블 외피에 손상이 가지 않게 처리한다).
⑤ 덕트의 양쪽 끝은 막아 주어야 한다.
⑥ 덕트 안의 배선에서 전선의 이동을 방지하기 위하여 적당한 간격으로 전선을 묶어주고 또한 덕트에 지지하여 준다.
⑦ 금속 덕트는 제3종 접지공사를 한다.

10-1 P.V.C 덕트

유럽지역에서는 P.V.C 덕트를 트렁크(Trunk)라고 호칭하며, P.V.C 덕트 시설을 트렁킹이라고 한다. P.V.C 덕트는 비교적 크기가 작으므로 노출 배선이 필요한 장소에 시설하며, 최근에는 사무자동화 시설에 따라 통신선, 컴퓨터 전용선 등 정보통신선을 한 개의 덕트 안에 배선하는 추세가 강하며 병원, 사무실에서 시공되고 있다.

P.V.C 덕트는 몸체(Body)와 뚜껑(Cover)으로 이루어지며, 몸체에는 뚜껑을 덮으면 벗겨지지 않도록 하는 턱이 양면에 있다.

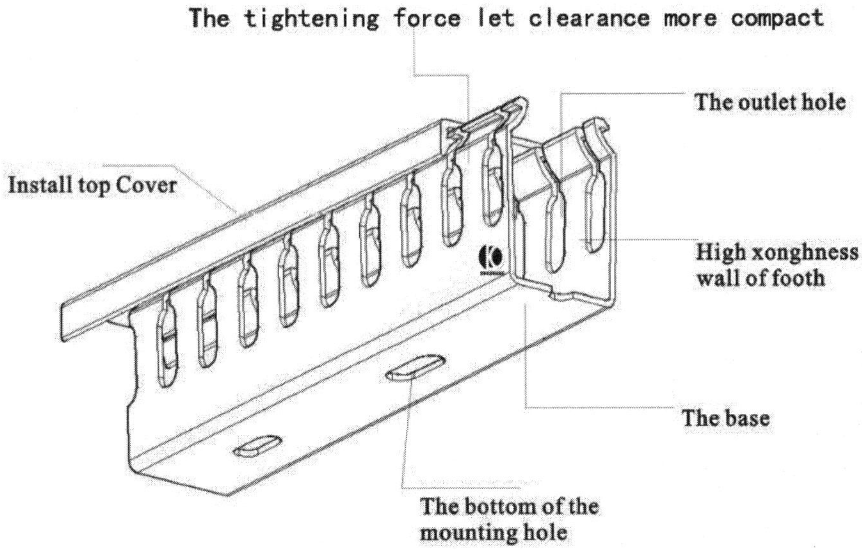

① 제어함에 쓰이는 덕트는 내부 배선인 제어회로의 인출과 인입이 용이하도록 양면이 절개되고 전선 배선이 가능하도록 적절한 크기의 구멍이 있다. 덕트용 부품은 크로스, 티, 인터널코너, 익스터널코너, 엔드커버 등이 있다. 다음 그림은 제어함용 덕트의 평면 직각 접속과 T접속 방법을 표시한 것이다.

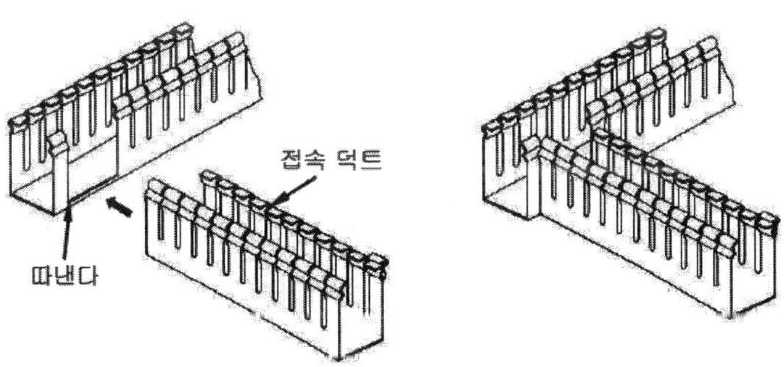

직각 접속

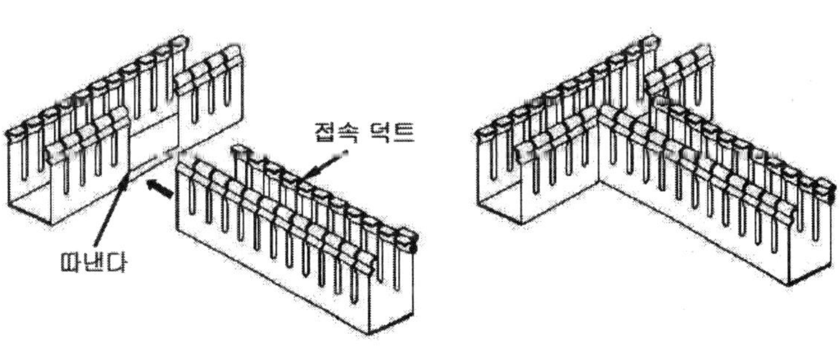

T 접속

② 일반용 덕트의 평면 T형 접속과 모서리 접속 방법은 다음 그림과 같다.

③ 몸체를 바닥에 고정할 때는 폭이 35[mm] 이하인 것은 0.25[m] 간격으로 나사못을 직선상으로 연결하고, 폭이 50[mm] 이상인 것은 0.2~0.3[m] 간격으로 바닥면 양 모서리 면에 연하여 교대로 연결한다.(지그재그 형으로 연결한다.)

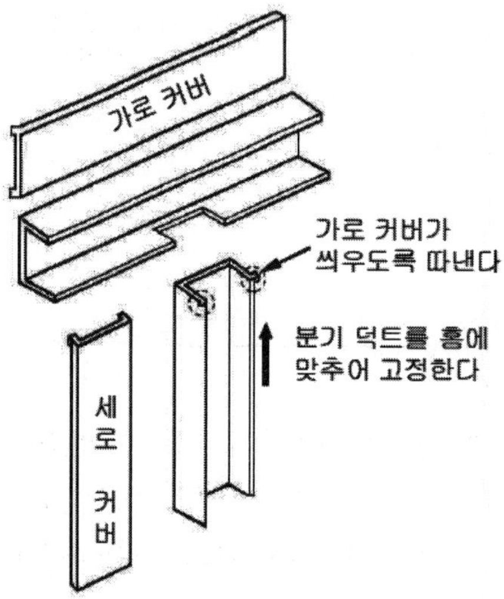

(a) T형 접속

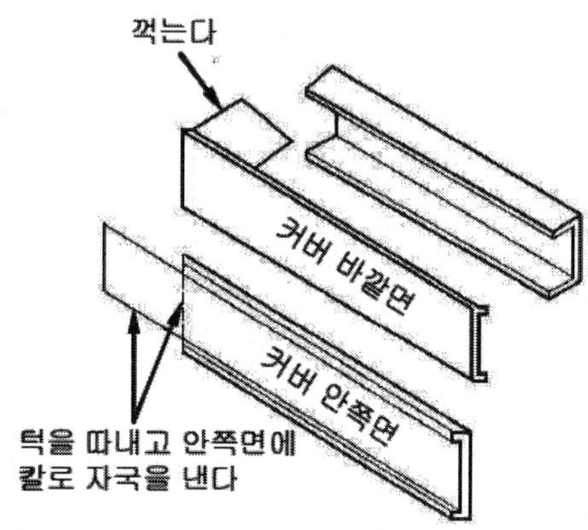

(b) 덕트 끝면 덮기

▌덕트 종류

① 와이어링 덕트 - 개방형

선이 통과하는 구멍 상부에 홈이 있어 전선을 간단하게 통과시킬 수 있는 구조

② 와이어링 덕트 - 밀폐형

전선의 노출이 불필요한 경우, 먼지, 해충 등으로부터 내부의 전선을 보호, 정리정돈 용도로 사용 공장등에서 벽면, 공간, 천정에 설치.

③ 알루미늄 덕트

고하중 케이블 및 다량의 케이블의 수납이 요하는 천정, 벽면 등의 시공에 적합

▌PVC 배선 덕트의 장점

1. 내식성, 내약품성, 내유성이 우수
2. 가볍고 강인하다.

3. 관의 마찰저항이 적다.
4. 전기 절연성이 우수
5. 배관가공이 용이
6. 다른 관에 비해 저렴하고 시공비가 적다.
7. 차음효과가 크다. 색상의 다양화가 가능하다.

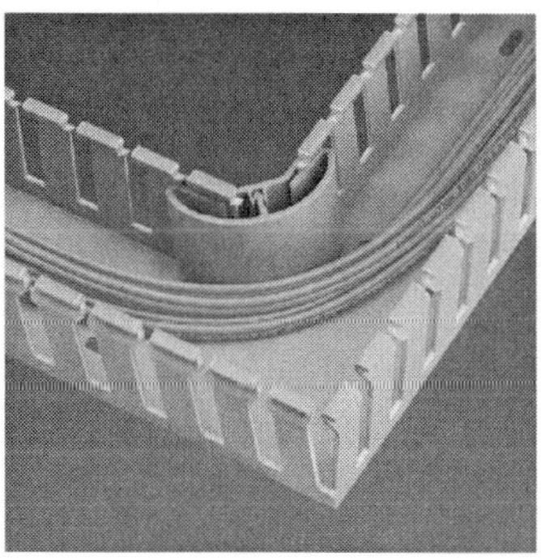

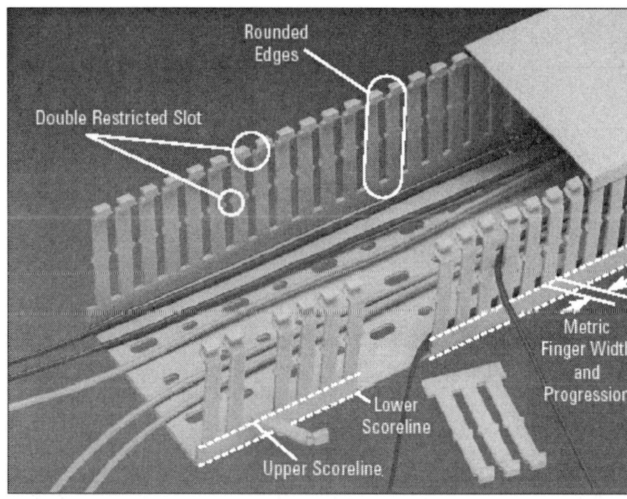

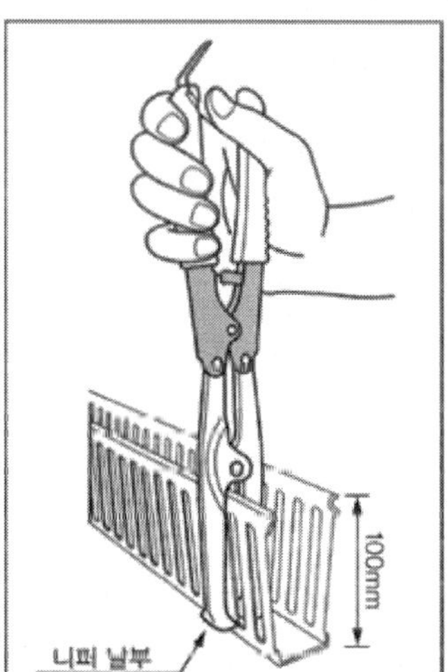

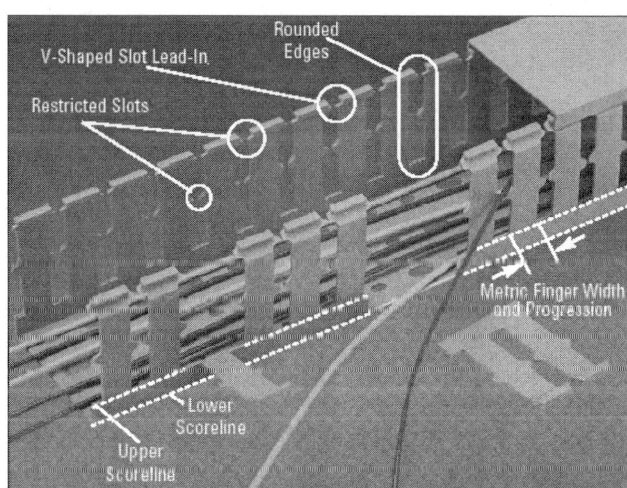

Duct Joining Strips

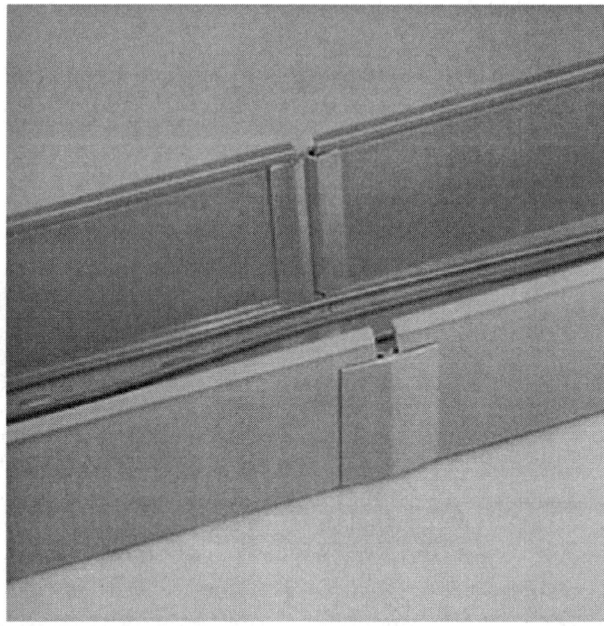

가공 방법

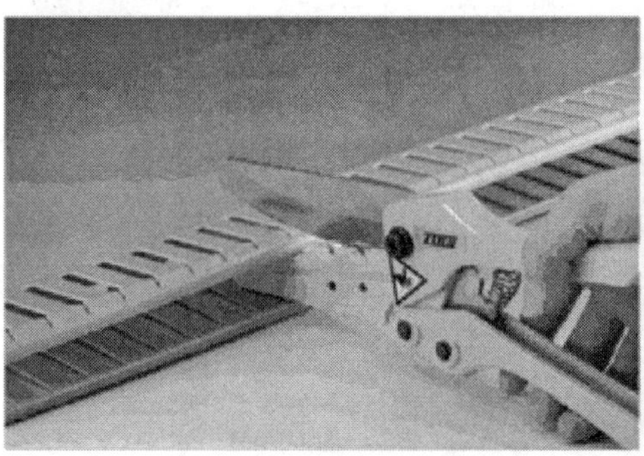

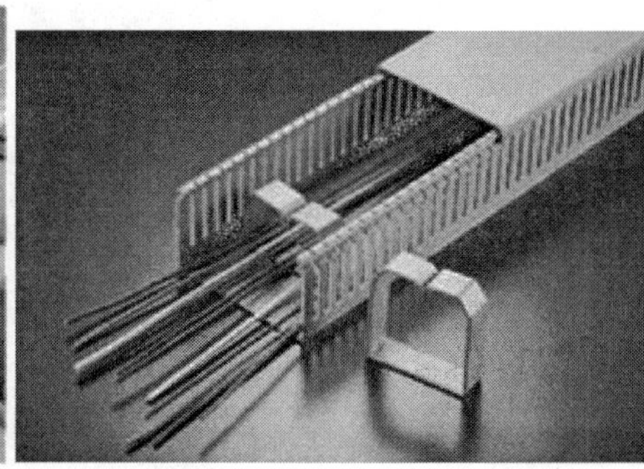

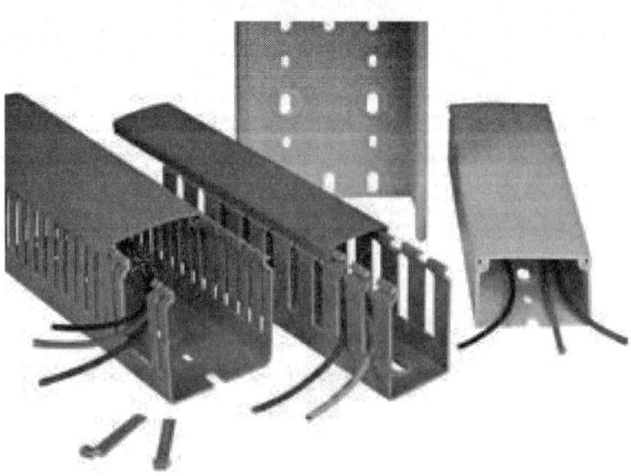

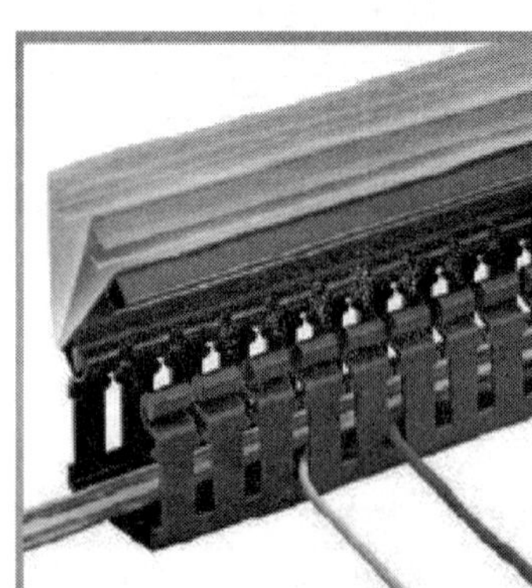

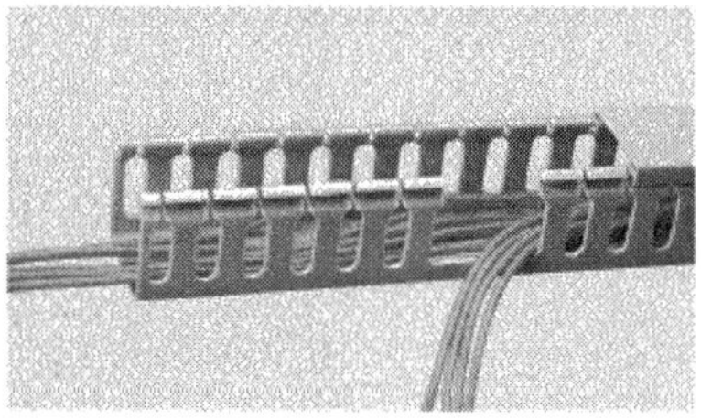
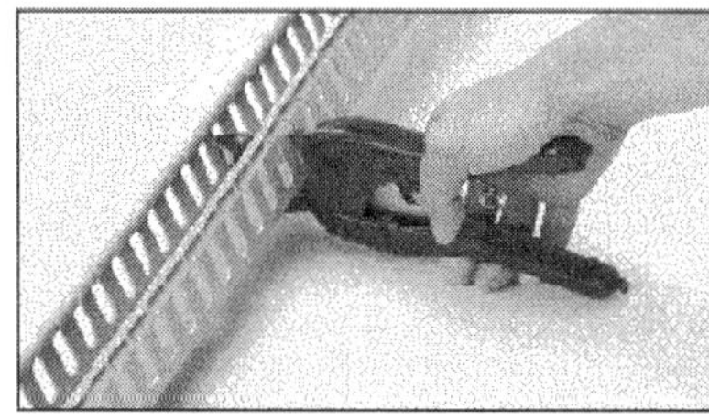

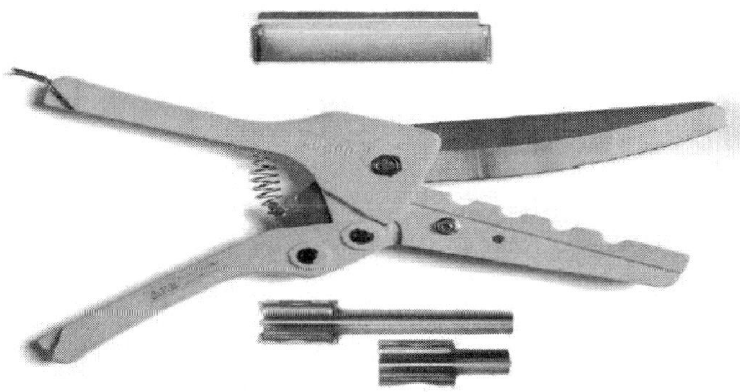

WIRING DUCT CUTTER

용도 : 와이어링 닥트, 전선보호관 몰드, 각종호스 등의 프라스틱 제품 절단에 사용
특징 : 플라스틱 부분의 절단 가공을 위한 최적의 기능을 갖춘 프라스틱 커팅 도구
특히, 슬라이드 커버 또는, 凹모양의 스퀘어를 사용하여 원하는 형태로 절단이 가능

WIRING DUCT NIPPER

용도 : 와이어링 닥트 측면 기둥부분 절단
기타 프라스틱 제품등의 깊숙한 내부입구 절단
특징 : 최대 100mm 깊이의 기둥부분 절단
절단된 표면이 날카롭지 않에 절단
특수구조 설계로 절단시 가벼운 힘만으로 절단

① 칼끝을 측면 홀의 하단에 위치 후 기둥방향으로 비스듬하게 돌린다.
② 칼끝을 기둥쪽으로 정면을 보도록 위치시킨 상태에서 절단한다.
③ 측면 홀의 하단에 맞춰 절단할 수 있다

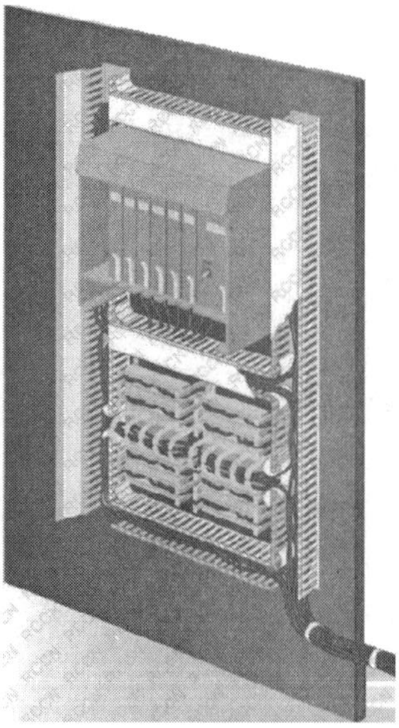

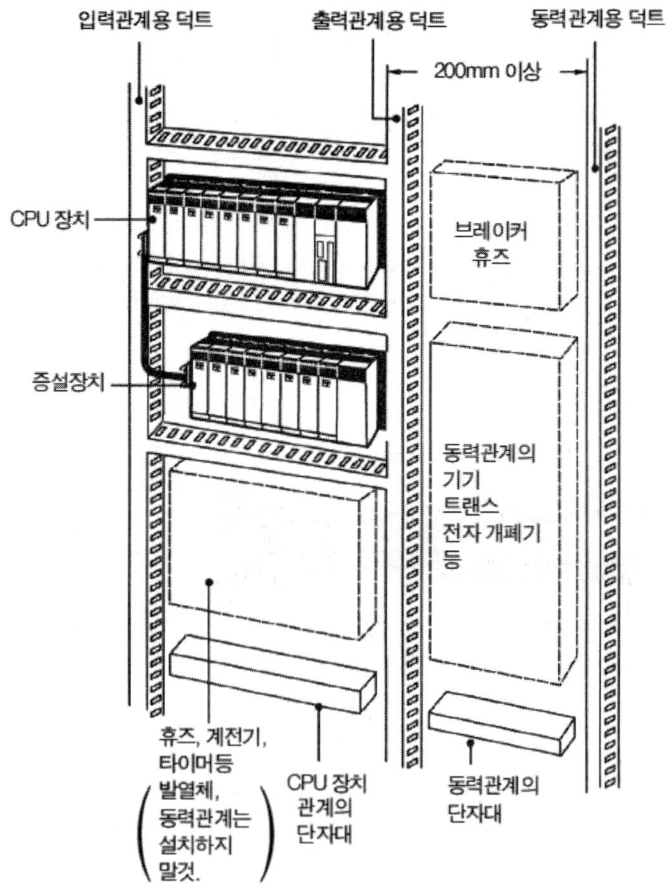

배선 덕트 사용 예

배선 덕트는 통풍 및 유니트의 교환 등을 고려하여 각 장치의 상부와 반의 천정, 배선 덕트, 구조물, 부품과 간격을 두고 20mm 이상 배치한다.

10-2 케이블 타이

케이블 타이는 케이블 트레이 및 덕트 내의 케이블을 종류별로 묶어 고정할 때 사용하며, 전선 및 케이블 규격에 적합한 제품을 사용한다.

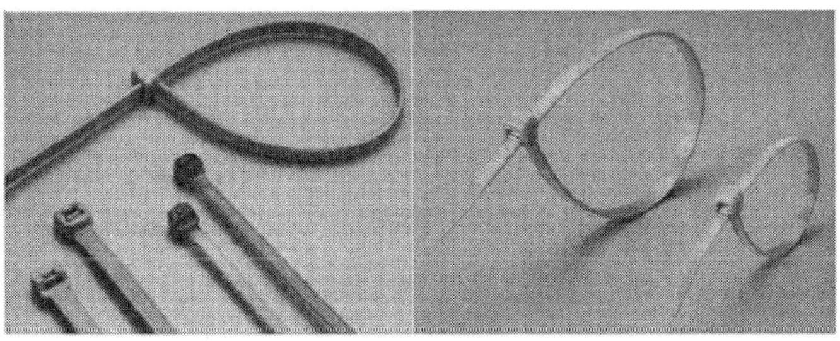

케이블타이

케이블타이건
일정한 텐션 조절이 가능.
체결 후 절단

케이블 타이로 묶을 때는 케이블 타이의 꼬리를 일정한 방향에서 넣어주어 묶은 머리가 일정한 모양새로 되게 한다.

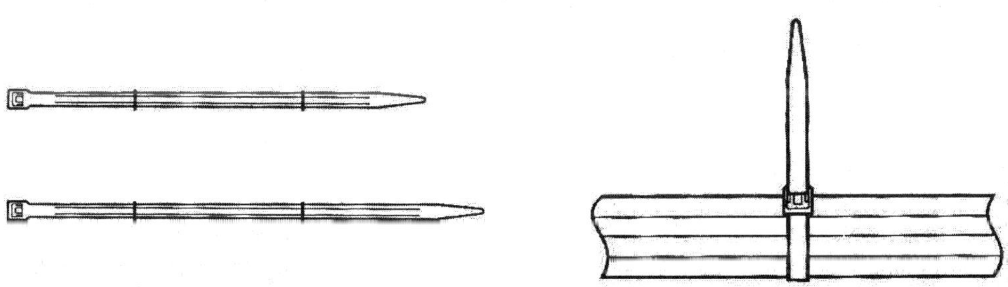

길이와 폭으로 규격을 정한다.

깔끔한 면이 안쪽으로 간다.

묶음 매듭(케이블 타이는 머리)은 묶음다발(속)의 한 면에 일렬로 배열되게 한다.

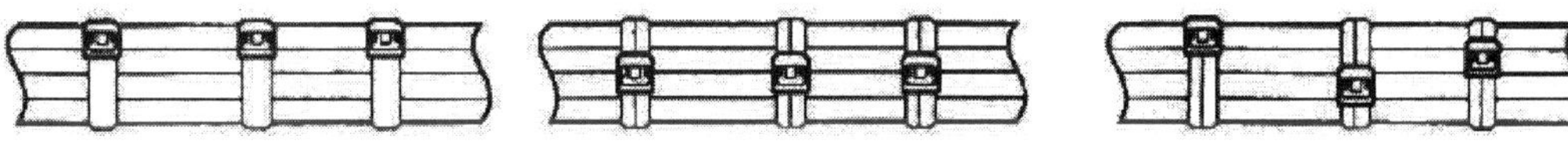

① 묶어주는 개소

(가) 묶음 속(다발)이 길게 직선으로 배선되는 경우 일정한 간격(약 100[mm])으로 묶어준다.

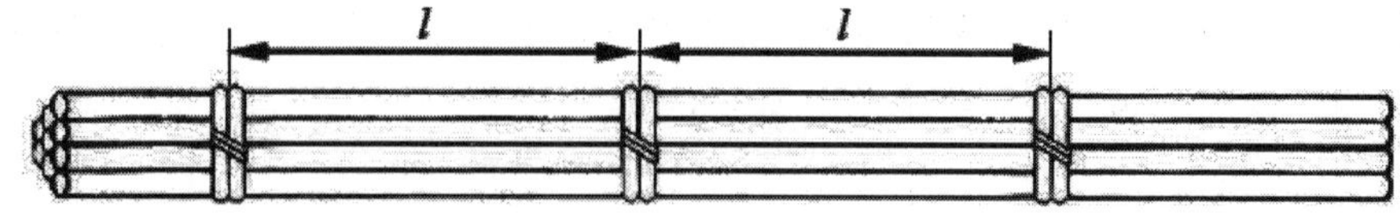

묶음 간격이 같음

(나) 직각으로 구부리는 지점은 굽힘점에서 양쪽으로 같은 거리의 직선배선 개소를 묶어준다.

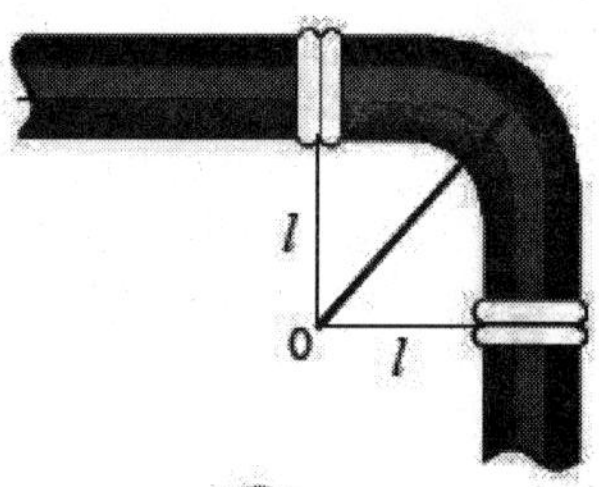

O

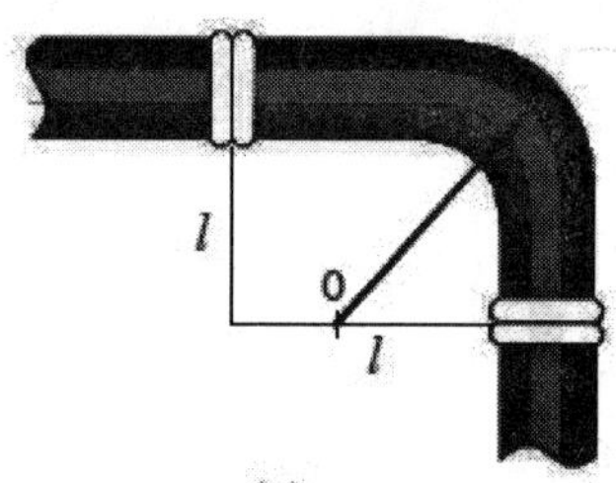

X

(다) 표시등, 푸시버튼, 단자대 등이 인입·인출되는 선은 여러 가닥의 선이 모여지므로 선이 늘어지지 않도록 적절한 개소를 묶어준다.

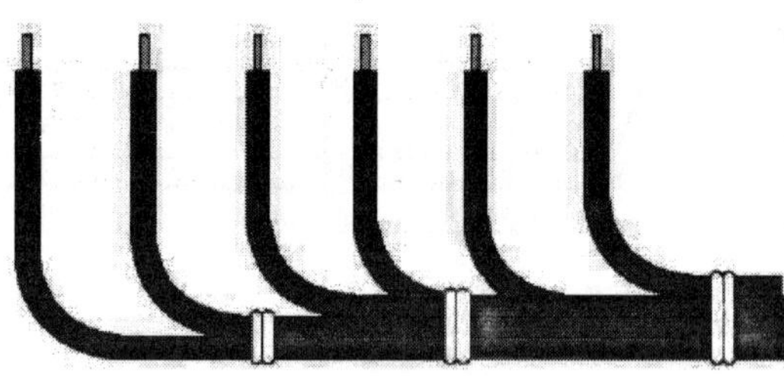

가지 배선

모둠 배선

10-3 제어함의 배선

제어함의 배선 방법은 속배선(묶음다발 배선)과 덕트 배선 방법에 의한다. 속배선 방법은 숙련을 요하며, 전선 가닥수가 많으므로 배선 작업이 쉽지가 않고 작업 시간도 많이 걸린다. 제어함의 배선은 대부분 제어회로(조작회로)의 배선이므로 덕트 배선방식이 적합하다.

① 속배선

(가) 기구와 접속되는 배선은 급하게 굽혀서는 안 된다.

(나) 주회로를 먼저 배선하고, 제어회로를 다음에 배선한다.

(다) 배선은 서로 엇갈리거나 엉키지 않게 하고, 함 내에서 흐트러지지 않게 하기 위하여 묶어 준다.

(라) 주회로선과 제어회로선은 따로 따로 묶어주어야 한다. 원칙적으로 제어함 내에서 주회로와 제어회로는 함께 묶어서는 안된다.

(마) 주회로선과 제어회로선이 같은 방향으로 함께 배선이 되는 때에는 주회로선이 아래측(바닥면)에, 제어회로선이 위측에 있게 배열한다.

(바) 같은 기능을 가진 기구에 인입되거나 인출되는 선은 끼리끼리 같은 방향으로 정리하여 묶어준다. ((예) 단자대, 계전기, 표시등과 누름버튼 등)

(사) 제어회로선의 가닥수가 20가닥 이상이 되면 가급적 2개 다발로 묶어주는 것이 바람직하다.

(아) 묶음다발의 배선은 가급적 바닥면에서 5[mm] 이상 떨어지도록 하고 함 안의 넓은 공간을 이용하여 배선한다.

(자) 함의 외부로부터 인입·인출되는 선(케이블)이 함 안의 단자대와 접속하는 부분에서의 선처리는 단자대와 접속하는데 지장이 없는 길이로 하며 박스면과 단자 사이의 간격에 맞추어 보기 좋게 손질하여 놓는다. 그림과 같이 원형으로 고리를 만들어 주는 방법도 있다.

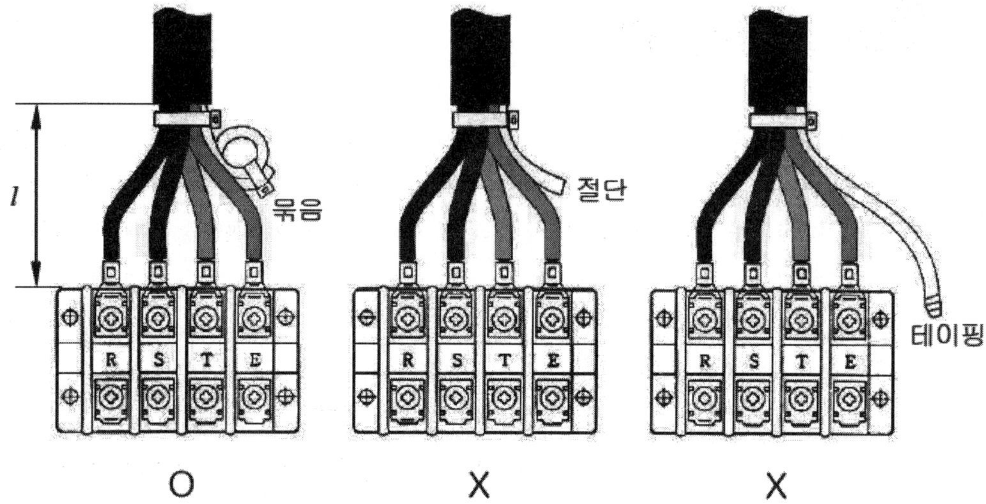

케이블의 여유 전선 처리 방법

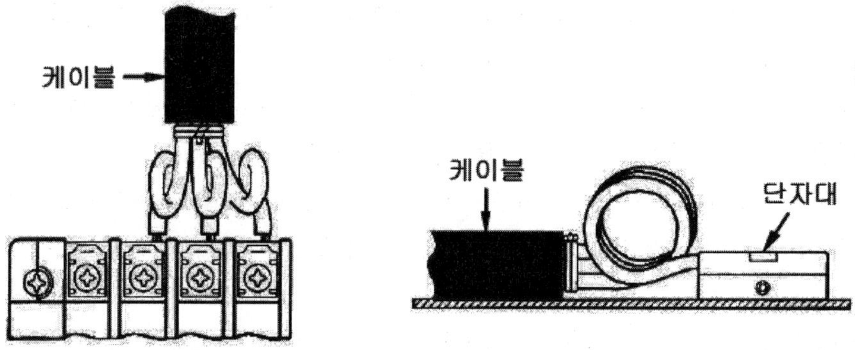

인입 · 인출 개소의 전선 처리 방법 예시 (단자대와 박스면 사이 거리가 좁을 때 적용)

【참고】

1. 묶음 위치와 간격은 정하여진 것이 없다. 배선상태, 배선 조건에 따라 적정한 개소를 묶어준다. 즉, 전선가닥이 모아지는 개소, 전선이 늘어지는 개소, 전선가닥이 굽어지는 개소를 묶어준다.
2. 묶음 위치는 외관도 고려하여 대칭되는 개소, 일정한 간격을 유지하는 것도 고려하여야 한다.

단자대와 접속하는 케이블의 처리하는 방법은 다음과 같은 방식을 사용한다.

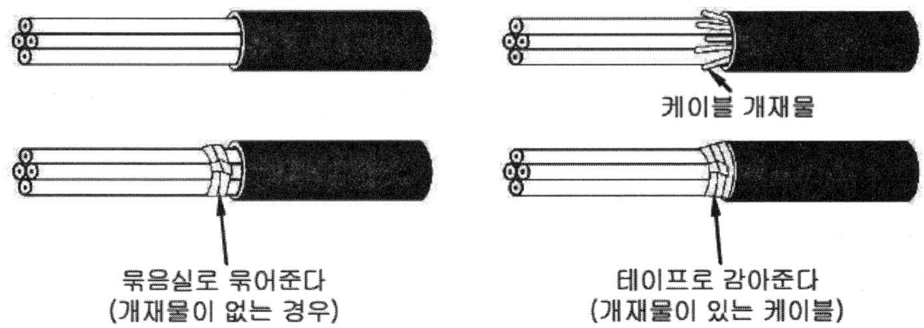

케이블 외피 절단면의 처리방법

② 덕트 배선(배선구멍 있는 덕트)

(가) 원칙적으로 한 개의 덕트 안에 주회로선과 제어회로선을 함께 배선해서는 안된다. 그러나 부하 용량이 적은 제어함에서는 주회로선과 제어회로선을 함께 배선할 수 있다.

(나) 덕트에 주회로와 제어회로를 함께 배선할 때는 주회로를 먼저 배선하여 바닥면에 배선되게 하고, 제어회로를 나중에 배선하여 주회로의 위에 배열되게 한다.

(다) 전선을 서로 꼬이거나 엉키지 않게 한다.

(라) 기구와 접속하는 선은 기구의 단자 바로 아래 (위) 구멍에서 빼내거나 넣는다. (가까운 거리 선택)

※ 현장에 시설된 제어함에서는 주회로는 노출 배선으로 처리하고, 제어회로는 덕트 배선로 처리한다.

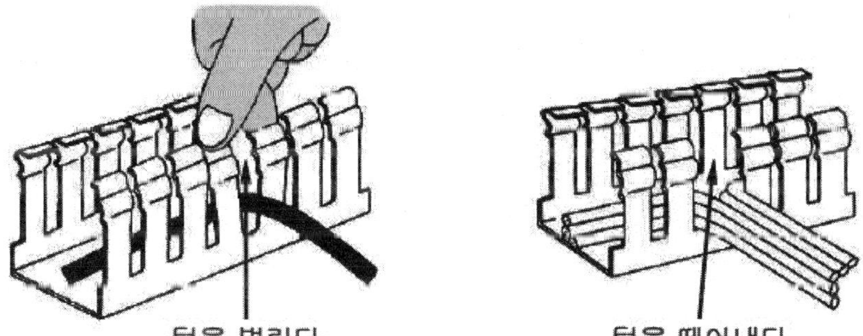

1선의 인입 · 인출　　　많은 선의 인입 · 인출

(마) 한 개의 구멍에 3가닥 이상의 전선을 빼거나 넣지 않는다.

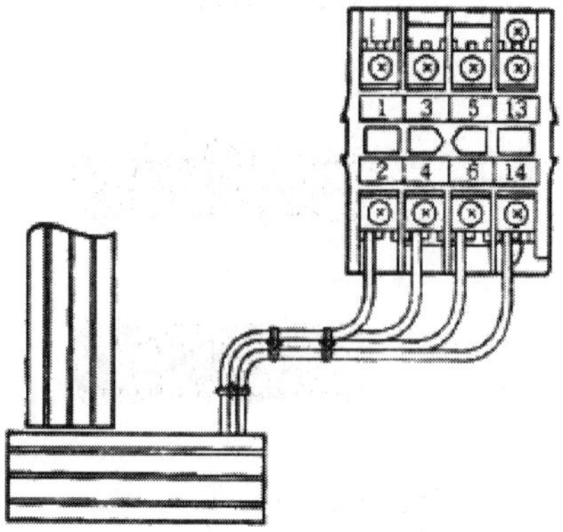

바른 방법

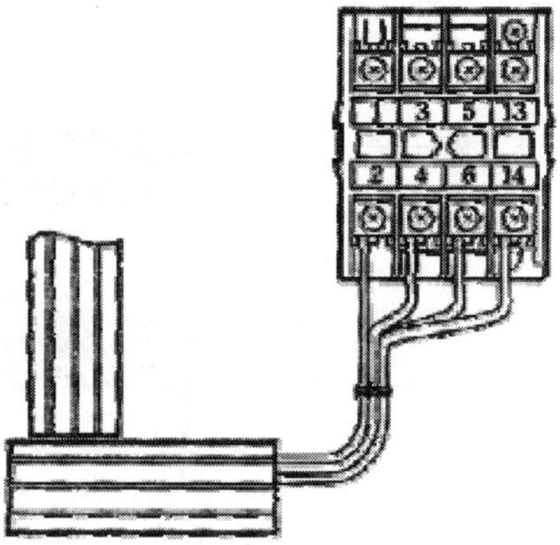

잘못된 방법

(바) 덕트의 절단면에서는 전선을 넣거나 빼내지 않는다.

(사) 덕트 안에서 전선을 접속하지 않는다.

(아) 접지선을 덕트에 배선할 수 있으나 바닥면에 있게 한다.

③ 표시등과 푸시버튼의 배선

제어함의 표시등과 푸시버튼, 조작 스위치는 도어에 조립하고 있다. 따라서 제어회로 선은 몸체에서 도어로 넘어가면서 접속하게 된다.

(가) 본체의 단자대(기구)로부터 도어에 조립한 기구까지의 거리에 맞추어 제어회로 선을 적정한 길이로 자른다.

(나) 기구의 배열에 따라 전선을 모아 임시로 묶어준 후 기구와 접속한다. 이때 실제 필요한 길이로 한다.

(다) 도어에 조립한 기구와 접속하는 전선은 2가닥일지라도 필요한 개소를 묶어준다.(선이 가늘어 늘어지기 쉽다)

(라) 접속이 완료되면 몸체에서 도어로 넘어가는 전선을 모아 묶어준다. 이때 묶어주기 대신 헤리컬 밴드(Helical band)를 사용하면 더욱 효과적이다.

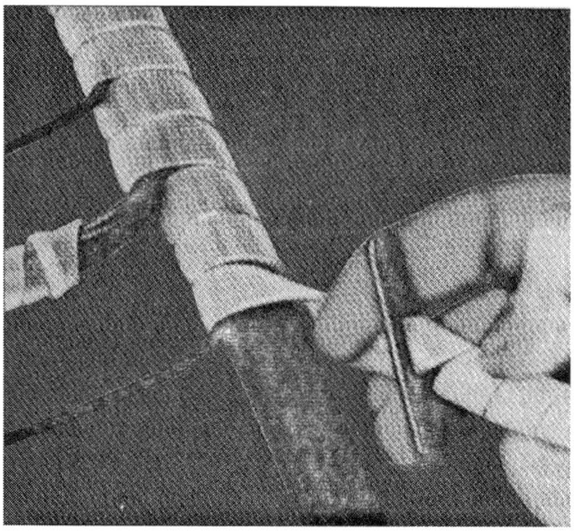
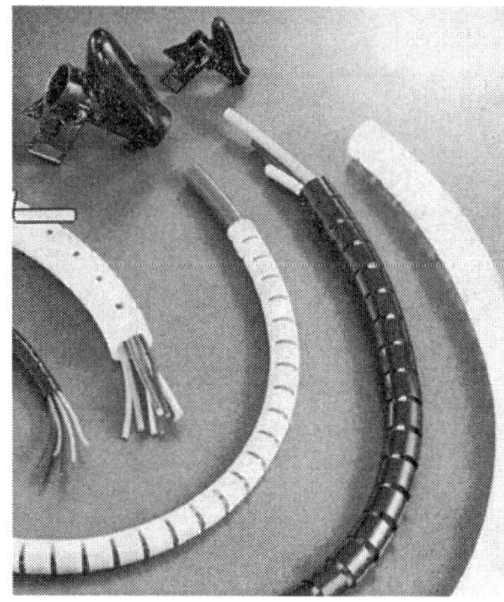

흐트러진 전선류를 한데 모아서 가지런히 정리하는데 사용되는 나선형의 밴드로 쉽게 구부릴 수 있다.

(마) 도어로 넘어가는 묶음 다발은 충분한 길이가 필요하므로 그림에서와 같이 U형으로 구부려 처리한다.

(바) 제어함의 위쪽 단자에서 인출되는 경우 아래까지 늘리어 U형으로 하지 않고, 함 안의 기구나 도어에 조립한 기구에 지장이 없는 정도로 중간 부분에서 U형으로 처리한다.

(사) 넘어가는 묶음선이 기구단자에 장력을 미치게 할 우려가 있는 때에는 몸체바닥(속판)과 도어에 '마운팅베이스'를 부착하고 케이블 타이로 묶어준다.

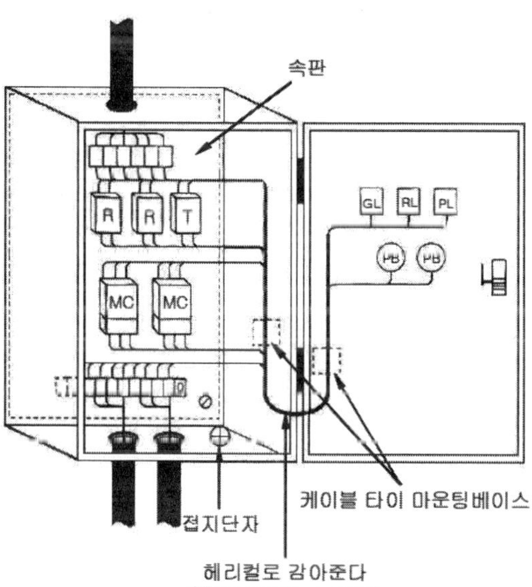

마운트 베이스(Mount Base)

Screw Mount

접착 마운트

④ 기타 기구용 박스의 배선

타임 스위치, 각종 센서 등을 전용박스에 고정할 때는 아울렛 박스에서 정리하는 방법과 같다. 이들 기구와 전원선을 접속함에 있어서 단자로 된 것과 리드선이 있는 것이 있으므로 접속선의 길이에 주의한다.

⑤ 전동기 단자 박스의 배선

일반적으로 전동기의 리드선 단자는 단자함 박스가 있어 그 안에서 배선과 접속하도록 되어 있다. 여기에는 단자가 볼트로 되어 있어 배선은 압착 단자를 사용하거나 또는 직접 볼트에 고리를 만들어 너트로 조여서 접속한다. 그러나 소형 전동기는 리드선이 나와 있어서 직접 배선과 꼬아서 접속하거나 압착 단자와 볼트, 너트를 사용하여 접속하면 된다.

11 C·H·A·P·T·E·R

접지 일반

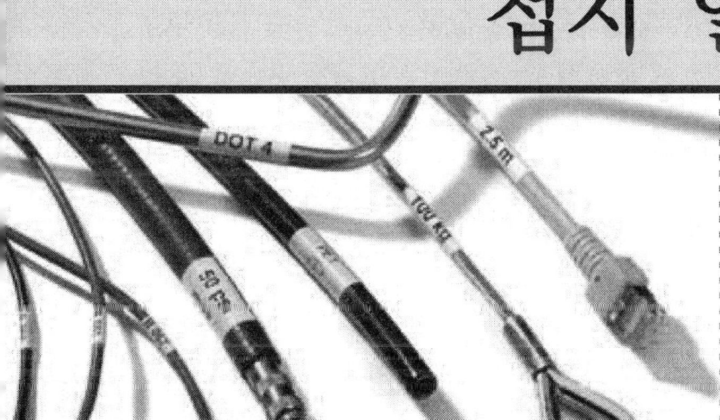

11-1 접지 일반

접지를 유럽 권에서는 "Earthing", 미국에서는 "Grounding"이라고 표현하고 있다. 접지는 1754년 미국의 프랭크린이 연날리기에서 피뢰침을 착상하여 철봉을 건물에 접해서 세우고 그 하단을 지중에 매설한 것이 접지전극에 해당, 즉 피뢰침의 시작이다. 1835년에 피뢰침의 다음으로 접지가 필요하게 된 유선전신의 모르스에 의해 실용화되었다. 1876년에 벨의 전화발명으로 전화용 가공선로에 낙뢰가 발생되면 시설 및 인명에 재해가 초래되기 때문에 이를 방지하기 위하여 등장한 것이 피뢰기이고 전화기의 보안기에도 접지가 필요하게 되었다.

이와 같이 초기의 접지는 낙뢰와 정전기 등으로부터 인명과 장치를 보호하는 역할에 주력하였으나 오늘날의 접지는 낙뢰는 물론 원하지 아니하는 과전류 및 과전압 유입, 전기적 잡음으로부터 전원, 통신 제어시스템 등의 복잡한 전기, 전자적 시스템을 안정적으로 동작하게 하는 기능용 접지에 이르기까지 많은 역할을 한다. 접지는 그 사용분야 및 목적에 따라 분류되며 인명이나 설비의 안전을 목적으로 한 경우에는 보안용 접지라 하며, 장비나 시스템의 안정적 가동이나 운용을 목적으로 한 경우에는 기능용접지라 한다.

지금까지 접지는 주로 전기 및 전력 분야에서 송·배전 설비 및 낙뢰에 의한 인명과 설비의 손상을 방지하기 위한 차원에서 다루어져 왔다.

하지만 오늘날의 전기, 전자, 통신 그리고 반도체 기술의 눈부신 발전은 거의 모든 설비의 소형화, 고 집적화를 가능하게 하였고, 초고속 종합정보통신망을 이용하여 각종의 데이터, 음성, 화상에 이르는 모든 정보를 서비스할 수 있게 되었으며, 또한 컴퓨터를 통해 모든 정보를 공유할 수 있는 고도의 정보화 시대를 맞이하고 있다.

이러한 소자 및 장비 기술의 비약적인 발전은 전자회로의 고 기능화와 고 밀집화를 이룩하였으며 이로 인한 전자파의 간섭과 장해는 매우 심각한 수준에 이르고 있다.

따라서 고도화된 정보 통신 시스템의 효율적이고 안정한 운용 및 우수한 통화 품질의 확보와 오동작을 방지하기 위해서는 고 신뢰성의 우수한 접지가 요구된다.

NEC(국제 전기 코드) 규정 100조를 보면 접지란 "전기 회로 또는 장비와 토양 또는 토양의 역할을 하는 도체 사이에 의도적으로 또는 우연히 이루어지는 도체 연결"이라고 정의되어 있다. 접지에 대해 이야기할 때 실질적인 주제는 어스 접지와 장비 접지 두 가지이다. 어스 접지는 회로 도체(일반적으로 중성선)에서 땅에 설치된 접지 전극까지 의도적으로 연결하는 것이다. 장비 접지는 구조물 내에서 작동하는 장비를 적절하게 접지하는 것이다. 두 시스템 간의 연결을 제외하고 이러한 두 접지 시스템을 별도로 유지해야 한다. 이렇게 하면 섬락 및 번개의 전위차를 방지할 수 있다. 접지는 인명, 공장 및 장비를 보호하려는 목적 외에도 사고 전류, 번개, 정전기 방전, EMI, RFI 신호 및 간섭이 발출되는 안전한 경로를 제공한다.

11-2 접지의 목적

접지시스템의 설치 목적은 인명 및 가축의 안전을 확보할 뿐만 아니라 전기, 전자, 통신 및 각종의 제어기기의 손상 방지와 안정적 운용에 있다. 이러한 필요성을 만족하기 위해서는 접지설계에서 시공까지 접지시스템에 대한 전반적인 이해 및 적용이 필요하다.

접지란 학문적인 정의에 의하면 전기설비를 전기적으로 대지와 결합하는 것을 의미한다. 이러한 접지시스템은 2가지의 목적을 가진다.

첫째, 전력계통내부에서 야기되는 사고 또는 낙뢰와 같은 외부적인 요인에 의해 발생되는 고장전류 혹은 써지를 효과적으로 대지로 분산시킴으로서 기기의 절연파괴를 방지하는 기기보호측면에 기여하고, 무한대의 기준점을 '0' 전위로 볼 때 접지점에서의 전위인 접지전위의 상승을 억제함으로서 안전사고와 같은 인적사고의 예방에 기여한다.

둘째로 확장된 접지시스템, 특히 직접접지방식의 경우에 꼭 필요한 기준전위는 대지를 '0' 전위로 하므로, 양호한 접지를 통한 기준전위의 제공은 모든 전기전자 장비를 하나의 대규모 시스템이 되는 것을 가능하게 한다. 접지란 통신장비 혹은 전기설비와 같은 시스템을 대지 즉 지구에 전기적으로 접속시키는 것을 말한다. 이러한 대지와 설비 간의 전기적 접속을 통해 사람 및 전기설비 혹은 전기기기의 안전을 확보하며, 또한 통신장비, 제어장비 그리고 전자 및 전기 설비의 안정적 운용을 확보할 수 있게 한다.

그리고 접지설계단계에서는 설치 기기의 특성, 시공 위치의 지질 특성 및 외부 환경 등을 고려한 신뢰성 있는 설계를 통해 경제적으로나 안전면에서 최적의 접지시스템을 선택하고, 또한 기준 접지 저항치와 접지공법 그리고 접지재료의 선택까지 전반적인 접지특성이 반영되어야 한다. 신뢰성 있게 설계된 접지시스템의 효과를 최대한 얻기 위해서는 확실한 시공이 병행되어야 하며, 또한 시공된 접지의 정확한 측정과 분석은 접지로 인하여 발생할 수 있는 만약의 사태를 최대한 예방한다. 또한 안정적 접지는 누설전류 혹은 고저압 혼촉에 의한 감전사고를 예방하고, 낙뢰나 뇌 서지로 인한 인명 혹은 설비의 피해나 화재를 예방하여 인명의 안전 및 기기의 안정적 운용을 확보할 수 있도록 한다.

따라서 현대의 산업설비 및 기술의 눈부신 발전과 초 고속통신의 고도 정보화 시대에 맞는 접지의 중요성과 설치 목적에 부합된 접지시스템의 시공은 절대적이며, 이를 통해 우리는 안전성이나 경제성면에서 많은 유익을 얻을 수 있다.

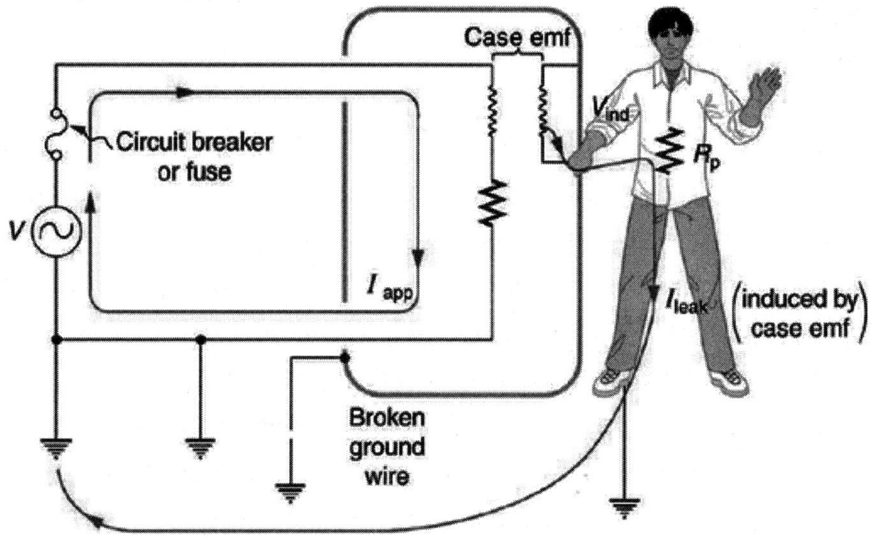

접지의 목적은 만일의 경우 교류전류가 흐르는 통로를 인체가 아닌 케이스를 통해 흘러가도록 만드는 것이다.

접지가 불량하면 불필요한 가동 중단이 발생할 뿐 아니라 위험하고 장비 고장 가능성이 증가한다. 효과적인 접지 시스템이 없으면 기기 고장, 고조파 왜곡, 역률 문제, 간헐적인 딜레마는 물론이고 감전 위험에 노출될 수 있다. 사고 전류가 적절하게 디자인 및 유지되는 접지 시스템을 통해 땅으로 배출되지 못하면 사람을 포함한 의도치 않은 경로를 찾아가게 된다.

11-3 접지의 필요성

- 전기적 피해로부터 시설물을 보호하기 위함
- 전기기기 원활한 기능을 확보하기 위함
- 전기적인 충격으로 부터 인명을 보호하기 위함
- 충격전류를 대지로 신속히 방류하기 위함

11-4 접지의 분류

접지의 분류에 관해서는 사용분야, 목적, 접속형태, 접속위치, 시공방법 등의 조건에 따라 많은 종류로 분류할 수 있으나 이론상의 분류로, 그 뜻이 무의미해져 버린 경우가 많아 접속형태에 따른 공통, 독립접지에 대해서 다음과 같이 차이점을 비교해 볼 수 있다.

특성 및 방식	공통 접지 (Common Grounding)	독립 접지 (Isolation Grounding)
장점	뇌 전류로 인한 각각의 장비간에 전위차 발생을 방지(등전위 구성)와 뇌 전류를 여러 접지봉에서 동시에 대지로 방전	뇌 전류 혹은 강한 서지로 인한 기기 손상 시 독립적으로 시스템을 보호 할 수 있음
단점	접지 시스템의 문제 발생시 연결된 모든 시스템에 손상을 기저올 수 있음	시스템 간에 충분한 이격거리를 확보하고 완전한 전기적 절연이 필수
동작 특성	하나의 접지 시스템에 통신용, 보안용,피뢰용 등의 접지를 공통으로 연결하는 방식	뇌 전류 및 강한 서지 전압 유입시 시스템 간에 전위차 발생-기기 손상
접지 설계	접지 저항은 장비의 특성 및 외부 환경을 고려하여 가능한 한 낮게 시공	통신용, 보안용, 피뢰용 등의 기준 접지저항을 달리하여 각각 분리된 접지 시스템 간에 충분한 이격거리를 두고 설치한 후에 개별적으로 연결하는 접지
접지 방식 선택 기준	뇌 전류 및 외부 서지 전압에 의해 발생하는 시스템간의 전위차 방지.안정적인 기기 운용을 목적	각각의 시스템 간에 완전한 절연 분리. 접지저항은 각각의 시스템에 맞게 다르게 시공. 전기적인 구성 회로 분석 필요
국가별 선택기준	미국과 유럽	일본
주의 사항	두 접지 형태 모두 안정적이고 신뢰성 있는 접지 시스템이 가장 필수적이다. 접지의 안정은 두 시스템에 나타날 수 있는 모든 문제점이 발생하게 된다. 두 접지 시스템이 기기 및 통신장비에 미치는 영향은 완전히 증명되지 못했고 주변환경 및 지질 구조를 고려하여야 한다.	

접지의 종류

- 새시 접지
  - 방법 : 회로의 접지를 새시(금속 케이스)에 연결
  - 효과 : 주변 전자파로부터의 차폐, 회로의 동작의 안정화

- 대지 접지
  - 방법 : 접지를 대지와 연결
    대지와의 접촉 저항을 작게 하기 위해 동판과 같은 도체판을 땅속에 매립
    수도관 사용 가능, 가스관 사용 엄금 (폭발 위험성)
  - 효과 : 누전, 낙뢰 등으로부터 보호, 회로동작의 안정화

▌접지와 Surge의 관계

인명이나 기기의 보호를 위해서 접지는 설치가 필수적이지만, Surge의 측면에서 보면 접지가 있으므로 인하여 훨씬 많은 Surge가 유입되며 접지의 성능이 우수할수록 Surge의 유입은 많아진다. 그 이유는 낙뢰 등으로 지면에 형성된 강한 Surge가 접지선을 타고 들어가 전기. 전자 기기의 Ground의 전위가 상승하므로 부품의 파손을 일으킨다.

12

C·H·A·P·T·E·R

시퀀스 제어계 표현 방법

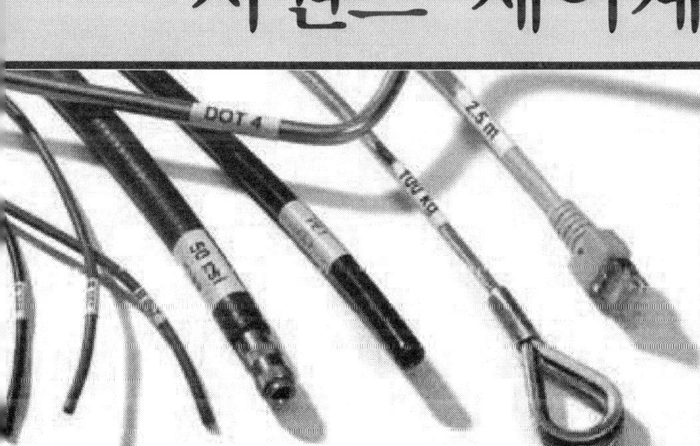

12-1 시퀀스 제어도

전개 접속도

가장 많이 사용하는 방법으로 시퀀스도 라고도 하며, 시퀀스제어를 사용한 전기장치 및 기기 기구의 동작을 기능 중심으로 전개하여 표시한 도면이다. 시퀀스 제어기호를 사용하여 작성한다. 여기에는 주회로와 제어회로, 표시회로로 구성된다.

주회로는 전원을 부하에 공급하기 위한 회로이며, 제어회로는 주회로의 개폐 및 표시회로의 동작 등의 모든 제어동작이 이루어지는 제어의 핵심 회로이다. 표시회로는 제어의 동작을 알아 볼 수 있도록 표현하는 부분이다. 실제의 현장에서는 주회로와 표시회로가 작업장에 있고, 제어회로와 표시회로는 제어실에 있는 경우가 많다.

타이밍 도표

제어계의 각 접점 및 제어장치의 시간적인 동작 상태를 그림으로 표현한 것으로, 제어요소간의 동작 상황을 비교할 수 있다.

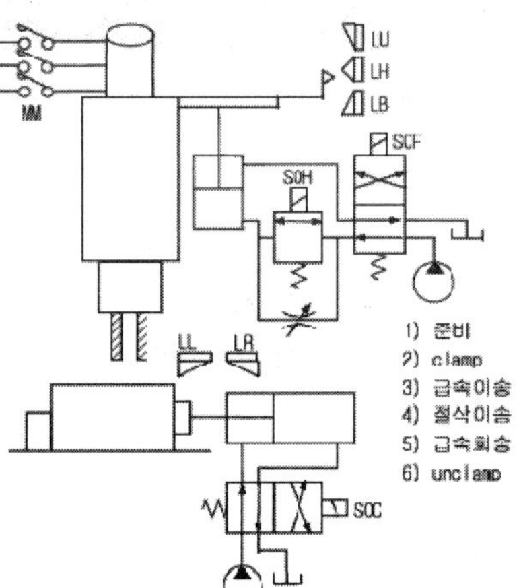

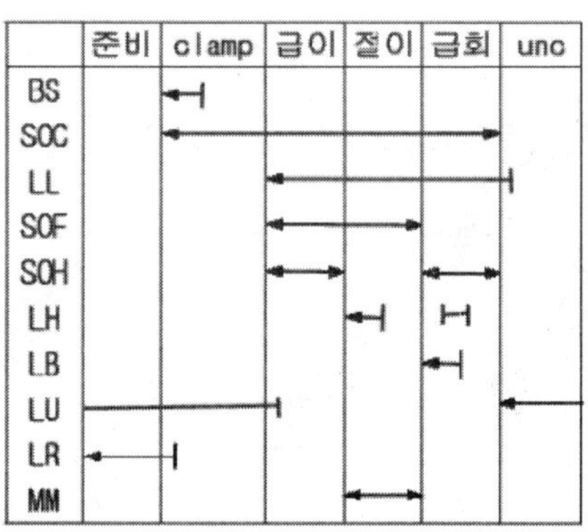

① 동작의 순서 및 모드를 정의

② 모드에 따른 모든 센서와 엑추에이터의 동작을 정의함

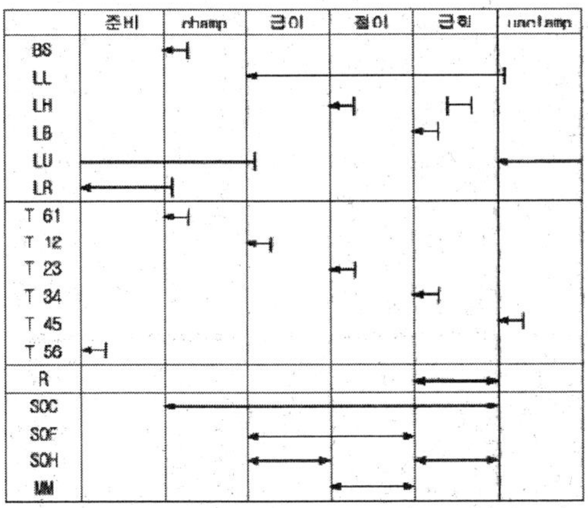

[상태 변화신호의 이용]

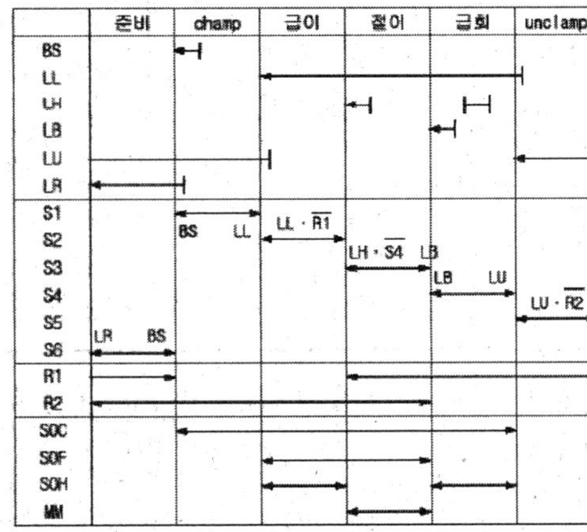

[상태 신호를 이용]

논리회로도

논리 기호를 사용하여 신호처리회로를 그림으로 나타낸 것이다.

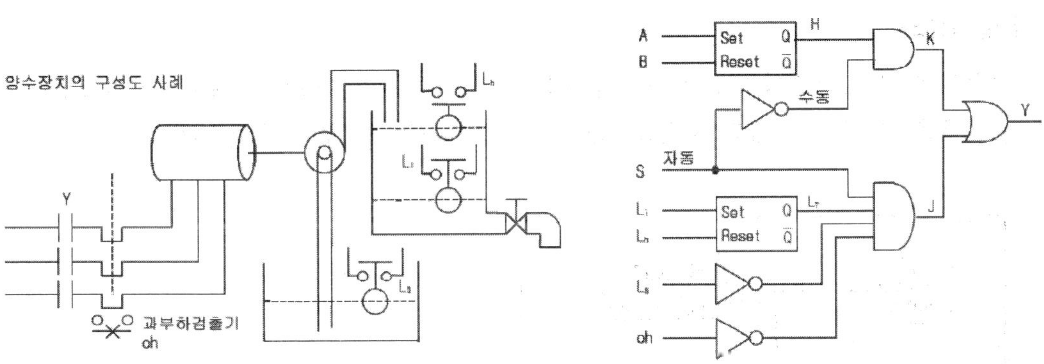

시스템이 어떠한 조건에 의해서만 작동이 결정되면 논리회로에 의한 제어가 가능함

표면 접속도

제어반의 제작 및 점검 등에 사용하기 위하여 기구나 부품의 실제 배치를 그려놓은 도면이다.

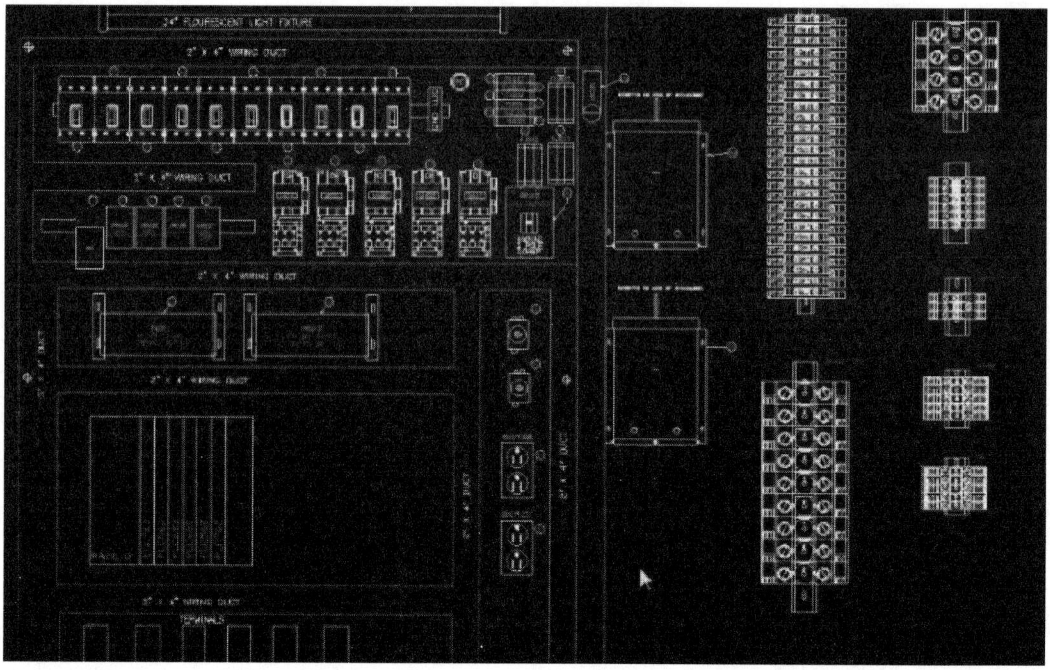

▌블록선도

제어계의 신호 전달방식 등을 블록과 화살표로 그려놓은 도면으로 플로차트(흐름도)도 일종의 블록선도라 할 수 있고 시퀀스도는 이 플로차트를 기초로 이루어진다.

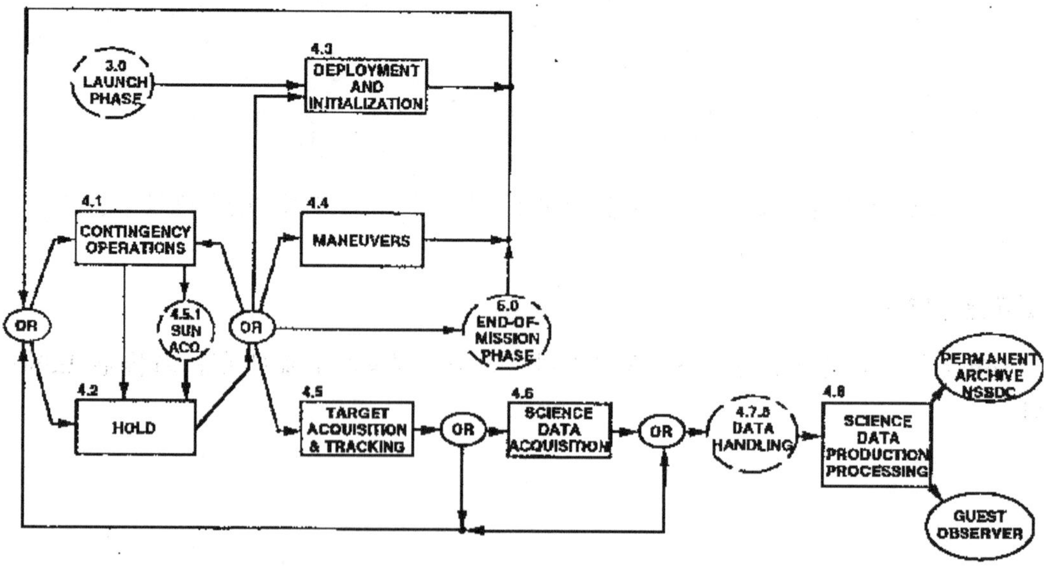

12-2 전기회로도

전기회로도는 회로 기호를 사용하여 전기 기구 및 전기장치를 표시한 것으로 전기제어시스템을 설계, 유지, 보수를 할 때 필요한 가장 중요한 기록이다.

국가별로 약간의 차이가 있으나 단일 형태의 표준을 이루도록 협의되고 있다.

▌배선도(Wiring Diagram)

배선도에는 모든 세부사항을 기록한다. 그러나 장치의 공간 배치는 나타나 있지 않다. 복잡한 연속동작의 경우 배선도만으로는 충분하지 않고 연속동작 자체도 이해하기 어렵다.

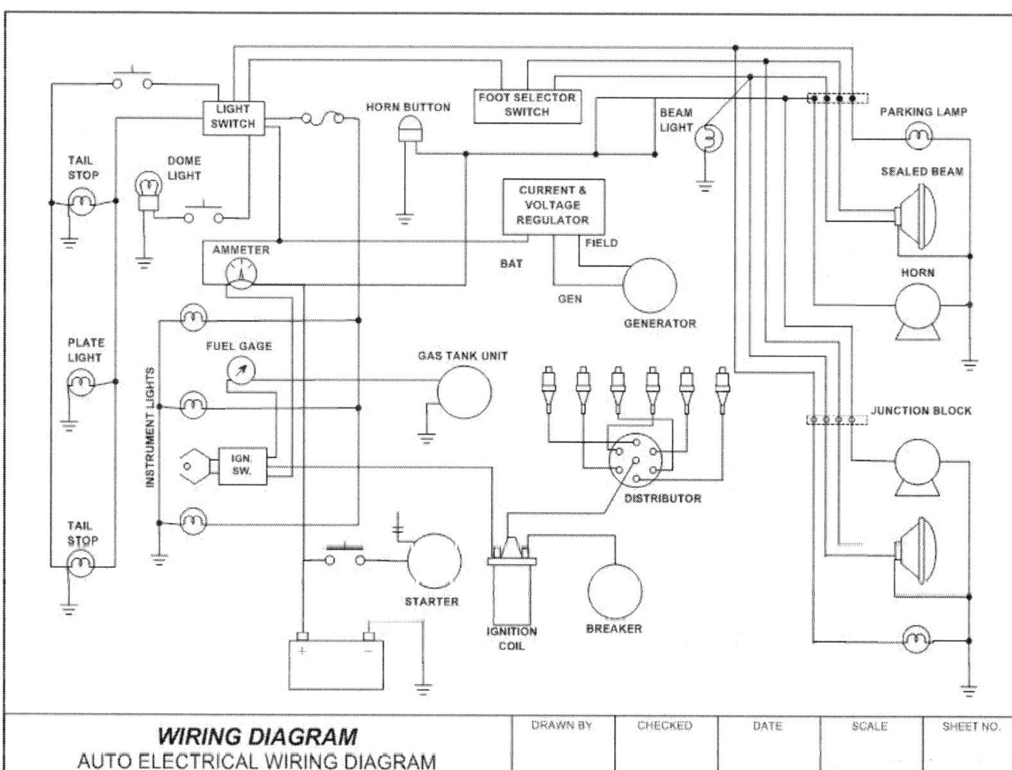

▌제어 회로도(Schematic circuit diagram)

장치 간 상호 연결이 나타나지 않고 공간적 배열도 그려지지 않는다. 몇 개의 교차선이 있기는 하지만 대부분 하나의 직선 내에 소자를 연결하므로 제어시스템의 작동방법을 한눈에 알아볼 수 있고 회로에 내재된 오류도 쉽게 발견할 수 있다는 장점이 있다.

제어회로도에서는 상시개발 접점의 릴레이 상시폐쇄접점의 릴레이가 많이 사용되는데 이는 전 회로도에 분포되어 있다.

좀 더 쉽게 제어 회로도를 파악하기 위해서 가각의 요소에 문자와 숫자를 삽입하여 표시할 수 있다.

제어회로도는 주 회로도와 보조회로도로 구분할 수 있다. 주회로는 컨베이어나 공작기계 등의 동력원으로 사용되는 모터나 열원이 되는 히터 등의 큰 전력을 소비하는 부하의 호로를 의미하고 주회로의 개폐동작의 조작에 필요한 회로를 보조회로 또는 조작회로라고 한다. 여기에는 전자릴레이, 전자접촉기, 스위치류 등 다양한 제어기기 등으로 구성된다.

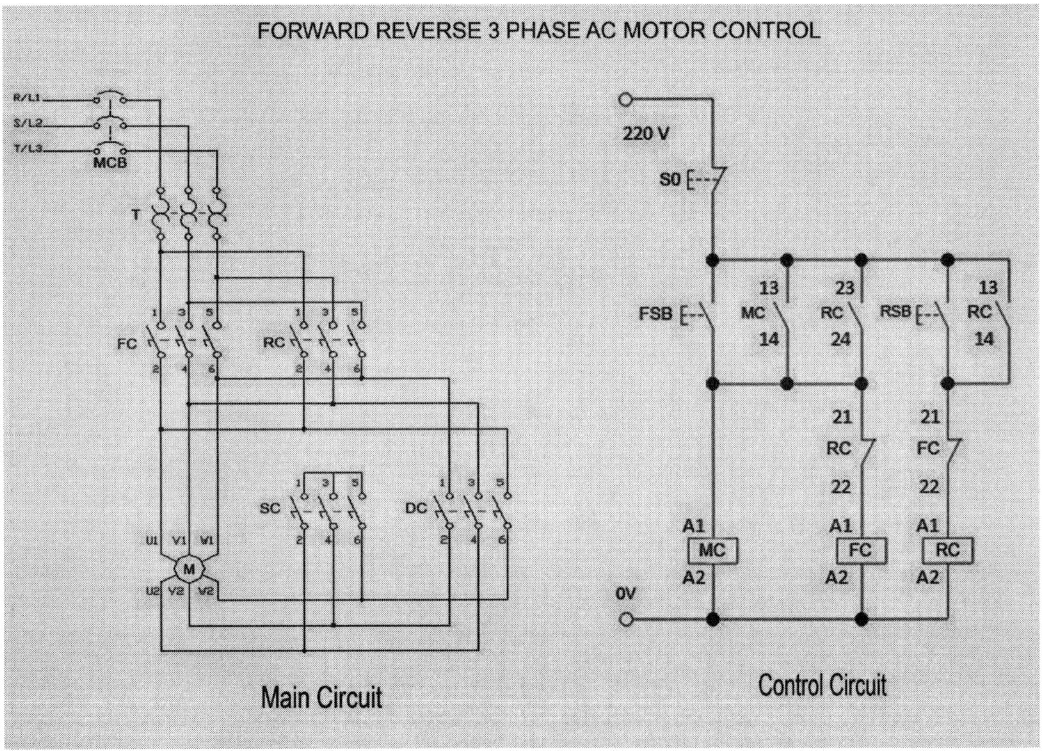

▌기본 회로도 (Basic circuit diagram)

일반회로도에서 사용하는 심벌(Symbol)과는 다르게 생략형의 심벌을 사용하여 표시한다. 이 회로는 주 회로를 표시하는데 주로 사용한다.

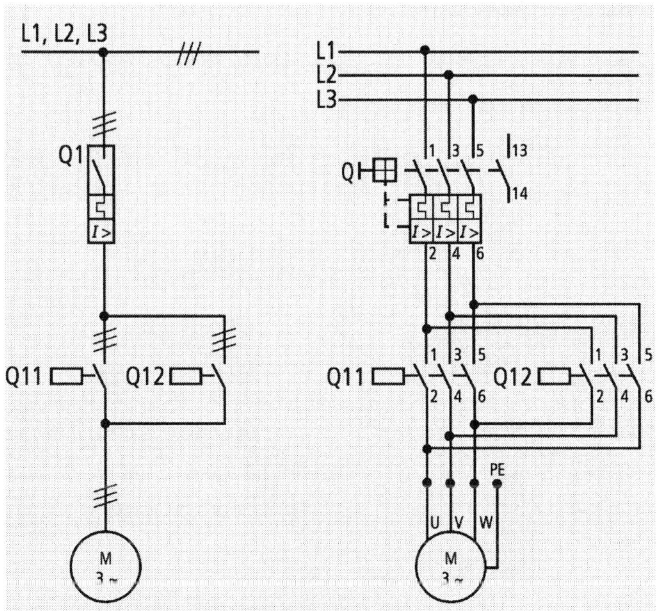

▌내부 배선도 (Internal Wiring Diagram)

설비 내의 장치 및 장치간의 도선들이 이 회로도에서 표시된다.

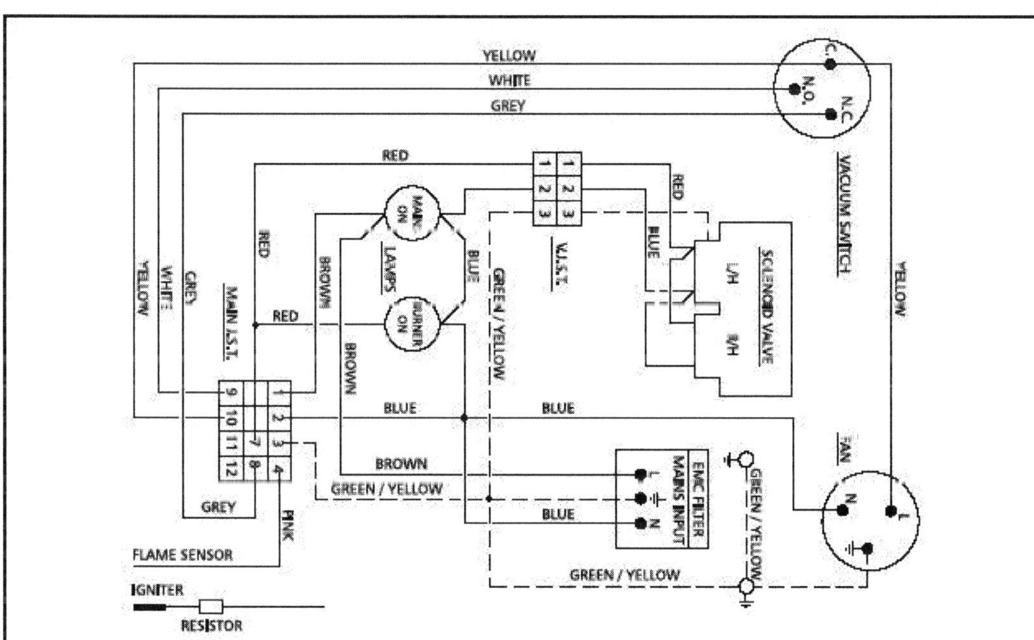

▌상호 연결도(Interconnection Diagram)

상호 연결도는 외부기기와 연결되는 것으로 도선들은 하나의 조합으로 묶여졌다가 외부기기와 연결될 때 다시 분리시켜 표시한다.

회로도 내에서 각 장치의 위치는 적절히 선택하여 배치하여 표시한다.

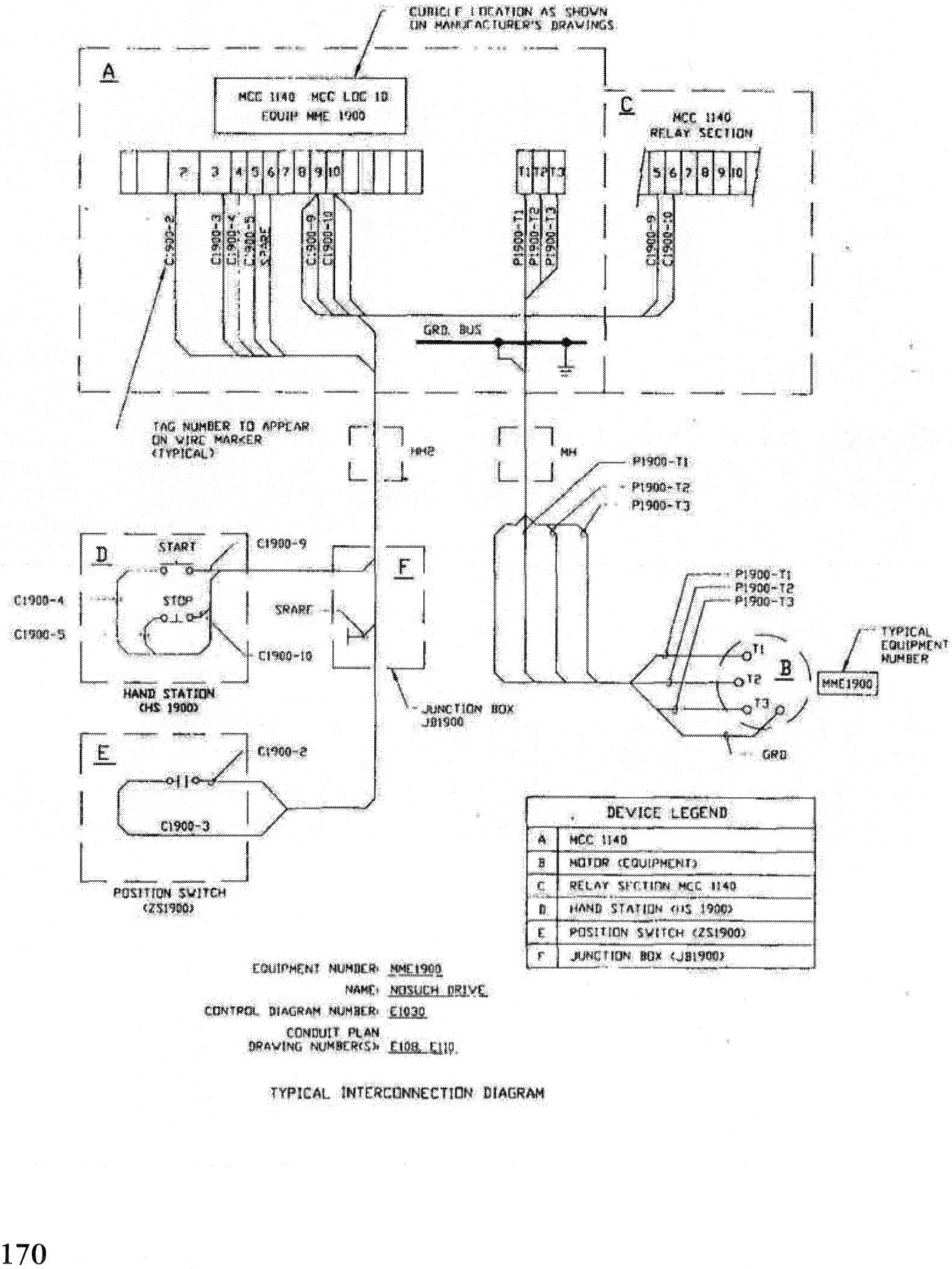

TYPICAL INTERCONNECTION DIAGRAM

▌단선 접속도와 복선 접속도

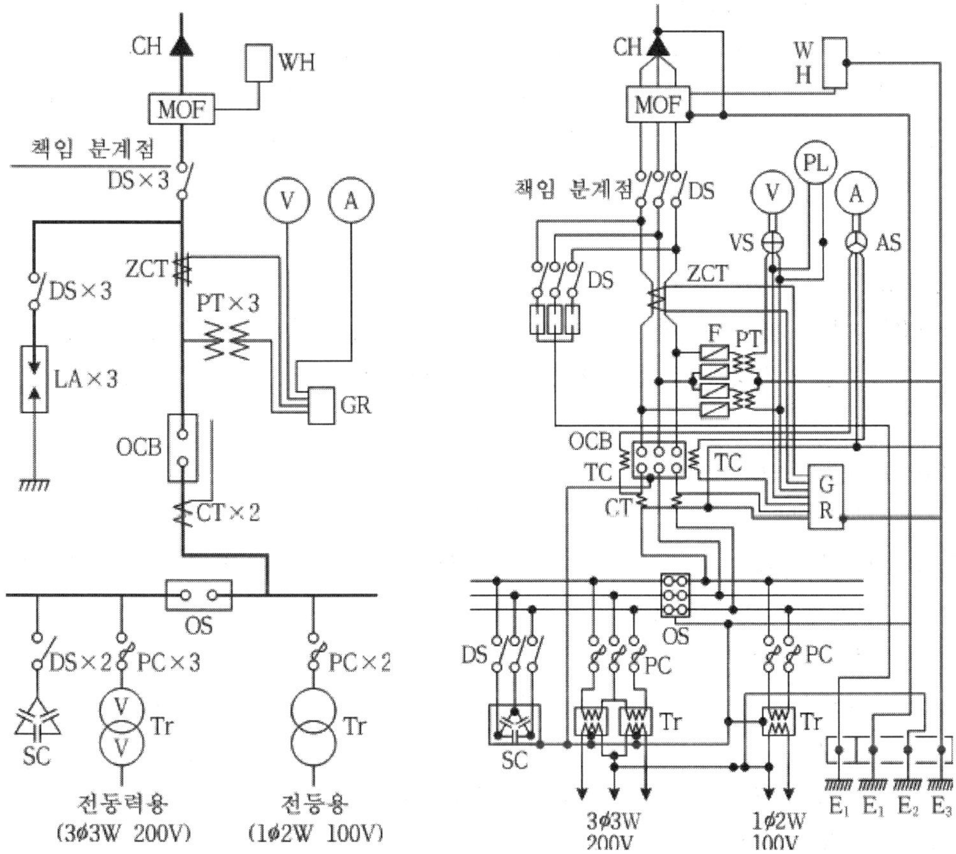

접속도에는 여러 가지 종류가 있으며 단선 접속도(1-Line), 복선 접속도(3-Line), 상호접속도(Inter connection), 전개접속도(Schematic diagram) 등이 있으며 이중 전개접속도는 제어장치, 배선반 및 이와 관련이 있는 기구의 동작을 간단한 접속도에 의하여 표시한 것으로 통상 이것을 Sequence diagram이라 한다. 이 접속도에서는 동작 내용이나 전류의 흐름 방향을 곧 알 수 있게 되어 있다.

다시 말해서 Sequence 접속도는 제어를 위한 전기회로를 동작순서에 따라 정해진 기호를 사용하여 동작의 이해를 용이하도록 한 접속도이다.

▌기본적인 시퀀스회로

• 자기유지회로(自己維持回路)

자기유지회로는 푸시버튼 등의 순간동작으로 만들어진 입력신호가 계전기에 가해지면 입력신호가 제거되어도 계전기의 동작을 계속적으로 지켜주는 회로이다. 이 회로는 제어계의 가장 기본이며 유지형 스위치를 사용하지 않고 자기유지회로를 이용하는 이유는 공급 전원이 무단으로 차단된 후 재공급될 경우의 회로를 보호하기 위함이다.

• 지연회로

타이머에 의해 설정된 시간만큼 늦게 동작하는 회로이다. 동작이 늦고 복귀는 타이머 코일과 함께 되는 지연 동작 회로와, 동시에 동작하고 늦게 복귀되는 지연 복귀회로가 있다.

• 인터록회로(INTERLOCK)

2개 이상의 회로에서 한 개회로만 동작을 시키고 나머지 회로는 동작이 될 수 없도록 하여주는 회로이다. 이 회로의 사용 목적은 기기 및 작업자의 보호를 위하여 관련 기기의 동작을 금지하기 위한 것으로, 상대 동작 금지 회로 또는 선행 동작 우선 회로라고도 한다.

3상 유도전동기의 구동원리는 120?의 위상차를 갖는 3상 전원에 의해 회전 자장이 발생하여 회전자가 움직인다. 3상 전동기에 입력되는 3상중에서 두개의 상을 바꾸어 주면 회전력이 반대 방향으로 되므로 역회전의 운전을 할 수 있다. 이 경우에는 정회전과 역회전 동작이 동시에 일어나게 되면 주회로가 단락되어 위험한 상태가 되므로 정 역회전 동작이 동시에 발생하지 않도록 인터록회로를 반드시 넣어 주어야 한다.

• 우선회로

우선회로는 우선권이 있는 회로가 동작이 되고 난 이후에야 나머지 회로가 동작이 되는 회로로서 동작에 순서가 정해져 있을 경우에 사용되는 회로이다. 예로, 엘리베이터의 출입문이 닫히지 않은 상태에서는 절대로 엘리베이터를 올리고 내리는 전동기가 돌아가서는 안되는 회로를 구성할 경우에 필요한 회로이다.

12-3 시퀀스 작도법

각종 제어장치에 복잡한 제어회로가 사용하게 되므로 기기 상호간의 접속을 표시할 때 단선 접속도, 복선 접속도, 배치도 등을 보아서는 작동이 어떻게 이루어지는지 제어는 어떤 형태로 이루어지는지 이해하기 어려울 때가 많다. 이러한 불편함을 개선하여 만들어지게 된 도면을 시퀀스 도라고 한다.

▌시퀀스 작도시의 규칙

① 모선(제어전원선)은 도면 상하에 가로 선으로 표시하든지(종서), 도면 좌우에 세로선(횡서)으로 표시한다.
② 제어 기기 및 접점을 연결하는 접속선(신호선)은 상하의 모선 사이에 세로 선으로 표시하거나((종서) 또는 좌우 모선 사이에 가로 선으로 표시(횡서)한다.
③ 접속선(신호선)은 작동순서에 따라 좌에서 우로 또는 위에서 아래로 그려 나간다.
④ 제어 기기는 작동되지 않은 상태로 하여 전원이 모두 차단된 상태로 그린다.
⑤ 개폐접점을 가진 제어 기기는 그 기구부분이나 지지, 보호 부분 등을 생략하고 접점, 코일 등 만으로 표시하며 접점과 코일은 분리하여 표시한다.
⑥ 제어 기기가 분산된 경우에는 그 제어기기 명을 표시한 분자기호를 첨가하여 기기의 관련 상태를 표시 한다.

▌횡서와 종서

종서란 신호의 흐름 방향이 상하 방향인 것으로 모선은 가로로 위아래에 그린다. 접속선(신호선)은 작동순서에 따라 좌에서부터 우로 그리는 것을 원칙으로 한다.

횡서는 신호의 흐름 방향이 좌에서 우로, 가로 방향인 것으로 모선은 세로로 도면 좌우에 그린다.

접속선(신호선)은 자동순서에 따라 위에서 아래로 그려 나간다.

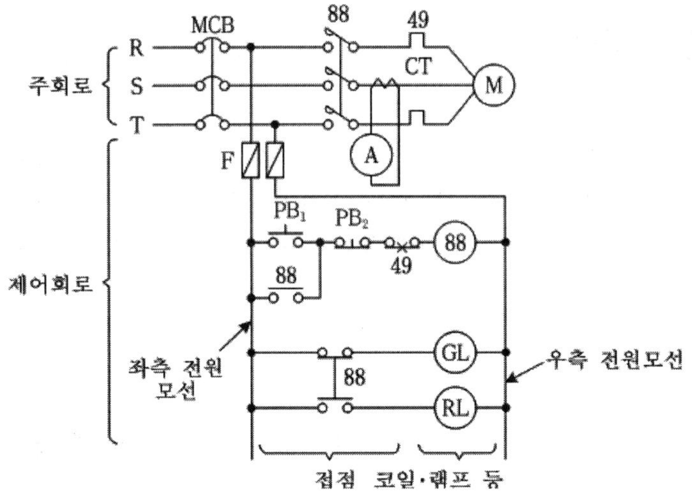

종서법

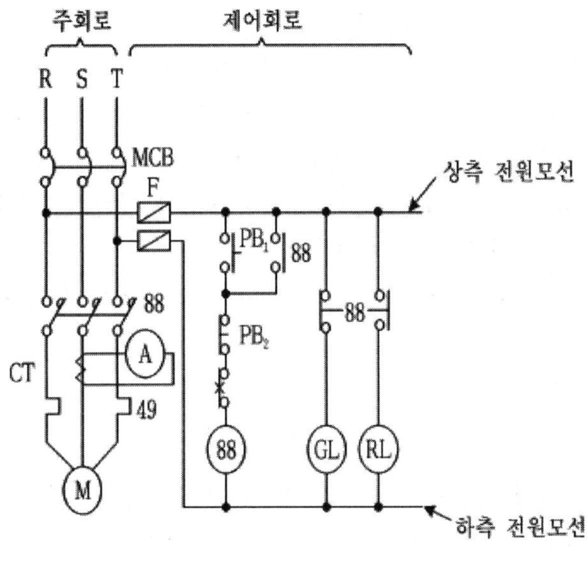

횡서법

▌시퀀스도를 그릴 때의 기본원칙

① 계전기의 주접점 및 보조접점 등은 모두 전원이 끊긴 상태, 검출스위치는 검출되지 않은 상태를 표시한다.

② "자동-수동" 등의 전환 스위치가 있는 경우, 통상적으로 선택되는 상태로 표시한다.

③ 모터 제어의 경우, 가로 그리기일 때는 주회로는 상부에, 제어회로는 하부에 표시한다. 세로 그리기의 경우 주회로는 좌측에, 제어회로는 우측에 표시한다.

④ 제어회로의 동작순서는 가로 그리기의 경우는 위로부터 아래로, 세로 그리기의 경우는 좌로부터 우로 표시한다.

⑤ 전원의 상순은 위로부터 아래로 R, S, T 또는 좌로부터 우로 R, S, T 순으로 표시한다.

⑥ 코일은 가급적 T상측(접지상측)에 위치하도록 한다.
⑦ 직렬접점은 가급적 10개 정도까지로 한다.
⑧ 긴 시퀀스도를 그릴 때는 명령부분, 운전부분 등과 같이 나누어 표시하고 간단한 설명을 달아둔다. 이 경우 접점의 위치를 명확하게 하기 위해 번지를 붙인다.

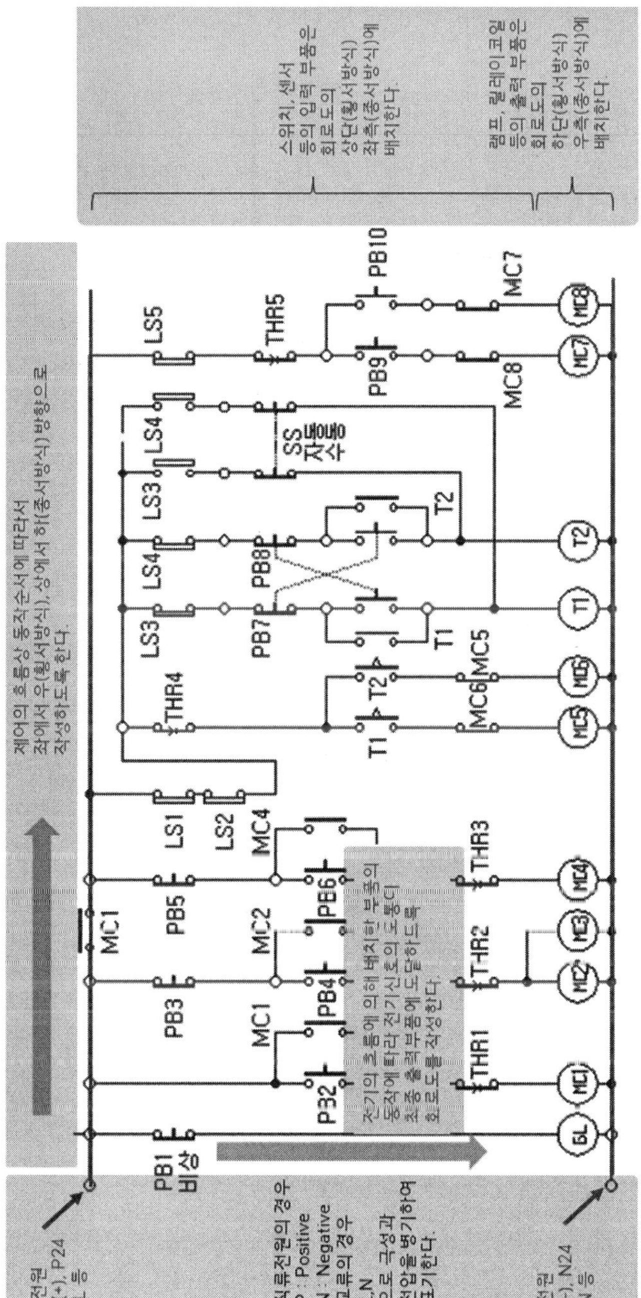

시퀀스 회로는 순서대로 한 줄씩 그려나가면 쉽다.

그림과 같이 (+)24V의 전원이 스위치를 거쳐 최종적으로 부하에 전달되는 형태이다.

스위치를 통해 전달된 (+)24V의 전원과 부하의 반대쪽 접점에 연결해 놓은 (-)0V의 전원이 부하의 종류에 따라 다른 형태의 에너지로 변환되는 과정에서 부하가 동작한다고 이해하면 쉽게 회로를 구성할 수 있다.

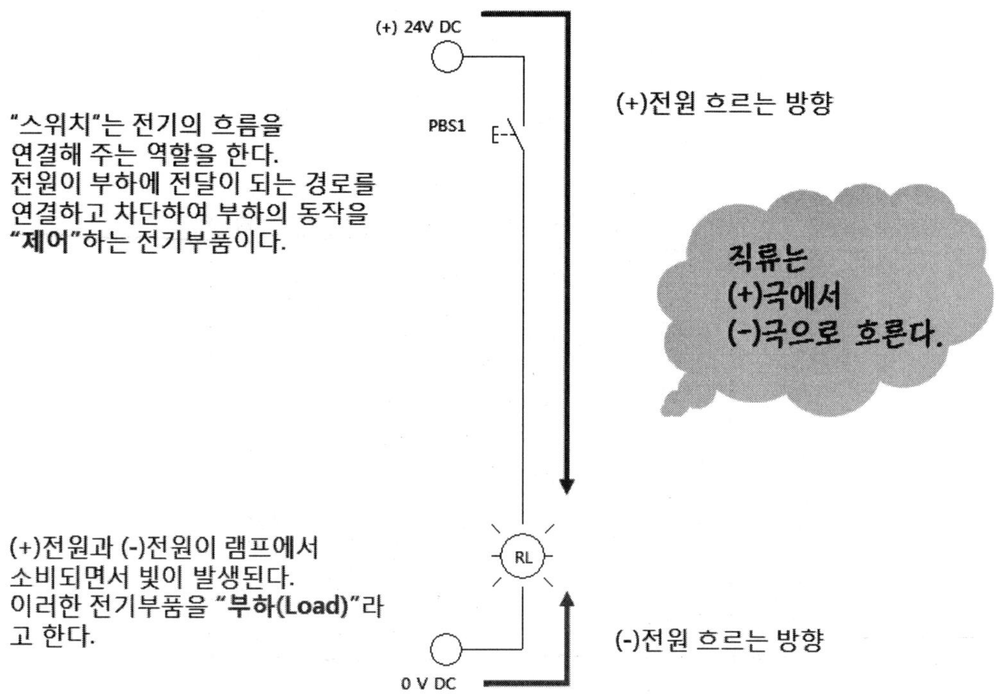

▌시퀀스 회로의 구성

시퀀스 회로는 좌측에 "주회로"를 배치하고 우측에 주회로를 동작시킬 "제어회로"를 그린다. 제어회로에는 "경보회로"와 "표시회로"를 추가적으로 배치할 수 있다.

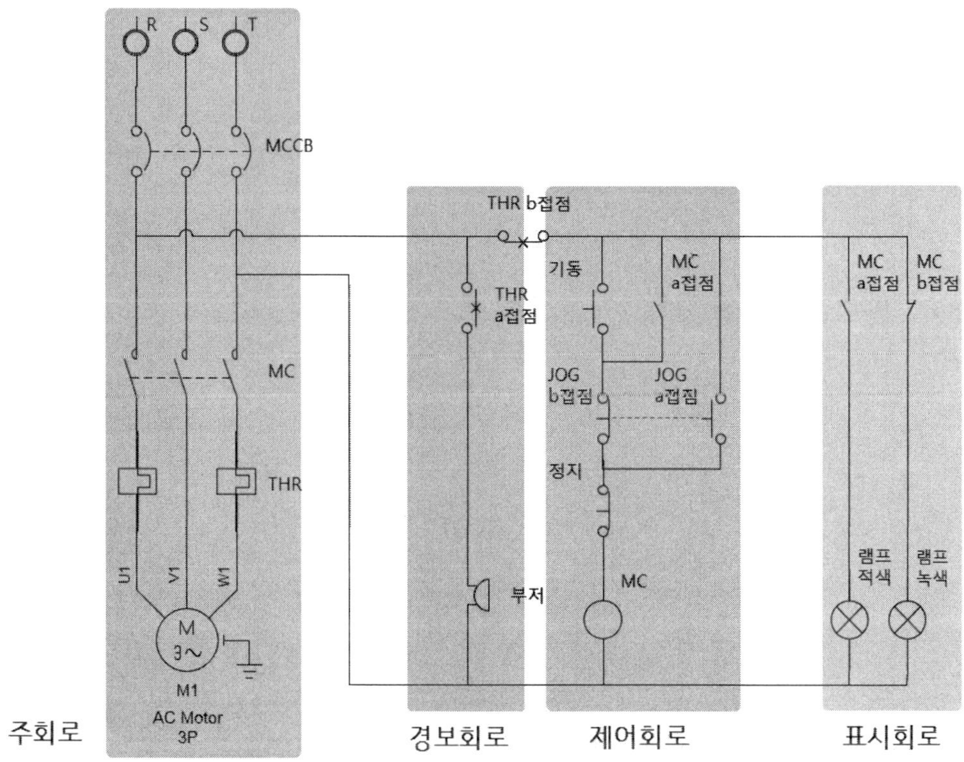

13

C·H·A·P·T·E·R

전기 안전

13-1 안전관리 개요

▍안전과 안전관리

(1) 안전 : 사고가 없는 상태

① 인적, 물적 위험에 의해 야기되므로 안전을 사고의 위험이 없는 상태라 정의
② 안전은 상해, 손실, 감원, 위해 또는 위험에 노출되는 것으로부터의 자유
③ 상해와 재해 뿐만 아니라 재해의 위험이 없는 상태

※ 안전제일 : 20세기 U.S 철강회사를 창설한 개리(E.H.Gary) 회장의 경영방침
㉮ 경영방침 "생산 제1, 품질 제2, 안전 제3"으로 경영 - 산재가 줄지 않고 품질과 생산성도 향상되지 않았음
㉯ 경영방침 "안전 제1, 품질 제2, 생산 제3"으로 경영 - 사회적 여론 조성, 우수한 인력이 확보, 모든 근로자들은 사기가 충천 그 결과 산업재해는 급격히 감소되고 품질과 생산성도 향상됨
㉰ 의미 : 개리 사장이 안전제일을 주장한 순수한 동기는 인도주의 - 이 사례를 통하여 안전투자는 경영회계상 유리한 결과를 초래한다는 사실을 확인함

(2) 안전관리 의미

① 생산성 향상과 재해로부터의 손실을 최소화하기 위하여 행하는 것
② 재해의 원인 및 경과 규명과 재해방지를 통해 재해가 발생하지 않는 상태 유지를 위한 활동
③ 최종적인 의미는 재해로부터 인간의 생명과 재산을 보호하기 위한 제반활동

(3) 하인리히(H.W. Heinrich)의 도미노 이론(재해발생 이론)

도미노 하나가 연쇄적으로 넘어지려 할 때, 핵심 도미노를 없애면 연쇄성은 중단된다. 즉, 주위 환경의 물리적 위험성과 인간의 불안전 행동(사고요인들)을 제거한다면 사고와 부상을 예방할 수 있다.

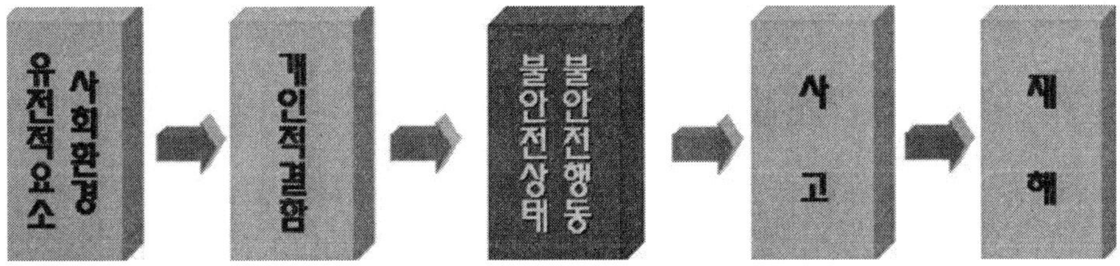

- 1, 2단계는 간접원인, 3단계는 직접원인
- 사고 예방의 중심문제로 세번째 요인의 중추적인 요인 제거에 안전관리의 중점.
- 산업재해의 직접적인 주요원인은 인적원인인 "불안전한 행동"에 의한 것이 전체의 88% 물적인 원인인 "불안전한 상태"가 10% 나머지 2%는 "불가항력적인" 원인 즉 자연현상에 의한 것.

㉮ 1단계 : 사회적 환경 및 유전적 요소
㉯ 2단계 : 개인적인 결함
㉰ 3단계 : 불안전한 행동 및 상태(인적, 물적원인)
㉱ 4단계 : 사고
㉲ 5단계 : 재해

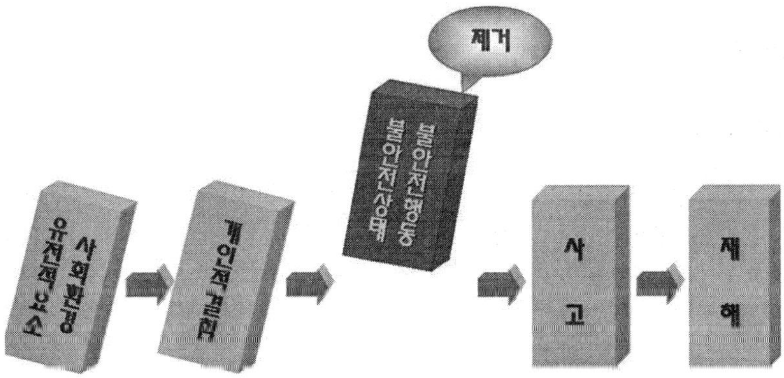

3단계 요인인 불안전한 행동과 불안전한 상태의 중추적 요인을 관리하면
사고와 재해로 이어지지 않는다는 법칙

하인리히 사고발생 예방

재해 발생의 각 단계에 있어 가장 중심적인 요인인 불안전한 행동 및 상태를 제거함으로 인해 사고 및 최종적인 재해로 발생되지 않는다는 것을 강조한 이론

■ 재해예방 4원칙

① 예방가능의 원칙

인재의 특징은 천재와는 달리 예방하고자 한다면 그 발생을 미연에 방지할 수 있다. 따라서 원칙적으로 모든 인재는 예방가능이라고 할 수 있다.(과거 재해의 원인과 요소를 분석하여 과학적인 재해발생의 예방책을 수립하는 것이 중요)

② 손실우연의 원칙

실책 및 사고가 일어난 손실이 지금은 극히 적거나 또는 큰 손실이 없어도 장차 매우 큰 재해에 이르는 경우가 있다. 손실은 사고발생 당시 사고대상의 조건에 따라 달라진다. 따라서 손실은 우연성이 게재된다고 할 수 있다.(재해방지에 중요한 것은 손실의 유무에 관계없이 사고의 발생을 미리 방지하는 것인데 그 결과로 손실도 없게 되는 것)

③ 원인계기(연계)의 원칙

사고는 필연적으로 원인이 있어서 생기는 것이다. 사고와 손실과의 관계는 우연적이지만, 사고와 원인과의 관계는 필연적이다. 재해는 연쇄적인 관계를 가지고 진행되며 이를 방지하기 위해 어느 하나의 원인을 없애 사고의 발생을 방지하는 것.(적절한 방지대책 선정을 위한 정확한 원인분석필요)

④ 대책선정의 원칙

사고원인 중에서 기술적 원인, 교육적 원인, 관리적 원인의 3원칙이 가장 중요한 사고원인으로 이들 원인에 대한 대책으로는 기술적 대책, 교육적 대책, 규제적 대책이 있다.(기술, 교육, 규제-3E를 유기적 결합, 활용)

13-2 전기작업 안전

▌전기작업 안전

(1) 전기기계·기구 등의 충전부방호 (산업안전기준에 관한 규칙 제327조)

① 충전부가 노출되지 아니하도록 폐쇄형 외함(外函)이 있는 구조로 할 것
② 충전부에 충분한 절연효과가 있는 방호망 또는 절연덮개를 설치할 것
③ 충전부는 내구성이 있는 절연물로 완전히 덮어 감쌀 것
④ 발전소·변전소 및 개폐소 등 구획되어 있는 장소로서 관계 근로자외의 자의 출입이 금지되는 장소에 충전부를 설치하고 위험표시 등의 방법으로 방호를 강화할 것
⑤ 전주 위 및 철탑 위 등 격리되어 있는 장소로서 관계 근로자 외의 자가 접근할 우려가 없는 장소에 충전부를 설치할 것

(2) 전기기계·기구의 접지 (산업안전기준에 관한 규칙 제328조)

사업주는 누전에 의한 감전의 위험을 방지하기 위하여 다음 각호에 해당하는 부분에 대하여는 확실하게 접지를 하여야 한다.

① 전기기계·기구의 금속제 외함·금속제 외피 및 철대
② 고정 설치되거나 고정배선에 접속된 전기기계·기구의 노출된 비충전 금속체중 충전될 우려가 있는 다음 각목의 1에 해당하는 비충전 금속체
  ㉮ 지면이나 접지된 금속체로부터 수직거리 2.4미터, 수평거리 1.5미터 이내의 것
  ㉯ 물기 또는 습기가 있는 장소에 설치되어 있는 것
  ㉰ 금속으로 되어 있는 기기접지용 전선의 피복·외장 또는 배선관 등
  ㉱ 사용전압이 대지전압 150볼트를 넘는 것
③ 전기를 사용하지 아니하는 설비중 다음 각목의 1에 해당하는 금속체
  ㉮ 전동식 양중기의 프레임과 궤도
  ㉯ 전선이 붙어있는 비전동식 양중기의 프레임
  ㉰ 고압(750볼트 초과 7,000볼트 이하의 직류전압 또는 600볼트 초과 7,000볼트 이하의 교류전압을 말한다. 이하 같다) 이상의 전기를 사용하는 전기기계·기구 주변의 금속제 칸막이·망 및 이와 유사한 장치

④ 코드 및 플러그를 접속하여 사용하는 전기기계·기구 중 다음 각목의 1에 해당하는 노출된 비충전 금속제

㉮ 사용전압이 대지전압 150볼트를 넘는 것

㉯ 냉장고·세탁기·컴퓨터 및 주변기기 등과 같은 고정형 전기기계·기구

㉰ 고정형·이동형 또는 휴대형 전동기계·기구

㉱ 물 또는 도전성이 높은 곳에서 사용하는 전기기계·기구

㉲ 휴대형 손전등

⑤ 수중펌프를 금속제 물탱크 등의 내부에 설치하여 사용하는 경우에, 그 탱크(이 경우 탱크를 수중펌프의 접지선과 접속하여야 한다)

(3) 정전작업시 안전조치 (산업안전기준에 관한 규칙)

① 정전작업시의 조치(제342조)

㉮ 전로의 개로에 사용한 개폐기에 잠금장치를 하고 통전(通電)금지에 관한 표지판을 설치하는 등 필요한 조치를 할 것

㉯ 개로된 전로가 전력케이블·전력콘덴서 등을 가진 것으로서 잔류전하에 의하여 위험이 발생할 우려가 있는 것에 대하여는 당해 잔류전하를 확실히 방전시킬 것

㉰ 개로된 전로의 충전여부를 검전기구에 의하여 확인하고 오(誤)통전, 다른 전로와의 접촉, 다른 전로로부터의 유도 또는 예비동력원의 역송전에 의한 감전의 위험을 방지하기 위하여 단락접지기구를 사용하여 확실하게 단락접지할 것

② 정전작업시 조치 및 주의사항

가) 작업전

㉮ 작업감독자 임명를 임명하여 작업에 따른 정전범위, 조작순서, 개폐기 위치, 정전시작 시각, 단락접지개소 및 송전시의 안전 확인 등의 작업내용을 주시한다.

㉯ 개로개폐기의 개방보증을 확인한다.

㉰ 전력케이블, 전력콘덴서 등의 잔류전하를 방전시킨다.

㉱ 검전기를 사용하여 정전 확인한다.

㉲ 단락접지기구를 사용하여 단락접지를 한다.

㉳ 일부 정전작업시 정전구역을 표시한다.

㉴ 근접활선에 대한 절연방호를 실시한다.

㉵ 활선경보기 등의 보호구를 착용한다.

나) 작업중

㉮ 작업감독자에 의해 작업한다.

㉯ 개폐기를 관리한다.

㉰ 단락접지 상태를 확인, 관리한다.

㉱ 근접 활선에 대해 방호상태를 관리한다.

다) 작업종료시

㉮ 단락접지기구를 철거한다.

㉯ 표지를 철거한다.

㉰ 작업자에 대한 위험이 없는 것을 확인한 후 개폐기를 투입하여 송전을 재개한다.

(4) 활선작업 및 활선근접작업 안전조치 (산업안전기준에 관한 규칙)

① 활선작업의 요령 (작업시 포함사항) (제345조)

㉮ 작업책임자의 임명, 작업범위 등 작업시작 전에 필요한 사항

㉯ 작업장소의 주변상태, 작업구간의 특성 등을 고려한 작업방법 및 작업절차

㉰ 절연용방호구 및 활선작업용 기구·장치 등의 준비 및 사용에 관한 사항

㉱ 절연용보호구의 착용 및 이상유무의 점검에 관한 사항

㉲ 작업중단에 관한 사항

㉳ 교대근무시 근무인계에 관한 사항

㉴ 작업장소의 관계근로자외의 자의 출입금지에 관한 사항

② 저압활선작업 및 저압활선 근접작업(제346조, 제347조)

㉮ 저압(750볼트 이하 직류전압이나 600볼트 이하의 교류전압)의 충전전로의 점검 및 수리 등 당해 충전전로를 취급하는 작업에 있어서 당해 작업에 종사하는 근로자에게 감전 위험이 발생할 우려가 있는 때에는 당해 근로자에게 절연용 보호구를 착용

㉯ 저압의 충전전로에 근접하는 장소에서 작업을 하는 때 또는 당해 작업에 종사하는 근로자의 신체 등이 당해 충전전로에 접촉함으로 인하여 감전의 위험이 발생할 우려가 있는 때에는 당해 충전전로에 절연용 방호구를 설치

㉰ 절연용 방호구의 설치 또는 해체작업을 하도록 한 때에는 당해 근로자로 하여금 절연용 보호구를 착용하거나 활선작업용 기구를 사용하도록 하여야 한다.

③ 고압활선작업 및 고압활선 근접작업(제348조, 제349조)

㉮ 고압의 충전전로의 점검 및 수리 등 작업에 있어서 감전의 위험이 발생할 우려가 있는 경우 조치사항

a) 근로자에게 절연용 보호구를 착용

b) 충전전로중 근로자가 취급하고 있는 부분외의 접촉 또는 접근으로 인한 감전의 위험이 발생할 우려가 있는 것에 대하여는 절연용 방호구를 설치

c) 근로자에게 활선작업용 기구를 사용하도록 할 것

d) 근로자에게 활선작업용 장치를 사용하도록 할 것

㉯ 고압활선 근접작업시 조치사항

a) 활선작업용 기구를 사용하여야 한다.

b) 활선작업용 장치를 사용한다.

c) 근로자에게 절연용 보호구를 착용시틴다.

d) 충전전로에서 머리위로 30cm 이상, 신체 또는 발아래로는 60cm 이상 떨어지도록 한다.

13-3 전기의 위험성

전기 에너지는 편리함과 공해가 없는 에너지로 가정에서부터 학교, 직장 등 우리 생활 주변의 넓은 분야에 걸쳐서 많이 이용되고 있으나, 잘못 사용할 경우 전기에너지 특성에 의해 감전 사고나 화재 등의 재해를 유발할 수 있다.

전기에 의한 사고 또는 재해의 종류는 상황에 따라 여러 가지로 구분할 수 있지만, 주로 일어날 수 있는 재해는 감전 사고와 전기 화재이다.

감전사고

전기가 흐르고 있는 전기 기기 등에 사람이 접촉되어 인체에 전기가 흘러 일어나는 화상 또는 불구자가 되거나 심한 경우 생명을 잃게 되는 현상

- 통전류에 의한 영향

인체에 전류가 흐르게 되면 아주 작은 전류에서는 아무런 느낌이 없으나, 전류가 커지게

되면 "통전전류의 크기 * 시간"의 크기에 따라 전류를 느끼게 되고, 그 이상에서는 고통 - 호흡의 정지 및 질식 또는 심실세동 등이 일어나게 되어 아주 위험하게 된다.

• 인체의 전기 저항

통전 전류의 크기는 인체의 전기저항(임피던스)값에 의해 결정되고, 이 저항은 인가된 접촉 전압에 따라 다르나 최악의 경우를 감안하면 약 1,000옴 정도가 된다. 이 저항값이 작을수록 위험하므로 전기를 취급할 경우는 이 값을 크게 하는 것이 중요하다.

• 통전경로의 영향

인체 감전시의 영향은 전류의 경로에 따라 그 위험성이 달라지며, 전류가 심장 또는 그 주위를 통과하게 되면 심장에 영향을 주어 더욱 위험하게 되는데 이를 심장 전류 계수라고 한다.

(1) 감전재해

① 감전

㉮ 인체의 일부 또는 전체에 전류가 흐르는 현상으로 인체가 전류에 받는 충격을 전격이라 한다.

㉯ 전격영향 : 충격, 근육수축, 호흡곤란, 심실세동 발생

② 감전재해

㉮ 인체가 전기 에너지에 의해 직접 접촉하여 발생한다.

㉯ 감전재해의 결과로 인한 재해는 대부분 사람이 사망하거나 부상을 하는 경우이다.

㉰ 전기재해는 저압(100V, 220V)의 경우에 발생사고가 가장 높다.

(2) 감전의 위험요소

① 인체의 일부 또는 전체에 전류가 흐르는 현상으로 인체가 전류에 받는 충격을 전격이라 한다.

② 전격영향 : 충격, 근육수축, 호흡곤란, 심실세동 발생

감전의 영향

㉮ 1[mA] : 전기를 느낄 정도
㉯ 5[mA] : 상당한 고통을 느낌
㉰ 10[mA] : 견디기 어려운 정도의 고통
㉱ 20~23[mA] : 근육의 수축이 심해 자신의 의사대로 행동 불능
㉲ 50[mA] : 상당히 위험한 상태
㉳ 100[mA] : 치명적인 결과 초래

통과 전류의 크기	1mA	5mA	10mA	15mA	50~100mA
증상					
	약간 느낄 정도	경련을 일으킨다	불쾌해진다	강렬한 경련을 일으킨다	치사

(3) 감전(전격)재해 예방 및 조치

① 안전전압

절연이 파괴되거나 사고가 발생 될 경우에도 인체에는 피해를 주지 않는 상태의 전압, 즉 감전되어도 사람의 몸에 영향을 주지 아니하는 전압을 안전전압이라 한다. 전기기구의 정격사용전압은 30V 이하의 낮은 전압으로 설계하여야 한다. 전기의 위험성은 통전전류의 크기에 좌우되며, 전압의 크기는 직접적인 관계가 없다. 전압이 높아지면 피부의 전기저항은 감소되어 감전의 위험이 높아진다. 우리나라에서는 안전전압을 30V 이하로 규정하고 감전방지용 누전차단기 및 절연 방호장치 등을 설치하도록 규정하고 있다.

② 인체의 저항

인체의 전기저항은 체질, 성별에 따른 개인차에 따라 다르므로 감전사고의 경우 인체의 통전회로에서 인체저항은 전격위험의 결정요인 중 가장 큰 변수를 나타낸다.

인체의 전기저항

(전체저항 : 5,000Ω)

㉮ 건조한 피부 : 2,500Ω
㉯ 내부소식 : 500Ω
㉰ 발과 신발사이 : 1,500Ω
㉱ 신발과 대지사이 : 700Ω
㉲ 피부에 땀이 나 있는 경우 : 건조시의 1/12 정도로 저하
㉳ 피부에 물이 젖어 있는 경우 : 1/25 정도로 저하

(4) 감전재해의 요인

① 감진(전격)재해 요인 : 감전에 의한 사망의 위험성은 통전전류의 크기에 의해 결정
- ㉮ 통전전류의 크기
- ㉯ 통전시간
- ㉰ 통전경로
- ㉱ 전원의 종류(직류보다 상용주파수의 교류전원이 위험)

(5) 감전사고의 형태

① 전선 등의 전기통로에 인체 등이 접촉되어 인체를 통하여 지락전류가 흘러서 감전
예) 전기 작업중이나 일반작업중 발생

② 누전 상태의 전기기기에 의해 인체 등이 접촉되어 인체를 통해 지락전류가 감전되는 경우 또는 절연불량에 의해서
예) 시설된 구조물에 접촉되는 경우

③ 전기통로에 인체 등이 접촉되어 인체가 단락되거나 혹은 단락회로의 일부가 구성되어 감전되는 경우
예) 두 전선 사이에 인체가 직접 접촉되는 경우, 도전성 물체를 통하여 접촉되는 경우

④ 고전압 전선로에 인체 등이 너무 근접된 경우로서 공기의 절연파괴 현상
예) 화상을 입거나 감전의 경우

⑤ 전기의 유도현상으로 인하여 인체를 통과하는 전류가 발생하여 감전되는 경우
예) 초고압(154,000V 이상)시 발생된다.

(6) 통전전류의 세기 및 그에 따른 영향

① 통전전류의 종류

㉮ 최소 감지전류

a) 인체를 통하는 전류에 의해 통전되는 것을 느낄 수 있는 최소의 전류치

b) 최소감지 전류는 인체 및 주위의 조건, 전원의 종류에 따라 다르다.

c) 상용주파수 60Hz 교류에서 성인 남자의 경우 1mA 정도

㉯ 고통한계 전류

a) 최소 감지전류를 초과하여 통전 전류값을 증가시켜 전류치를 심하게 느끼는 상태

b) 인체의 운동의 자류를 잃지 않고 고통을 참을 수 있는 한계 전류치

c) 상용주파수 60Hz 교류에서 7~8mA 정도

㉰ 마비한계 전류(불수 전류)

a) 고통한계 전류를 초과하여 통전전류의 값을 더욱 증가시켜 인체 각부의 근육이 수축 현상을 일으키고 신경이 마비되어 신체를 자유로이 움직일 수 없게 되는 경우

b) 타인의 구조를 통해 전격이 중지되지 않는 경우 장시간 전류가 흐르는 경우 의식불명 및 호흡 곤란으로 인하여 수분 내에 사망하게 된다.

c) 상용주파수 60Hz 교류에서 10~15mA 정도

㉱ 심실세동 전류(치사전류)

a) 인체의 흐르는 전류가 더욱 증가하여 전류의 일부가 심장부분을 흐르게 되며, 심장이 정상적인 맥동을 하지 못하고 불규칙적인 세동을 일으키며 혈액의 순환이 곤란하게 되며 심장마비가 발생하는 전류이다.

b) 통전전류를 차단해도 자연적 회복이 어려우므로 신속한 의료조치가 필요하다.

② 인체의 통전별 위험도

인체의 통전별 위험도는 전류가 심장을 통과할 때 위험도가 가장 높다.

통전 경로	위험도
오른손-등	0.3
왼손-오른손	0.4
왼손-등	0.7
한손 또는 양손-앉아 있는 자리	0.7
오른손-한발 또는 양발	0.8
양손-양발	1.0
왼손-한발 또는 양발	1.0
오른손-가슴	1.3
왼손-가슴	1.5

[통전경로별 위험도]

▎감전사고 예방

(1) 감전사고에 대한 사고대책

① 감전이란 사람이 전기를 느낄 수 있는 것을 말하며 그 범위가 약간 느낄 수 있는 정도에서부터 사망하게 되는 것까지 여러 가지 정도의 감전이 있다.

② 몸에 흐르는 전류는 우리의 몸 어느 일부를 통하여 대지(땅)로 흐르는 것과 대지와는 절연이 되어 있어도 우리의 몸 일부에서 다른 일부로 전류가 몸을 통과하여 흐르는 전류가 크기에 따라 감전의 정도가 다르다.

(2) 감전사고의 예방대책

1) 전기 기계 · 기구에 의한 감전 방지 대책

전기 기기의 노출된 충전부에 직접 접촉하여 발생되는 경우와 전기 기기의 금속제 외함 등의 비충전 부분이 절연 열화 등의 원인으로 누전되었을 때의 접촉으로 발생된다.

① 직접접촉에 의한 감전 방지 방법

㉮ 충전부 전체를 절연체로 감쌀 것

㉯ 노출형 배전설비는 폐쇄 배전반형으로 할 것

㉰ 설치 장소의 제한, 즉 별도의 실내 또는 울을 설치하고 시건장치를 할 것

㉱ 교류아크 용접기, 도금장치, 용해로 등의 충전부의 절연은 원리상 또는 작업상 불가능하므로 보호절연(보호장구를 사용)의 방법을 이용한다.

㉮ 덮개, 방호망 등을 사용하여 충전부를 방호할 것

㉯ 안전 전압 이하의 기기를 사용할 것

② 간접접촉에 의한 감전 방지 방법

㉮ 보호절연 : 모든 도전성 금속을 절연물로 덮고 바닥 또는 절연처리하는 것이며, 기기의 절연은 이중 절연구조의 기기를 사용한다.

㉯ 안전전압 이하의 기기사용

㉰ 보호접지(기기접지) : 절연불량으로 누전된 전기기기에 사람이 접촉되면 감전사고가 일어나게 되며, 이 경우에 금속제 외함을 접지시켜 누설전류를 접지선을 통하여 대지로 흘려주게 되면 기기 외함에 나타나는 대지전압을 감소시켜 감전사고를 막을 수 있다.

㉱ 사고회로의 신속한 차단

㉲ 회로의 전기적 격리

③ 교류 아아크 용접기의 감전 방지

교류 아아크 용접기는 용접작업을 하고 있지 않을 때 즉, 무부하시 2차측 전압이 60~95[V]로 인가되어 있어 접촉시 감전 사고가 발생된다. 이를 방지하기 위해 자동전격방지기 사용 또는 2차측 무부하 전압을 30[V] 이하로 유지시켜야 한다.

④ 누전에 의한 감전방지

누전으로 인한 사고를 방지하기 위해서는 전선로의 절연을 양호하게 유지하여야 한다.

㉮ 전기적 절연

a) 절연전선의 절연저항

㉯ 누전 차단기 설치 : 누전으로 인한 감전사고를 방지하기 위하여 감도전류 30[mA] 이하, 동작시간이 0.03초 이하인 누전차단기를 설치한다.

㉰ 이중 절연 기기의 사용 : 감전의 우려가 높은 장소에서 사용하거나 접지가 곤란한 전기기기는 가급적 절연을 이중으로 실시한 이중절연기기를 사용한다.

2) 비 접지식 전로 및 절연 변압기의 사용

3) 안전 전압 전원의 사용

4) 이격 거리 확보

① 사용전압에 따른 울타리 · 담 등의 시설거리

② 아아크를 발생하는 기기(기구)의 이격거리

5) 배선 등에 의한 감전 방지

① 배선 등의 절연 피복 및 접속

② 습윤한 장소의 배선

감전사고시의 응급조치

(1) 목적

① 일반적으로 감전재해는 다른 재해에 비하여 발생율이 낮으나 일단 재해가 발생하면 치명적인 경우가 많으며, 또한 다행히 생명을 건졌다 하더라도 일생동안 불구가 되는 예가 적지 않다.

② 감전되었을 때의 호흡정지, 심장마비, 근육이 수축되는 등의 신체기능 장해와 감전사고에 의한 추락 등으로 인한 2차 재해 때문에 일어난다.

③ 응급처치의 목적은 환자의 생명을 구하고 유지하며, 2차적으로 오는 합병증을 예방하며, 환자의 고통과 불안을 경감시켜, 차후 의사의 전문치료에 도움을 주어 회복을 빠르게 하는데 그 목적이 있다.

(2) 감전사고시 응급조치

1) 감전사고가 발생하면 위험구역에서 피해자를 구조해야 한다.

① 피해자가 접촉된 충전부 또는 누전되고 있는 부위가 없는지를 확인하고 위험지역으로부터 피해자를 신속히 이탈시킨다.

② 피해자의 감전 상황을 파악한다.

③ 몸이나 손에 들고 있는 금속체가 전선, 스위치, 모터 등에 접촉되었는가 확인한다.

④ 설비의 공급원인을 차단한다.

⑤ 전원을 차단할 수 없을 경우 절연용 보호구를 착용 후 구원한다.

2) 피해자를 안정시키고 모포 등으로 몸을 감싸 보호함으로써 충격을 방지하며 피해자의 증상을 관찰한다.

① 의식 상태
② 호흡 상태
③ 맥박 상태
④ 출혈 유무
⑤ 골절 상태

3) 피해자의 호흡이 단절되기 쉬우므로 이 경우에는 지체 없이 적절한 인공 호흡을 시도해야 한다.

① 의사를 부르는 데에 오랜 시간이 걸리면 안되며, 인공 호흡의 시도를 중단하여서도 안된다.
② 뇌에 산소를 공급해야 되며 인내성을 가지고서 소생을 할 때까지의 인공 호흡을 시도하여야 한다.(감전 쇼크시 1분 이내에 인공호흡(Mouse to Mouse, Nielsen법), 심장마사지를 실시하게 되면 95% 이상 소생 가능성이 높으므로 근로자 안전교육시 응급조치요령 및 실습을 통해 숙련되도록 하도록 한다.)

(3) 감전사고시 응급조치시 주의사항

감전사고 또는 전기설비 부근에서 발생한 사고 시에는 구조대원이 넘어지거나 부딪힐 때 전력선에 접촉할 가능성이 매우 높으므로 안전로프 등을 설치하여 전선이나 전기기기에 접근하지 않도록 조치하고 반드시 전원차단 여부를 확인하여야 한다.

① 모든 전선은 전력이 차단된 것이 확인되기 전까지는 통전중인 것으로 가정하고 행동한다.
② 활동장소 부근에 전기설비 통전부가 있는 경우 활동대원이 잘못하여 감전될 우려가 있으므로 관계자 등에게 전원을 차단시키고 절연 고무장갑 등을 착용하며 스위치 등 노출부에 접촉하지 않도록 주의한다.
③ 옥외에서 수직으로 내려간 전선은 통전하고 있는 경우가 있으므로 부주의하게 접근하지 말고 전력회사의 직원에게 전원을 차단시킨 후 행동한다.
④ 통전상태에 있는 요구조자는 전원을 차단한 후 구조한다. 긴급 경우는 내전의 성능범위 내에서 안전을 확보하여 행동한다.
⑤ 침수된 변전실에서 구조활동을 할 경우는 먼저 전력회사 직원을 통하여 개폐기 등 전원차단을 확인하여야 한다.
⑥ 고압선 주변에서 사다리차를 사용하는 경우 사다리 또는 작업중인 대원이 전선에 접촉할 위험이 있으므로 전력회사에 송전 정지를 요청하고, 사다리 위의 대원과 기관원과의 연락을 긴밀히 하여 전선과 안전거리를 두고 활동한다.

⑦ 철탑, 철주 위에서 발생한 사고시 등반 전에 고압선, 저압선 모두 송전이 정지되어 있는 것을 확인하고 전선에 접촉하지 않도록 주의한다.

▌전기화재 및 예방 대책

전기가 원인이 되어 일어나는 화재

• 화재 발생 형태

전기화재는 전기 기기 등의 구조적 결함과 전기 시설 취급 소홀, 부주의 또는 안전수칙 미준수 등의 요인에 의해 발생되고 있다.

전열기/조명기구 등의 과열로 주위 가연물을 착화시키는 경우 배선의 과열로 전선피복을 착화시키는 경우 전동기/변압기 등 전기기기의 과열 선간 단락/누선/정전기

• 전기 화재의 발화원

전기곤로, 전기다리미, 전기이불, 소독기, 용접기 등의 이동 가능한 전열기 전기항온기, 전기부화기, 오븐, 전기건조기, 전기로 등의 고정된 전열기 배전용 변압기, 전동기, 발전기, 정류기, 충전기, 유입차단기 등의 전기 장치 배전선, 인입선, 옥내선, 옥외선, 코드, 배선접속부 등의 배선 스위치, 칼형 개폐기, 자동개폐기, 접속기, 멀티콘센트, 전기 측정기 등의 배선기구 함석판의 이은 곳, 벽에 박은 곳, 금속판 또는 파이프의 접속부, 고압선과 접촉한 목재 등의 누선 고무 피막기, 롤러, 관로 중의 유동 액체, 분체 마찰 등에 의한 정전기 스파크

(1) 전기화재의 발생원인 및 대책

1) 전기화재 폭발의 원인

① 발화원

㉮ 이동 가능한 절연기(35%)

㉯ 전등, 전화 등의 배선(27%)

㉰ 전기 기기(14%)

㉱ 전기장치(9%)
㉲ 배선기구(5%)
㉳ 고정된 전열기(5%)
㉴ 기타(5%)

② 경로별 비율
㉮ 단락(25%)
㉯ 스파크(24%)
㉰ 누전(15%)
㉱ 접촉부의 과열(12%)
㉲ 절연열화에 의한 발열(11%)
㉳ 과전류(8%)
㉴ 기타 지락, 낙뢰, 정전기, 접속불량 등(5%)

(2) 전기화재 예방대책

① 법적인 대책
전기사업법 및 산업안전보건법, 건축법, 소방법 등에서의 규제

② 일반적 예방대책
㉮ 절연이나 노화의 방지, 과열, 습기부식의 방치, 충전부와 절연체가 되는 금속조영체, 수도관, 가스관 등과 충분한 이격거리 확보
㉯ 접지공사 실시
㉰ 누전차단기 수시 확인 및 경보설비 설치

③ 단락과 혼촉 방지대책
㉮ 단락은 퓨즈 누전차단기를 설치하여 전원을 차단한다.
㉯ 혼촉은 접지공사를 실시하여 방지한다.

④ 기타 전열기의 재해방지 대책
㉮ 차열판이 있는 전열기구를 사용한다.
㉯ 전열기구 주위에 가연성 물질을 접근시키지 않는다.
㉰ 배선 및 코드의 용량은 충분한 것을 사용한다.
㉱ 단열성 불연재료를 받침대로 사용한다.

(2) 전기화재의 경로

1) 단락

① 정의

전선의 절연피복이 손상되어 동선 상호가 직접 접촉한 경우를 말한다. 즉, 전선로에서 2개 이상의 전선이 서로 접촉되는 것

② 단락의 발생요인

㉮ 전선에 외력이 가해져서 절연피복이 파손되어 단락(1차 용융흔)
㉯ 접촉불량 등 국부발열에 의해 절연열화가 진행되어 단락(1차 용융흔)
㉰ 화재 등 외부열에 의해 절연 파괴되어 단락(2차 용융흔)

③ 단락에 의한 발화형태

㉮ 단락점 이외의 부분에서 전선피복이 연소하는 경우
㉯ 단락점에서 발생한 스파크가 인화성 및 가연성가스 또는 가연성물질에 착화한 경우
㉰ 단락순간의 높은 열에 의해 용융된 전선이 주위의 인화성 또는 가연성물질에 접촉, 착화한 경우
㉱ 불완전 단락시 발생하는 높은 열에 의해 전선의 절연피복에서 직접 발화한 경우

혼촉

고압선과 저압가공선이 병가된 경우 접촉으로 인해서 발생

④ 단락 방지대책

㉮ 누전차단기 및 정격퓨스를 설치하여 이상 전류가 통하지 않도록 한다.
㉯ 전기배선이나 스위치 등은 손상이나 단락으로 과열되지 않도록 항상 절연시킨다.
㉰ 변압이 저압측의 중성점에 제2종 접지를 한다.
㉱ 전선이나 코드는 규격품을 사용한다.
㉲ 단락 등의 이상발생시 과전류를 차단할 수 있는 안전장치를 설치하여야 한다.

2) 누전

① 정의

누전이란 전류의 통로로 설계된 이외의 곳으로 전류가 흐르는 현상을 말한다.

② 누전으로 인한 발화순서

㉮ 누전전류가 절연물을 통하여 대지로 흐름(누전점)

㉯ 절연물의 높은 전기저항으로 높은 열이 발생(주울열)

㉰ 착화온도에 도달(발화점)

㉱ 주위의 인화물질이 연소하게 됨

③ 누전화재의 방지대책

㉮ 이중 절연구조 전기기계·기구를 사용한다.

㉯ 누전화재경보기 또는 감전방지용 누전차단기를 설치한다.

㉰ 비접지식 전로를 채용한다.

㉱ 보호접지를 실시한다.

3) 과전류

① 정의

전선로의 회로가 합선될 때 비정상적으로 생기는 높은 전류를 뜻한다.

② 과전류에 의한 발화

전선에 전류가 흐르면 주울이 발생하는데 발열과 방열이 평형되는 정상상태에서는 이 발열이 화재의 원인이 되지 않으나 과부하가 걸리거나 전기회로 일부에 전기사고가 발생하여 회로가 비정상적으로 되면 그때의 과전류로 인한 발열이 발화원으로 진전하여 가연물이 있으면 발화되어 화재발생이 된다.

4) 스파크

① 정의

스파크(Spark)는 스위치를 개폐할 때 또는 콘센트에 플러그를 꽂거나 뽑을 경우 불꽃이 발생하는 것으로 방전할 때의 불꽃을 말한다.

② 스파크에 의한 발화

㉮ 주위에 가연성 물질이 있을 때

㉯ 인화성 가스가 있을 때

㉰ 주위에 가스, 증기 및 분진 등이 적당한 농도의 상태에 있으면 착화되어 화재나 폭발이 발생하게 되는 것이다.

㉱ 전기설비 기술기준에서는 아크(Arc)를 발생하는 기구는 가연성 물질에 인화되지 않도록

목재, 벽 또는 천정으로부터 고압용은 1m 이상, 특고압용은 2m 이상 이격시켜야 한다고 규정하고 있다.

③ 스파크 발생방지 대책

㉮ 개폐기를 불연성의 외함 안에 내장시킨다.

㉯ 통형의 퓨즈를 사용한다.

㉰ 접촉부분의 이상에 의한 접촉저항의 증가를 방지해야 한다.

㉱ 위험한 물질이 있는 장소에는 방폭형 개폐기를 설치한다.

㉲ 유입개폐기는 절연유의 열화정도와 유량에 주의하며, 주위에는 내화벽을 설치한다.

5) 접촉부과열

① 정의

전선로에 전류가 흐르게 되면 전열이 발생하게 되는데 이 열은 대기 중으로 방열하게 되며, 발열과 방열은 평형을 이루게 된다. 그러나 전류가 과대하게 흐르면 발열량이 커져서 피복부가 변질 또는 발화하게 되는 것이다.

전선은 그 종류에 따라 허용전류가 있으며, 이 허용전류를 초과한 전류에 의한 발생열을 과열이라 한다.

② 접촉부과열에 의한 발화형태

㉮ 접촉이 불완전한 상태에서 전류가 흐른다

㉯ 접촉저항에 의해서 접촉부가 발열하게 된다.

㉰ 이 발열은 국부적이며, 접촉면이 거칠어지면 접촉저항이 증가한다.

㉱ 적열상태에 이르게 되면서 주위의 절연물을 발화시킨다.

6) 절연열화에 의한 발열

① 정의

전기적으로 절연된 물질 상호간에 전기저항이 감소하여 많은 전류를 흐르게 하는 현상을 절연파괴 현상이라 한다.

② 절연열화의 원인

㉮ 기계적 성질의 저하

㉯ 취급불량에서 발생되는 절연 피복의 손상

㉰ 이상전압의 발생에서 오는 절연파괴, 허용전류 이상의 과열, 시간의 경과로 인해 절연성 열화 등으로 인하여 절연내력이 저하하게 된다.

7) 정전기 스파크

① 정의

물질의 마찰에 의하여 발생하는 것으로 대전된 도체 사이에서 방전이 발생될 경우 주위의 가연성 Gas 및 증기에 인화되어 사고가 발생된다.

② 정전기 스파크 발화조건

㉮ 가연성 가스 및 증기가 폭발한계 내에 있을 것

㉯ 정전 스파크의 에너지가 가연성 가스 및 증기의 최소착화에너지 이상일 것

㉰ 방전하기에 충분한 전위가 나타나 있을 것

단락(합선)	전선피복이 벗겨지거나 전선에 못/핀 등을 박을 때 전선이 직접 또는 낮은 저항으로 접촉, 즉 단락되는 경우가 있는 데, 이때에는 단락되는 순간 폭음과 함께 스파크가 발생하고 단락점이 용융된다. 이때 주위에 가연성 물질이 있을 경우는 화재가 일어나게 되며 또한 전선 자체의 과열로 발화하는 경우도 있다.
누전 또는 지락	전선의 피복 또는 전기 기기의 절연물이 열화되거나 기계적인 손상 등을 입게 되면 전류가 금속체를 통하여 대지로 새어나가게 되는 데 이러한 현상을 누전이라 하며 이로 인하여 주위의 인화성 물질이 발화되는 현상을 누전화재라 한다.
과전류	전선에 전류가 흐르면 전류의 제곱과 전선의 저항값의 곱($I^2 \times R$)에 비례하는 열이 발생하여 전선의 허용전류를 초과한 전류가 계속적으로 흐르면 전선의 과열로 피복이 열화되어 발화되게 되는 데 특히 비닐전선의 경우에는 그 정도가 더 심하다.
전기 스파크	전기회로를 개폐하거나 퓨즈가 용단될 때 스파크가 발생하는 데, 특히 회로를 끊을 때 심하며, 이때 휘발성 증기 또는 분진 같은 가연성 물질이 있으면 착화/인화된다.
절연 열화 또는 탄화	전선피복 대부분이 유기질로 되어 있는데 일반적으로 유기질은 장기간 경화하면 열화로 그 절연저항이 떨어지고 고온상태에서 공기의 유통이 나쁜 곳에서 가열되면 탄화과정을 거쳐 도전성을 띠게 되면 여기에 전압이 걸리면 전류로 인한 단열로 탄화현상이 누진적으로 촉진되어 유기질 자체가 타거나 부근의 가연물에 착화하게 된다.
접속부와 과열접속부의 과열	전선과 전선, 전선과 단자 끄는 접속편 등의 접촉이 불완전한 상태에서 전류가 흐르면 접촉저항에 의한 접촉부 발열로 주위의 절연물을 인화시킨다.
정전기 스파크	물질의 마찰 등에 의하여 발생되는 정전기는 그 크기에 따라 방전시 불꽃의 발생으로 주위의 가연성 물질을 인화시키게 된다.

13-4 전기 재해방지

감전사고 예방 대책

전기사고의 발생 확률은 그리 높지 않으나, 일단 사고가 발생하면 사망 등의 중대 재해나 많은 재산피해가 발생할 가능성이 매우 높다.

그리고 감전사고는 순식간에 일어나고 감지했을 때는 이미 늦는 경우가 많으므로 사전에 충분한 대비를 하여야 한다.

• 일반적인 방지대책

- 전기기기 및 배선 등의 모든 충전부는 노출시키지 않는다.
- 전기기기 사용시 필히 접지시켜야 한다.
- 누전 차단기를 시설하여 감전사고시의 재해를 방지한다.
- 전기기기의 스위치 조작은 아무나 함부로 하지 않도록 한다.
- 젖은 손으로 전기기기를 만지지 않는다.
- 개폐기에는 반드시 정격 퓨즈를 사용하고, 동선/철선 등을 사용하지 않는다.
- 불량하거나 고장난 전기제품은 사용하지 않도록 한다.
- 배선용 전선은 중간에 연결한 접속 부분이 있는 것을 사용하지 않는다.

전기화재 예방대책

전기사고의 발생 확률은 그리 높지 않으나, 일단 사고가 발생하면 사망 등의 중대 재해나 많은 재산피해가 발생할 가능성이 매우 높다.

• 전기 기기에 대한 대책

① 전기 기기 배선

코드의 연결금지	코드는 가급적 짧게 사용하되 연장하고자 할 경우는 임의로 꼬아서 접속해서는 안되며 반드시 코드 콘넥터를 활용해야 한다.
코드의 고정 사용 금지	코드를 못이나 스태플 등으로 박아 고정시켜 배선하면 피복이 손상되어 합선되거나 선이 짓눌리고 구부러져 소선이 단선되는 경우가 있다. 이때 단락에 의한 불꽃에 의해 발화될 우려가 있으므로 코드를 스태플 등으로 고정시켜 사용하는 것을 금해야 한다.
사용 전선의 적정 굵기 사용	전기 기기의 사용 전선은 용량을 고려하여 적정 굵기를 사용해야 하고, 한 가닥의 코드에 문어발식으로 많은 기구를 꽂아 사용하는 것도 금해야 된다.

② 배선기구

구배선 기구는 정격 범위 내에서 사용하고, 전선을 연결하는 부분이나 접촉부분이 과열되는 등 나쁜 조건이 따를 수가 있으므로 다음 사항을 유의해서 사용해야 한다.

- 개폐기의 전선 조임 부분이나 접촉면의 상태
- 퓨즈의 적정 용량의 것 사용
- 콘센트, 플러그의 접촉 상태 및 취급 방법

※ 멀티콘센트 사용시 문어발식 배선/콘센트 하나에 여러 개의 플러그를 꽂는 것을 금지하며 접속 불량에 의한 과열이 발생하지 않도록 완전하게 꽂는다.

• 전기 기기 및 장치

전기로 및 전기 건조 장치	- 전기로나 건조 장치의 발열부 주위에 가연성 물질의 방치 금지 - 피건조물의 종류에 따라서 건조물의 낙하 방지, 열원과의 거리를 충분하게 띄울 것 - 설비와 접속부 부근의 배선은 피복의 손상, 과열 상화 등에 주의할 것 - 전기로 내 온도의 이상 상승시 자동적으로 전원을 차단하는 장치를 신설할 것 - 전기로나 건조 장치의 발열부 주위에 가연성 물질의 방치 금지
전열기	- 열판의 밑부분에는 차열판이 있는 것을 사용할 것 - 점멸을 확실하게 할 것. (표시등 부착) - 인조석, 석면, 벽돌 등 단열성 불연 재료로 받침대를 만들 것 - 주위 0.3~0.5 m 상방으로 1.0~1.5 m 이내에는 가연성 물질 접근 방지 - 배선, 코드의 용량은 충분한 것을 사용하여 과열 방지
전등	- 가연성 물질이 있는 곳에서 전등 파손에 의한 화재 방지를 위하여 다음과 같이 시설한다. - 전구는 글로우브 및 금속제 가드를 취부하여 보호할 것 - 위험물 창고 등에서는 조명 설비의 수를 줄이거나 설치 금지(방폭형 설치) - 소켓은 금속제등을 피하고 합성 수지제를 택하여 접속부가 노출되지 않게 할 것 - 이동형 전구는 캡타이어 코드를 사용하고 연결 부분이 없도록 할 것

• 전기 기기에 대한 대책

① 단락 및 혼촉 방지

이동전선의 관리 철저	고정기기에는 반드시 고정 배선을 하고 중량물이 이동되는 장소에 시설하는 이동전선은 가공으로 시설하거나 튼튼한 보호관 속에 넣어 시설한다.
전선 인출부의 보강	단락사고 방지를 위하여 인출부에는 부싱을 설치하여 손상을 방지하고 전선의 구부림을 줄일 수 있도록 스프링을 끼워 주고 기기 사용시 전선이 비틀리지 않도록 주의한다.
규격 전선의 사용	비닐 코드의 옥내 배선으로의 사용을 금지하고, 관련 기준에 적합한 규격 전선을 용도에 알맞게 사용하여야 한다.
전원 스위치를 차단 후 점검/보수할 것	전원스위치를 넣은 채 기기의 점검이나 보수시에는 합선으로 인한 화재의 우려가 있으므로 이와 같은 작업시에는 전원을 차단하여야 한다.

② 누전 방지

누전방지를 위해서는 절연파괴의 원인이 되는 과열/습기/부식 등을 장지하는 것이 가장 중요하며 충전부와 절연물을 다른 금속체 건물의 구조재/수도관/가스관 프레임 등과 이격시키는 것이 필요하며 누전화재를 방지하기 위해서는 필요한 장소에 전기화재경보기(누전화재경보기)를 설치한다.

- 물기/습기가 있는 장소에 전기 시설을 하는 경우는 방습조치
- 전선 접속부는 충분한 절연효력이 있도록 소정의 접속기구 또는 테이프 사용
- 누전 여부의 수시 확인 및 누전 차단기의 설치 등
- 전기를 사용하지 않을 때는 전원 스위치 끔

③ 안전점검 철저

- 전기 화재 방지를 위하여 점검이 필요한 항목을 주기적으로 안전점검을 실시한다.
- 사용하지 않은 전기기계 기구는 전원을 차단한 후 플러그를 뽑아서 보관한다.

• 폭발 위험이 있는 장소에 대한 대책

① 단락 및 혼촉 방지

인화성 액체의 증기 또는 가연성 가스 등을 제고/취급 사용하는 장소 및 가연성 분진 등을

제조/사용하는 장소 등 가스 또는 분진 폭발 위험 장소에서 전기/기계/기구를 사용하는 때에는 그 증기/가스 또는 분진에 대하여 적합한 방폭 성능을 가진 방폭구조 전기기계/기구를 선정 및 사용하여야 하며, 그 성능이 상시 유효한 상태로 유지/관리되도록 하여야 한다.

13-5 전기 안전점검

작업시 주로 일어날 수 있는 재해는 감전 사고와 전기 화재이다.

• **전기의 안전한 사용**

① 일반사항

- 전기 스위치 부근에 인화성, 가연성 용매 등을 놓아서는 안 된다.
- 스위치함(분전반) 내부에 실험 기자재 등 불필요한 물건을 보관해서는 안된다.
- 전동기 등의 전기 장치에 스파크나 연기가 나면 즉시 전원 스위치를 끄고 전기 담당 부서에 연락한다.
- 모든 스위치는 사용처, 이름을 명기해야 한다.
- 전기 수리 또는 점검할 때는 "수리중", "점검중" 표시하고 관계자 이외는 출입을 금지시켜야 한다.
- 접지는 올바른 것을 확실하게 접속해야 한다.
- 스위치, 배전반, 전동기 등 전기기구에 가연성 물질이 닿지 않도록 한다.
- 스위치 개폐는 접속 부분의 안전을 확인하고 확실하게 접속한 다음 개폐해야 한다.
- 승낙 없이 임의로 전기 배선을 접속 사용하지 않는다.
- 결함이 있거나 작동상태가 불량한 전기기구는 사용하지 않는다.
- 전원으로부터 플러그를 뽑을 때는 선을 잡아당기지 말고 플러그 전체를 잡아당겨야 한다.

② 항전기 기기의 일상 점검 요령(공통 사항)

- 습기나 물기가 많은 곳에서 전기를 사용할 때는 기계 기구가 접지 시설이 되어 있어야 하고 손과 발에 물기가 없어야 한다.
- 전기기기 사용을 위한 코드나 배선 기구는 용량과 규격에 맞는 것을 사용한다.
- 누전으로 인한 화재나 감전사고 예방의 기본 장치인 누전차단기는 월 1회 이상 시험 버튼으로 정상작동 여부를 확인한다.

- 노후된 전시 설비의 계속 사용은 누전, 합선, 감전사고 위험이 매우 높으므로 반드시 개/보수하여 사용한다.
- 무자격자에게 전기 설비의 개/보수를 의뢰하는 경우 더 위험한 결과를 불러올 수 있으므로 반드시 전기 담당 부서에 의뢰한다.

• 전기 안전 작업 요령

- 장비를 점검하기 전에 회로의 스위치를 끄고, 플러그가 있는 장비는 플러그를 뽑는다.
- 스위치를 끌경우 가급적 절연장갑을 착용하고 오른손을 사용하며 얼굴을 스위치 상자로 향하지 않게 하고 손잡이를 내린다.
- 전기 설비를 작업할 때 공구나 비품의 손잡이는 부도체로 된 것을 사용한다.
- 전기 장치의 충전부 전기가 흐르는 부분은 절연한다.
- 전원에 연결된 회로배선은 임의로 변경하지 않는다.
- 작업공간은 충분히 확보하고 항상 청결하게 유지한다.
- 플러그를 전원에 연결한 채 회로 변경 작업을 하지 않는다.
- 회로가 확실하게 연결되어 있지 않으면 플러그를 전원에 꼽지 않는다.
- 젖은 손이나 물건으로 회로에 접촉하면 안된다.
- 전기 설비에 연결된 접지선의 접속을 확인한다.
- 연결코드선은 최소한으로 가능한 짧게 사용한다.
- 전기 설비 근처에서는 가연성 용재를 사용하지 않는다.
- 다중 콘센트는 가능한 한 사용하지 않도록 한다. 만일 추가 콘센트가 필요하다면 전기 담당 부서에 의뢰해서 설치해야 한다.
- 전기 배전반의 진입로와 스위치 앞에는 장애물이 없도록 한다.

▍열화 degradation 또는 deterioration 劣化

품목의 특성, 성능의 저하. KS A3004. deterioration을 노화로 부르기도 한다. 단순히 시간 경과적으로 자연히 기능 저하 현상에 한하지 않고 마모와 같이 외적원인이 분명한 기능 저하 현상은 물론, 고장과 같은 시간적 경과와는 반드시 관계가 없는 현상도 포함하여 열화라 부르며 이 과정의 특징을 나타내는 것을 열화 메커니즘이라 한다.

따라서 열화 메커니즘은 물리적 또는 화학적 열화의 현상을 표시하는 것이 일반적이다. 열화 메커니즘과 비슷한 말에 열화 모드, 고장 모드, 고장 메커니즘 등이 있다.

이와 같은 용어의 엄밀한 사용 분류의 정의는 아니지만, 설비 진단을 논하는 경우에는 열화라고 하는 편이 좋다. 열화현상이 생기는 원인 및 외부조건 등을 열화요인이라고 하며 환경 스트레스와 동의어로 말할 수 있으나, 환경 스트레스 중에서 열화에 대해 큰 영향을 미치는 것을 말한다. 재료, 사용조건, 환경조건, 사용기간 등 여러 가지 것이 있다.

열화패턴(deterioration pattern)은 열화요인에 따라 여러 가지 구분할 수 있으나, 사용시간에 의존하는 '진행형'과 시간에 무관한 '돌발형(우발형)'으로 이분되어진다.

진행형 열화는 마모, 피로, 부하, 부식, 감육 등이 있다. 이와 같은 진행형 열화는 검사, 진단기술을 적용하며, 측정, 정량화된 열화에 영향을 주는 인자로서의 상관을 시간경과 변화를 파악하는 것으로, 설비의 수명을 예측한 보전이 적용된다. 돌발형 열화는 시간에 무관하다기보다 시간에 따른 예측이 곤란하다는 것으로 대표적인 예로서는, 전자부품을 이용한 회로의 우발사고가 있으며, 수명예측에 의한 보전은 곤란하다고 말할 수 있다.

돌발형 열화는 반드시 랜덤한 현상으로 한정할 수 없고, 어느 정도의 수명예측은 가능하다 하더라도 발생의 명확한 징후를 나타내지 않는 열화현상를 의미한다.

(1) 절연 재료 등의 열화 원인과 진단법

1) 열화 원인

① 열화

이상온도 상승, 열신축(열싸이클) 등에 의해서 열적으로 변화되어 버리거나 기계적인 손상 및 변형을 일으켜서 장기적 요인과 복합작용으로 열화. 열에 의해서 재질자체가 화학적으로 변화.

기기의 동손, 철손 등으로 인한 발열로 인하여 기기는 외부로 방열과 열 평형이 될 때까지 정해진 온도까지 상승한다. 이 온도 상승에 의해 물리적, 화학적 변화를 일으켜 열화되어간다.

열 열화 과정은 일종의 화학반응으로 간주 되고 특정 성능까지 떨어질 때까지의 수명은 열화반응 속도에 반비례한다.

수명이 반감 온도 상승은 A 종 절연은 8℃, B 종 10℃, H 종에서 12℃가 되어 평균적으로 수명은 10℃ 반감 법칙이 성립한다.

② 전기 열화(방전 열화)

상시 운전 전압이나 과전압, 서지 전압 등에 의해서 부분단전, 전기 Tree, 수(水)Tree 등이 발생하여 케이블을 열화시킨다.

전압인가에 따른 각종의 열화 요인은 특히 높은 전계에 의한 절연 조직 내의 기체, 액체의 전기적 파괴(부분 방전)의 발생으로 인한 고체 절연의 열화가 주요 요인이다.

기기 구조에 따라 이상적인 평등 전계 상태에서의 전압인가가 불가능하여 부분적으로 전계 강도가 커지는 부분이 생긴다. 이 같은 경우에 전압을 인가하면 파괴 전압이 낮은 기체나 액체에 부분 파괴를 발생 이러한 방전이 고분자를 공격하고 열화를 발생한다. 이 현상을 방전 열화라고 한다.

방전이 절연계의 일부에 그쳐 직렬로 건전한 절연 부분이 있는 경우를 부분 방전이라고 부른다. 부분 방전으로 생긴 전자 이온 충격, 화학 반응, 국소적인 온도 상승에 의해 고체의 표면 열화, 부식공이나 트러깅(탄화 도전로)이 발생한다. 또한 고체 내의 보이드나 고전계 부분에서 수지 모양의 트리(절연 파괴로)이 형성되고, 이것이 성장하여 모든 전로 파괴에 이르는 경우가 있다.

이것을 트러깅 파괴라고 한다. 또한 트리는 고분자 내의 수증기의 존재에 따라서 형성될 수 있고, 이것을 수(水)트리라고 한다.

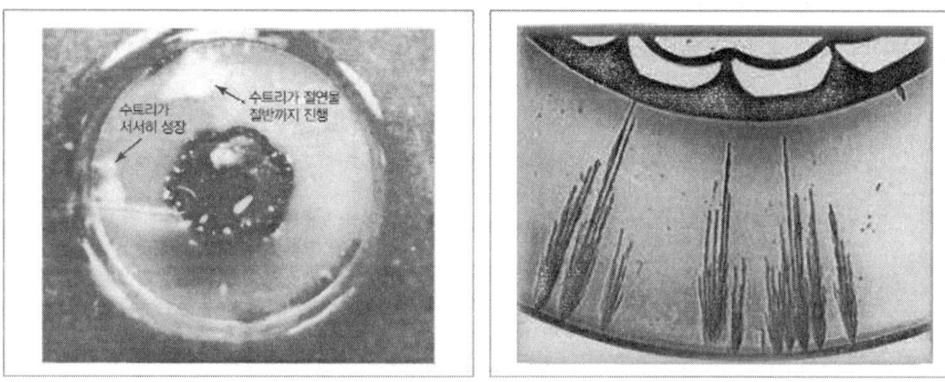

수 트리(Tree) 발생 사례 케이블 단면도

③ 기계적 열화

기계적 압력이나 인장, 충격 또는 외상에 의해서 케이블이 기계적으로 손상 변형되어 전기적 원인과의 복합작용으로 열화. 피복의 손상으로 침수되어 절연이 파괴.

종종 절연 재료는 내전압 재료인 동시에 구조 재료이며, 기계적 스트레스를 받는다. 따라서 고분자 주 링크 단절 등으로 인한 기계 특성의 저하가 생긴다. 기계적 열화 과정은 크리프 응력 완화와 반복 반한 응력에 의한 피로의 두 가지를 생각할 수 있다.

④ 흡습 흡수에 의한 열화

물 분자는 큰 쌍극자 모멘트와 수소 결합의 능력이 있고 극성기를 갖는 고분자, 특히 OH기 또는 NH기 등을 갖는 고분자와 강한 친화력을 갖는다. 이것 때문에 이런 고분자는 흡습성이 높고, 친수성 고분자라고 불린다. 흡습성에 의해 고분자 재료는 기계적 전기적 성질 등 물리적 변화를 발생하는 것 외에 밀도 변화, 기계적 성질의 변화, 전기적 성질의 변화, 가수 분해 등으로 인한 화학 변화를 발생시켜 일반적으로 종합적인 성능이 저하된다.

⑤ 화학 약품에 의한 열화

각종 화학물질 등에 의해서 Cable의 절연외피를 부식시키거나 화학반응으로 변질, 화학물질이 절연층을 투과하여 도체에 닿으면 화학 Tree를 일으켜서 케이블의 절연열화.

고분자 재료의 환경열화는 금속과 마찬가지로 화학적 환경에서 발생한다. 그러나 부식의 양상은 금속과는 크게 다르다.

고분자 재료의 화학적 열화(부식)의 기본은 환경재(가스, 증기, 액체)가 고분자 재료 속으로 침투 확산하는 것이다.

2) 케이블 열화에 대한 대책

① 케이블 제작 시에 케이블 내에 기포, 불순물, 절연층의 비균질성이 없도록 하고 절연체와 도체 사이의 계면을 매끄럽게 한다.

② 도체 사이에 콤파운드 충진 케이블에 물이 침입하지 못하도록 한다.

③ 케이블의 반도전 층을 균일하게 배치한다.

④ 유전율이 서로 다른 각각의 절연층을 균일하게 배치한다.

⑤ 첨가제를 혼입하여 전계의 집중을 방지

⑥ 케이블을 보관 또는 포설 시 단말처리 철저히

⑦ 케이블 포설 장소는 습기나 화학물질이 적은 곳을 택한다.

⑧ 케이블 포설 시 기계적 스타레스를 받지 않도록 주의한다.

⑨ 방풍케이블을 사용

3) 절연열화 진단법

① 직류고압법

절연물에 직류전압을 인가하면 순시 충전전류, 흡수전류(분극에 의한 전류), 누설전류가 흐르는데 누설전류의 크기로 절연상태를 판정

② $\tan\delta$법

$\tan\delta$ 값, $\tan\delta$ -전압특성, $\tan\delta$ -온도특성 등으로부터 절연물의 흡습, 보이드(Void) 등에 의한 절연열화 정도를 조사하는 시험

③ 부분방전 측정법

공극, 외상 등 결합부분에서 발생하는 부분방전의 크기와 빈도를 측정하는 방법. 작류전압에 의한 방법과 중심각과 또는 저주파를 이용하는 방법

④ 절연저항법

1,000~2,000[V] 메거로 도체와 대지간의 절연저항을 측전하는 방법으로 2,000[MΩ] 이하 주의를 요한다.

⑤ 수Tree 활선 진단장치

고압 케이블 시스접지상에 흐르는 누설전류 직류성분을 검출하는 것

4) 자연열화

자연열화에 의한 케이블의 절연파괴, 절연열화 여부를 정확히 판단함으로써 케이블 사고에 의한 정전시간 단축, 최근에는 활선상태에서 케이블의 절연열화를 진단하는 기술이 개발되었다.

① 전선 · 케이블 열화의 특징

전선 · 케이블은 사용 환경에 따라 일어나는 열열화, 열변형, 오일이나 약품에 의한 열화 외에 내후성 열화나 저온 환경에서 크랙이 생기는 저온 취화 등 다양한 열화 현상이 일어난다. 열화의 종류로서 유명한 것으로는 고압 CV 케이블의 수트리 열화와 차폐 동테이프의 부식 열화를 들 수 있다.

이외에도 가공배전선의 옥외용 가교 폴리에틸렌 절연 전선(OC), 옥외용 폴리에틸렌 절연전선(OE), 옥외용 비닐 절연전선(OW), 인입용 비닐 절연전선(DV) 등에서는 응력 부식 단선이나 트래킹 등을 들 수 있다.

또한 이동용 캡타이어 케이블, 코드에서는 기계적인 열화 등이 있어 전선에 따라서도 발생하는 열화의 종류가 다르다.

② 피복재의 열 열화

피복재로서 가교 폴리에틸렌(XLPE), 폴리에틸렌(PE), 염화 비닐(PVC), 에틸렌프로필렌 고무(EPR) 등이 사용되는데, XLPE는 연속 정격 온도 90℃, PE는 75℃, PVC는 60℃, EPR은 80℃로 되어 있다.

연속으로 정격온도를 계속 넘는 경우에 피복재가 열 열화로 경화해 약해지고(취화), 굽힘이나 충격을 주면 크랙이 발생하는데, 이 현상을 열 열화라고 한다.

배선 루트 도중에 핫스폿(열원) 등이 있는 경우는 피복재의 연속 정격 온도를 넘을 가능성이 있기 때문에 전선을 선택할 때에 주의해야 한다.

절연체가 XLPE이고, 시스가 PVC의 CV 케이블일 경우, 도체에 90℃ 가까운 열이 계속 가해지면 PVC 시스는 60℃를 넘는 경우도 있어 열 열화가 우려된다. 열 열화에서는 피복재의 인장 파단 신연이 100%를 지난 시점을 수명이라고 하는 경우가 많다.

전선을 자기 지름으로 구부리면 외주 피복재의 신연이 100%를 지난 후 50%가 될 때까지의 기간은 그림 2와 같이 매우 짧다. 인장 파단 신연이 50~100% 정도가 되면 피복재는 경화(취화)하고, 충격이나 굽힘 등의 외력을 받으면 크랙이 발생하기 쉬워진다. 때문에 100%를 지난 시점을 수명이라 판단하는 경우가 많다.

▎발코 튜브 (온도 감지식(Thermo-Cap)절연 캡)

전기기기의 접속부분에 있어서 접속불량, 과부하 등의 원인으로 접속부분에 일어난 발열을 점검하기 위해서 실제로 손으로 만져본다든지 또는 측정기 등으로 열을 감지하여 왔다. 그러나 접속부분이기보다는 가능한 한 접속부분에 가까운 부분의 검지(檢知)가 일반적이었다.

이처럼 전선에 직접 접촉을 시도한 것은 매우 위험한 행동이기 때문에 그대로 지나쳐 버린다든지 전문가에 의해 점검을 하는 등의 번거로움이 있었다.

그러나 이러한 점검을 태만히 하면 발열에 의한 화재, 인사사고, 기기 파손 등과 같은 사고가 발생되기도 한다.

Thermo-Cap을 사용하면 Thermo-Cap부분을 눈으로 보는 것만으로도 간단히 접속 상태를 점검할 수 있다.

기존 단자에 사용하는 종래의 절연 캡과 같은 방법으로 장착하여 어떤 원인으로 단자부분이 발열하면 Thermo-Cap(온도 변환 캡)의 설정 온도에 따라서 서서히 색이 변하여 투명에 가까운 상태가 된다. 그리고 발열 원인을 규명하여 대책을 강구하면 온도가 내려가 상온이 되면서 다시 원색으로 돌아오게 된다.

Thermo-Cap은 일정온도 전부터 조금씩 색이 변하는 특성을 갖고 있으며 Thermo-Cap이 70도 이상되면 색의 변화를 알 수 있고 75도에서 완전히 변색된다.

발연전

발열후

복원

단자부의 전기 쇼트에 의한 발열을 감지해 색상이 온도상승에 따라 변색되므로 단자부의 열축적 현상을 미연에 감지해 정전 및 전기화재의 사고의 위험성을 줄일 수 있다.

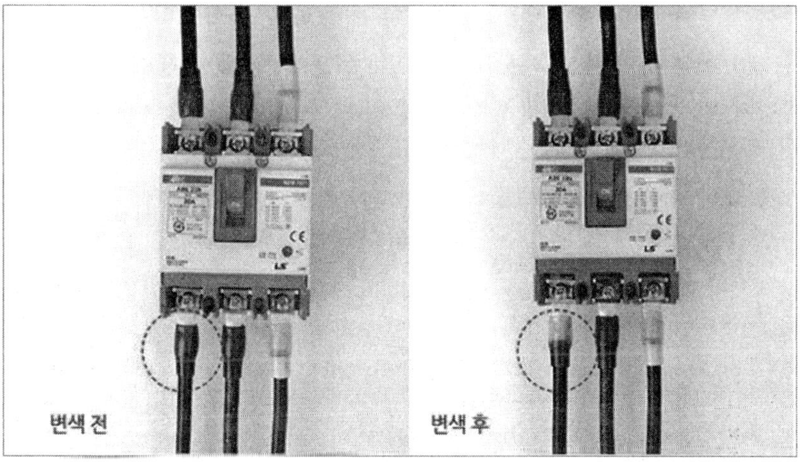

Thermo-Cap의 사용상 주의점은 다음과 같다.

- 직사광선, 자외선 등의 직접적인 영향이 없는 장소에서 사용, 보관한다.
- 설치 후 주기적으로 Heat Gun 등으로 점검한다.
- Arc가 발생한 경우 Box내 및 발생 부근의 제품은 신품으로 교환하거나 Heat Gun 등으로 점검한다.

❙ 적외선 열화상 측정

열화상 카메라는 사물에서 방사되는 적외선을 검출해 온도 차를 눈으로 볼 수 있도록 이미지화 해 표시해주는 것으로 비접촉식 온도계라고도 할 수 있다. 이런 열화상 카메라를 통해서 열이 발생하고 있는 부분이나 단열재가 부실한 부분, 액체의 수위측정, 스위치 박스 검사, 공정 최적화, 퓨즈, 변압기, 송전시설 등 거의 모든 설비에서 열적 상태에 대한 완전한 정보를 얻을 수 있다.

사용도 간단해서 카메라로 사물을 비추기만 하면 사물의 온도를 측정할 수 있기 때문에 육안으로 보이지 않는 문제점을 쉽고 빠르게 파악할 수 있다.

열화상 카메라는 모든 크기와 형태의 전기 시스템과 구성품에 사용되며 이들의 용도는 대형 고전압 제품에만 제한되지 않는다. 전기 캐비닛과 모터 제어 센터는 열화상 카메라로 정기적인 스캔을 수행한다. 이를 점검하지 않는 경우, 열로 인해 연결체가 녹으면서 화재가 발생할 수도 있다. 연결체가 느슨해지는 것 외에도 전기 시스템은 부하 불안정, 부식, 전류에대한 저항 증가를 겪는다. 열 검사를 통해 열점을 신속하게 찾아내고 문제의 심각성을 판단하여 장비를 수리해야 하는 타이밍을 정할 수 있다.

때문에 연속 가동이 중요한 제철, 제지공장과 전력회사, 국제공항, 정유공장, 공공시설 및 스포츠 스타디움 등에서 열화상 카메라를 도입, 설비에 문제가 생겨 육안으로 볼 수 있는 상태로 악화되기 전에 열화상을 통하여 미리 발견, 막대한 비용 손실을 막아준다.

(1) 적외선 열화상 측정

① 적외선 열화상 측정의 목적

- 전력설비의 사고 원인이 되는 발열부 이상 온도 조기발견(대처)
- 절연불량에 의한 열화의 진행 및 내용 분석
- 접속불량에 의한 발열 여부 확인
- 과부하에 의한 이상 발열 여부 확인
- 기기 내부의 이상상태에 의한 외부 발열 확인
- 기기전체의 열화상 또는 주변 은폐 기기의 국부 발열 확인

② 열화상카메라 측정원리

- 비접촉식으로 대상 물체의 온도분포를 보여주는 장비
- 물체의 표면온도에 따라 방출되는 적외선이 변화하는 원리를 이용
- 적외선으로부터 감지되는 주파수 반응을 전기적 신호로 변환
- 실제 볼 수 있는 이미지로 형상화

※ 적외선 온도계는 레이저 조준점 주변의 평균온도가 측정되며, 거리가 멀수록 넓은 면적의 평균온도가 측정되므로 정확도가 떨어짐

③ 열화상카메라 측정의 활용범위

- 수전설비 및 구내배전설비 발열 측정
- 고압기기, 개폐기 접촉부의 이상 발열 측정
- 피뢰기 내부 열화 측정
- 콘덴서 발열 측정
- 케이블 터미널 압착 불량 측정
- 배전반, 분전반 볼트 조임 불량에 의한 발열 측정
- 천정, 바닥, 벽면 및 조명기구의 발열 측정
- 과부하에 의한 발열 측정

(2) 열화상카메라 측정 온도 판정 방법

① 3상 비교법

- 동일 조건의 다른 부위와 비교하여 판별
- 측정점의 정확한 온도보다는 비교하고자 하는 측정점 간의 온도차로 발열을 진단

온도차	판정 기준
5℃ 미만	정상
5℃ ~ 10℃ 미만	요주의
10℃ 이상	이상

※ 온도차 : 최고치와 저저치의 차이

② 온도 패턴법

- 측정 당시의 부하율, 주위온도 등을 고려하여 측정
- 최고 허용온도를 초과하거나 온도 상승한도를 초과한 경우 이상이 있는 것으로 판정

<table>
<tr><th colspan="2">전력기기</th><th>온도상승
한도초과시(요주의)</th><th>최고허용
온도</th><th>비고</th></tr>
<tr><td colspan="2">유입변압기(본체)</td><td>50℃</td><td>90℃</td><td>KSC4306(유온기준)</td></tr>
<tr><td>건식 변압기</td><td>에폭시부(B종)</td><td>80℃</td><td>130℃</td><td>IEC 726</td></tr>
<tr><td rowspan="3">단로기
및
동 Bus Bar</td><td>접촉부</td><td>25℃</td><td>65℃</td><td rowspan="3">KSC4502에 의함</td></tr>
<tr><td>접속부</td><td>40℃</td><td>80℃</td></tr>
<tr><td>구조부분
(자기애자 등)</td><td>50℃</td><td>90℃</td></tr>
<tr><td rowspan="2">전선</td><td>IV전선, RB전선</td><td></td><td>60℃</td><td></td></tr>
<tr><td>CV, CNCV</td><td></td><td>90℃</td><td></td></tr>
</table>

열화상카메라 사용시 주의사항

- 물체의 종류 및 표면상태에 따라 적외선 방사율의 차이
  - 열화상 카메라로 측정한 물체의 겉보기 온도와 실제온도가 차이 발생

항목	방사율	항목	방사율
알루미늄	0.30	플라스틱	0.95
철	0.70	고무	0.95
구리	0.95	강철	0.80

아크릴 보호커버의 경우 적외선 투과 불과(보호커버 제거 후 촬영)

- 외부에서 촬영 시 그늘진 곳에서나 야간에 촬영(햇빛 반사의 영향 고려)
- 활선상태이므로 고압모선 또는 충전부 주변 안전거리 유지

(3) 적외선 열화상카메라 측정

① 유입변압기 측정

㉮ 유입변압기는 대류현상에 의해서 상단부가 하단부보다 수℃에서 10℃ 이상까지 온도차이 발생

㉯ 애자부싱 부위, 외함 온도 분포 측정, 내부 Oil 온도 측정

② 리액터 측정

㉮ 권선 및 철심부분의 발열 여부를 측정하고 접속단자 부분의 발열을 측정

㉯ 콘덴서용 직렬리액터는 전류가 상시 흐르고 있음

㉰ 3상리액터의 가운데 코일은 양쪽 코일보다 열방출 단면적이 적으므로 온도가 약간 높게 측정되는 경우도 있음

③ 주상변압기 측정

해당 변압기의 부하상태를 확인해서 과부하로 인한 발열 등을 종합적으로 판정

④ 배선용차단기 측정

단자부분의 접촉불량 또는 배선용 차단기에 연결된 단상부하의 영향으로 한 상이 과열되는지 여부를 확인하여 판정

⑤ 분기 차단기 배선 측정

㉮ 동일한 굵기의 전선에서 spot1과 spot3의 온도가 10℃ 이상 차이가 나는 경우 부하전류를 확인(3상 비교법)

㉯ 단자대 부분에서 국소발열이 발생하는 경우에는 볼트 조임 및 압착터미널 러그의 압착상태 불량을 확인

⑥ 변압기 애자 부분

㉮ 변압기 부싱 및 접속부에서의 발열 : 동일한 조건 및 환경에서 어느 한 상만 온도가 높게 나타남

→ 저항에 의한 열이 발생한 것으로 추저, 국부부식에 의한 저항열 발생 간주

→ 나사 조임이 느슨하여 접촉불량에 의한 것으로 추정

⑦ 몰드 변압기 발열상태

㉮ 몰드변압기는 경부하 또는 무부하 상태에서도 철심 상단부의 온도가 100℃ 이상까지 측정되는 경우가 있음

㉯ 각 상의 안쪽코일이 저압부이고 바깥쪽 코일이 고압부

㉰ 저압코일이 고압코일보다 전류가 많이 흐름(열화상 촬영 시 내부 코일측에서 높은 온도가 관측)

⑧ 피뢰기

㉮ 피뢰기 내부 열화가 진행될 경우 누설전류 증가로 발열이 발생할 수 있음

㉯ 각 상의 피뢰기 접지선에 누설전류 및 절연저항을 측정하여 피뢰기 열화유무를 확인

㉰ 의심 대상 피뢰기가 부적합으로 판정되면 3상 모두 교체

(4) 열화상으로 감지할 수 있는 저압 설비의 고장 사례

- 고저항 연결체
- 연결체 부식
- 내부 퓨즈 손상
- 내부 회로 차단기 고장
- 부실한 연결 및 내부 손상

열화상 카메라로 위 문제들뿐만 아니라 기타 여러 문제점을 조기에 찾아낼 수 있다. 이를 통해 비용이 요구되는 손상을 방지하고 위험 상황으로 부터 벗어날 수 있다.

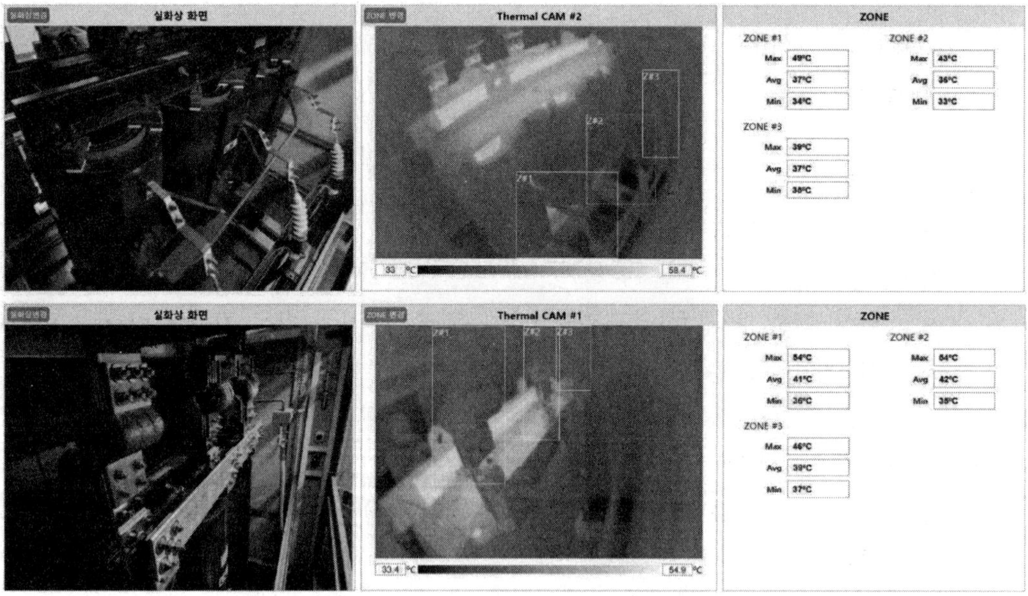

누전 등 이상이 발생하면 온도 변화로 이어지고 이는 곧 열화상 카메라를 통해 빠르고 쉽게 열화상 이미지로 확인할 수 있다는 것을 의미한다.

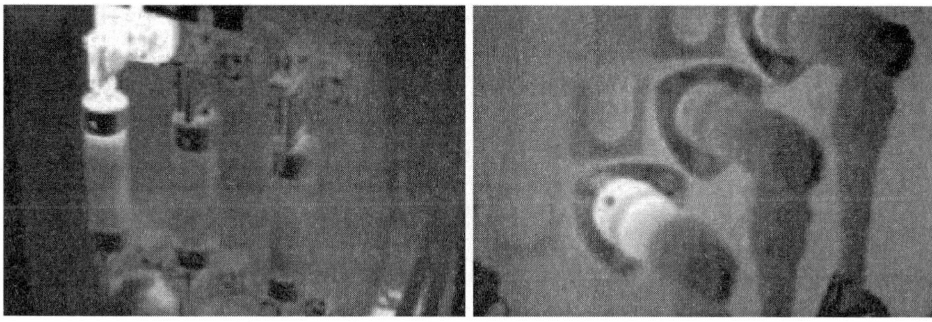

연결체 과열

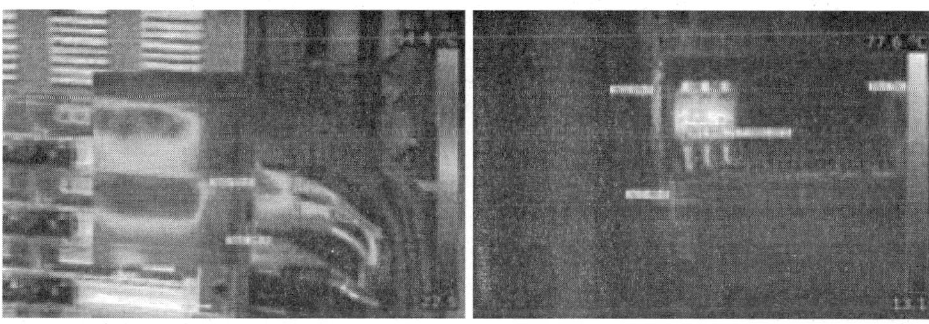

(좌) 이 융합 이미지는 커넥터가 과열되었음을 보여준다.
(우) 열 이미지로 표시되는 퓨즈는 과부하 상태이며 교체해야 한다.

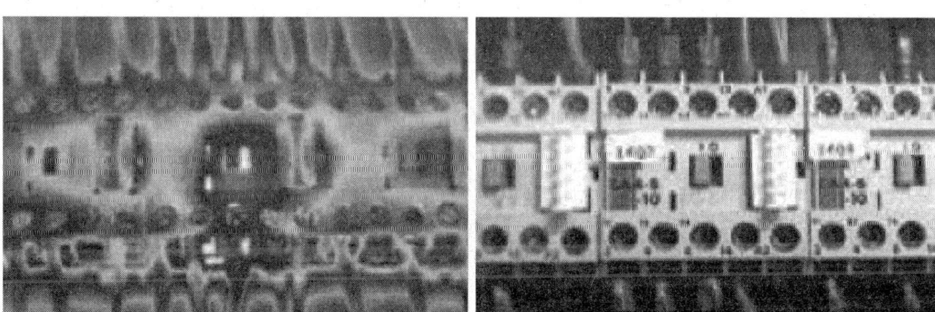

열점은 잠재적으로 화재를 일으킬 수 있는 단락이 있음을 의미한다.

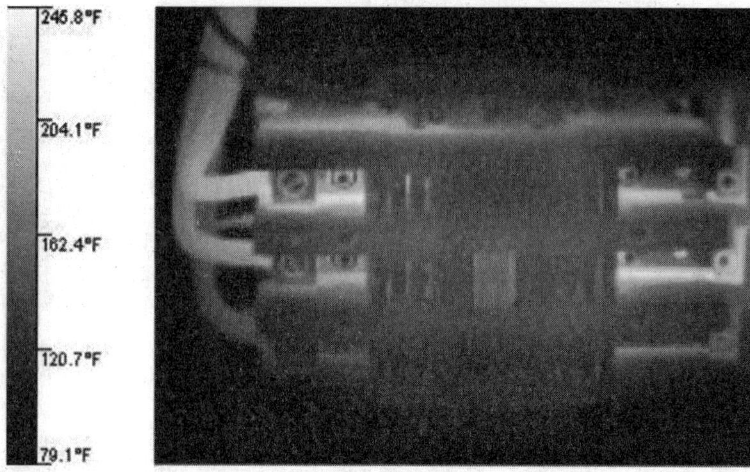

배전반을 촬영한 사진이며 카메라 사진상 R상에 과부하가 흐르게 되어 열이 발생하고 있는 것으로 판단되며, 추후 더 큰 문제가 있을 수 있어 점검이 필요한 상황이다.

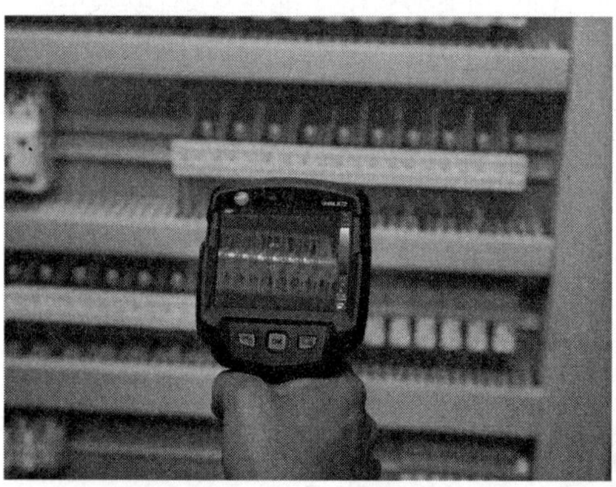

스위치 기어 시스템, 전기 배전반 및 전기 구동 장치의 전기 연결 결함 또는 과부하로 인해 비용이 투자되거나, 산업현장의 화재로 이어질 수 있다. 산업 현장에서 모든 화재의 약 35%는 심하게 과열된 전기 부품으로 인해 발생한다. 케이블 또는 퓨즈에 결함이 있거나 개별 부품이 잘못 작동할 경우, 저항값이 높아지고, 이상적인 고온으로 문제가 발생할 수 있다.

14

C·H·A·P·T·E·R

시퀀스 제어 실습

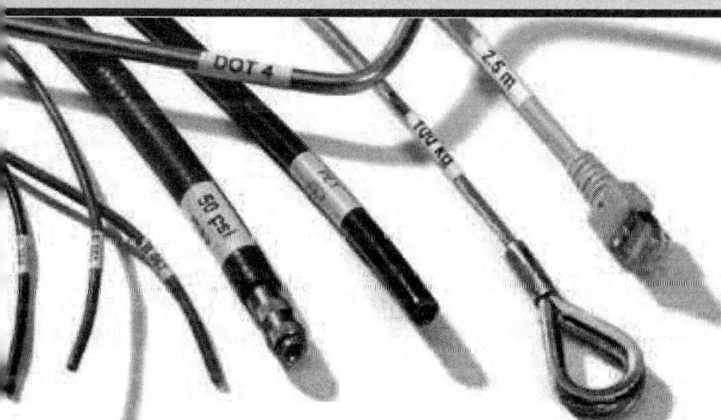

14-1 논리회로(AND, OR, NOT)

실습명	논리 회로(AND, OR, NOT)
실습목표	❶ a 접점의 동작 원리를 이해하고 설명할 수 있다. ❷ a 접점 누름 버튼 스위치의 기능을 익혀 응용할 수 있다. ❸ AND(논리곱)와 OR(논리합), NOT(논리부정)을 조합하는 것으로 다양하고 복잡한 논리 회로를 구성할 수 있다.
준비물	배선용 차단기, SMPS, LAMP 1개, 누름 버튼 스위치 2개, 기본 공구, 단자대, 전선
주의사항	❶ 결선을 완료한 후, 회로 시험기로 단선이나 단락 등을 검사한다. ❷ 이상이 없으면 지도 교사의 지시를 받는다. ❸ 젖은 손으로 플러그를 콘센트에 꽂지 않도록 한다. ❹ 시퀀스도를 충분히 검토하여 동작 원리를 완전히 이해하여야 한다.
실습순서	❶ 동작 사항을 숙지하고, 시퀀스도를 보고 결선도와 같이 결선을 한다. ❷ 배선용 차단기를 ON 조작하고, 램프 상태를 확인한다. ❸ 누름 버튼 스위치를 ON 조작했을 때의 램프 L의 상태를 확인한다. ❹ 누름 버튼 스위치를 OFF 조작했을 때의 램프 L의 상태를 확인한다.
논리 회로란 AND, OR, NOT의 세 가지 기본 논리를 조합하여 구성한 논리 회로로, 입력, 논리, 출력으로 구성되며, 입력된 정보에 대해서 새로운 출력 정보를 제공하는 기능을 갖는 회로이다.	

▌YES논리

YES논리란 입력이 존재하게 되면 출력이 존재하게 되는 논리를 말하며 스위치를 입력으로 램프를 출력으로 사용한다고 하면 스위치를 눌러 ON시키면 램프에 불이 켜져야 하고 스위치를 OFF시키면 램프가 꺼지는 논리가 YES논리이다.

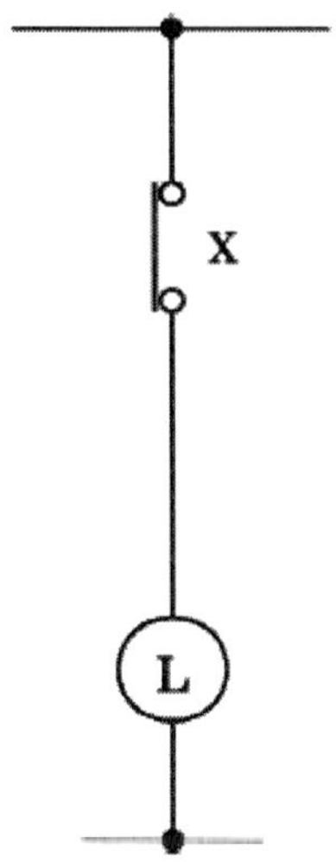

진리표 0: OFF 1: ON

입력	출력
X	L
0	0
1	1

시퀀스도

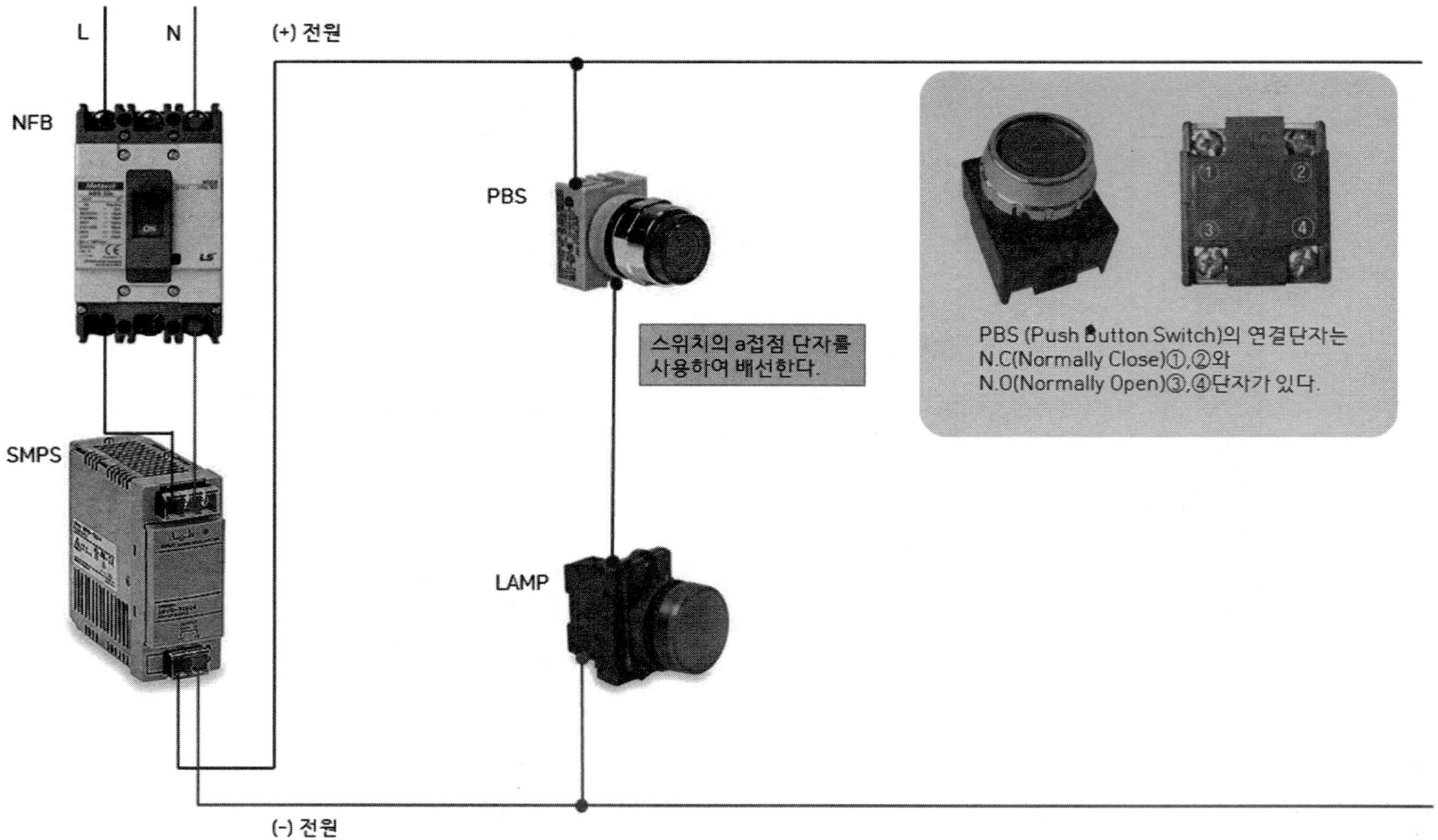
L
N
NFB
SMPS
(+) 전원
(-) 전원
PBS
LAMP
스위치의 a접점 단자를
사용하여 배선한다.
PBS (Push Button Switch)의 연결단자는
N.C(Normally Close)①,②와
N.O(Normally Open)③,④단자가 있다.

▌AND 논리회로

직렬회로라고도 하며 2개 이상의 접점을 직렬로 접속한 회로이다. 모든 입력이 "1"이 될 경우에만 램프가 "1"이 되어 점등된다.

AND논리는 2개의 a접점 스위치를 직렬로 연결하여 사용하면 된다. 2개의 a접점 스위치를 직렬로 연결하게 되면 2개의 스위치가 동시에 모두 작동되어야만 최종 출력신호가 존재하게 된다. AND논리는 모든 조건이 만족될 때 출력신호가 만들어지기 때문에 물체의 존재 유무 등을 확인하는 검사회로 또는 작업자의 안전을 위한 안전회로 등에 사용된다.

a접점만을 사용한 AND 논리회로

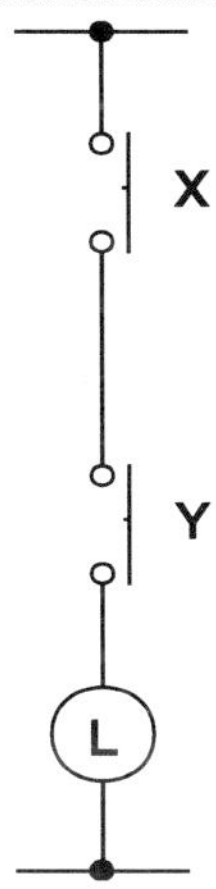

진리표 0: OFF 1: ON

입력		출력
X	Y	L
0	0	0
0	1	0
1	0	0
1	1	1

b접점만을 사용한 AND 논리회로

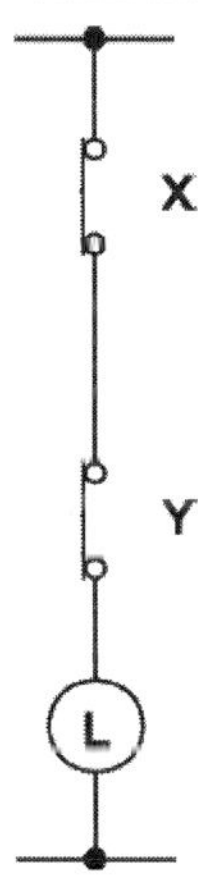

진리표 0: OFF 1: ON

입력		출력
X	Y	L
0	0	1
0	1	0
1	0	0
1	1	0

a, b접점이 직렬로 연결된 AND 논리회로

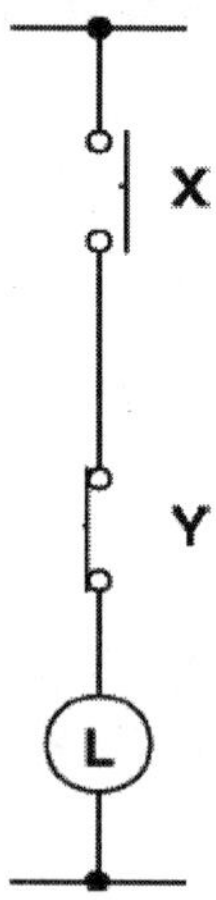

진리표 0: OFF 1: ON

입력		출력
X	Y	L
0	0	0
0	1	0
1	0	1
1	1	0

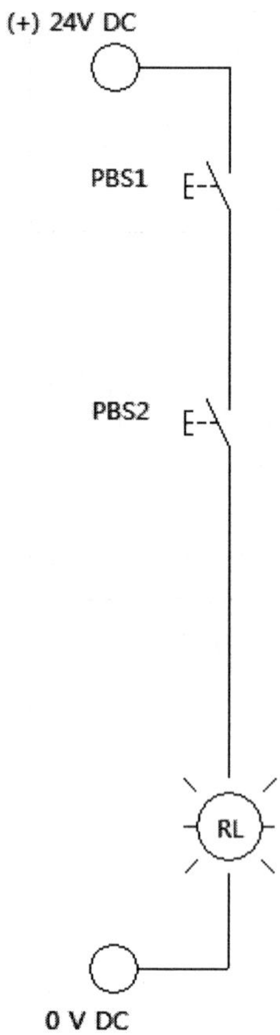

a접점만 사용한 경우

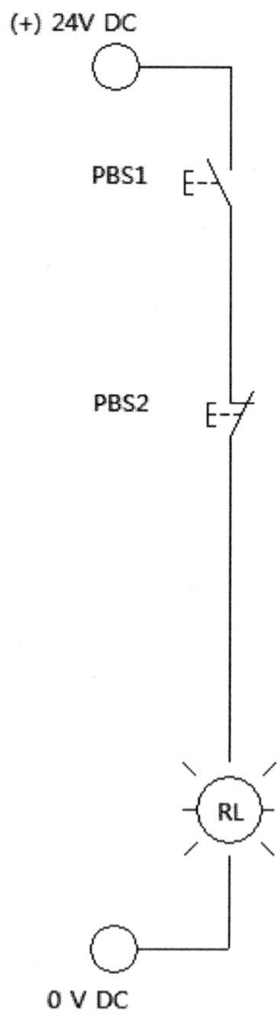

a, b접점을 사용한 경우

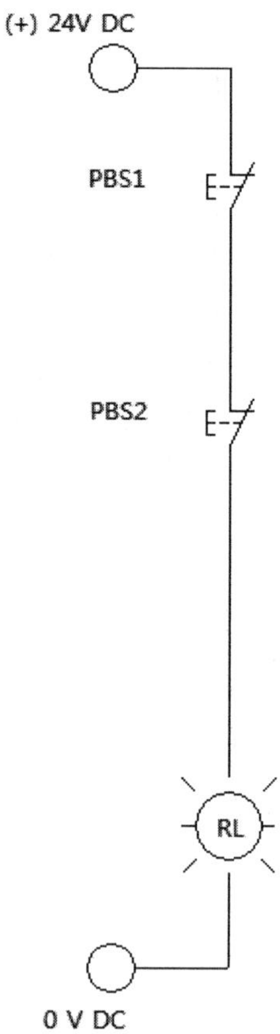

b접점만 사용한 경우

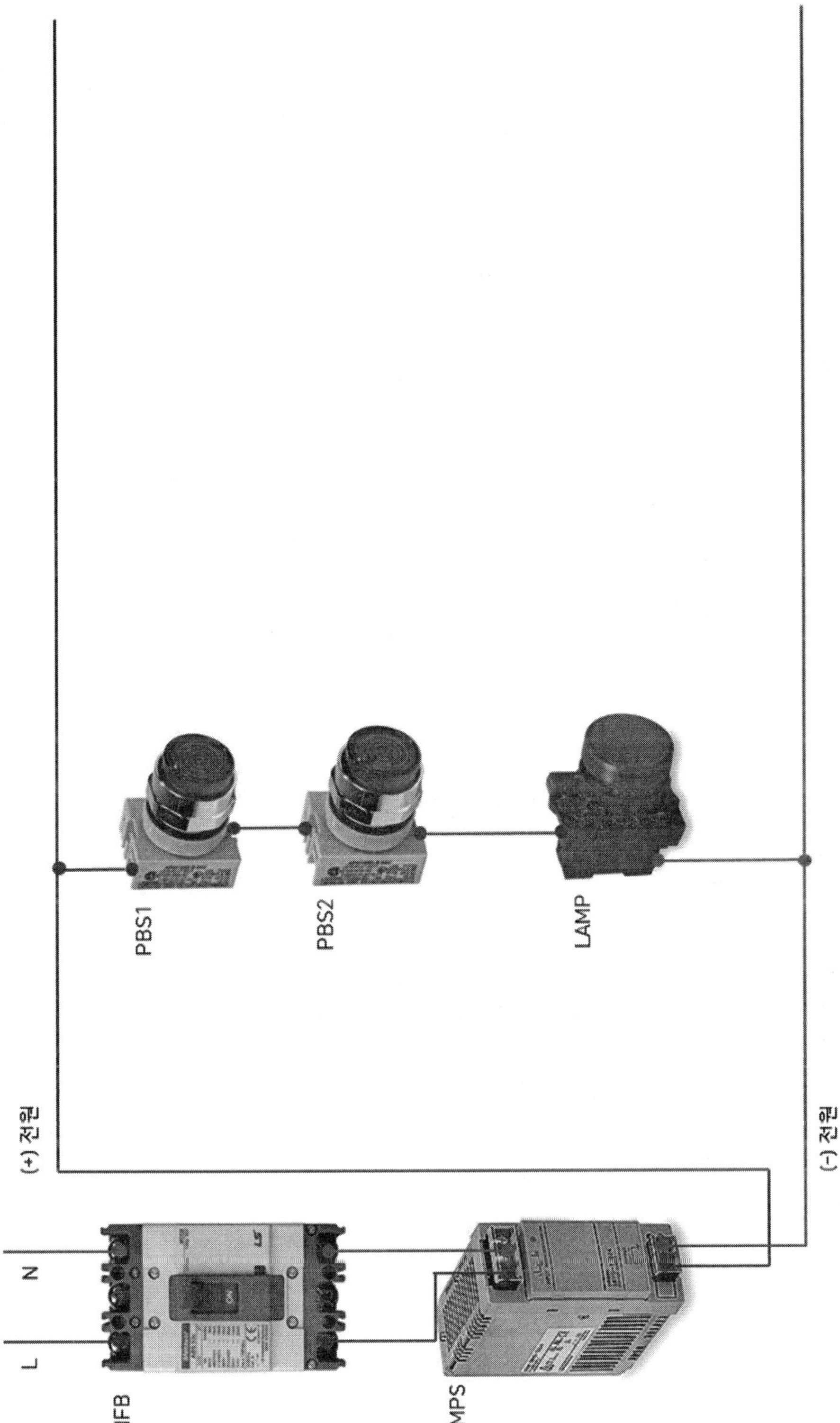
PBS1
PBS2
LAMP
(+) 전원
(-) 전원
N
L
NFB
SMPS

OR 회로

2개 이상의 접점을 병렬로 접속된 회로이다. 병렬로 연결되어 있는 어느 하나 또는 모두 "1"이 되면 출력이 "1"이 된다. 다시 정리하면 OR논리는 여러 개의 입력 신호 중에서 어느 하나의 입력 신호만 존재하면 출력신호가 만들어지는 논리이다.

a접점만을 사용한 OR회로

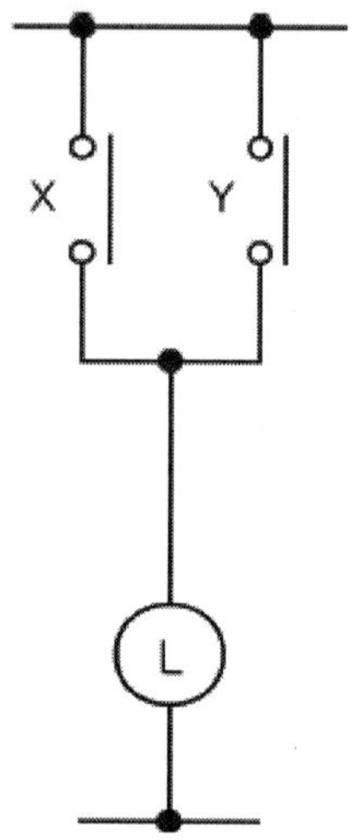

진리표 0: OFF 1: ON

입력		출력
X	Y	L
0	0	0
0	1	1
1	0	1
1	1	1

b접점만을 사용한 OR회로

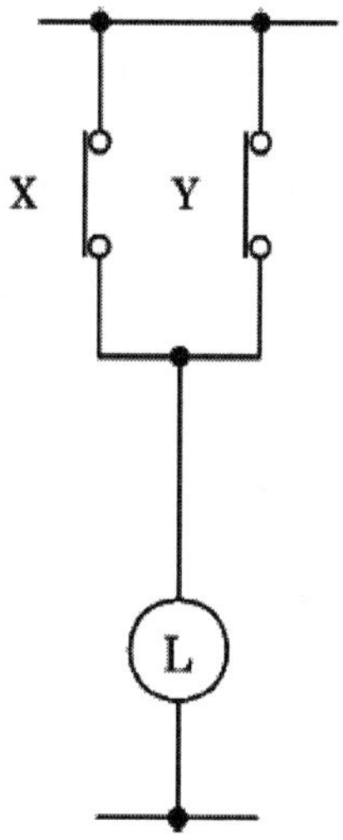

진리표 0: OFF 1: ON

입력		출력
X	Y	L
0	0	1
0	1	1
1	0	1
1	1	0

a, b접점이 연결된 OR회로

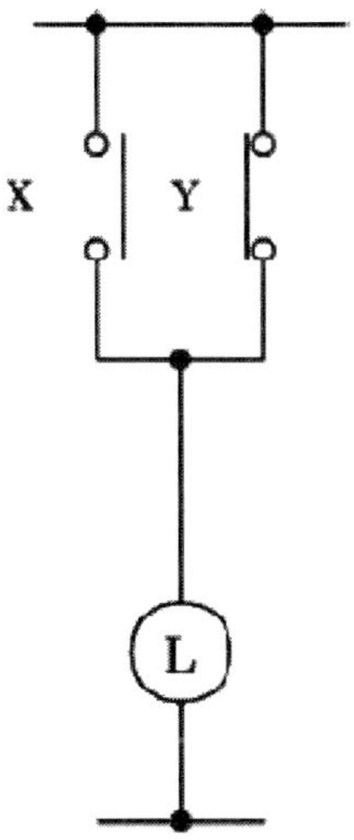

진리표 0: OFF 1: ON

입력		출력
X	Y	L
0	0	1
0	1	0
1	0	1
1	1	1

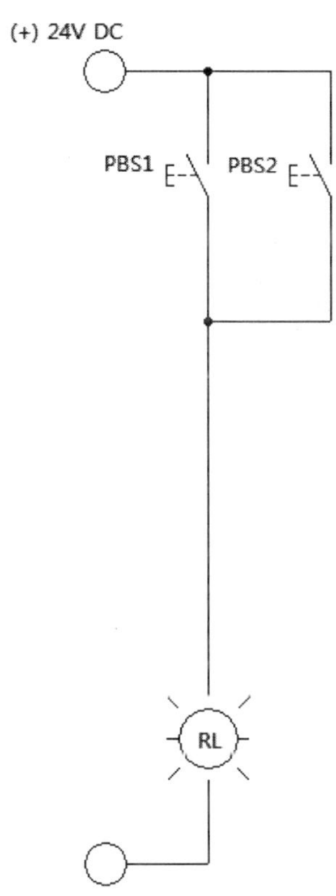

a접점만 사용한 경우

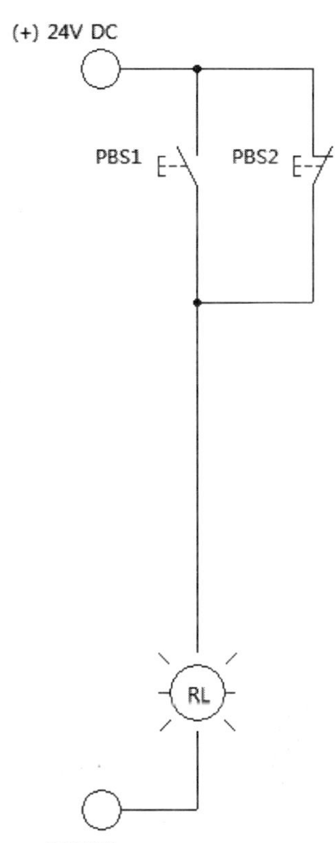

a, b접점 사용한 경우

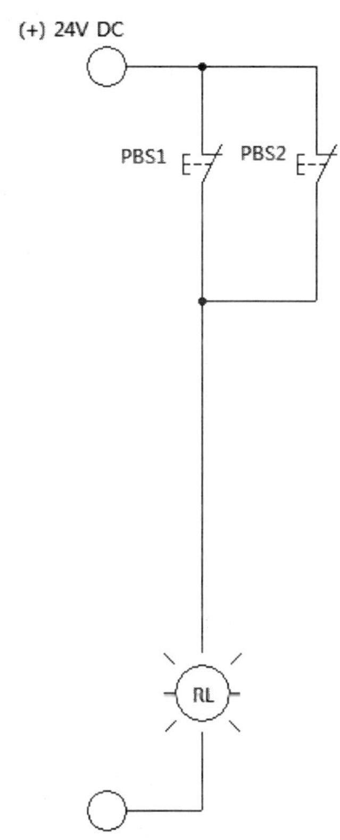

b접점만 사용한 경우

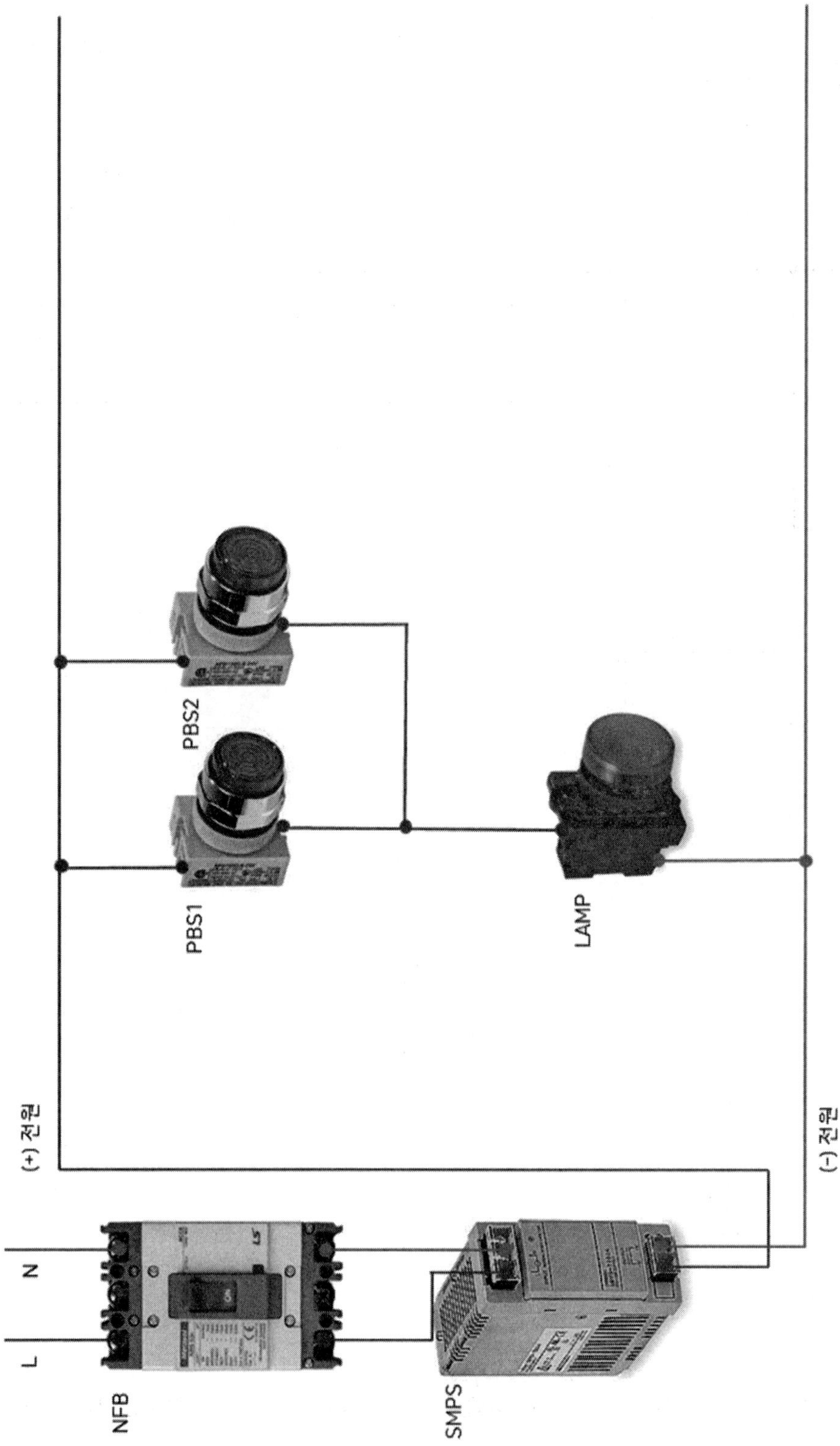
NFB
L
N
SMPS
(+) 전원
(-) 전원
PBS1
PBS2
LAMP

NOT 회로

부정회로 또는 논리 부(否)라고도 하며 입력조건과 반대의 출력이 나오는 회로를 말한다. 입력조건이 충족되면 출력 신호가 존재하지 않게 되고 입력조건이 충족되지 않으면 출력 신호가 존재하게 되는 논리이다. YES논리와 반대되는 논리이다. NOT논리는 부정의 논리이므로 상시 닫힘형의 스위치 접점(N.C) 즉 b접점 스위치가 사용된다. b접점 스위치는 평상시에는 스위치의 접점이 연결되어 있기 때문에 출력신호가 만들어 지게 된다. 스위치를 ON상태로 동작시키면 스위치 접점은 연결이 해제되기 때문에 연결된 램프는 꺼지게 된다.

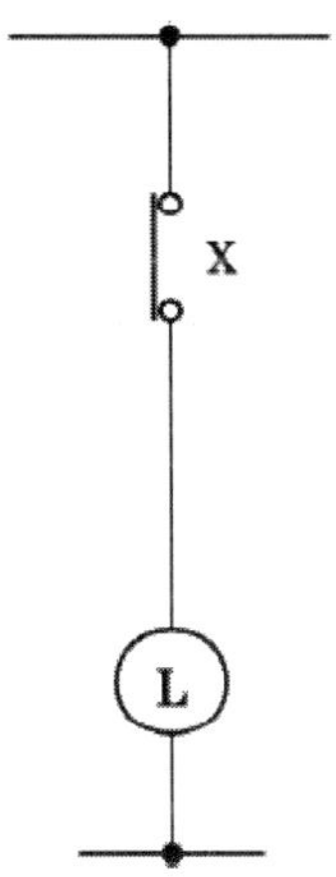

진리표 0: OFF 1: ON

입력	출력
X	L
0	1
1	0

시퀀스도

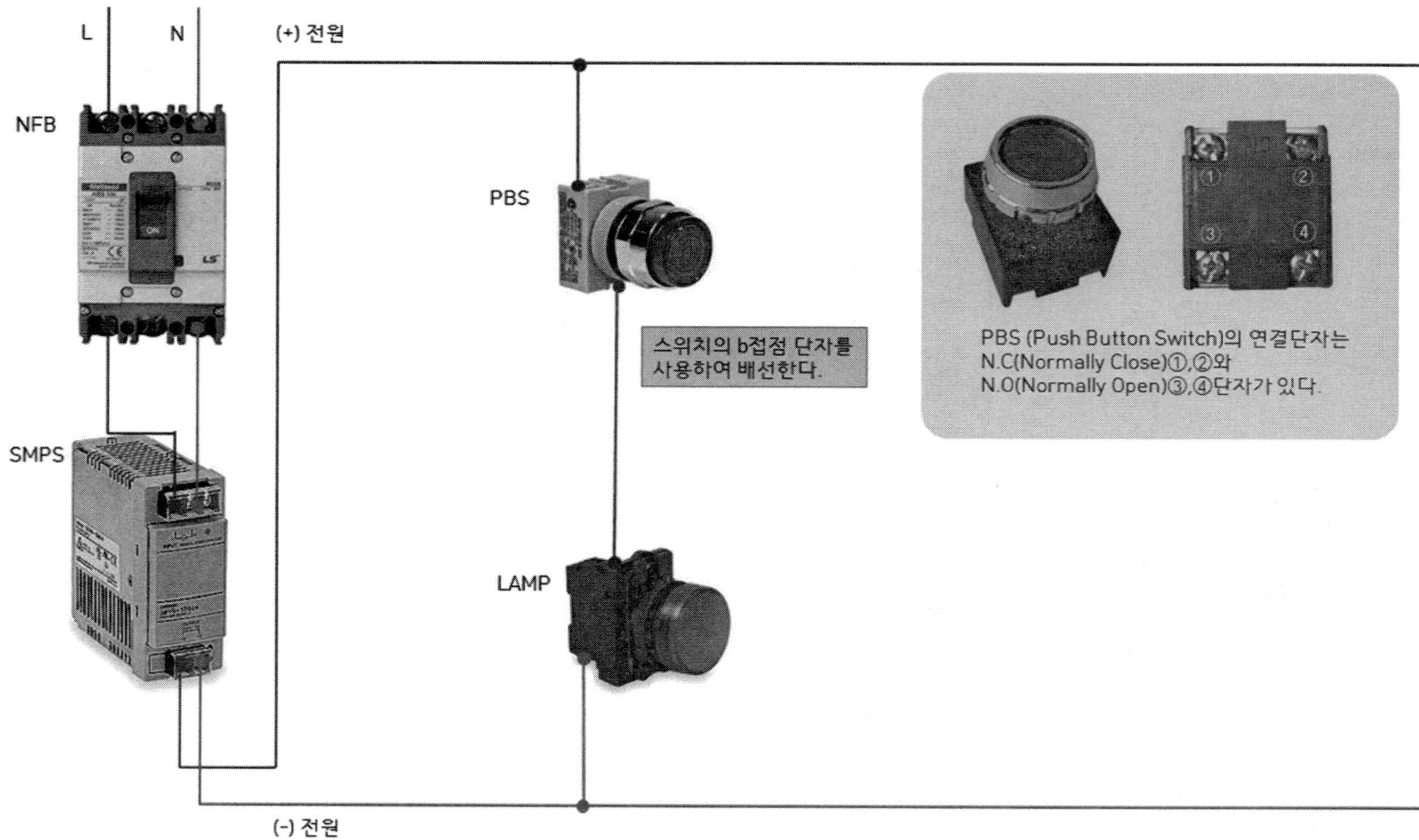
L
N
(+) 전원
NFB
PBS
SMPS
LAMP
(-) 전원
스위치의 b접점 단자를
사용하여 배선한다.
PBS (Push Button Switch)의 연결단자는
N.C(Normally Close)①,②와
N.O(Normally Open)③,④단자가 있다.

자기유지회로(Self Hold Circuit)

자기유지회로란 어떤 신호가 순간적으로 주어졌을 때 릴레이가 부동작 상태에서 동작상태로 바뀌었을 때 이것을 기억하여 릴레이 동작을 계속하는 회로이다. 즉 릴레이의 메모리기능을 이용하여 자기 자신의 a접점을 통하여 전원을 공급받는 회로이다. 복귀는 복귀신호가 있어야 한다. 일반적으로 자기유지회로는 전자 릴레이, 전자 접촉기 등의 조작회로에 많이 이용되는 기본회로이다. 모터의 기동회로, 정역회전 등에 이용된다.

1. 정지우선 자기유지회로

자기유지회로에서 기동(Set)신호와 정지(Reset)신호가 동시에 입력할 경우 자기유지회로는 출력신호가 만들어 지지 않는 회로를 정지우선 자기유지회로라 한다.

일반적으로 기동우선자기유지회로 보다 전기 안전상 더 많이 사용한다.

2. 기동우선 자기유지회로

자기유지회로에서 기동(Set)신호와 정지(Reset)신호가 동시에 입력할 경우 자기유지회로는 기동신호가 우선하여 출력신호를 만드는 회로를 기동우선 자기유지회로라 한다.

14-2 릴레이를 사용한 자기유지회로 동작 실습(정지우선 자기유지회로)

실습명	릴레이를 사용한 자기유지회로 동작 실습 (정지우선 자기유지회로)
실습목표	❶ a 접점의 동작 원리를 이해하고 설명할 수 있다. ❷ a 접점 누름 버튼 스위치의 기능을 익혀 응용할 수 있다.
준비물	배선용 차단기, LAMP, 누름 버튼 스위치, 기본 공구, 단자대, 전선
주의사항	❶ 결선을 완료한 후, 회로 시험기로 단선이나 단락 등을 검사한다. ❷ 이상이 없으면 지도 교사의 지시를 받는다. ❸ 젖은 손으로 플러그를 콘센트에 꽂지 않도록 한다. ❹ 시퀀스도를 충분히 검토하여 동작 원리를 완전히 이해한다.
실습순서	❶ 동작 사항을 숙지하고, 시퀀스도를 보고 결선도와 같이 결선을 한다. ❷ 배선용 차단기를 ON 조작하고, 램프 상태를 확인한다. ❸ 누름 버튼 스위치를 ON 조작했을 때의 램프 L의 상태를 확인한다. ❹ 누름 버튼 스위치를 OFF 조작했을 때의 램프 L의 상태를 확인한다.

시퀀스도

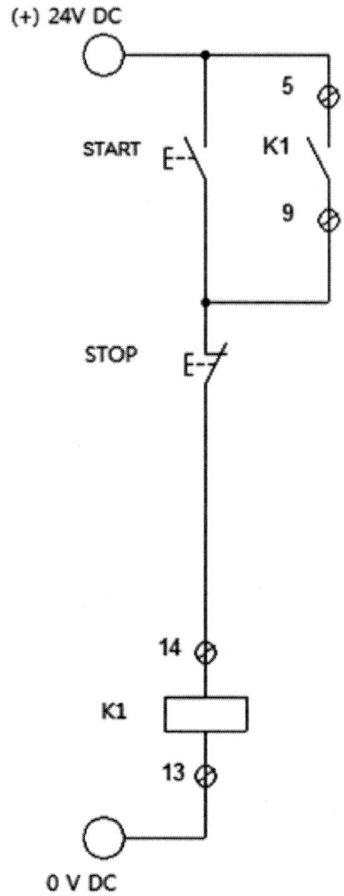

자기유지회로는 푸시버튼 등의 순간동작으로 만들어진 입력신호가 계전기에 가해지면 입력신호가 제거되어도 계전기의 동작을 계속적으로 지켜주는 회로이다. 이 회로는 제어계의 가장 기본이며 유지형 스위치를 사용하지 않고 자기유지회로를 이용하는 이유는 공급 전원이 무단으로 차단된 후 재공급될 경우의 회로를 보호하기 위함이다.

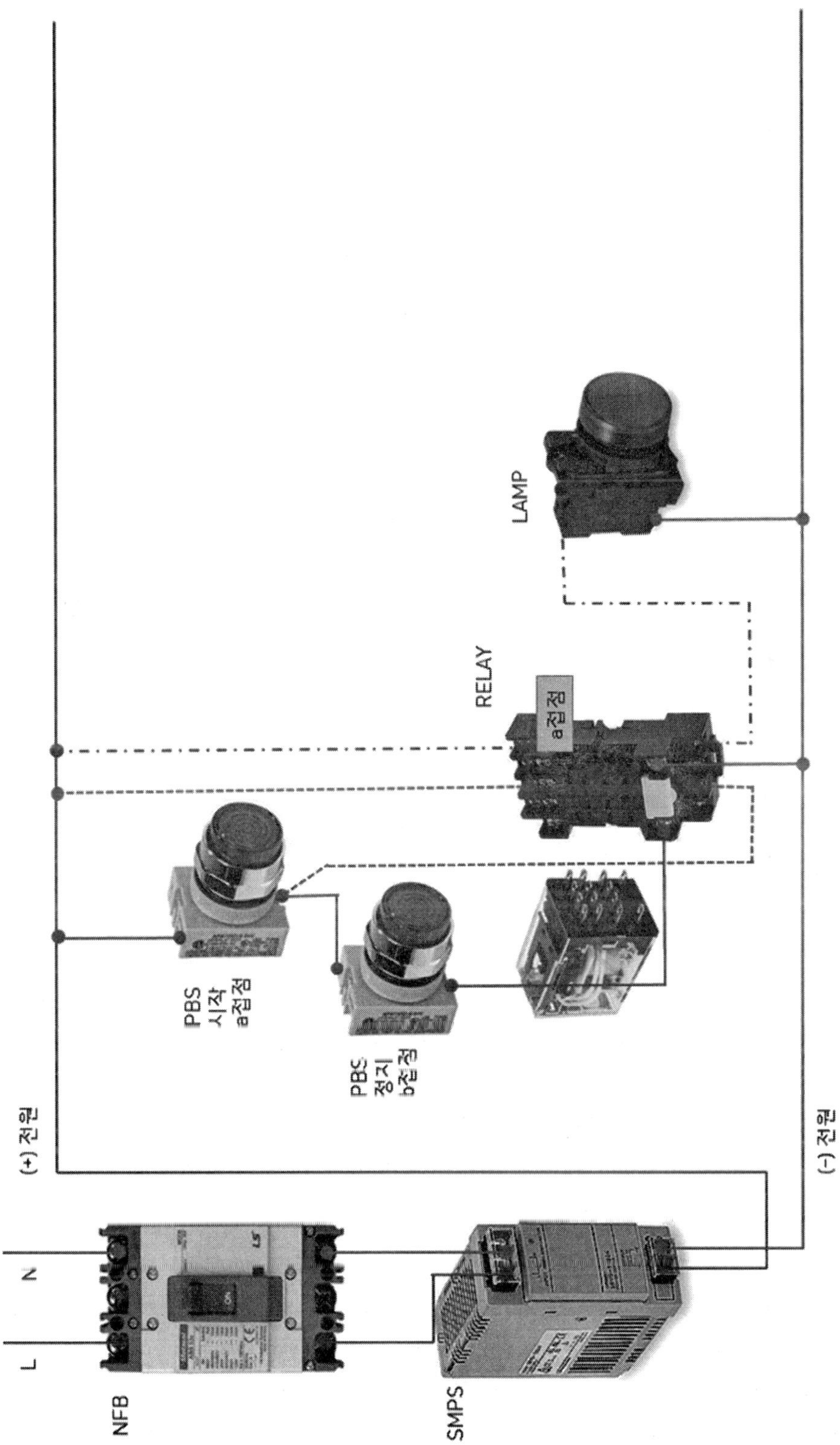
LAMP
RELAY
a접점
PBS
시작
a접점
PBS
정지
b접점
(+) 전원
(-) 전원
L
N
NFB
SMPS

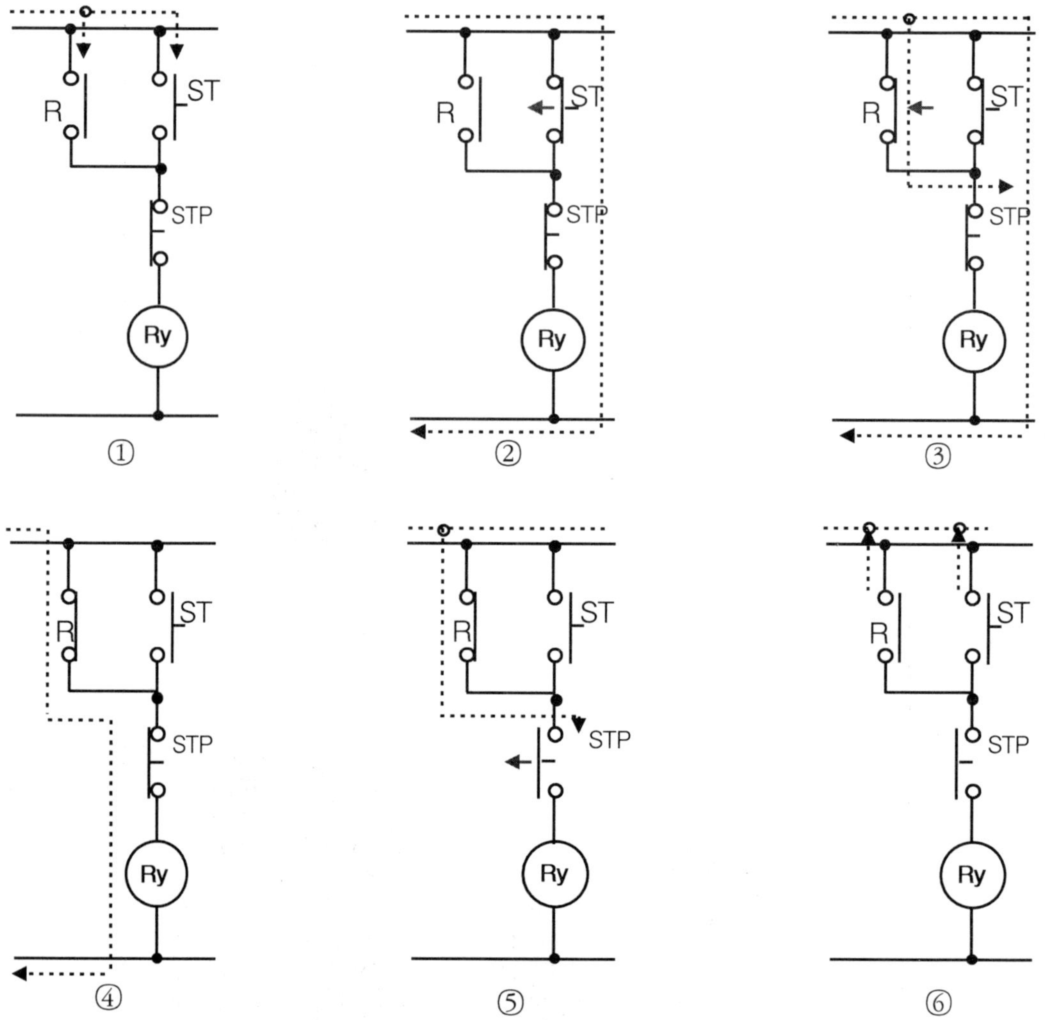

1) 먼저 평상시는 그림 ①와 같이 PBS ST와 릴레이 R의 a접점이 열려 있어 릴레이 코일에는 전원이 인가되지 않는다. (무 여자(Excitation)상태).
2) 그림 ②와 같이 ST Start 버튼 스위치를 누르면 화살표와 같이 회로가 구성되어 릴레이 코일 Ry에 전류가 흐르게 된다(여자상태). 릴레이 Ry가 여자 되면 ST 푸시버튼과 병렬로 접속되어 있는 a접점이 붙는다.
3) 전류는 그림 ③와 같이 두 갈래의 길을 통하여 릴레이 코일로 흐르게 된다. (코일은 여자상태를 계속유지). 그림 ④와 같이 ST 버튼 스위치에서 손을 떼어 스위치를 복귀 시켜도 전류는 계속하여 a접점 쪽으로 흘러 코일을 여자 시켜 주고 또 코일이 여자 되어 있으므로 a접점은 계속하여 붙어 있게 된다. 즉 PBS ST 버튼 스위치와 병렬로 연결된 a접점은 코일 Ry의 여자상태를 계속 유지시켜 준다하여 자기유지 접점이라 하며 이러한 회로를 자기유지 회로

라고 한다.

4) 자기유지 상태를 풀어 주려면 그림 ⑤와 같이 자기유지 회로와 릴레이 코일의 중간에 있는 STP Stop 푸시버튼을 눌러 코일에 흐르는 전류를 차단 시켜주면 코일이 무여자 상태가 된다.

5) 그림 ⑥과 같이 자기유지 접점이 원위치로 돌아가고 STP Stop 푸시버튼 스위치에서 손을 떼어 회로가 연결된다 하여도 자기유지 접점이 이미 떨어져 있어 릴레이 코일은 무 여자 상태가 된다. 그림 ①에서 START 스위치와 STOP 스위치를 동시에 누르면 어떻게 되겠는가? 릴레이 코일 Ry는 무 여자 상태가 된다. 즉 정지 상태이다. 이와 같은 자기 유지 회로를 "정지 우선" 자기유지 회로라 한다.

여자(勵磁)란?

- 여자(Excitation)

: 나 권선 등에 기자력(자속/자뉴의 생성 능력) 생성

코일 권선에 전류를 흘린 전자석으로 자속을 만들어서, 자속 통로인 고 투자율 철심을 통하는 쇄교 자속으로 하여금 타 권선 등에 대해 기자력을 생성케 한다.

- 여자 전류(Excitation Current) : 기자력을 발생시키기 위한 전류

자기회로 내에 자속을 발생시키기 위한 코일 전류, 교류기에서는 철손 전류까지도 포함한 전류를 말한다.

여자 방식 구분	
• 자속을 생성하는 방법에 따른 여자 방식 구분	
영구 자석(Permanent Magnet)	- 극소형 직류기에서는 전자석 대신에 영구자석을 사용하는 경우가 많음
전자석(Electro Magnet)	일반적으로 전자석을 이용하여 자속을 만듬
• 여자 전류 공급 원천에 따른 구분	
타여자(seperate excitation)	별도의 외부 전원을 이용하여 계자 자속을 발생시키는 방식 - 계자 전류 및 전기자 전류가 각각 다른 직류 전원(축전지)으로부터 공급받게 됨 - 계자 회로,전기자 회로가 서로 절연되어 있음
자여자(self excitation)	- 계자 자극의 잔류 자기(residual magnetism)를 기초로 하여, 자체 발생된 전압으로 계자 자속을 형성시키는 방식 전기자에 유도된 기전력으로 하여금 계자 전류를 흘리게 함

실제배선은 다음과 같은 순서대로 하면 이해하기 쉬울 것 같다.

(1) (+) 24V DC 전원으로부터 시작 PBS 연결하기

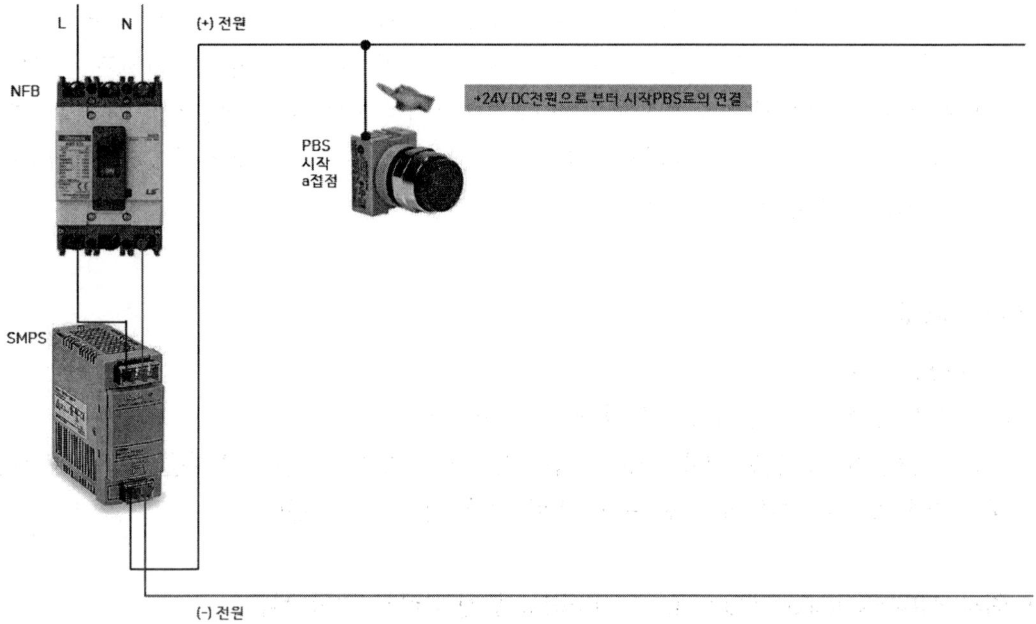

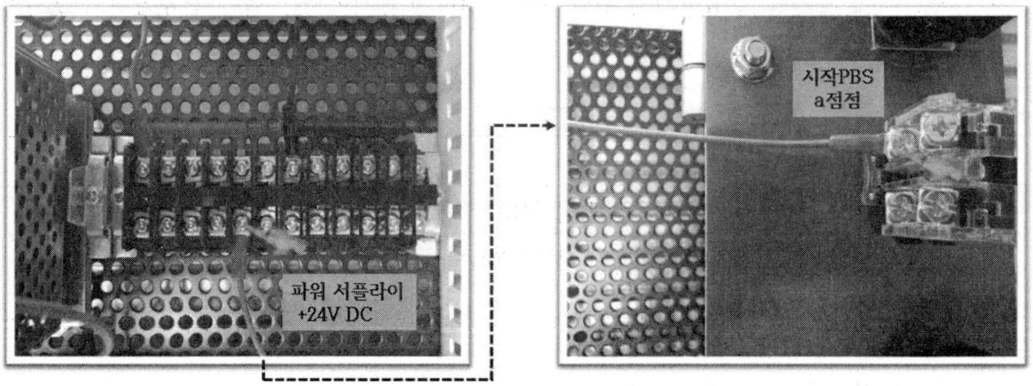

(2) 시작 PBS에서 정지 PBS로의 연결

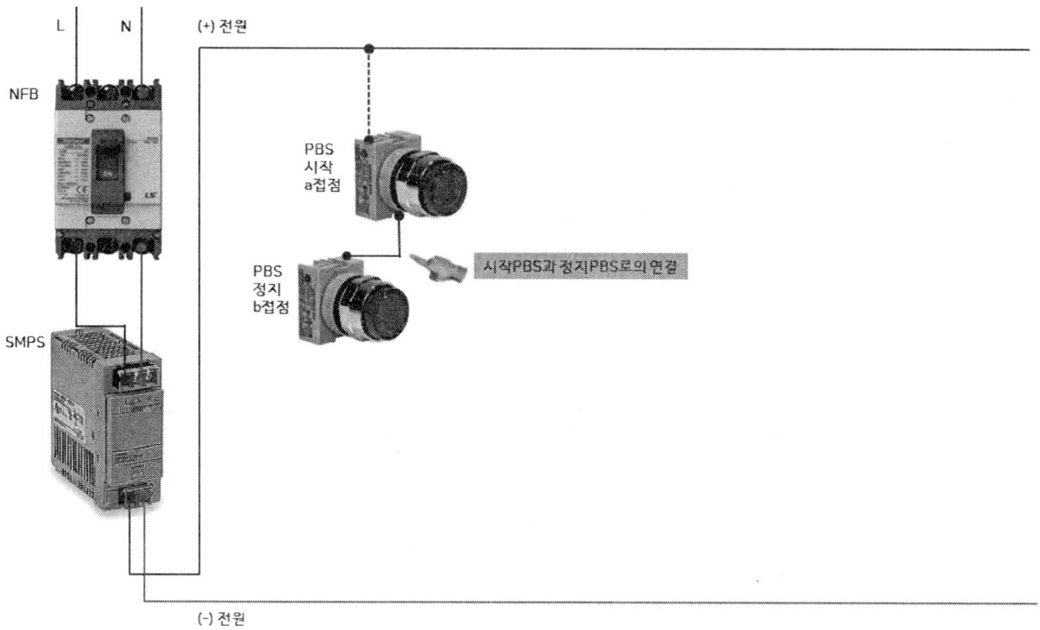

(3) 정지 PBS로부터 릴레이 코일의 (+)전원 14Pin 연결

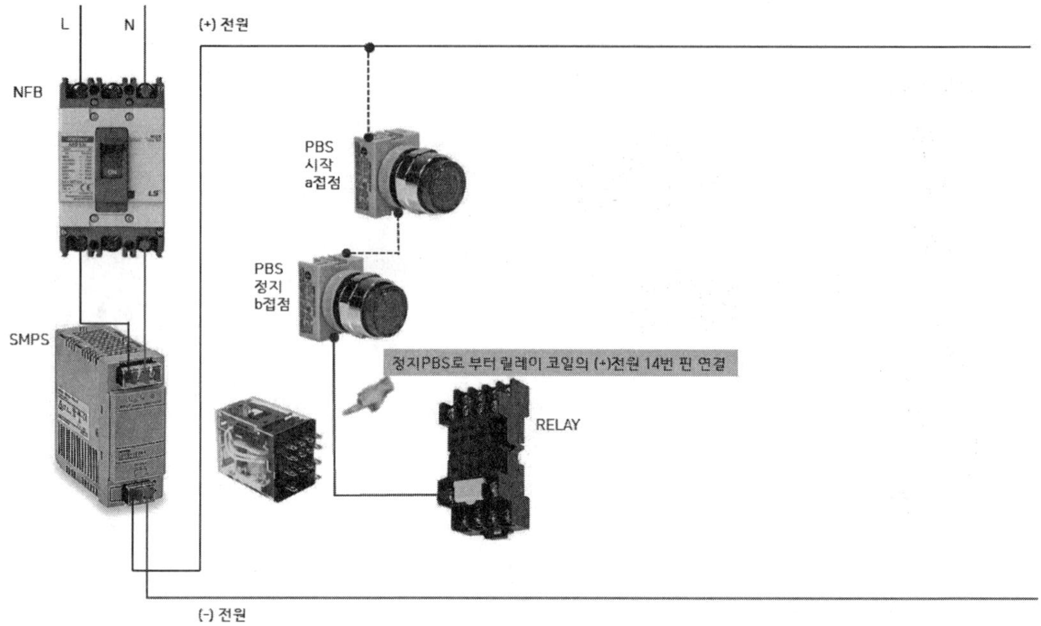

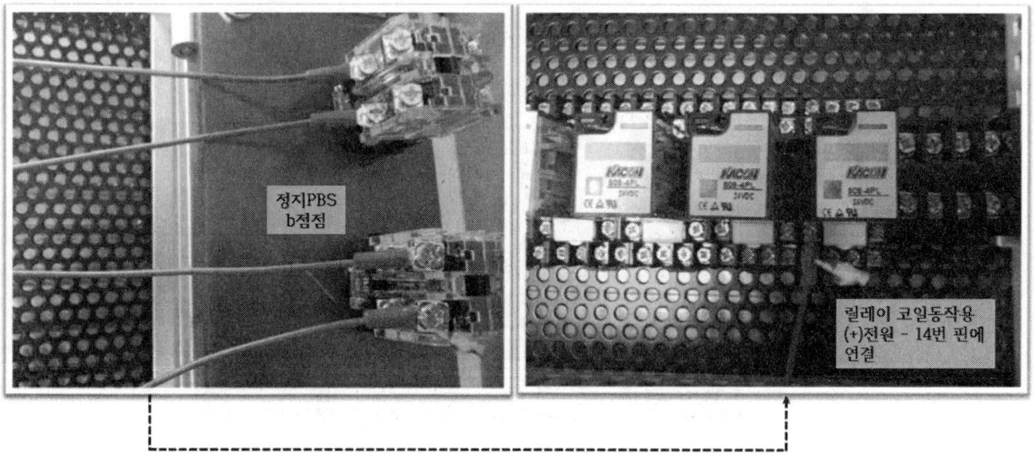

(4) 릴레이 코일의 (−)전원 13번 Pin에 0V DC 전원의 연결

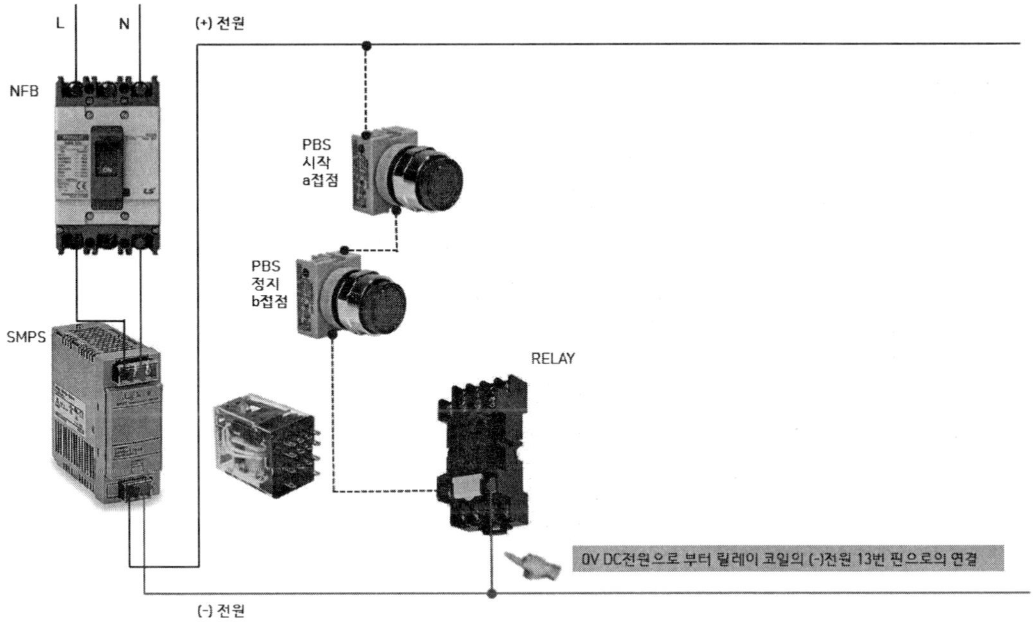

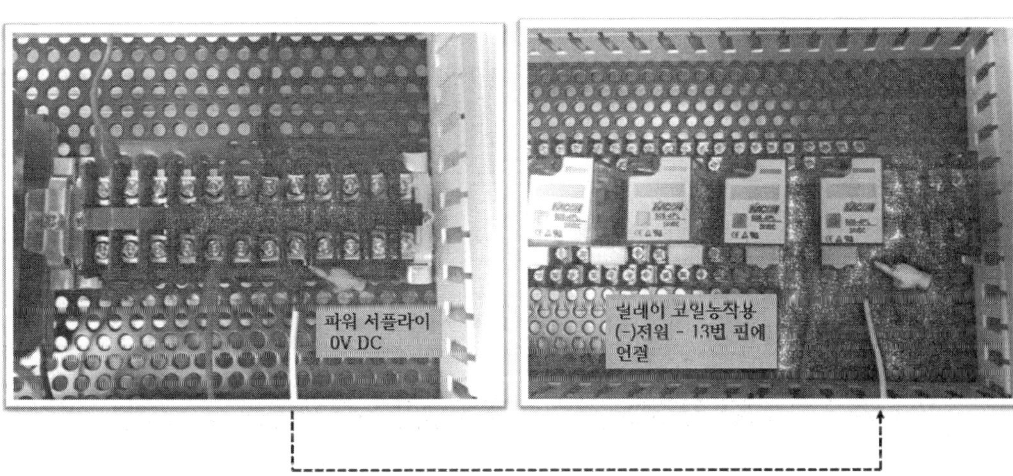

(5) 자기유지회로 구성을 위한 릴레이 a접점에 (+)24V DC전원의 연결

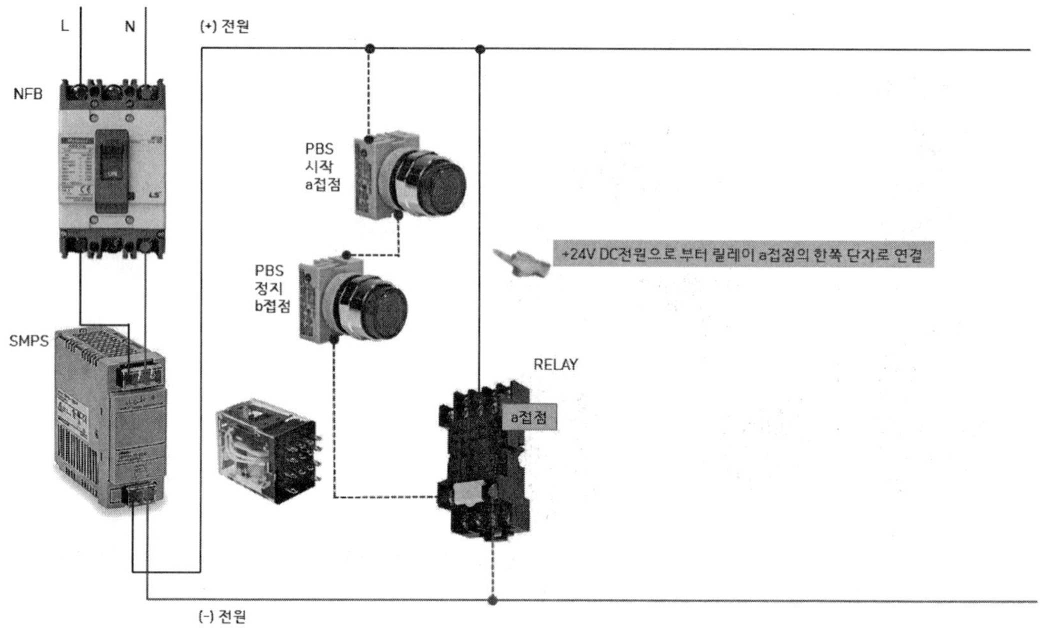

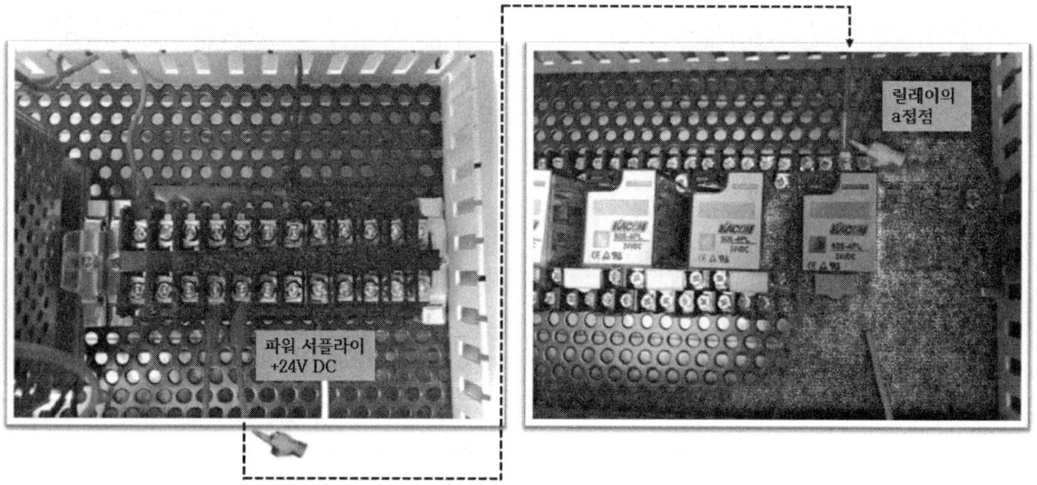

(6) 자기유지회로 구성을 위한 릴레이 a접점에서 시작 PBS로의 연결

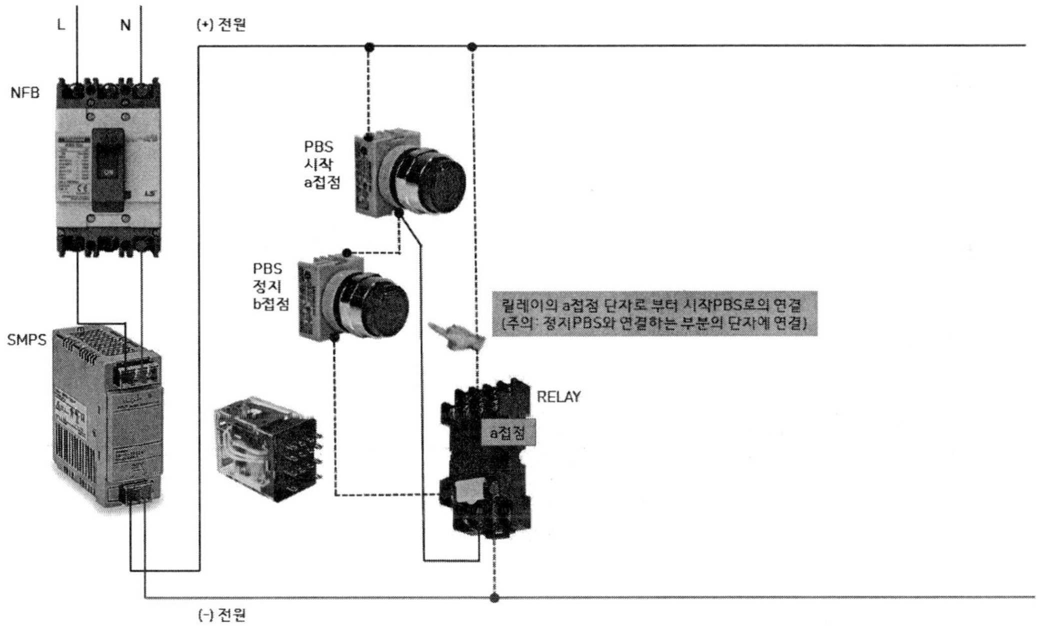

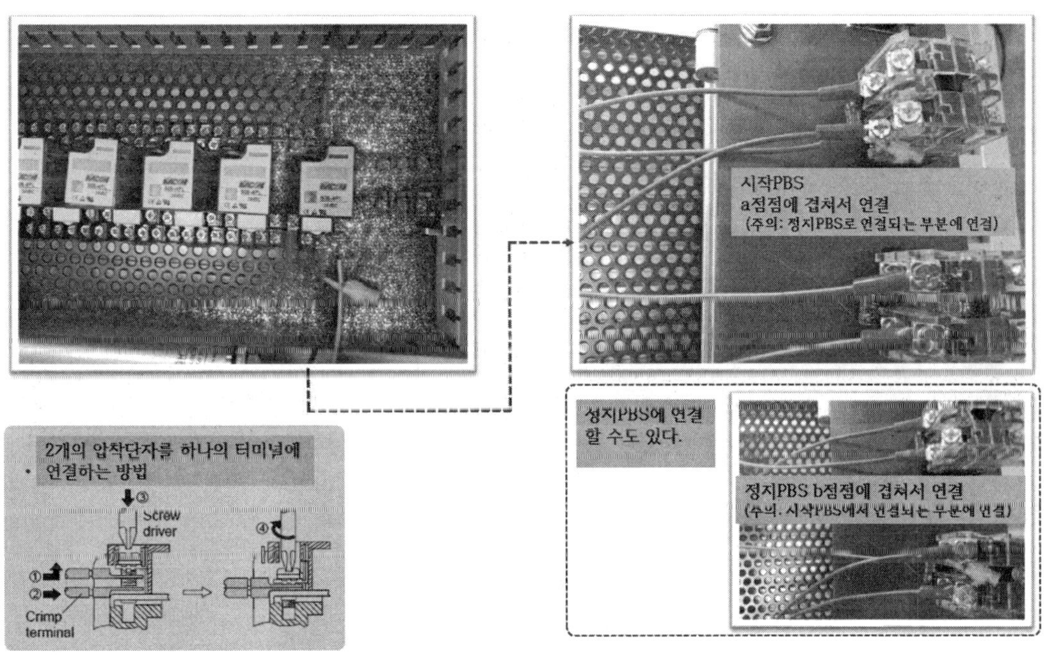

(7) 릴레이 a접점을 통한 자기유지 동작확인용 램프와 (+)24V DC전원의 연결

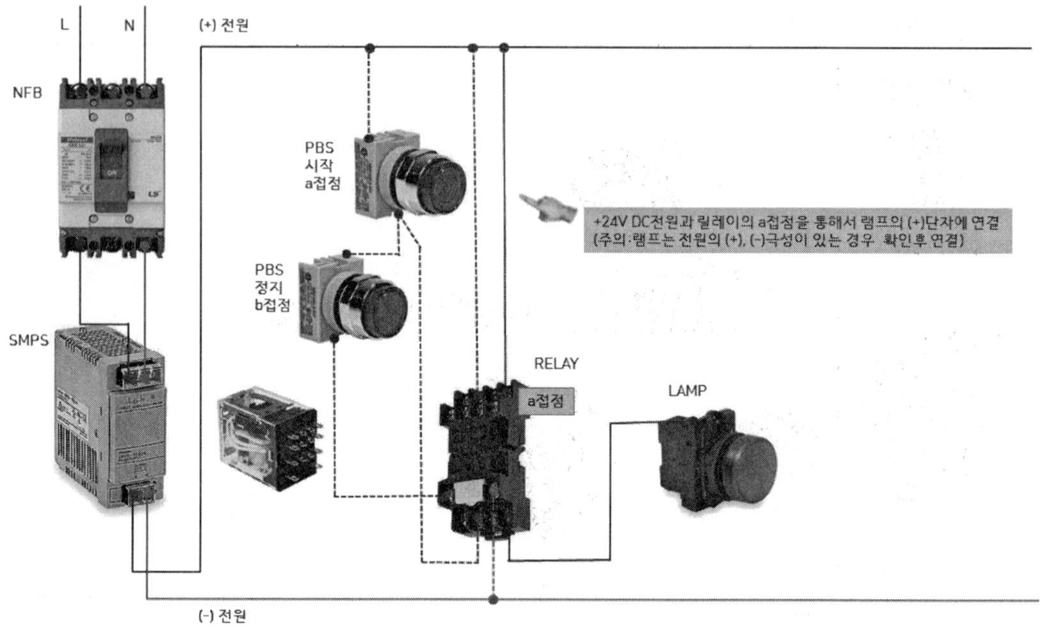

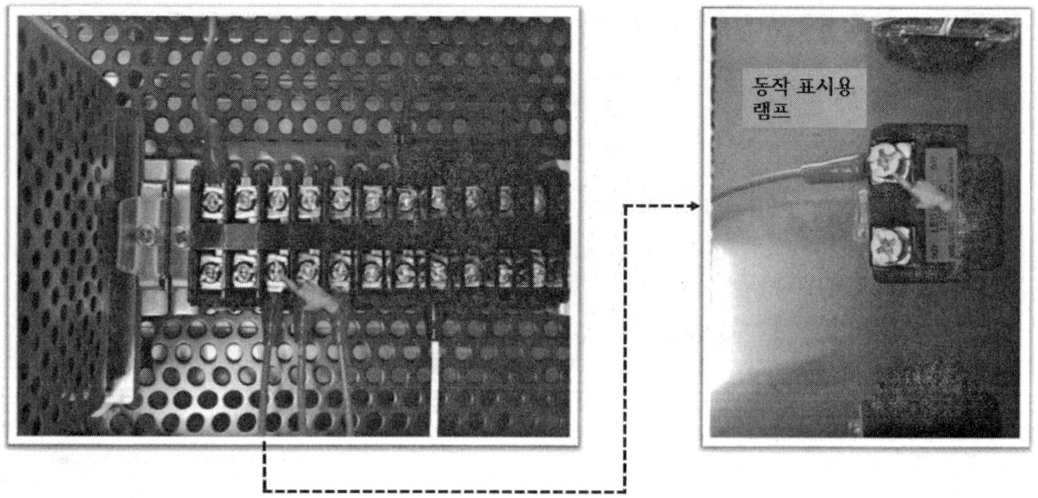

(8) 자기유지 동작확인용 램프와 0V DC전원의 연결

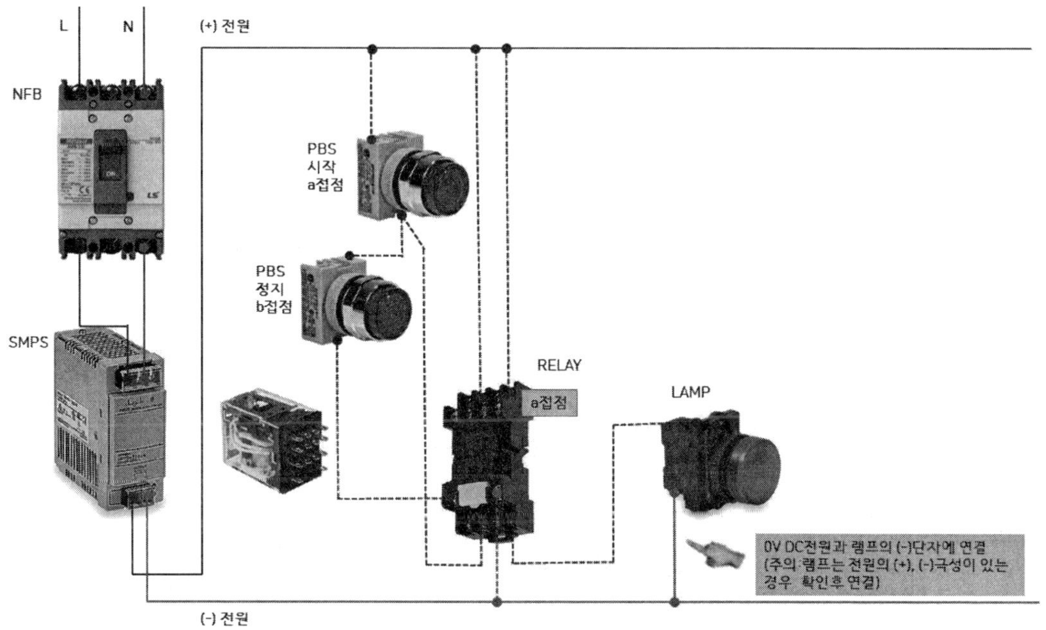

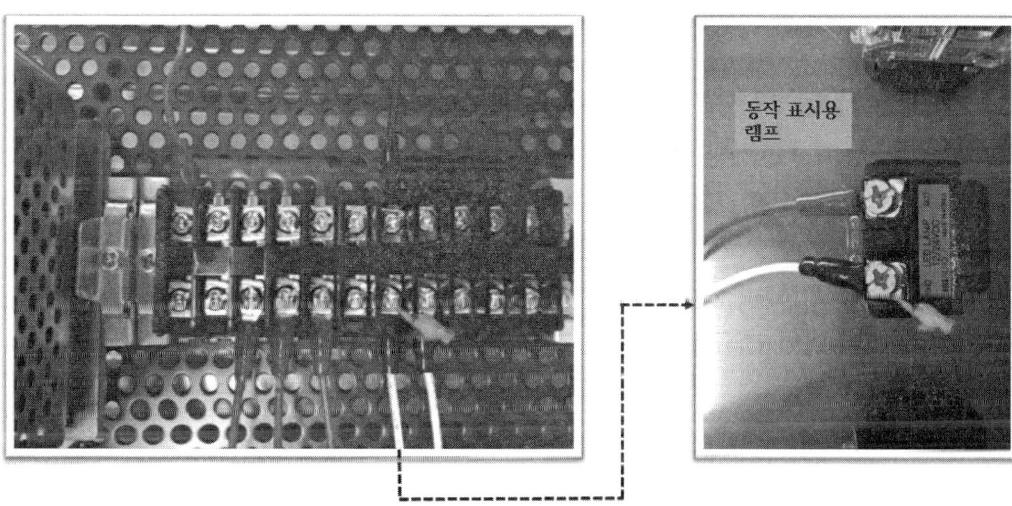

위와 같이 배선이 완료되었으면 DC전원을 연결하고 시작스위치를 눌러 자가유지회로를 동작시키고 이 회로에 의해 램프의 점등상태가 유지되는지 확인해 보고 정지스위치를 눌러 램프를 소등해 보도록 한다.

14-3 릴레이를 사용한 자기유지회로 동작 실습(기동우선 자기유지회로)

실습명	릴레이를 사용한 자기유지회로 동작 실습 (기동우선 자기유지회로)
실습목표	❶ 자기 유지 회로와 자기 유지 접점의 기능을 익혀 응용할 수 있다. ❷ 자기 유지 회로를 응용하여 설비할 수 있다.
준비물	배선용 차단기, LAMP, 누름 버튼 스위치, 기본 공구, 단자대, 전선
주의사항	❶ 결선을 완료한 후, 회로 시험기로 단선이나 단락 등을 검사한다. ❷ 릴레이의 내부 회로도를 확인하고, 접점 번호의 기능을 숙지한다. ❸ 젖은 손으로 플러그를 콘센트에 꽂지 않도록 한다. ❹ 시퀀스도를 충분히 검토하여 동작 원리를 완전히 이해한다.
실습순서	❶ 동작 사항을 숙지하고, 시퀀스도를 보고 결선도와 같이 결선을 한다. ❷ 배선용 차단기를 ON 조작하고, 램프의 상태를 확인한다. ❸ 누름 버튼 스위치를 ON 조작했을 때의 램프의 상태를 확인한다. ❹ 누름 버튼 스위치를 OFF 조작했을 때의 램프의 상태를 확인한다.

시퀀스도

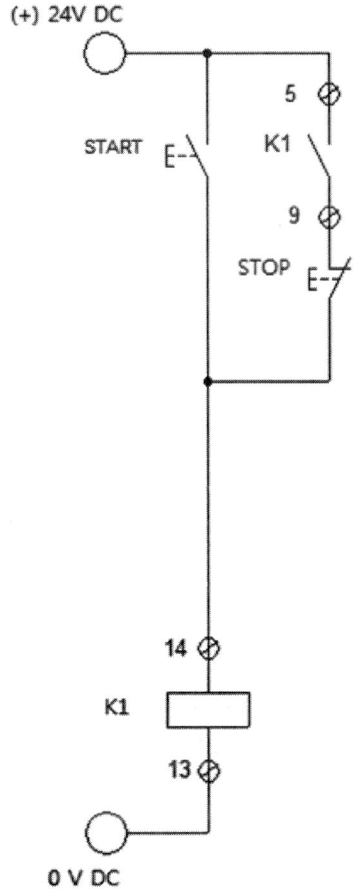

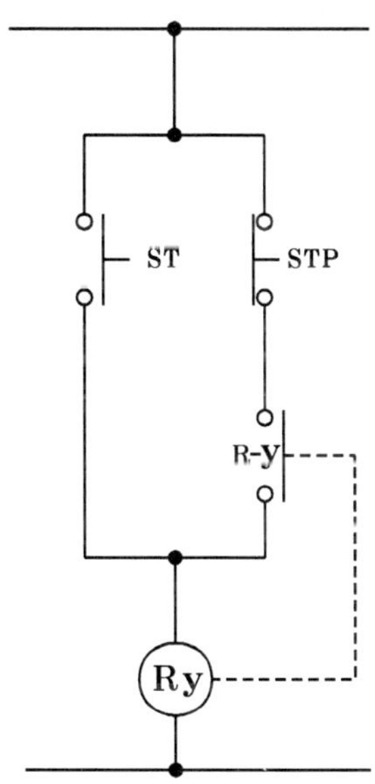

START 푸시버튼을 누르면 릴레이 Ry가 여자되고, 릴레이가 여자되면 릴레이 Ry의 a접점이 붙어 START 푸시버튼과 a접점 쪽으로 전류가 같이 흐르게 된다. 여기서 START 푸시버튼에서 손을 떼어 복귀하여도 a접점 쪽으로 전류는 계속 흘러 자기유지회로를 구성하게 되는 것이다. 자기유지를 풀려면 자기유지 접점과 직렬로 접속된 STOP 푸시버튼 스위치를 눌러 해제시킨다.
이 회로에서 START와 STOP 푸시버튼 스위치 2개를 동시에 누르면 릴레이는 여자 상태가 되어 즉시 동작 상태가 된다.
이러한 회로를 "기동 우선" 자기유지 회로라 한다.

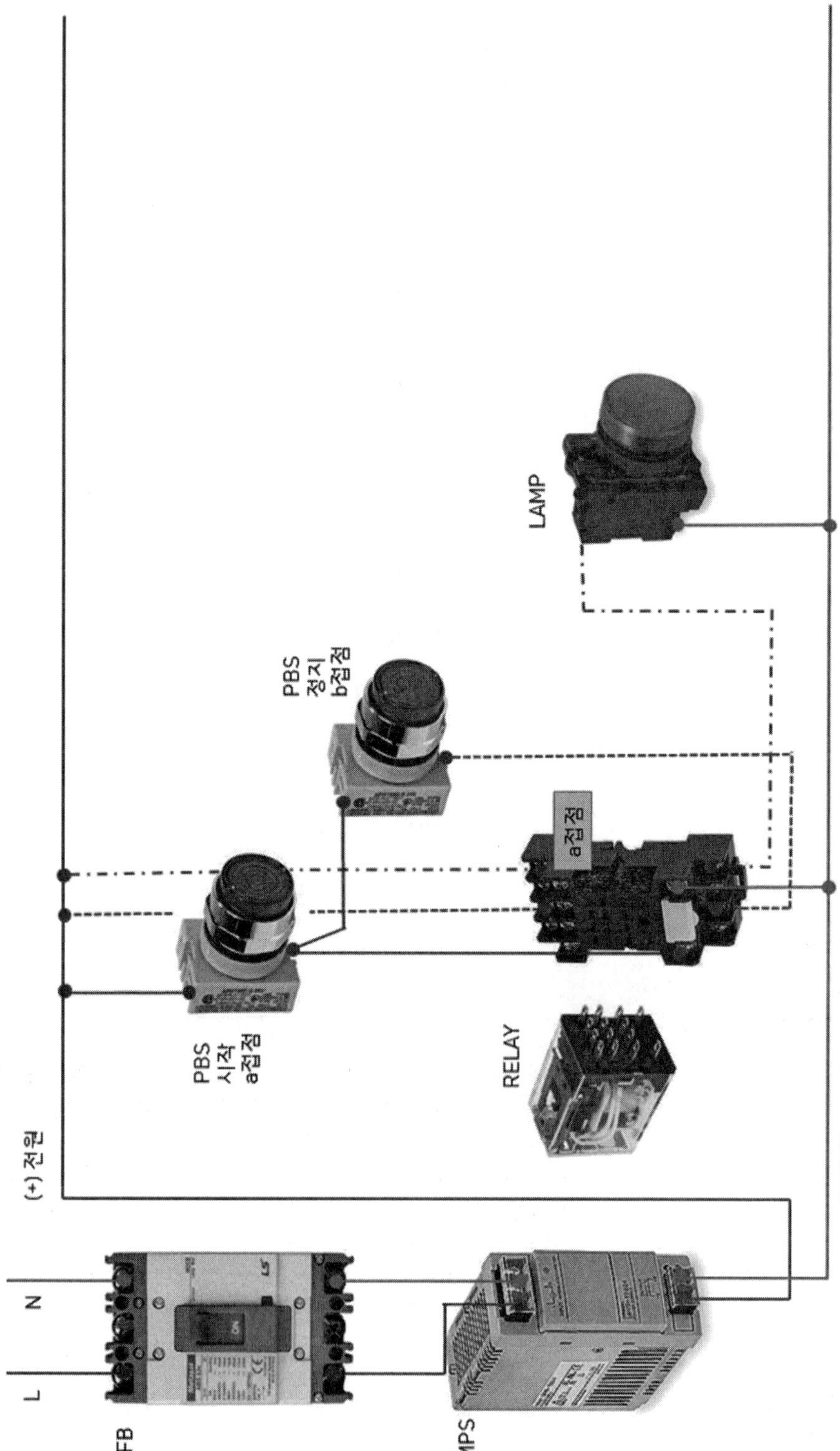
L
N
NFB
SMPS
(+) 전원
(-) 전원
PBS
시작
a접점
PBS
정지
b접점
RELAY
a접점
LAMP

14-4 램프 직접 제어

실습명	램프 직접 제어
실습목표	❶ 스위치 a 접점의 동작 원리를 이해하고 설명할 수 있다. ❷ 스위치 a 접점 누름 버튼 스위치의 기능을 익혀 응용할 수 있다.
준비물	배선용 차단기, LAMP, 누름 버튼 스위치, 기본 공구, 단자대, 전선
주의사항	❶ 결선을 완료한 후, 회로 시험기로 단선이나 단락 등을 검사한다. ❷ 이상이 없으면 지도 교사의 지시를 받는다. ❸ 젖은 손으로 플러그를 콘센트에 꽂지 않도록 한다. ❹ 시퀀스도를 충분히 검토하여 동작 원리를 완전히 이해하여야 한다.
실습순서	❶ 동작 사항을 숙지하고, 시퀀스도를 보고 결선도와 같이 결선을 한다. ❷ 배선용 차단기를 ON 조작하고, 램프 상태를 확인한다. ❸ 누름 버튼 스위치를 ON 조작했을 때의 램프 상태를 확인한다. ❹ 누름 버튼 스위치를 OFF 조작했을 때의 램프 상태를 확인한다.
시퀀스도	

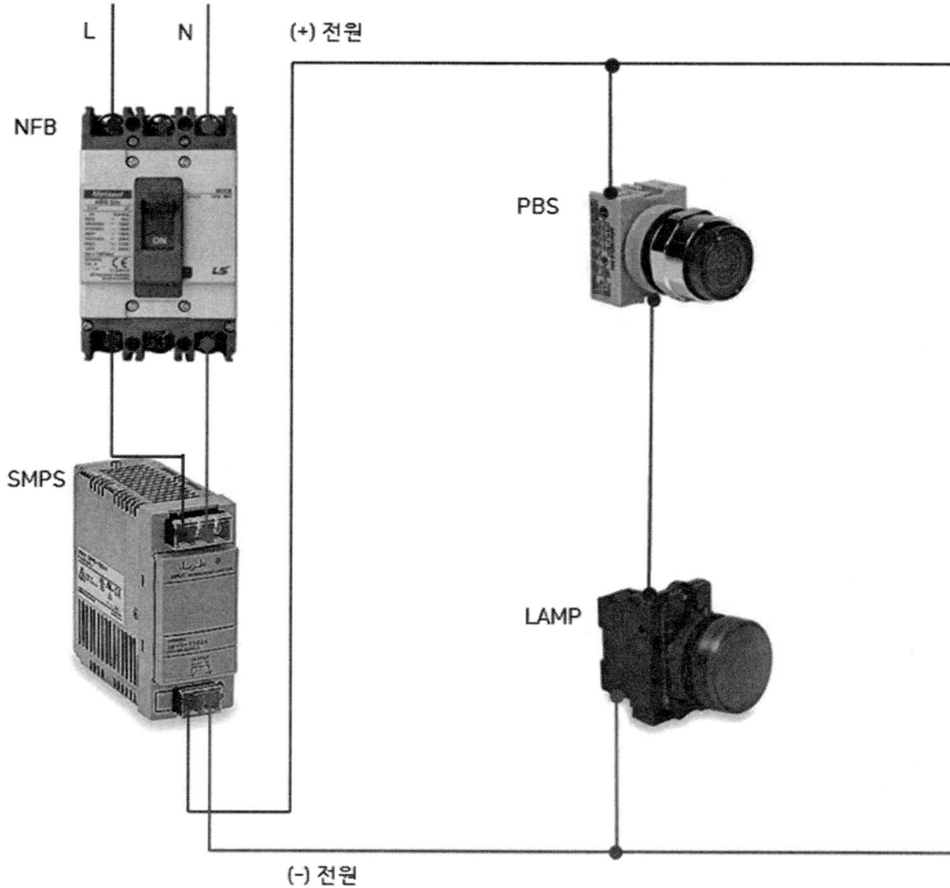

PBS (Push Button Switch)의 연결단자는
N.C(Normally Close)①,②와
N.O(Normally Open)③,④단자가 있다.

Pilot Lamp의 연결단자는
D.C Lamp의 경우
X1(+), X2(-)와 같은 형태로 표기되어 있다.
극성이 있으므로 전원극성에 주의한다.

14-5 릴레이를 사용한 램프 간접 제어

실습명	릴레이를 사용한 램프 간접 제어
실습목표	❶ a 접점의 동작 원리를 이해하고 설명할 수 있다. ❷ a 접점 누름 버튼 스위치의 기능을 익혀 응용할 수 있다. ❸ 릴레이의 동작원리를 이해하고 a접점과 b접점용 단자를 사용하여 부품간 배선을 할 수 있다.
준비물	배선용 차단기, SMPS, Lamp, 릴레이, 누름 버튼 스위치, 기본 공구, 단자대, 전선
주의사항	❶ 결선을 완료한 후, 회로 시험기로 단선이나 단락 등을 검사한다. ❷ 이상이 없으면 지도 교사의 지시를 받는다. ❸ 젖은 손으로 플러그를 콘센트에 꽂지 않도록 한다. ❹ 시퀀스도를 충분히 검토하여 동작 원리를 완전히 이해하여야 한다.
실습순서	❶ 동작 사항을 숙지하고, 시퀀스도를 보고 결선도와 같이 결선을 한다. ❷ 배선용 차단기를 ON 조작하고, 램프 상태를 확인하여 확인한다. ❸ 누름 버튼 스위치를 ON 조작했을 때의 램프 상태를 확인한다. ❹ 누름 버튼 스위치를 OFF 조작했을 때의 램프 상태를 확인한다.
시퀀스도	

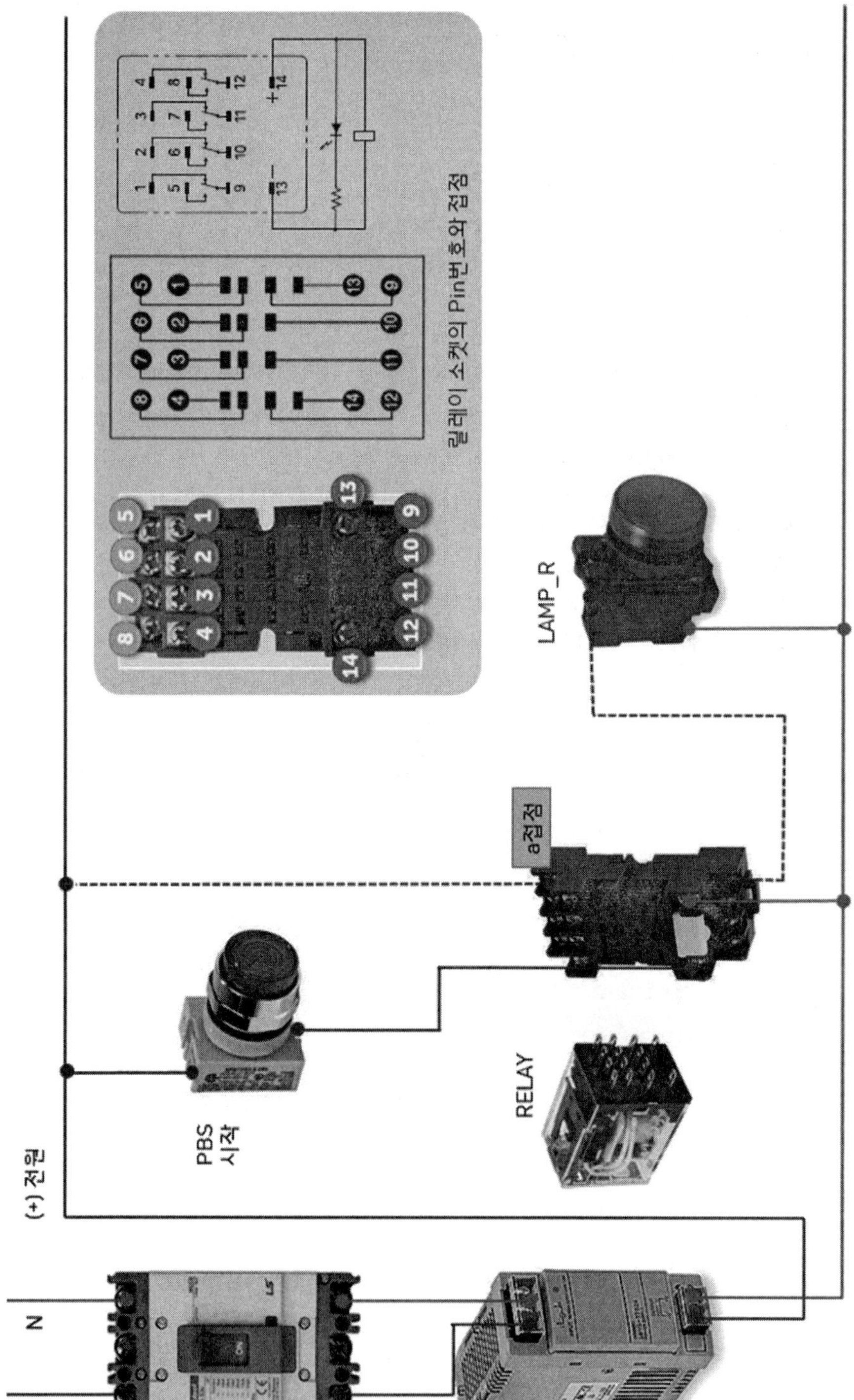
릴레이 소켓의 Pin번호와 접점
(+) 전원
(-) 전원
PBS
시작
RELAY
a접점
LAMP_R
L
N
NFB
SMPS

14-6 램프 표시회로

실습명	램프 표시회로
실습목표	❶ 램프의 동작 원리를 이해하고 설명할 수 있다. ❷ 램프의 색상별 의미를 이해하고 회로구성을 할 수 있다. ❸ 스위치의 a접점과 b접점용 단자를 사용하여 부품간 배선을 할 수 있다. ❹ 시퀀스 제어회로에 있어서 시퀀스가 현재 어느 상태(동작상태)에 있는지를 램프로 표시해 주는 회로를 구성한다.
준비물	배선용 차단기, SMPS, Lamp, 릴레이, 누름 버튼 스위치, 기본 공구, 단자대, 전선
주의사항	❶ 결선을 완료한 후, 회로 시험기로 단선이나 단락 등을 검사한다. ❷ 이상이 없으면 지도 교사의 지시를 받는다. ❸ 젖은 손으로 플러그를 콘센트에 꽂지 않도록 한다. ❹ 시퀀스도를 충분히 검토하여 동작 원리를 완전히 이해하여야 한다.
실습순서	❶ 동작 사항을 숙지하고, 시퀀스도를 보고 결선도와 같이 결선을 한다. ❷ 배선용 차단기를 ON 조작하고, 램프 상태를 확인하여 확인한다. ❸ 누름 버튼 스위치를 ON 조작했을 때의 램프 상태를 확인한다. ❹ 누름 버튼 스위치를 OFF 조작했을 때의 램프 상태를 확인한다.
시퀀스도	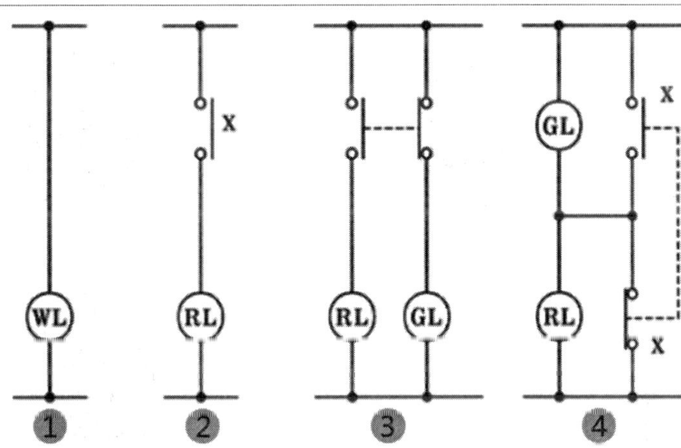

① 주 전원에서 2선을 인출하여 램프를 점등시킴으로써 전원이 확립되어 있는지 여부를 확인하는 목적으로 사용한다.
② 주기(Main Machine)가 운전 중에 있다는 것을 나타내며
③, ④ 주기의 운전/정지 상태를 표시하는 것이다. 램프의 색상별 의미는 다음과 같다.
WL : 백색 표시등(전원, 주의, 고장 표시등),
RL : 적색 표시등 (운전, 주의, 고장 표시등),
GL : 녹색 표시등(정지, 안전, 복귀 표시등)이며 이밖에
OL : 오렌지색 표시등(주의, 경보 표시등),
BL : 청색 표시등(정지 표시등)등이 있다.
이들 색은 표시등의 커버(유리창)의 색으로 구분이 된다.

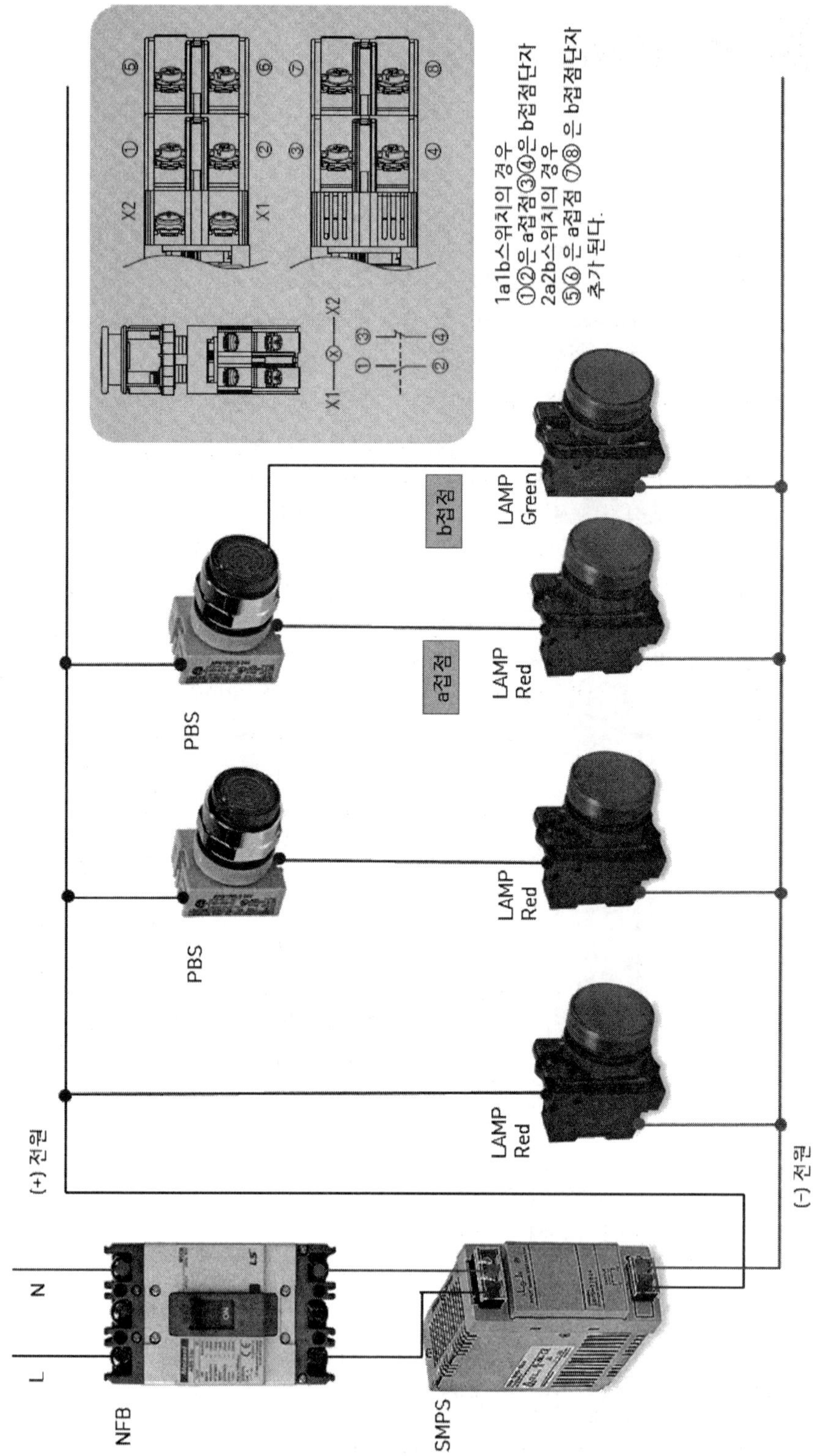

NFB
SMPS
L
N
(+) 전원
(-) 전원
LAMP Red
PBS
LAMP Red
PBS
a접점
LAMP Red
b접점
LAMP Green
X1 X2
1a1b스위치의 경우
①②은 a접점③④은 b접점단자
2a2b스위치의 경우
⑤⑥ 은 a접점 ⑦⑧ 은 b접점단자
추가 된다.

14-7 고장 표시회로

<table>
<tr><td>실습명</td><td>고장 표시회로</td></tr>
<tr><td>실습목표</td><td>❶ 자동제어 기구번호를 이해하고 설명할 수 있다.
❷ 고장표시기의 기능과 출력접점을 고장표시회로에 응용할 수 있다.</td></tr>
<tr><td>준비물</td><td>배선용 차단기, SMPS, Lamp, 릴레이, 누름 버튼 스위치, 기본 공구, 단자대, 전선</td></tr>
<tr><td>주의사항</td><td>❶ 결선을 완료한 후, 회로 시험기로 단선이나 단락 등을 검사한다.
❷ 이상이 없으면 지도 교사의 지시를 받는다.
❸ 젖은 손으로 플러그를 콘센트에 꽂지 않도록 한다.
❹ 시퀀스도를 충분히 검토하여 동작 원리를 완전히 이해하여야 한다.</td></tr>
<tr><td>실습순서</td><td>❶ 동작 사항을 숙지하고, 시퀀스도를 보고 결선도와 같이 결선을 한다.
❷ 배선용 차단기를 ON 조작하고, 램프 상태를 확인하여 확인한다.
❸ 누름 버튼 스위치를 ON 조작했을 때의 램프 상태를 확인한다.
❹ 누름 버튼 스위치를 OFF 조작했을 때의 램프 상태를 확인한다.</td></tr>
<tr><td>시퀀스도</td><td>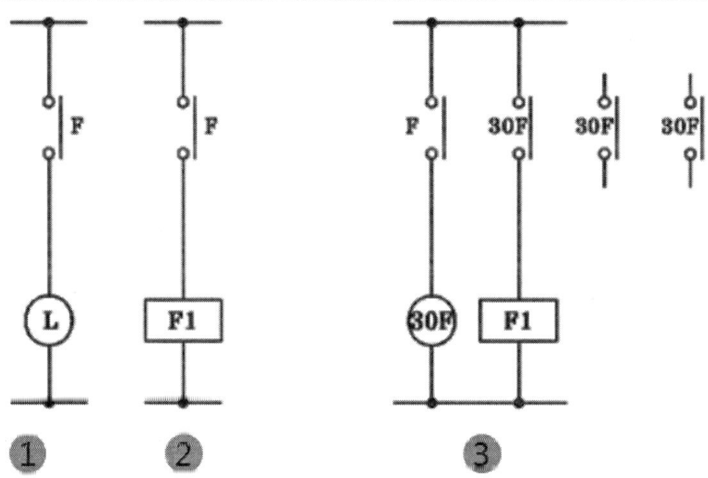</td></tr>
<tr><td colspan="2">시퀀스 제어회로를 운전 중 어떤 원인으로 일부에 고장이 발생한 경우 고장개소를 보호 계전기 등으로 검출하여, 후에 설명하는 경보를 알리는 동시에 고장의 제 1차적 요인이 된 요소를 접점 F로 ① 램프에 직렬로 접속한 것이다. ② 고장 표시기를 사용한 고장표시 회로이고, ③는 고장을 표시하는 동시에 외부에도 고장이 발생했다는 것을 접점신호로서 알려주는 회로이다.
고장표시 회로로서 30F가 있는데, 이 30F는 자동제어 기구번호의 기본 번호중 기기의 동작 상태 또는 고장상태를 의미하며 F는 보조 부호로서 고장표시기라 한다.</td></tr>
</table>

14-8 표시등 점검회로

<table>
<tr><td>실습명</td><td>표시등 점검회로</td></tr>
<tr><td>실습목표</td><td>❶ a 접점의 동작 원리를 이해하고 설명할 수 있다.
❷ a 접점 누름 버튼 스위치의 기능을 익혀 응용할 수 있다.
❸ 릴레이의 동작원리를 이해하고 a접점과 b접점용 단자를 사용하여 부품간 배선을 할 수 있다.</td></tr>
<tr><td>준비물</td><td>배선용 차단기, SMPS, Lamp, 릴레이, 누름 버튼 스위치, 기본 공구, 단자대, 전선</td></tr>
<tr><td>주의사항</td><td>❶ 결선을 완료한 후, 회로 시험기로 단선이나 단락 등을 검사한다.
❷ 이상이 없으면 지도 교사의 지시를 받는다.
❸ 젖은 손으로 플러그를 콘센트에 꽂지 않도록 한다.
❹ 시퀀스도를 충분히 검토하여 동작 원리를 완전히 이해하여야 한다.</td></tr>
<tr><td>실습순서</td><td>❶ 동작 사항을 숙지하고, 시퀀스도를 보고 결선도와 같이 결선을 한다.
❷ 배선용 차단기를 ON 조작하고, 램프 상태를 확인하여 확인한다.
❸ 누름 버튼 스위치를 ON 조작했을 때의 램프 상태를 확인한다.
❹ 누름 버튼 스위치를 OFF 조작했을 때의 램프 상태를 확인한다.</td></tr>
<tr><td>시퀀스도</td><td>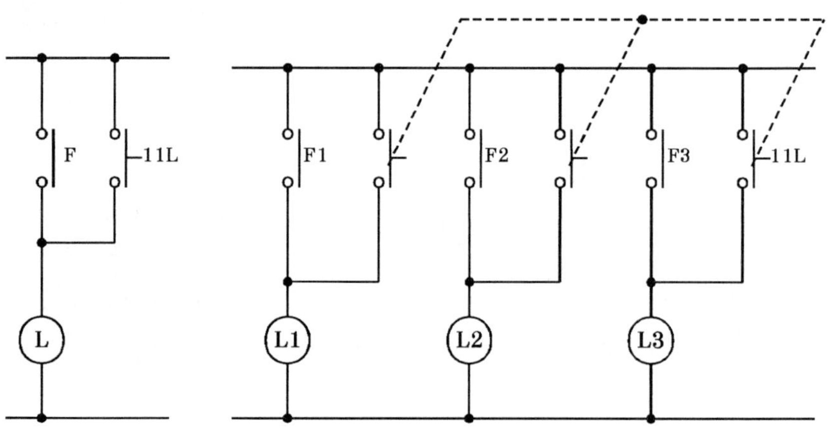</td></tr>
<tr><td colspan="2">그림은 표시등 점검 회로의 예를 나타냈다
그림에서 11L이란, 11은 자동제어 기구번호로서 시험개폐기를 의미하며 L은 Lamp, Low를 의미한다. 그러므로 11L은 램프 시험용 개폐기를 의미한다. 오른쪽 그림 고장표시 램프에 병렬로 램프 시험용 개폐기를 달아 램프의 단선유무를 점검하는 것이다.</td></tr>
</table>

14-9 경보회로

<table>
<tr><td>실습명</td><td>경보회로</td></tr>
<tr><td>실습목표</td><td>❶ a 접점의 동작 원리를 이해하고 설명할 수 있다.
❷ a 접점 누름 버튼 스위치의 기능을 익혀 응용할 수 있다.
❸ 릴레이의 동작원리를 이해하고 a접점과 b접점용 단자를 사용하여 부품간 배선을 할 수 있다.</td></tr>
<tr><td>준비물</td><td>배선용 차단기, SMPS, Lamp, 릴레이, 누름 버튼 스위치, 기본 공구, 단자대, 전선</td></tr>
<tr><td>주의사항</td><td>❶ 결선을 완료한 후, 회로 시험기로 단선이나 단락 등을 검사한다.
❷ 이상이 없으면 지도 교사의 지시를 받는다.
❸ 젖은 손으로 플러그를 콘센트에 꽂지 않도록 한다.
❹ 시퀀스도를 충분히 검토하여 동작 원리를 완전히 이해하여야 한다.</td></tr>
<tr><td>실습순서</td><td>❶ 동작 사항을 숙지하고, 시퀀스도를 보고 결선도와 같이 결선을 한다.
❷ 배선용 차단기를 ON 조작하고, 램프 상태를 확인하여 확인한다.
❸ 누름 버튼 스위치를 ON 조작했을 때의 램프 상태를 확인한다.
❹ 누름 버튼 스위치를 OFF 조작했을 때의 램프 상태를 확인한다.</td></tr>
<tr><td>시퀀스도</td><td>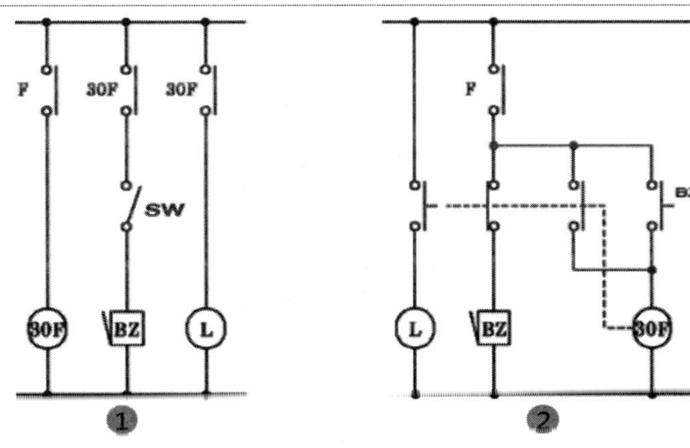
</td></tr>
<tr><td colspan="2">피 제어 기기를 운전 중, 주기 및 회로에 이상이 생겨서, 그것이 어느 시간 계속되면 고장이 되고 만다. 고장이 발생했을 때는 고장 표시등을 점등 시키든가 고장 표시기를 동작시키고 고장의 발생을 소리에 의해서 운전자에게 알릴 필요가 있게 된다. 이러한 회로를 경보회로라고 한다.
보통 경보회로는 부저(buzzer)경보와 벨(bell)경보가 있는데, 부저경보는 비교적 작은 고장, 벨 경보는 큰 고장에 적용된다. 그림에 경보회로의 예를 보였다.
그림 ①은 평시에 TS(toggle switch)를 닫아두고 운전하다 고장이 발생하면 고장 발생신호 F가 들어와 고장 표시기 30F(릴레이)를 여자 시키고 30F의 a접점들이 닫혀 부저를 울리고 램프를 점등하게 된다. 운전자는 경보를 듣고 현장에 가 수리를 하게 된다. 여기서 TS는 부저소리가 계속 울리지 않도록 차단 시켜주고 수리가 끝난 다음 다시 닫아둔다. 그림 ②는 고장이 발생하면 고장 발생신호 F가 들어오고 부저만의 경보를 발하게 된다. 운전자가 Pb스위치를 눌러 부저를 멈추고 대신 고장표시 램프를 점등시켜주는 회로이다. 여기서 Pb는 일명 부저스톱 스위치라 한다.</td></tr>
</table>

▌타임 릴레이 (Time relay)

타이머란 전기적 또는 기계적으로 입력을 주면 설정한 시간이 경과한 후에 회로를 전기적으로 ON, OFF하게 하는 접점을 가진 릴레이이다. 타이머는 그 동작원리에 따라 모터식 타이머, 전자식 타이머, 제동식 타이머로 분류할 수 있다.

타이머 종류	동작 원리
모터식 타이머	전기 신호로 모터를 구동하고 그 기계적 움직임을 이용하여 정해진 지연 시간을 기다려 접점을 개폐하는 타이머
아날로그 타이머	간단한 다이얼 설정으로 손쉽게 시간을 제어할 수 있는 타이머
디지털 타이머	디지털로 동작을 컨트롤하는 것으로 높은 정밀도의 동작 시간 설정이 가능한 타이머이다. 디지털 스위치로 시간 설정도 쉽게 할 수 있고 경과 시간도 디지털로 표시할 수 있다.
제동식 타이머	공기나 기름과 같은 액체에 의한 제동을 이용하여 정해진 지연 시간을 기다려 전자 코일로 접점을 개폐하는 타이머

① 아날로그 타이머(Analog timer) : 설정값을 아날로그양으로 설정하는 타이머.

② 디지털 타이머(Digital timer) : 설정값을 디지털값으로 설정하는 타이머.

③ 시간 고정 타이머(Fixed time timer) : 설정값이 고정된 타이머.

타이머의 구동부는 일반 전자코일의 기호와 동등하며 출력접점은 일반 접점 중앙부에 삼각형 꼭지를 붙여서 구별한다.

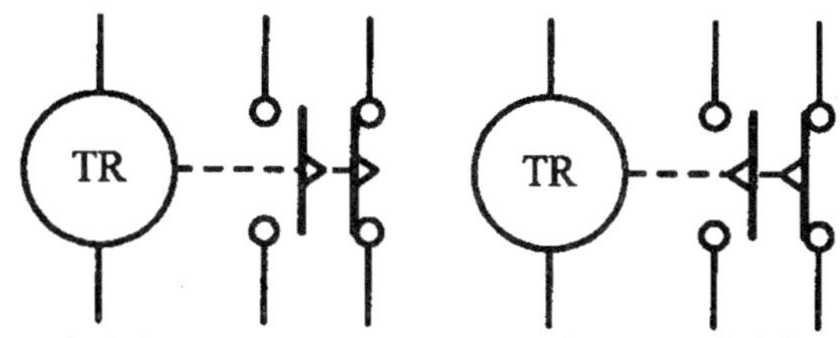

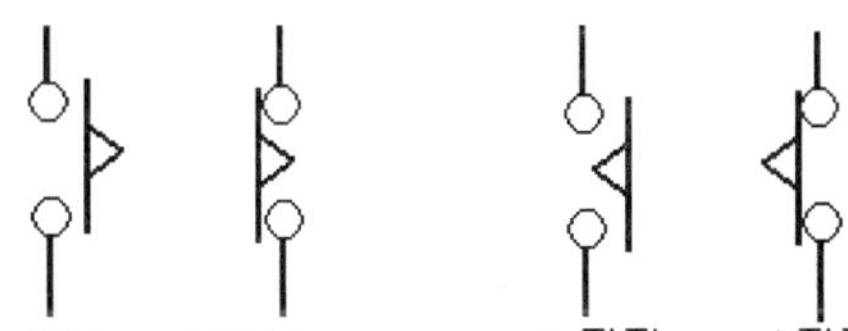

타이머(Timer)라고 하는 릴레이로서 타임 스위치와는 구분된다. 이 릴레이는 입력신호에 대하여 일정 시간이 지나면 회로를 열어 주거나 닫아 주는 한시성 소자를 가지고 있다. 타임 릴레이는 동작 방법에 따라 한시동작 순시복귀형과 순시동작 한시복귀형으로 구분하여 부르고 있다.

① **한시동작 순시복귀형(On delay time relay)** : 동작 지연 타이머라고도 하며, 입력신호가 주어진 후 일정 시간이 지나면 접점이 동작하고, 입력신호가 끊어지면 즉시 접점이 원래 상태로 복귀하는 타이머이다.

② **순시동작 한시복귀형(Off delay time relay)** : 복귀 지연 타이머라고도 하며, 입력신호가 주어지면 즉시 접점이 동작하고, 입력신호가 끊어지면 일정 시간이 지난 후에 접점이 원래 상태로 복귀하는 타이머이다.

③ **타임 릴레이의 접점 동작에 따른 용어**

㉠ 순시 동작 : 입력 신호가 주어지면 즉시 접점이 작동하는 동작을 말한다.

㉡ 한시 동작 : 입력 신호가 주어진 후 일정 시간이 지나야 접점이 작동하는 동작을 말한다.

㉢ 순시 복귀 : 입력 신호가 끊어지면 즉시 접점이 원래 상태로 돌아가는 것을 말한다.

㉣ 한시 복귀 : 입력 신호가 끊어진 후 일정 시간이 지나야 접점이 원래 상태로 돌아가는 것을 말한다.

온 딜레이 동작(한시 동작)

전원 온 딜레이의 예

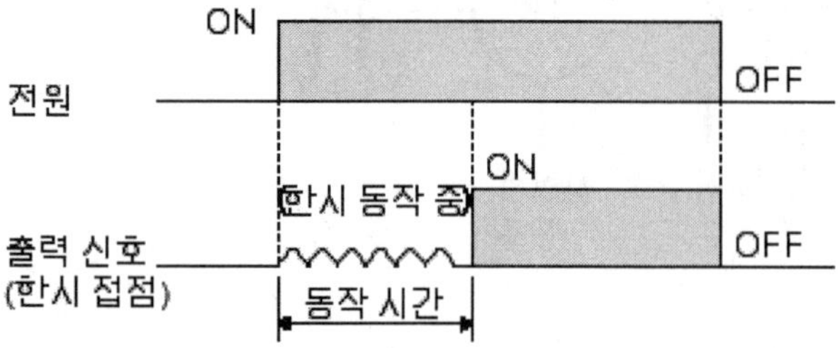

전원 회로 또는 입력 회로에 소정의 입력을 가한 시점부터 설정 시간 경과 후 출력을 하는 동작입니다. 온 딜레이에는 전원 온 딜레이와 신호 온 딜레이가 있다.

오프 딜레이 동작(한시 복귀)

전원 온 딜레이의 예

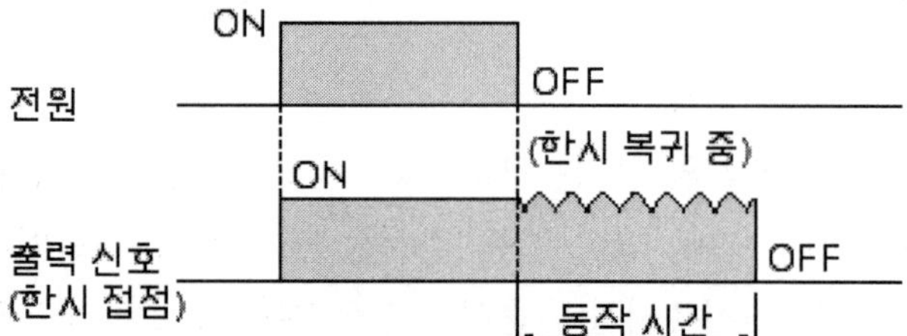

전원 회로 또는 입력 회로에 소정의 입력을 가함과 동시에 출력 신호를 보내고, 소정의 입력을 OFF한 시점부터 설정 시간 경과 후 출력을 OFF하는 동작입니다. 오프 딜레이에는 전원 오프 딜레이와 신호 오프 딜레이가 있다.

플리커 동작

OFF 스타트 플리커의 예 t<t1

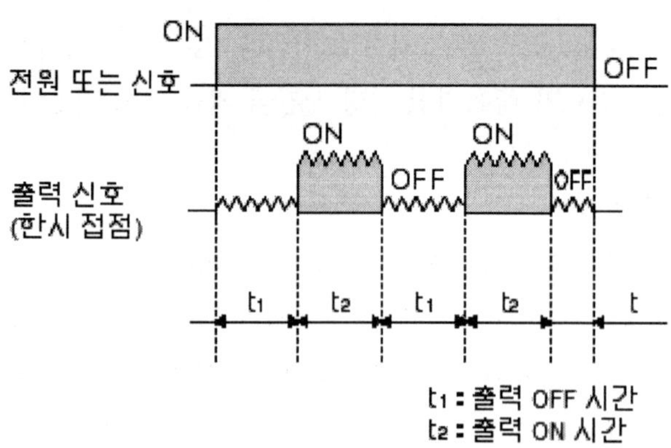

전원 회로 또는 입력 회로에 소정의 입력을 가하는 동안, 설정된 ON 시간, OFF 시간에 따라 출력 ON/OFF를 반복하는 동작입니다. 플리커에는 OFF 스타트 플리커와 ON 스타트 플리커가 있다.

타이머 각부의 명칭

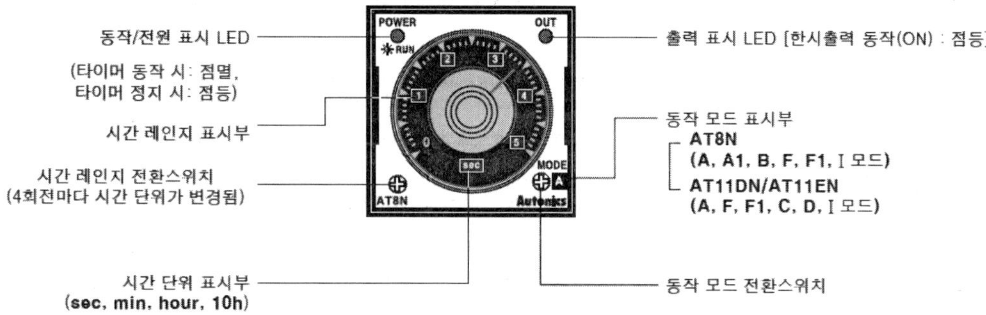

동작 모드 전환 스위치

표시	출력동작모드
A	Power On Delay
A1	Power On Delay1
B	Power On Delay2
F	Flicker (Off Start)
F1	Flicker1 (On Start)
I	Interval

시간레인지 설정

시간레인지	시간 단위	설정시간 범위
0.5	sec	0.05~0.5 sec
1.0		0.1~1.0 sec
5		0.5~5 sec
10		1~10 sec
0.5	min	0.05~0.5 min
1.0		0.1~1.0 min
5		0.5~5 min
10		1~10 min
0.5	hour	0.05~0.5 hour
1.0		0.1~1.0 hour
5		0.5~5 hour
10		1~10 hour
0.5	10h	0.05~0.5 10h
1.0		0.1~1.0 10h
5		0.5~5 10h
10		1~10 10h

모드	시간 도표
A **Signal ON Delay**	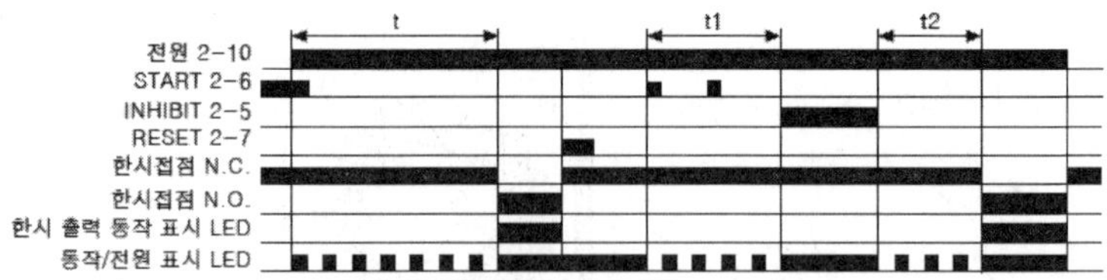
F **Flicker (OFF Start)**	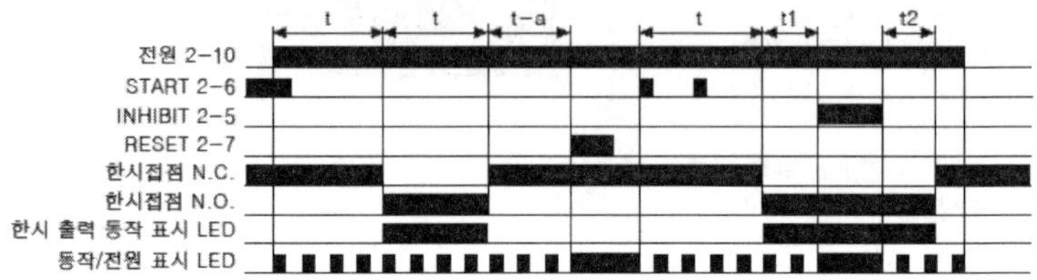

동작모드 중 [A]모드와 [F]모드에 대한 동작 타임차트이다.

◎**AT8N**

●**[A]**, **[F]** mode

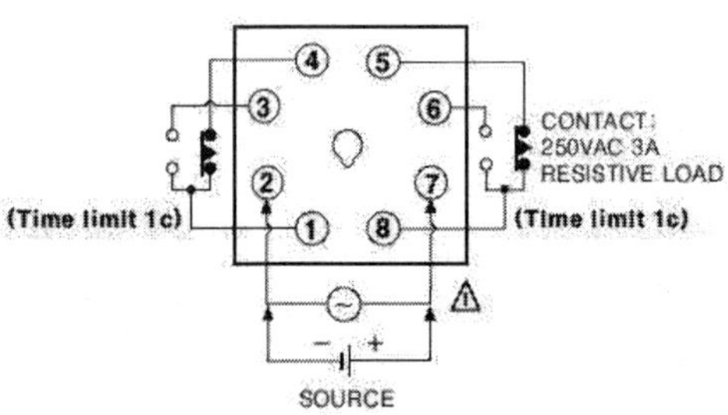

●**[A1]**, **[B]**, **[F1]**, **[I]** mode

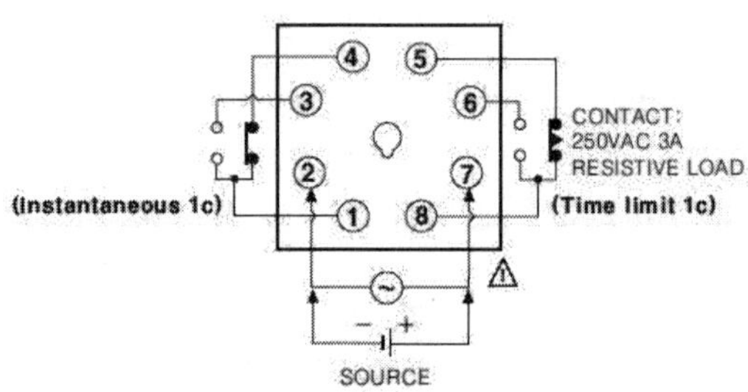

- Source : 타이머의 동작전원을 연결한다. 직류와 교류전원을 모두 연결할 수 있다.
- 연결단자번호는 ②과 ⑦을 사용한다. 직류전원을 연결할 경우 ②번 단자에 (-)전원 ⑦단자에는 (+)전원을 연결한다.
- 타이머의 동작모드 설정에 따라서 출력되는 접점이 달라진다.
- [A], [F]모드로 설정이 된 경우 한시접점(On delay time) 으로 동작된다. ①단자는 COM이며 a접점은 ③단자와 b접점은 ③단자와 연결하면 된다. 이와 동일한 구조로 하나가 더 제공된다.
- ⑧단자는 COM이며 a접점은 ⑥단자와 b접점은 ⑤단자를 사용하면 된다.
- [A1], [B], [F1], [I]모드로 설정이 된 경우 한시접점(On delay time)과 순시접점(Off delay time) 각각 1개씩의 c접점으로 동작된다.
- 순시접점(Off delay time)은 ①단자는 COM이며 a접점은 ③단자와 b접점은 ③단자와 연결하면 된다.
- 한시접점(On delay time)은 ⑧단자는 COM이며 a접점은 ⑥단자와 b접점은 ⑤단자를 사용하면 된다.

▌디지털 타이머 (LE4S)

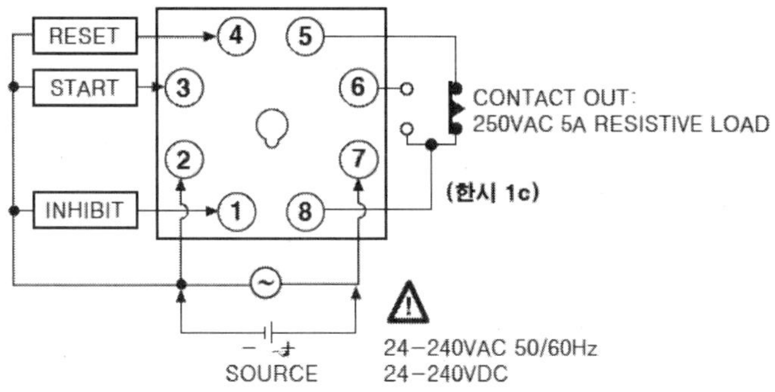

타이머 전원 ② (+), ⑦ (−)

- 타이머 각부의 명칭과 기능

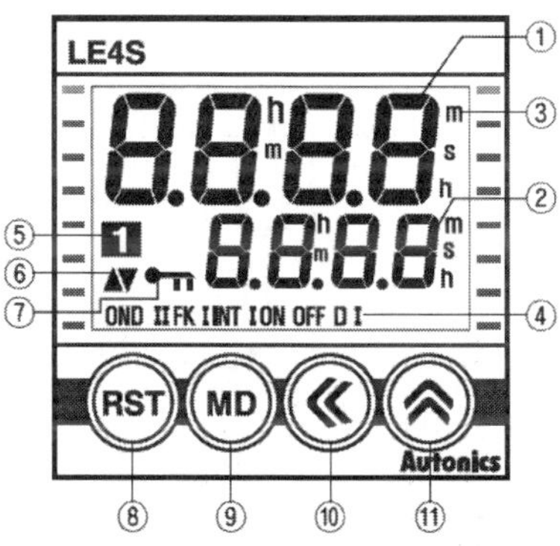

① 시간진행 표시부 : 현재 진행되는 시간을 표시
② 시간설정 표시부 : 설정시간을 표시
③ 시간단위 : 선택한 시간 단위를 표시
④ 동작모드 : 현재 동작하는 모드를 표시
⑤ 출력표시 : 현재 출력 접점의 상태를 표시
⑥ UP/DOWN : 시간진행의 UP/DOWN을 표시
⑦ 키 잠금 표시 : 키 잠금(Lock)상태를 표시
⑧ RST키 : 진행시간 초기화 및 출력복귀에 사용
⑨ MD키 : 기능설정 모드진입 및 설정시간 변경확정에 사용
⑩ ≪키 : 설정시간 변경 진입 및 자리수 이동시에 사용
⑪ ⋀키 : 설정값은 변경할 때 사용

• 기능설정 모드의 흐름

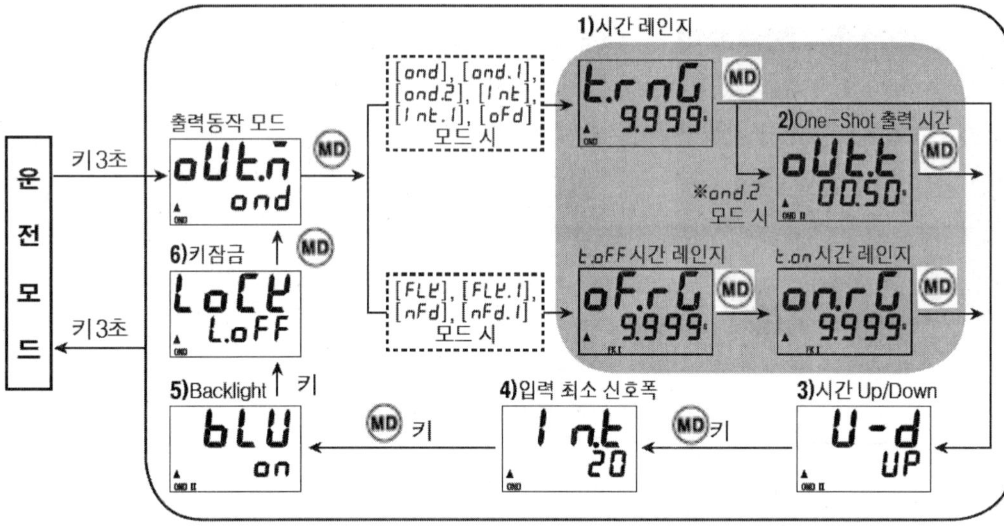

• 시간 Range설정 방법

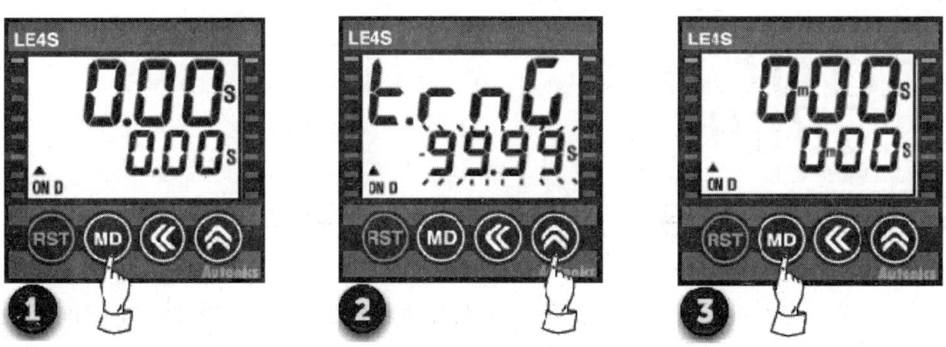

① RUN 모드에서 (MD)키를 3초이상 눌러 시간 범위 설정 모드로 진입한다.

② "99.99s" 가 표시되고 (공장설정) (▲)키 또는 (◀)키를 눌러 99m59s로 설정한다.

③ (MD)키를 눌러 시간설정 선택을 완료하면 RUN모드로 복귀한다.

• 시간 범위 설정 흐름

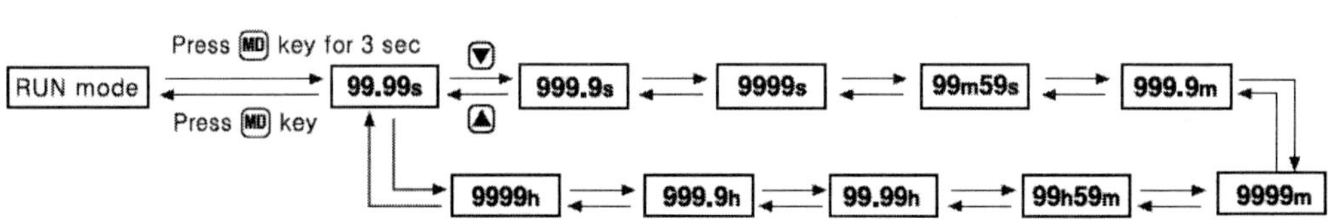

- 시간 설정 방법
  (OND, OND I, OND II, INT, INT I, OFF D 출력 동작 모드 선택 시)

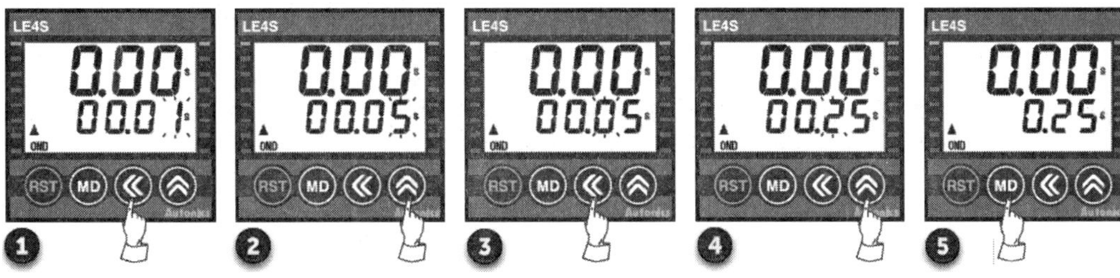

운전 모드에서 ≪키를 누르면 시간 설정 표시부의 마지막 숫자가 점멸한다. (그림 ①)
이때 ⋀키 또는 ≪키를 사용하여 설정시간을 변경한다. (그림 ②, ③, ④)

- ≪키 : 설정자리 위치 이동
- ⋀키 : 점멸 위치 값 변경, ⋀키를 누르면 누른 횟수만큼 증가하며, 1초 이상 계속 누르고 있으면 연속으로 증가한다.

설정을 마친 후 MD키를 누르면 설정이 완료되고 운전 모드로 복귀한다. (그림 ⑤)

- FK, FK I 출력동작 모드 선택시

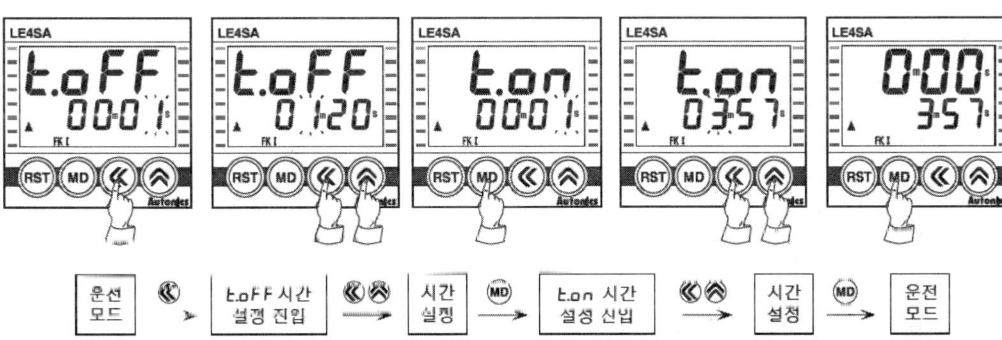

• ON OFF D, ON OFF D I 출력동작 모드 선택시

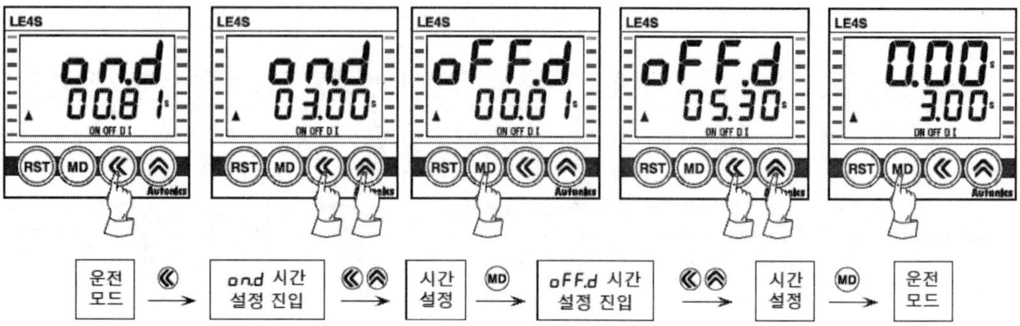

• 시간 설정시 주의사항

- 시간이 진행 중에도 설정시간의 변경이 가능하나 변경 작업 중에도 시간은 계속 진행되므로 변경시 주의한다.
- 설정값을 최소 설정시간 미만으로 설정 후 키를 누르면 "설정값"이 3번 점멸 후 운전모드로 복귀되지 않고 설정모드로 다시 진입한다.
- 설정모드로 진입 후 60초 이상 (MD)키 입력이 없을 시 운전모드로 복귀한다.
- 최소 설정시간 : 0.01sec (예외 : OND, OND I, OND II 모드는 최소 설정시간이 없이 "0" 설정이 가능하다.)

• 출력동작 모드

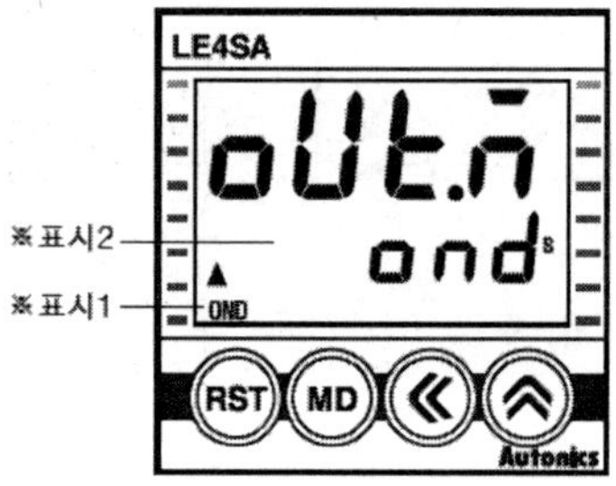

NO	※표시 1	※표시 2	동작 모드	LE4S	LE4SA
1	**OND**	ond	ON Delay	○	○
2	**OND I**	ond.1	ON Delay 1	○	–
3	**OND II**	ond2	ON Delay 2	○	○
4	**FK**	FLK	Flicker	○	○
5	**FK I**	FLK.1	Flicker 1	○	○
6	**INT**	Int	Interval	○	○
7	**INT I**	Int.1	Interval 1	○	–
8	**ON OFF D**	nFd	ON–OFF Delay	○	–
9	**ON OFF D I**	nFd.1	ON–OFF Delay 1	○	–
10	**OFF D**	oFd	OFF Delay	○	–
11	**人-Δ**	S-d	Star–Delta	–	○
12	**T**	twn	Twin	–	○
13	**T I**	twn.1	Twin 1	–	○

• 출력동작 모드 설정

기능설정 모드에서 출력동작 모드로 진입하면 그림과 같이 표시된다.

① ⊗키 또는 ⊗ 이용하여 원하는 출력모드로 이동한다.

② MD키를 누르면 출력동작모드가 설정되고 다음 모드로 이동한다.

③ 기능설정모드 어디에서든 MD키를 3초가 누르면 운전모드로 복귀한다.

• 출력동작 모드 흐름도

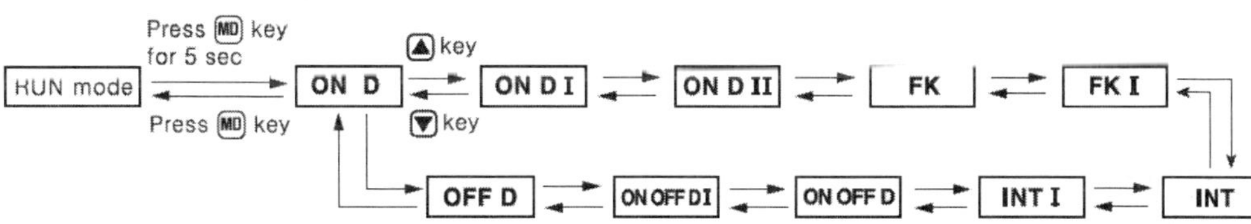

• One Shot 출력시간 설정

출력동작 모드 ON Delay 2[ond.2] 설정시에만 활성화된다.

① 기능설정 모드에서 One Shot 출력시간 설정모드로 진입하면 그림과 같이 표시되면 마지막 자릿수가 점멸한다.

② ⊗키 또는 ⊗ 이용하여 One Shot 출력시간을 설정한다. (설정시간 범위 : 0.01s~99.99s)

③ MD키를 누르면 One Shot 출력시간 설정이 완료되고 다음 모드로 이동된다.

④ 기능설정모드 어디에서든 MD키를 3초간 누르면 운전모드로 복귀한다.

• 시간진행 UP/DOWN 설정

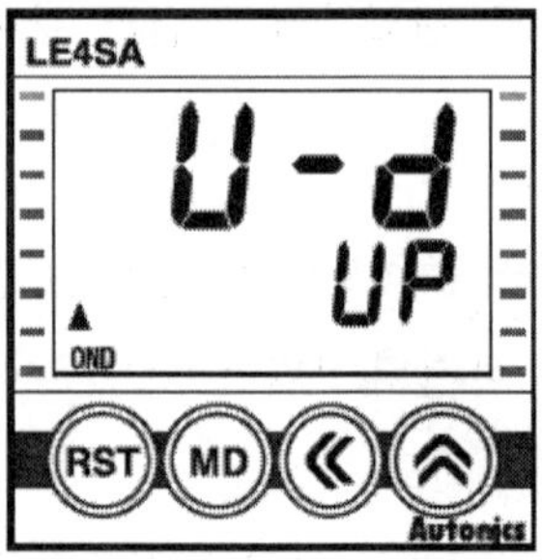

① 기능설정모드에서 UP/DOWN설정모드로 진입하면 그림과 같이 표시된다.

② ∧키 또는 《 이용하여 UP (▲), dn (▼)원하는 출력모드로 이동한다.

③ MD키를 누르면 출력동작모드가 설정되고 다음 모드로 이동한다.

④ 기능설정모드 어디에서든 MD키를 3초가 누르면 운전모드로 복귀한다.

• 입력 회소 신호폭 설정

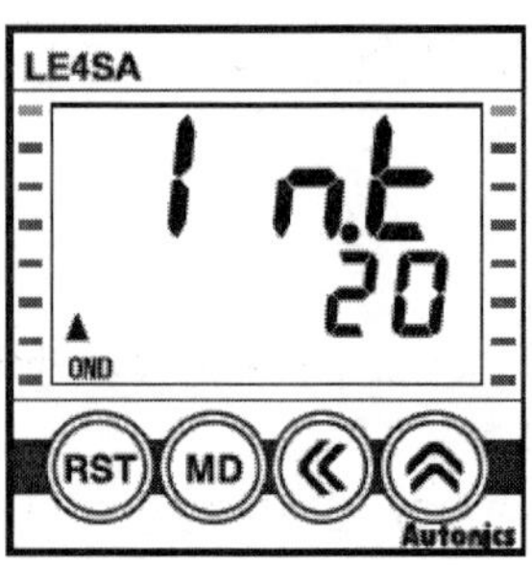

RESET, START, INHIBIT 입력 신호의 최소 신호 폭을 설정한다.

① 기능설정모드에서 입력 최소 신호폭 설정 모드로 진입하면 그림과 같이 표시된다.

② ∧키 또는 《키를 이용하여 1ms 또는 20ms를 선택한다.

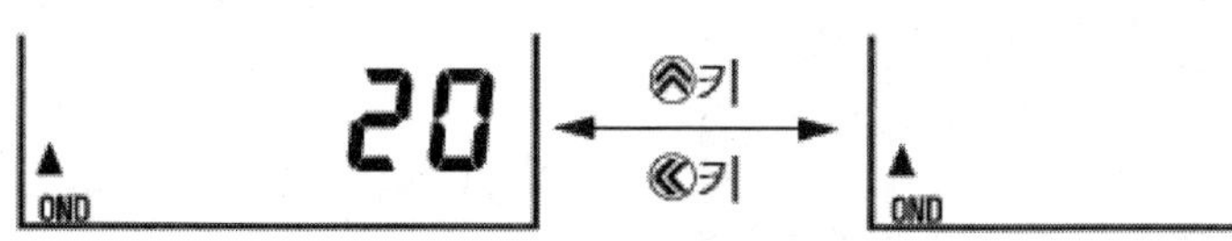

③ MD키를 누르면 입력 회소 신호폭 설정이 완료되고 다음 모드로 이동된다.

④ 기능설정모드 어디에서든 MD키를 3초가 누르면 운전모드로 복귀한다.

- Key Lock 기능

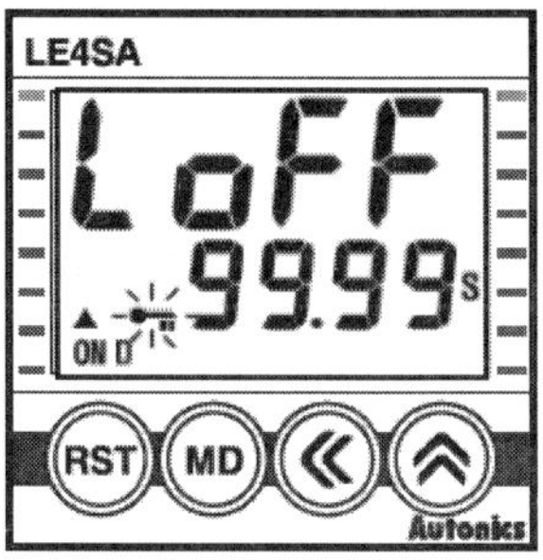

공장설정은 Lock Off상태이다.

① 키를 이용하여 Key Lock을 선택한다.
② ⮝키 또는 ≪키를 눌러 Key Lock 선택을 완료하면 운전모드로 복귀한다.

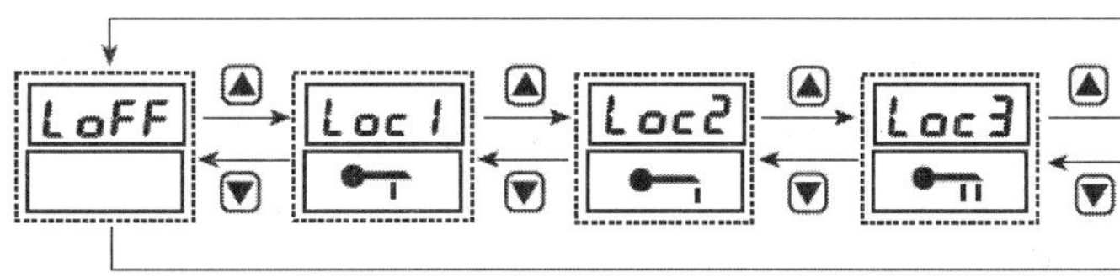

※ 30초 이상 Key가 눌려지지 않으면 운전모드로 복귀한다.

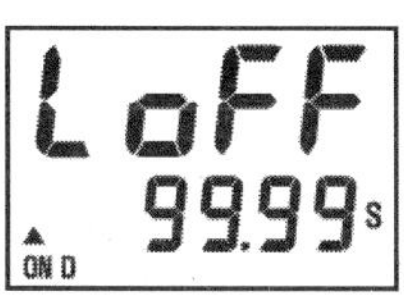

Turns off the Lock mode.

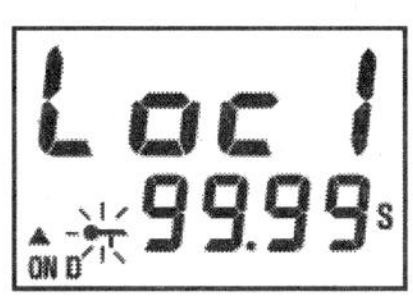

RST key cannot be used.

▼, ▲key cannot be used.

RST key, ▼, ▲key cannot be used.

- ON Delay [OND]

기본동작

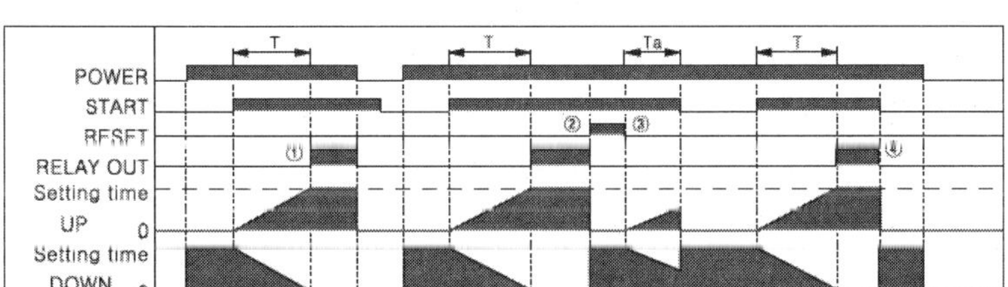

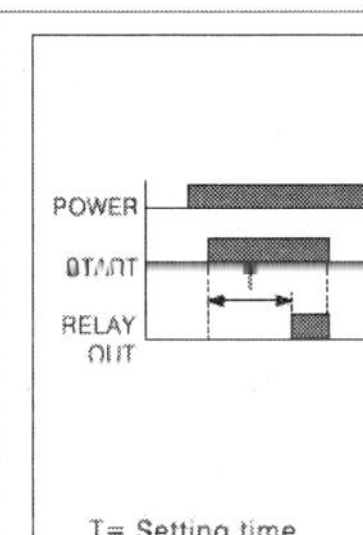

1. 전원이 공급된 상태에서 START 신호가 ON 되어 있는 동안에 시간이 진행한다.
2. 진행시간이 설정시간에 도달하면 출력이 ON 되고, 표시값은 Hold 된다.(①지점)
3. RESET 신호가 ON 되면 표시값과 출력은 초기상태로 복귀한다.(②지점)
4. START 신호가 ON 된 상태에서 RESET 신호를 OFF 하면 '1'의 동작을 다시 시작한다.(③지점)
5. START 신호가 OFF 되면 표시값과 출력은 초기상태로 복귀한다.(④지점)

• OFF Delay [OFF D]	기본동작

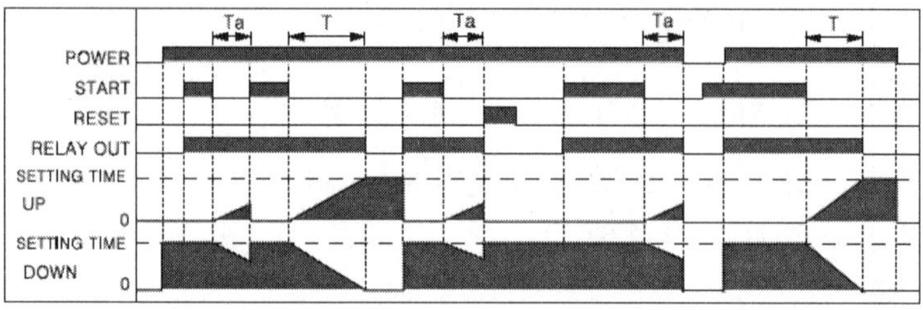

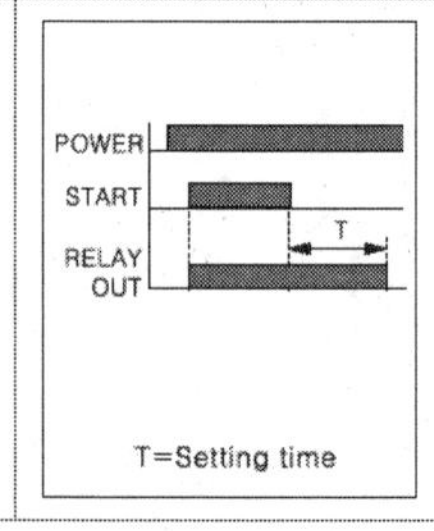

1. 전원이 공급된 상태에서 START 신호가 ON 되면 출력만 ON 되어 유지된다.
2. START 신호가 OFF 되면 시간이 진행됩니다. 설정시간에 도달하면 출력은 OFF 되고, 표시값은 Hold 된다.
3. RESET 신호가 ON 되면 표시값과 출력은 초기상태로 복귀된다.

• Flicker [FK]	기본동작

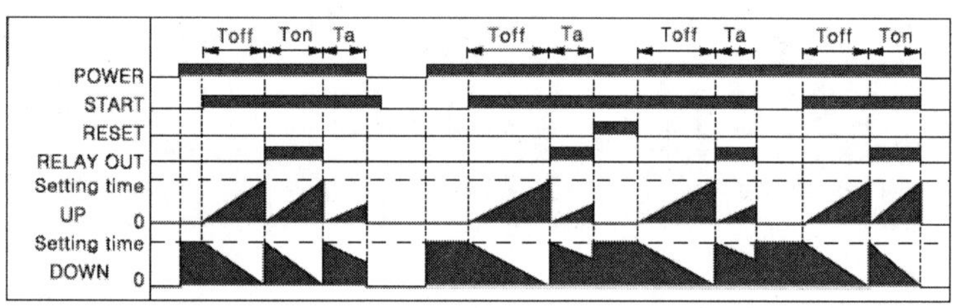

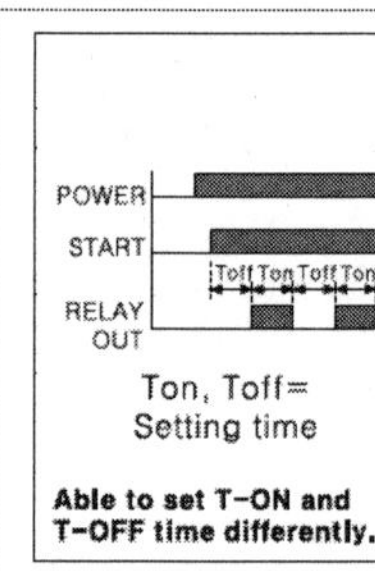

1. 전원이 공급된 상태에서 START 신호가 ON 되어 있는 동안에 Toff 설정시간 만큼 출력이 OFF, Ton 설정시간 만큼 출력이 ON 하는 동작을 반복한다.
2. RESET 신호가 ON 되면 표시값과 출력은 초기상태로 복귀한다.
3. START 신호가 ON 된 상태에서 RESET 신호가 OFF 되면 '1'의 동작을 다시 시작한다.
4. START 신호가 OFF 되면 표시값과 출력은 초기상태로 복귀한다.
5. Toff, Ton는 레인지 및 시간을 개별적으로 설정 가능하며, [FLK] 모드는 Toff 시간이 먼저 시작한다.

▌카운터(Counter)

카운터란 작업 횟수, 작업물의 숫자 등을 계수하는데 사용하는 기기이며 일반적으로 카운터의 성능은 단위 시간당 몇 개를 계수할 수 있는가에 의해 결정된다. 단위로 CPS(Count per second)가 사용된다. 예를 들어 100CPS는 1초에 100개를 계수할 수 있는 능력을 의미한다. 계수를 위한 카운터의 입력은 펄스(Pulse)가 사용되는데 이 펄스신호는 조작용 스위치나 검출력 스위치 즉 센서에 의해 발생시킬 수 있는 신호이다.

구조에 따라서 전자 카운터(Magnetic Counter) 프리셋 카운터(Preset Counter) 등이 있다.

- 전자(電子) 카운터(Electronic Counter)

전자 회로를 통해 계수 회로가 구성되어 있는 카운터.

① 전자 프리셋 카운터(Electronic Preset Counter) : 설정된 수치까지 계수되면 출력부가 동작하는 전자 카운터.

② 전자 토털 카운터(Electronic Total Counter) : 단순히 계수 내용을 표시하는 전자 카운터.

- 전자(電磁) 카운터(Electromagnetic Counter)

전자석을 여자 및 소자하여 문자차를 동작시켜 계수하는 카운터.

① 전자 프리셋 카운터(Electromagnetic Preset Counter) : 설정된 수치까지 계수되면 출력부가 동작하는 전자 카운터.

② 전자 토털 카운터(Electromagnetic Total Counter) : 단순히 계수 내용을 표시하는 전자 카운터.

전자카운터는 생산량 등을 계수하는 적산용으로 사용되며 프리셋 카운터는 계수 제어용으로 사용된다. 각각 가산식과 감산식의 두 종류로 나누어진다.

접속도 (FS4E의 경우)

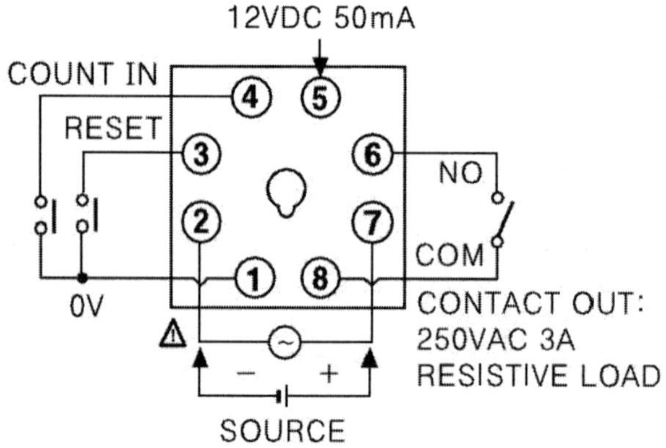

무접점 입력의 접속

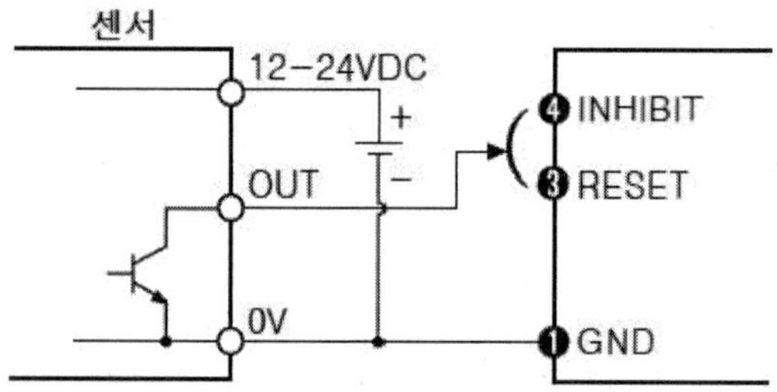

트랜지스터 ON 시 → INHIBIT, RESET 동작
표준센서는 NPN 오픈 콜렉터 출력형

유접점 입력의 접속

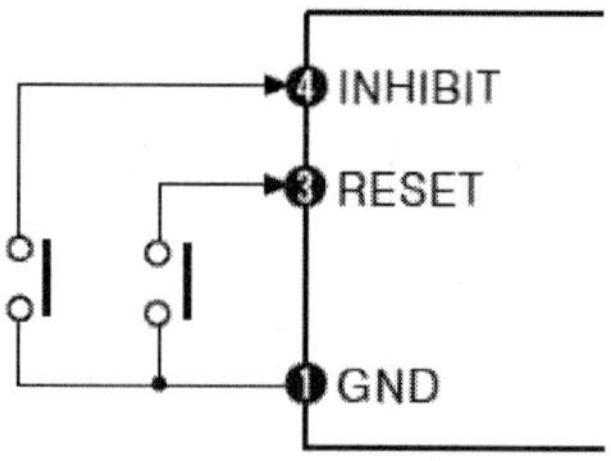

접점 ON 시 → INHIBIT, RESET 동작
리미트 S/W, 마이크로 S/W, Relay 접점

• 동작모드의 설정

← One-shot 출력(0.05~5sec 설정)　　　← 자기유지(Hold) 출력

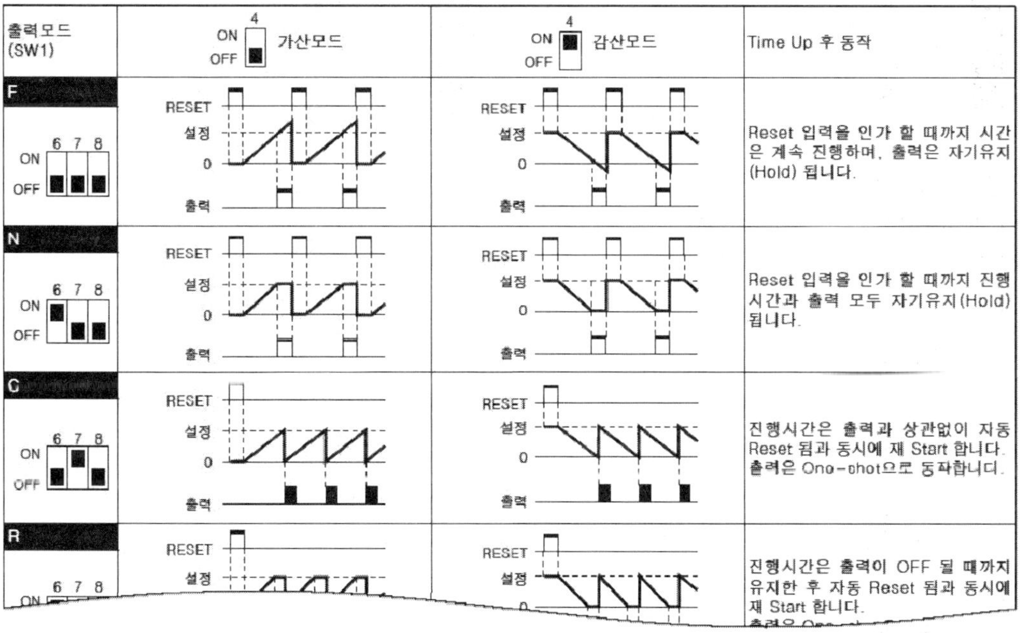

출력모드 (SW1)	4 ON/OFF 가산모드	4 ON/OFF 감산모드	Time Up 후 동작
F (6 7 8 ON/OFF)	RESET / 설정 / 0 / 출력	RESET / 설정 / 0 / 출력	Reset 입력을 인가 할 때까지 시간은 계속 진행하며, 출력은 자기유지(Hold) 됩니다.
N (6 7 8 ON/OFF)	RESET / 설정 / 0 / 출력	RESET / 설정 / 0 / 출력	Reset 입력을 인가 할 때까지 진행시간과 출력 모두 자기유지(Hold) 됩니다.
C (6 7 8 ON/OFF)	RESET / 설정 / 0 / 출력	RESET / 설정 / 0 / 출력	진행시간은 출력과 상관없이 자동 Reset 됨과 동시에 재 Start 합니다. 출력은 One-shot으로 동작합니다.
R (6 7 8 ON)	RESET / 설정	RESET / 설정	진행시간은 출력이 OFF 될 때까지 유지한 후 자동 Reset 됨과 동시에 재 Start 합니다.

출력 동작모드는 F, N, C, R, K, P, Q, S가 있다.

설정하는 방법은 제품의 양쪽 Lock 장치를 드라이버로 제품 바깥쪽으로 벌리면서 8Pin 플러그 부위를 전면으로 밀면 케이스와 분리된다. Dip스위치를 조작하여 동작모드를 설정한다.

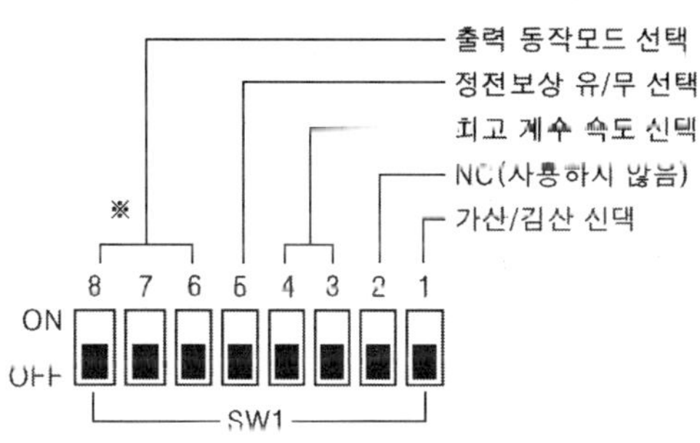

UP/Down 모드 선택

SW1		기 능
1	ON ■ / OFF □	감산 모드
	ON □ / OFF ■	가산 모드

정전 보상 유/무 선택

SW1		기 능
5	ON ■ / OFF □	정전 보상 무
	ON □ / OFF ■	정전 보상 유

최고 계수속도 선택

SW1 (3, 4)	CP1, CP2
3: ON ■ / OFF □, 4: ON □ / OFF ■	1cps
3: ON □ / OFF ■, 4: ON □ / OFF ■	30cps
3: ON □ / OFF ■, 4: ON ■ / OFF □	2kcps
3: ON ■ / OFF □, 4: ON ■ / OFF □	5kcps

• 카운터 응용 사례

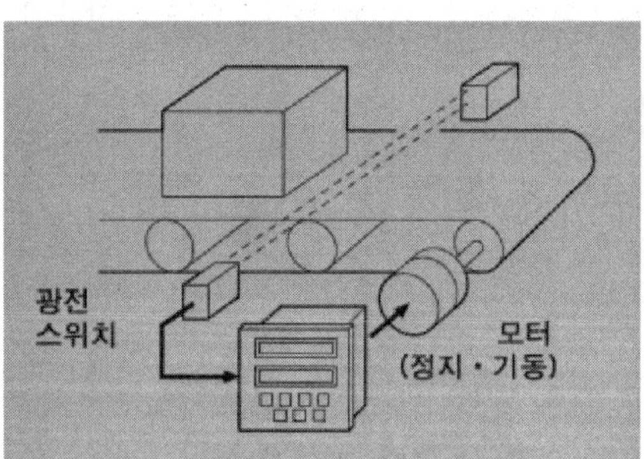

출하물을 카운트

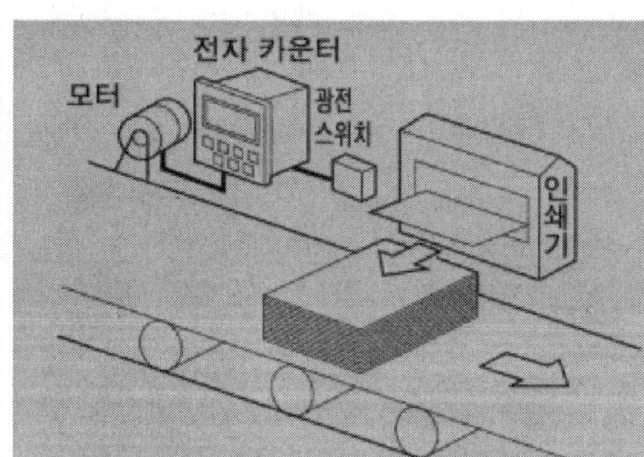

인쇄물을 장 수별로 포장할 수 있도록 카운터

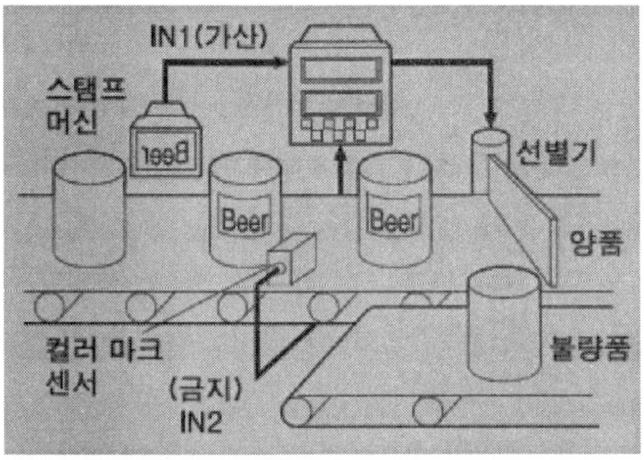

양품 수량 카운트
캔에 스탬프 처리를 한 것만 카운트

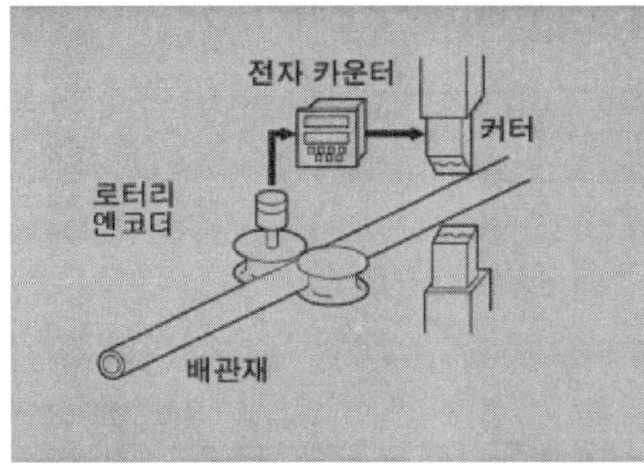

로터리 엔코더와 세트로 사용해 배관재의 정치수 절단(길이 제어)

- 카운터 기능의 응용

카운터와 엔코더를 사용하여 위치 제어를 할 수 있다.

- 프리스케일 기능

실제의 길이, 액량, 위치 등을 단위 개념으로 환산하여 설정 및 표시하는 기능으로 1펄스당 실제로 변화하는 길이, 액량, 위치 등의 값을 프리스케일 값이라고 한다.

예를 들면 임의의 길이 L을 이동하는데 P만큼의 펄스가 발생하도록 되어 있는 경우 프리스케일 값은 L/P가 된다.

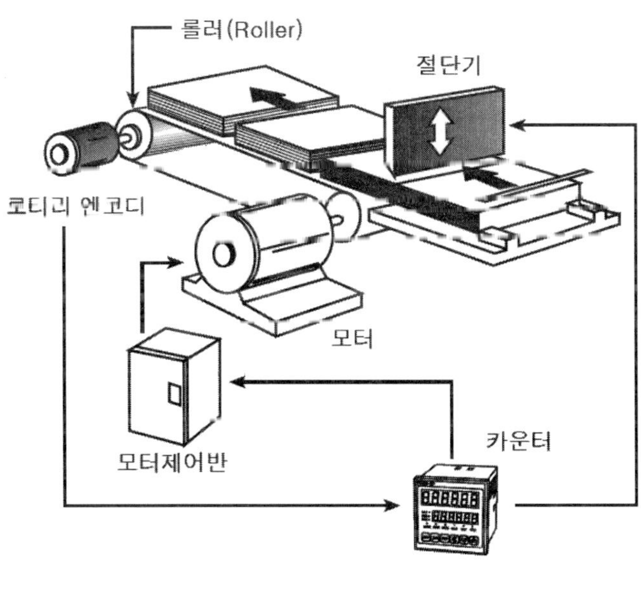

프리셋 카운터

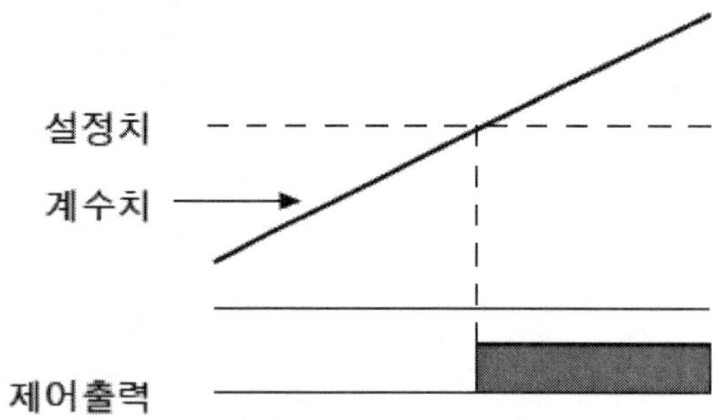

설정된 수치까지 계수하였을 때 제어출력이 동작하는 카운터로 설정용 카운터라고도 한다.

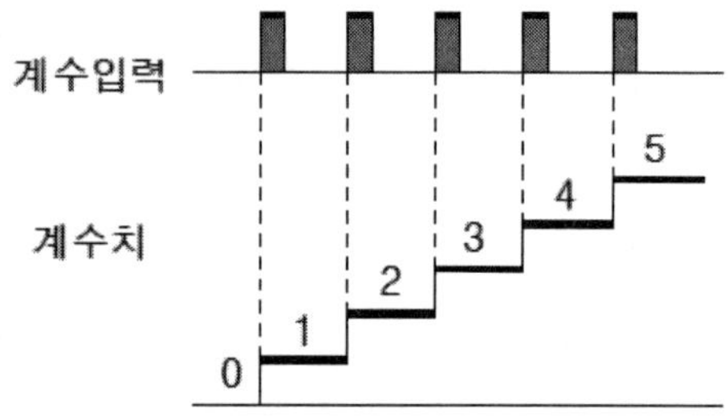

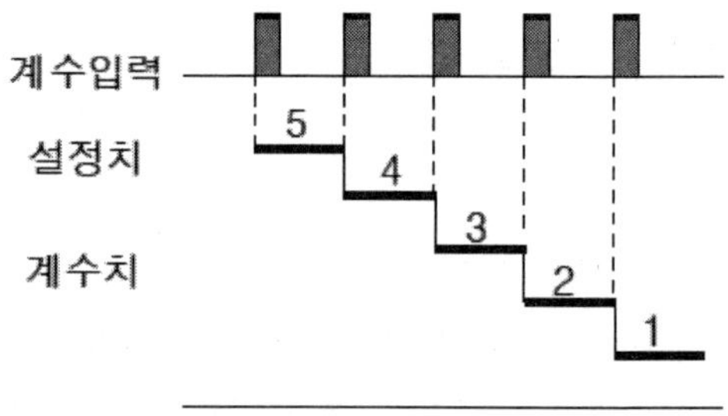

입력모드

- 가산모드 : 계수 입력신호가 입력될 때마다. 계수치가 영(0)에서부터 증가하는 모드
- 감산모드 : 계수 입력신호가 입력될 때마다 계수치가 설정치부터 감소하는 모드

14-10 타이머 구동 회로

실습명	타이머 구동 회로
실습목표	❶ 타이머의 동작 원리를 이해하고 설명할 수 있다. ❷ 타이머의 입력과 출력접점을 확인하고 타이머 소켓에 정확히 배선할 수 있다.
준비물	배선용 차단기, LAMP 1개, 누름 버튼 스위치 1개, 타이머 1개, 기본 공구, 단자대, 전선
주의사항	❶ 결선을 완료한 후, 회로 시험기로 단선이나 단락 등을 검사한다. ❷ 이상이 없으면 지도 교사의 지시를 받는다. ❸ 젖은 손으로 플러그를 콘센트에 꽂지 않도록 한다. ❹ 시퀀스도를 충분히 검토하여 동작 원리를 완전히 이해하여야 한다.
실습순서	❶ 동작 사항을 숙지하고, 시퀀스도를 보고 결선도와 같이 결선을 한다. ❷ 배선용 차단기를 ON 조작하고, 램프 상태를 확인하여 확인한다. ❸ 누름 버튼 스위치를 ON 조작했을 때의 타이머의 동작 상태를 확인한다. 타이머의 설정시간이상 스위치를 On하였을 때 램프의 상태를 확인한다. ❹ 누름 버튼 스위치를 OFF 조작했을 때의 램프 상태를 확인한다.
시퀀스도	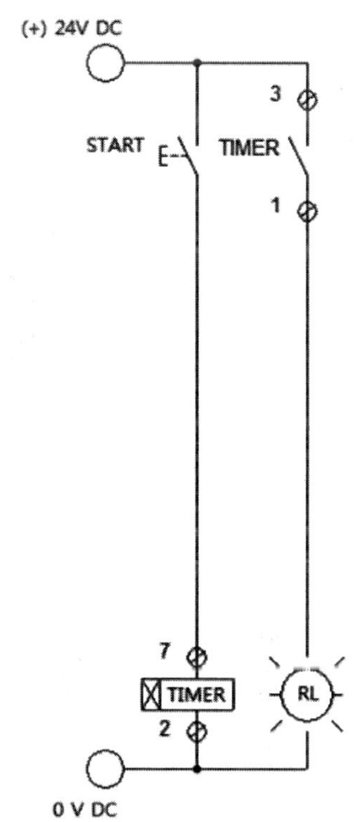

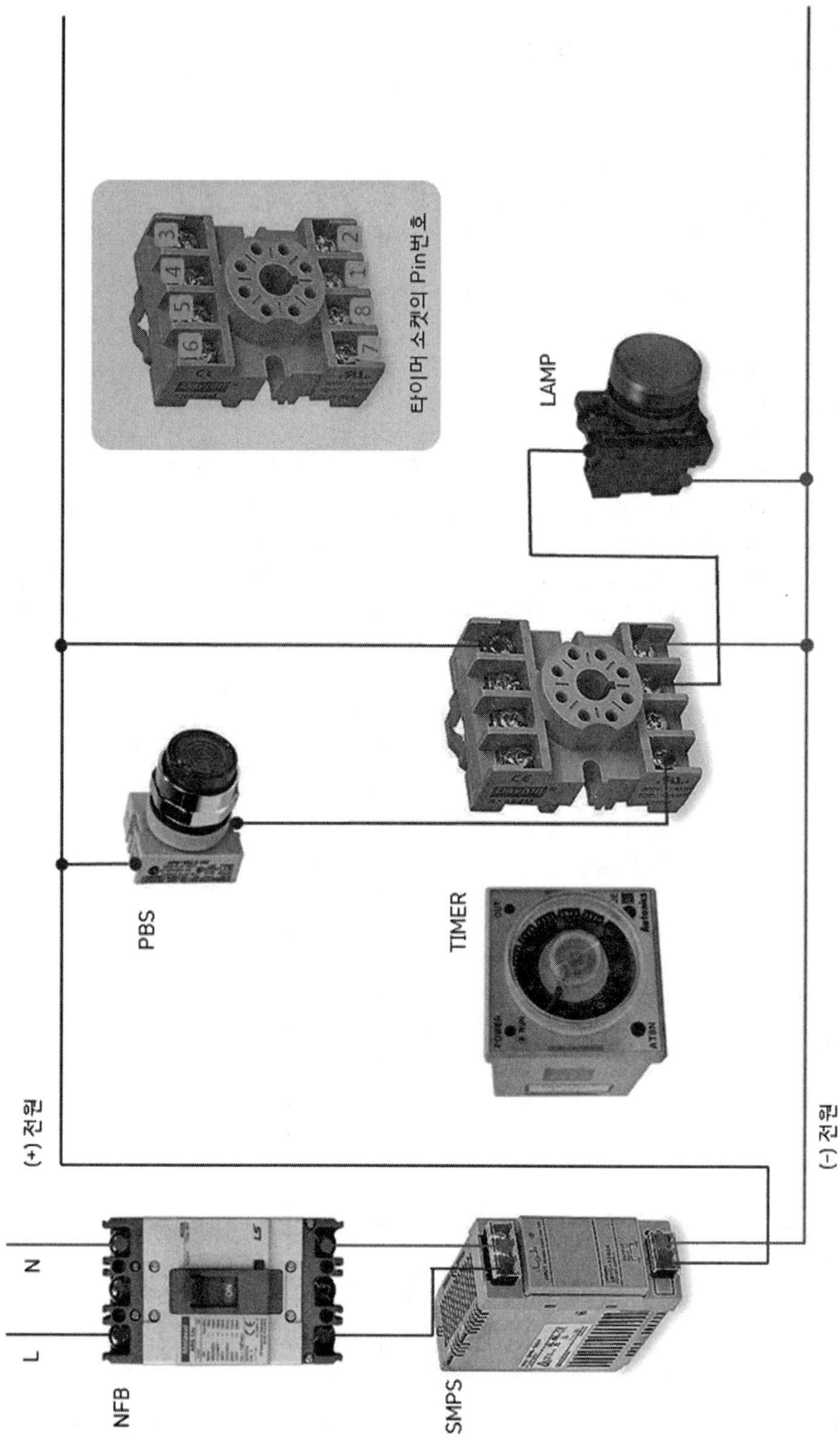
타이머 소켓의 Pin번호
LAMP
PBS
TIMER
(+) 전원
(-) 전원
N
L
NFB
SMPS

14-11 자기유지 회로를 이용한 타이머 회로

<table>
<tr><td>실습명</td><td>자기유지 회로를 이용한 타이머 회로</td></tr>
<tr><td>실습목표</td><td>❶ 타이머의 동작 원리를 이해하고 설명할 수 있다.
❷ 자기유지회로의 릴레이 접점을 확인하고 타이머 소켓에 정확히 배선할 수 있고 타이머의 타임업 신호를 램프에 연결할 수 있다.</td></tr>
<tr><td>준비물</td><td>배선용 차단기, LAMP 1개, 누름 버튼 스위치 2개, 릴레이 1개, 타이머 1개, 기본 공구, 단자대, 전선</td></tr>
<tr><td>주의사항</td><td>❶ 결선을 완료한 후, 회로 시험기로 단선이나 단락 등을 검사한다.
❷ 이상이 없으면 지도 교사의 지시를 받는다.
❸ 젖은 손으로 플러그를 콘센트에 꽂지 않도록 한다.
❹ 시퀀스도를 충분히 검토하여 동작 원리를 완전히 이해하여야 한다.</td></tr>
<tr><td>실습순서</td><td>❶ 동작 사항을 숙지하고, 시퀀스도를 보고 결선도와 같이 결선을 한다.
❷ 배선용 차단기를 ON 조작하고, 램프 상태를 확인하여 확인한다.
❸ 기동 스위치를 ON 조작했을 때의 자기유지신호 상태와 타이머의 동작상태를 확인한다.
❹ 정지 스위치를 OFF 조작했을 때 타이머와 램프 상태를 확인한다.</td></tr>
<tr><td>시퀀스도</td><td>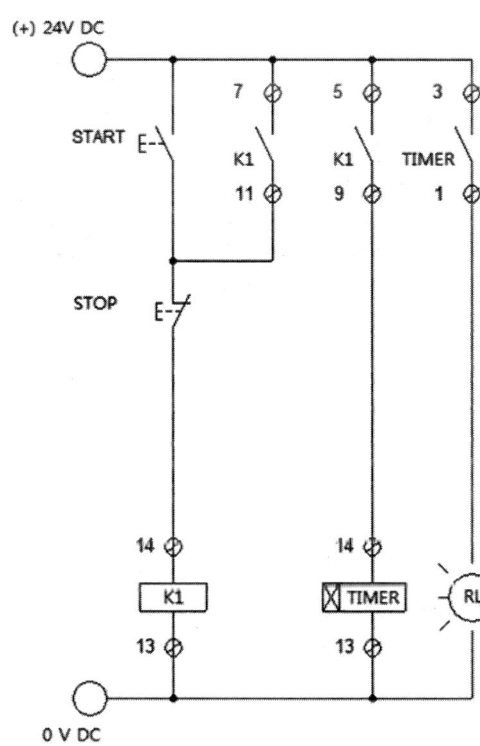</td></tr>
</table>

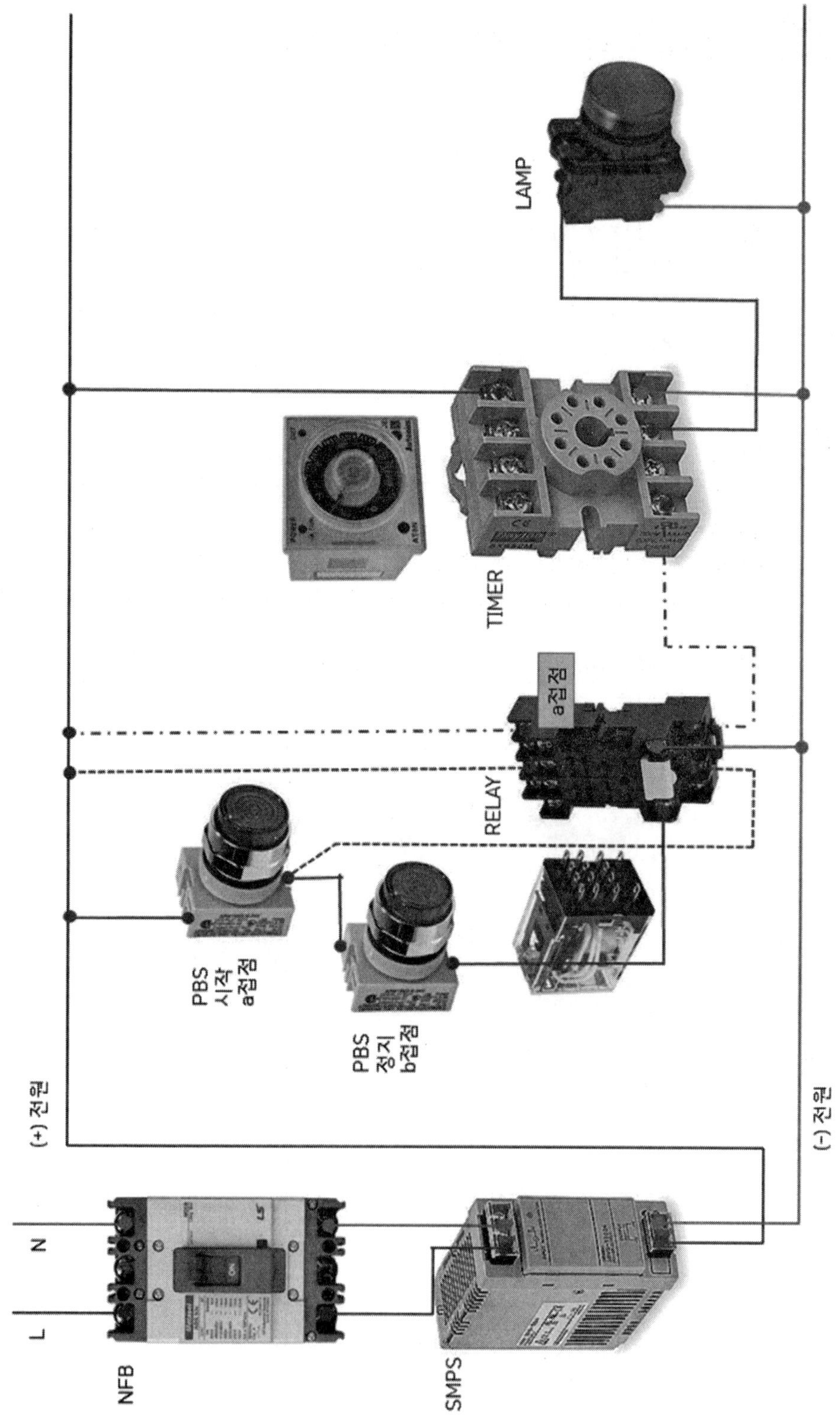
LAMP
TIMER
a접점
RELAY
PBS 시작 a접점
PBS 정지 b접점
(+) 전원
(-) 전원
N
L
NFB
SMPS

14-12 플리커 회로

실습명	플리커 회로
실습목표	❶ 타이머의 동작 원리를 이해하고 설명할 수 있다. ❷ 타이머의 입력과 출력접점을 확인하고 타이머 소켓에 정확히 배선할 수 있다.
준비물	배선용 차단기, LAMP 2개, 누름 버튼 스위치 2개, 릴레이 1개, 타이머 2개, 기본 공구, 단자대, 전선
주의사항	❶ 결선을 완료한 후, 회로 시험기로 단선이나 단락 등을 검사한다. ❷ 이상이 없으면 지도 교사의 지시를 받는다. ❸ 젖은 손으로 플러그를 콘센트에 꽂지 않도록 한다. ❹ 시퀀스도를 충분히 검토하여 동작 원리를 완전히 이해하여야 한다.
실습순서	❶ 동작 사항을 숙지하고, 시퀀스도를 보고 결선도와 같이 결선을 한다. ❷ 배선용 차단기를 ON 조작하고, 램프 상태를 확인하여 확인한다. ❸ 누름 버튼 스위치를 ON 조작했을 때의 램프 상태를 확인한다. ❹ 누름 버튼 스위치를 OFF 조작했을 때의 램프 상태를 확인한다.
시퀀스도	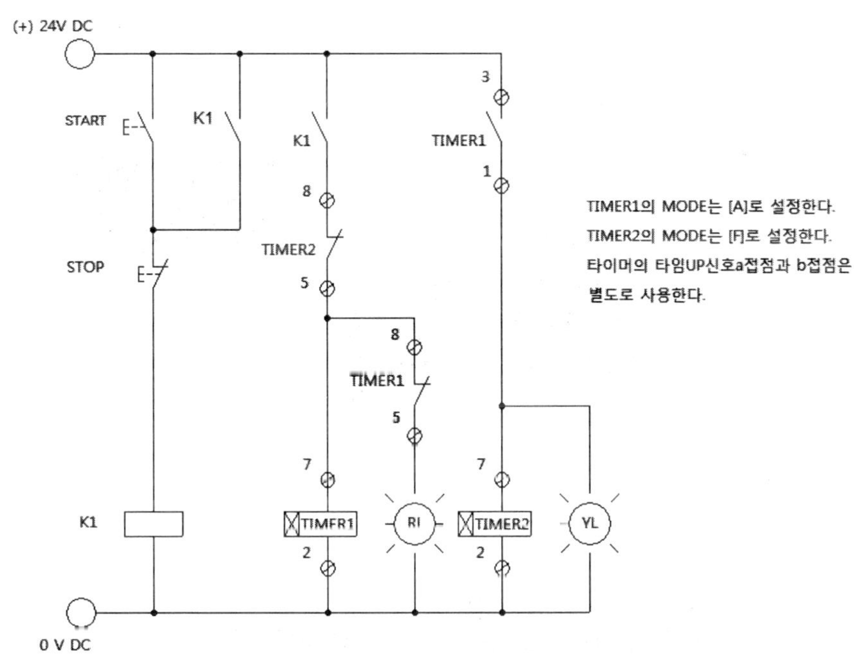

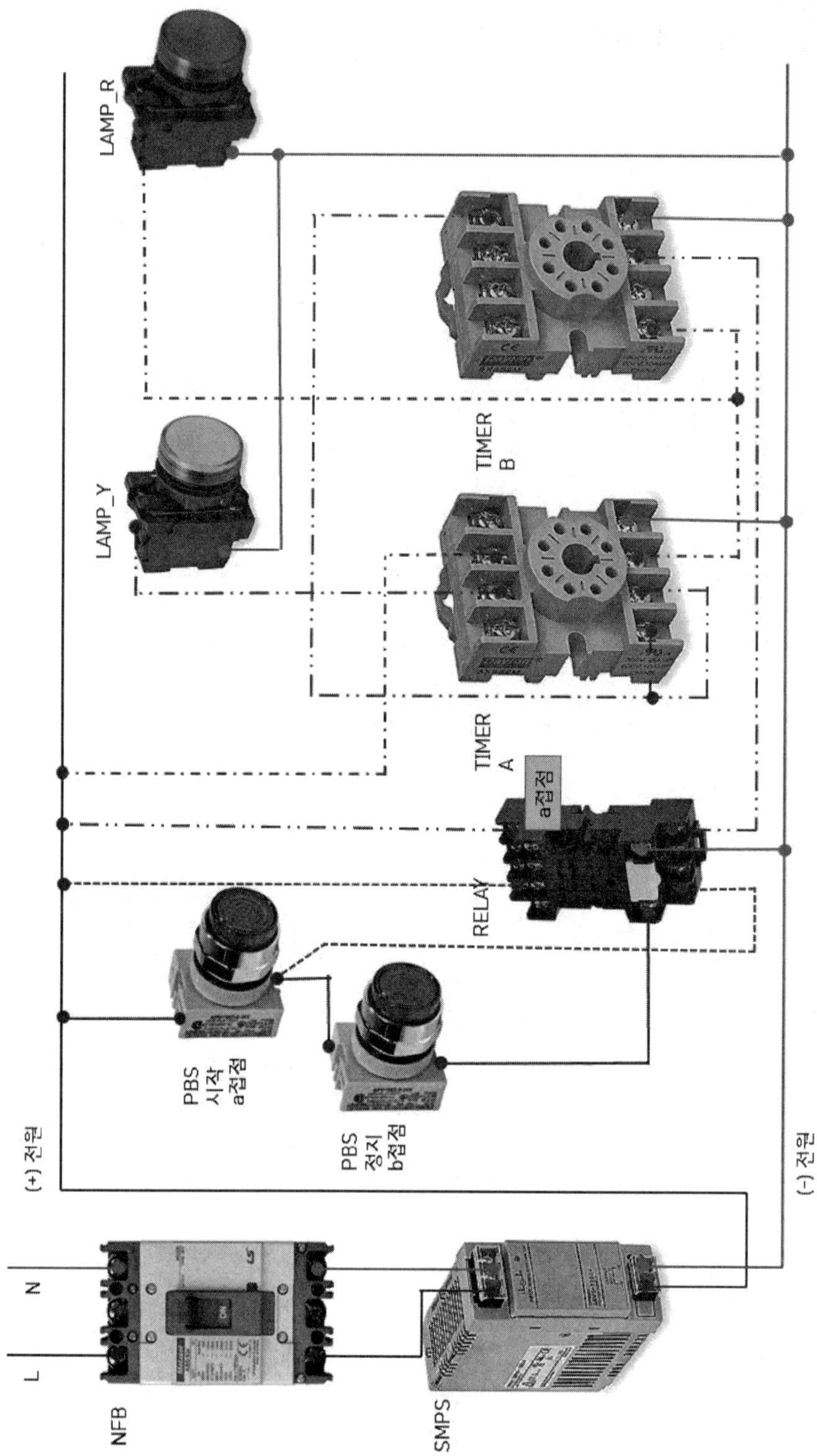
LAMP_R
LAMP_Y
TIMER B
TIMER A
a접점
RELAY
PBS 시작 a접점
PBS 정지 b접점
(+) 전원
(-) 전원
N
L
NFB
SMPS

타이머 2개를 사용하여 설정한 시간동안 출력1과 출력2를 교대로 동작시키는 회로이다. 모터 2개를 교대로 동작을 시키거나 램프의 점멸동작 등에 사용할 수 있다.

복잡한 회로를 보완하여 플리커 릴레이라는 제품이 있다.

플리커 릴레이(Flicker Relay)는 타이머의 일종으로 전원을 공급하면 설정된 시간 간격으로 접점이 반복하여 점멸하는 계전기로 a, b접점이 시간 t를 주기로 교대로 ON, OFF되는 릴레이를 말한다. 이 릴레이는 보통 경보회로 등에서 경보 등의 점등용으로 사용되는데, 경보램프가 점멸하여 쉽게 눈에 뜨이게 하는데 그 목적이 있다. 또한 고층 건물의 옆 또는 상단 부에 적색램프를 설치하고 야간에 점멸함으로써 건물의 위치를 표시하는데도 많이 사용될 수 있다. 이 릴레이의 내부접속도는 일반의 타이머와 유사한데 a, b접점이 교대로 점멸하는 것이다. 타이머와 외형은 같다.

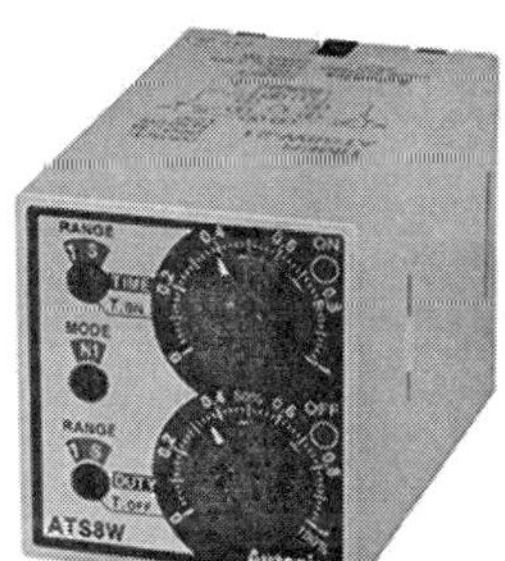

플리커 타이머는 "Twin Timer"라고도 한다. 플리커 타이머는 출력 시간을 On, Off 동일하게 설정할 수 밖에 없지만 트윈타이머는 그림에서 보듯이 시간설정을 각각 할 수 있다.

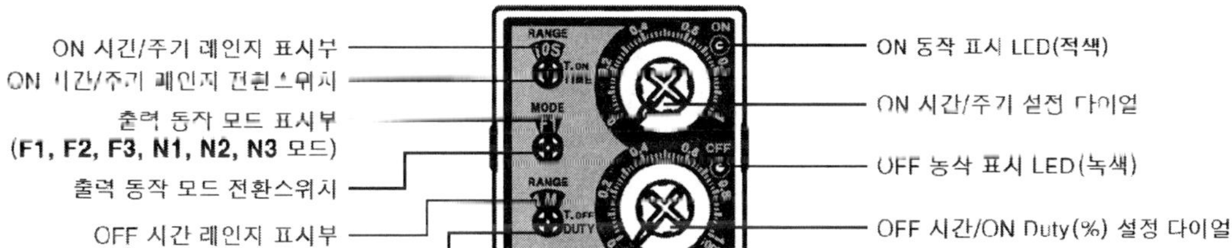

오토닉스사의 트윈타이머(ATS8W) 조작부의 명칭이다.

트윈 타이머의 동작을 설명하는 타임챠트는 아래와 같다.

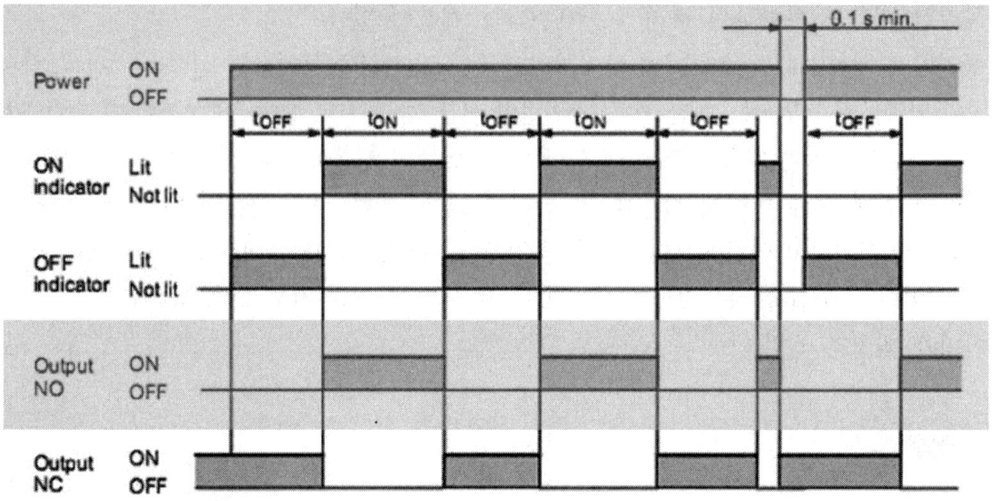

Toff 시간과 Ton시간을 설정하고 전원을 투입하면 설정된 동작모드에 따라 출력을 얻을 수 있다.

전원 회로 또는 입력 회로에 입력을 가하는 동안, 설정된 ON 시간, OFF 시간에 따라 출력 ON/OFF를 반복하는 동작한다. 플리커에는 OFF 스타트 플리커와 ON 스타트 플리커가 있다. 전원투입과 동시에 릴레이 접점이 Time ON을 설정한 시간동안 ON(a접점)이 되며, Time ON 설정된 시간 경과 후 Time OFF를 설정한 시간동안 ON(b접점)되는 동작이 반복동작한다.

14-13 카운터 회로

실습명	카운터 회로
실습목표	❶ 카운터의 동작 원리를 이해하고 설명할 수 있다. ❷ 카운터의 입력과 출력접점을 확인하고 카운터 소켓에 정확히 배선할 수 있다.
준비물	배선용 차단기, LAMP 1개, 누름 버튼 스위치 2개, 카운터 1개, 기본 공구, 단자대, 전선
주의사항	❶ 결선을 완료한 후, 회로 시험기로 단선이나 단락 등을 검사한다. ❷ 이상이 없으면 지도 교사의 지시를 받는다. ❸ 젖은 손으로 플러그를 콘센트에 꽂지 않도록 한다. ❹ 시퀀스도를 충분히 검토하여 동작 원리를 완전히 이해하여야 한다.
실습순서	❶ 동작 사항을 숙지하고, 시퀀스도를 보고 결선도와 같이 결선을 한다. ❷ 배선용 차단기를 ON 조작하고, 램프 상태를 확인하여 확인한다. ❸ 누름 버튼 스위치를 ON 조작했을 때의 램프 상태를 확인한다. ❹ 누름 버튼 스위치를 OFF 조작했을 때의 램프 상태를 확인한다.
시퀀스도	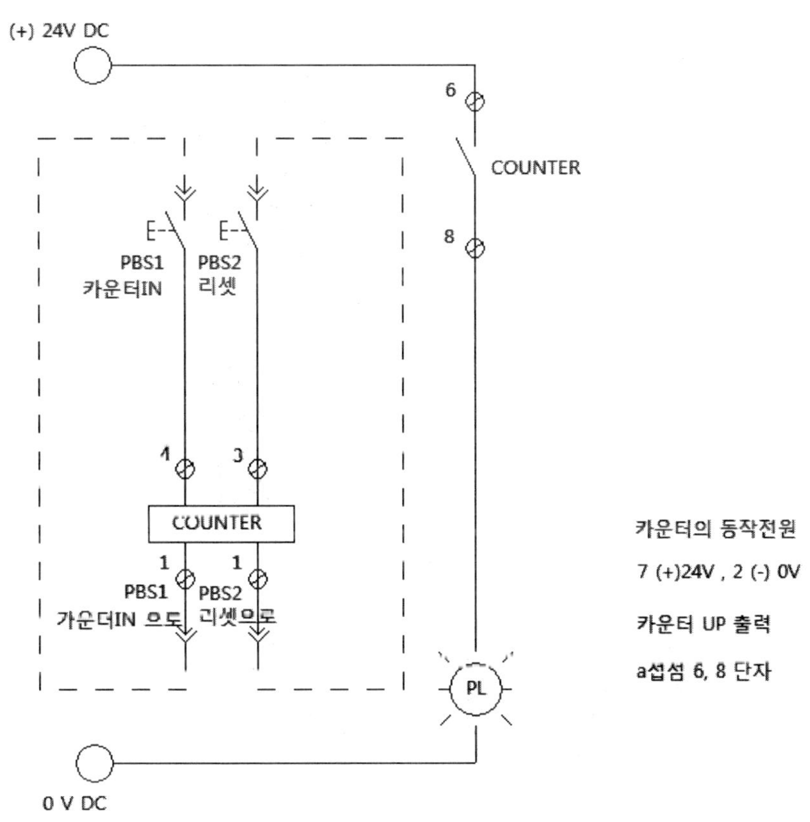

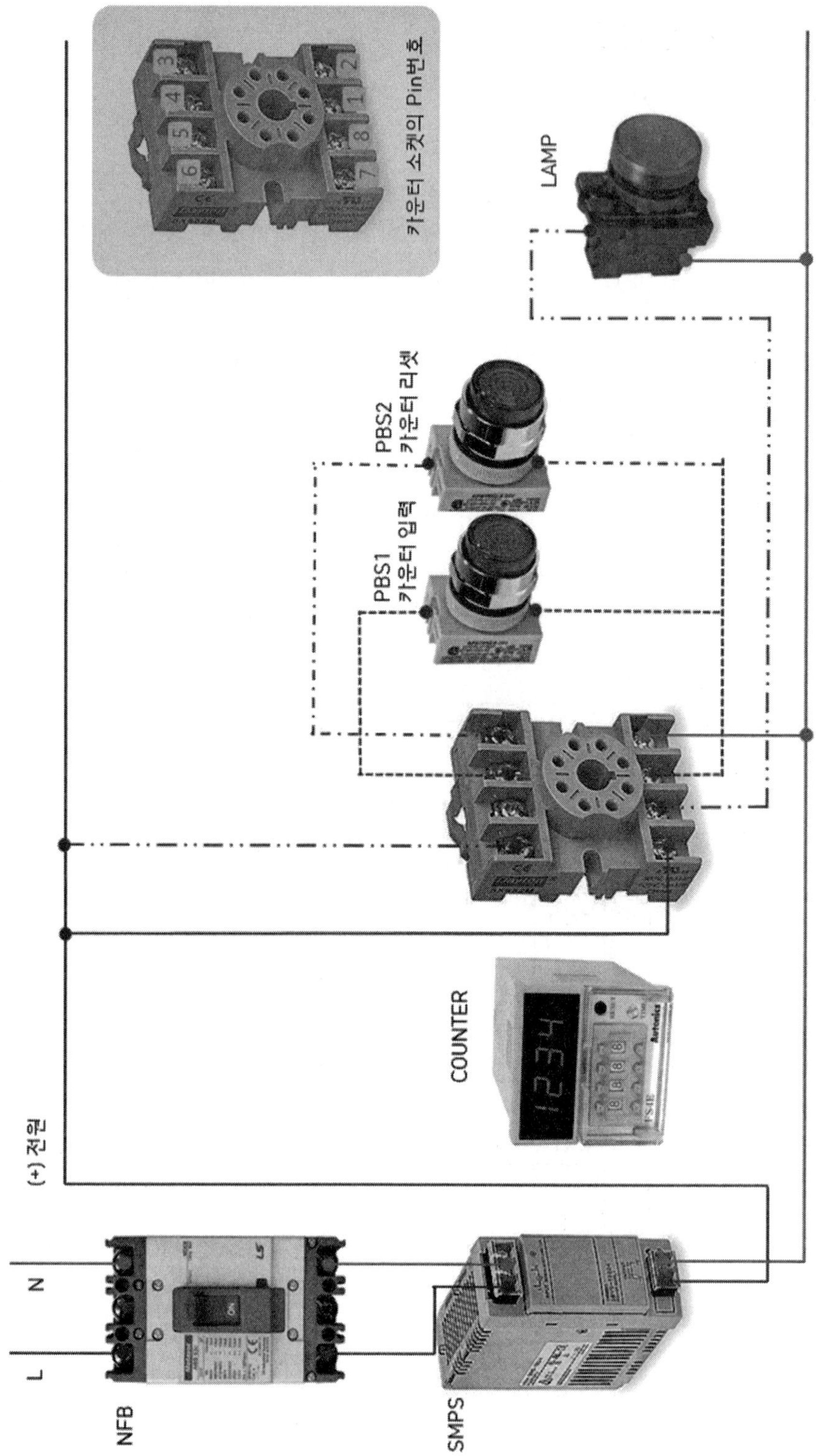
카운터 소켓의 Pin번호
LAMP
PBS2
카운터 리셋
PBS1
카운터 입력
COUNTER
(+) 전원
(-) 전원
L
N
NFB
SMPS

카운터의 입력신호와 리셋신호는 전원을 필요로 하지 않는다. 단지 카운터의 두 개의 단자를 서로 연결만 해주면 카운터In, 카운터 리셋신호를 입력할 수 있다.

각각 스위치를 사용하여 신호를 발생하기 때문에 카운터의 4번, 1번 단자 사이에 카운터In에 해당하는 스위치를 연결하고 동일한 방법으로 3번, 1번 단자 사이에 카운터 리셋용 스위치를 연결하면 된다.

리셋(RESET)

리셋은 2가지의 기능을 갖고 있다. 하나는 DATA의 저장(기억) 기능이고 나머지 하나는 진행시간과 출력을 초기화 시키는 기능이다. 카운터의 내부선택 스위치(Dip)를 변경하게 되면 카운터에 전원을 공급한 후 반드시 수동 리셋이나 외부 리셋을 시켜주어야 한다. 리셋을 시키지 않으면 변경 이전의 모드로 동작하게 된다. 또, 외부 리셋을 입력한 상태에서 전원을 투입하면 타임이 진행하지 않으므로 시스템 구성시 주의하도록 한다.

리셋 입력 신호는 유접점, 무접점의 어느 것 중 20ms 이상의 신호가 인가되면 확실히 리셋된다. 접점으로 리셋 시킬 때 채터링이 있어도 20ms 이상의 ON 시간폭이 주어지면 리셋된다.

INHIBIT 사용

진행 중인 타임을 멈추는 기능(Time Hold)으로써 INHIBIT 신호를 인가하면 타임이 멈추고 해제하면 계속 진행한다.

모터나 설비의 실가동시간을 체크하고자 할 때 INHIBIT기능을 사용하면 효과적이다.

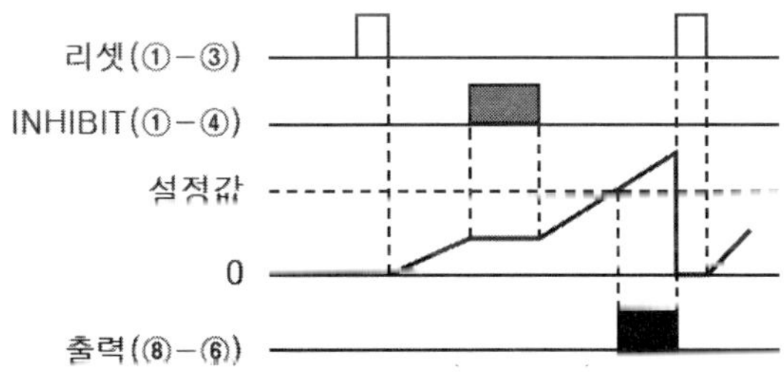

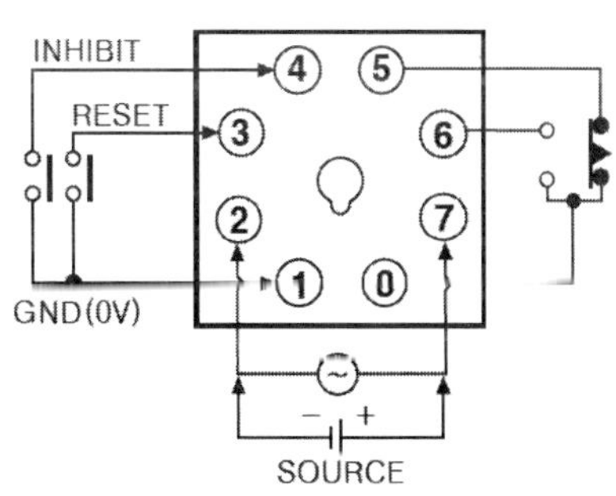

설정치(PRESET) 변경

전면 아크릴 커버를 열어 디지털 스위치를 조작하여 설정한다. 설정치 변경은 Timc이 동작하는 중에도 변경이 가능하다. 이 때 주의할 점은 변경하고자 하는 설정치가 변경 전 설정치보다 큰 값이어야 한다.

설정값을 "0000"으로 설정하면 표시부에 "ErrO"이 표시된다. 설정값을 영(Zero)이 아닌 상태로 변경하게 되면 해제된다. 단, Error 표시상태에서는 출력은 OFF 된다.

14-14 센서 출력신호를 카운터 입력신호로 사용하는 회로

실습명	센서 출력신호를 카운터 입력신호로 사용하는 회로
실습목표	❶ 센서의 동작 원리를 이해하고 신호의 전기적 특성을 설명할 수 있다. ❷ 카운터의 입력과 출력접점을 확인하고 카운터 소켓에 정확히 배선할 수 있다.
준비물	배선용 차단기, LAMP 1개, 센서 1개, 누름 버튼 스위치 1개, 카운터 1개, 기본 공구, 단자대, 전선
주의사항	❶ 결선을 완료한 후, 회로 시험기로 단선이나 단락 등을 검사한다. ❷ 이상이 없으면 지도 교사의 지시를 받는다. ❸ 젖은 손으로 플러그를 콘센트에 꽂지 않도록 한다. ❹ 시퀀스도를 충분히 검토하여 동작 원리를 완전히 이해하여야 한다.
실습순서	❶ 동작 사항을 숙지하고, 시퀀스도를 보고 결선도와 같이 결선을 한다. ❷ 배선용 차단기를 ON 조작하고, 램프 상태를 확인하여 확인한다. ❸ 센서에 물체를 접근시켜 센서출력을 ON 조작했을 때의 카운터의 상태를 확인한다. ❹ 카운터에 설정값과 센서출력 신호 회수가 동일해 지는 상태에서의 램프상태를 확인한다. ❺ 카운터 리셋용 누름 버튼 스위치를 On 조작했을 때의 카운터와 램프 상태를 확인한다.
시퀀스도	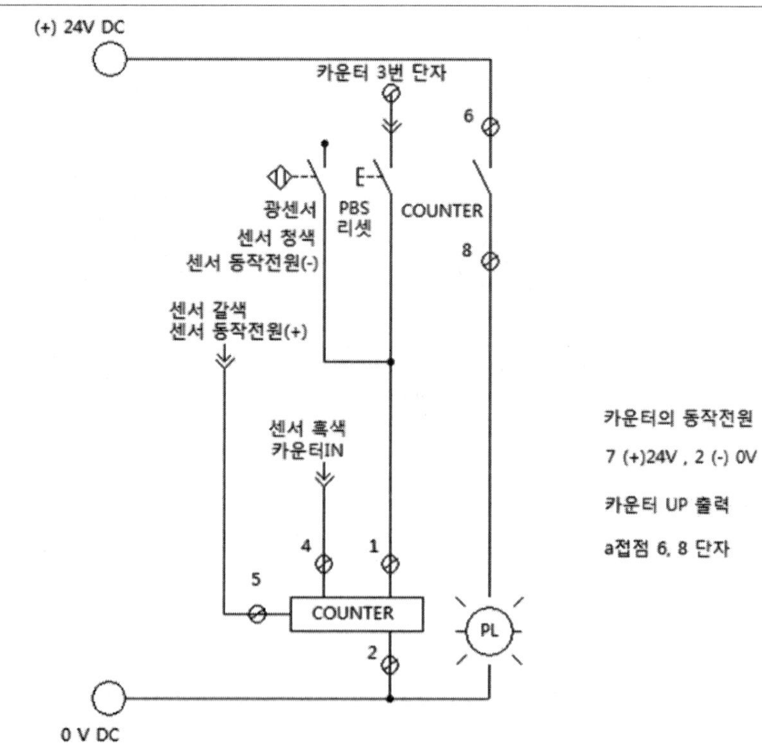

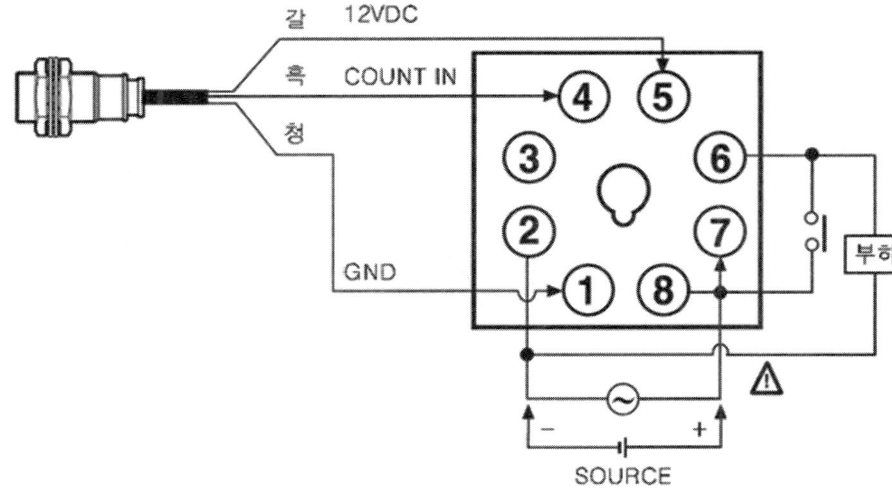

카운터 입력용 스위치 대신에 물체를 감지하고 신호를 발생할 수 있는 센서를 사용하는 경우의 배선은 위와 같다.
센서(3선식의 경우)는 갈색(BROWN)은 (+)전원, 청색(BLUE)은 (-)전원을 연결하여 센서의 동작전원을 공급하고 흑색(BLACK)은 센서에서 물체를 감지한 경우 신호가 발생된다.
카운터의 소켓에 그림과 같이 연결하도록 한다.

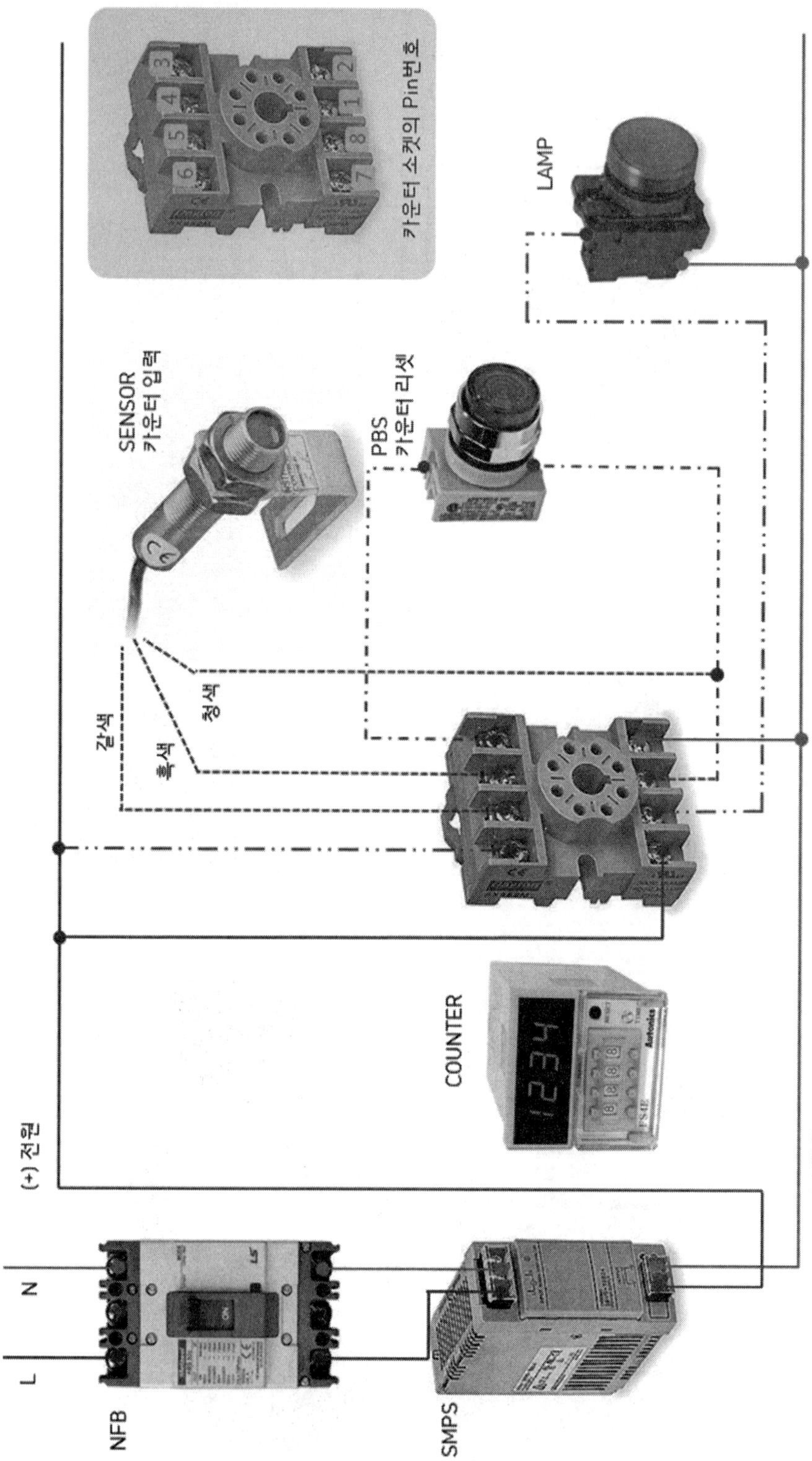
카운터 소켓의 Pin번호
LAMP
SENSOR
카운터 입력
PBS
카운터 리셋
갈색
흑색
청색
COUNTER
(+) 전원
(-) 전원
L
N
NFB
SMPS

▌센서구동을 위한 전원확인하기

센서의 갈색과 청색 Wire에 각각 (+), (-)전원을 연결하여야 한다. 카운터 핀번호 5번과 1번에서 12V DC전원을 얻을 수 있다. 다음 그림과 같이 Tester를 사용하여 전원의 유무 상태를 확인하도록 한다.

※ 센서공급전원의 용량은 12VDC 50mA이다.
센서 접속시 이 용량을 초과하지 않도록 센서를 선정한다.

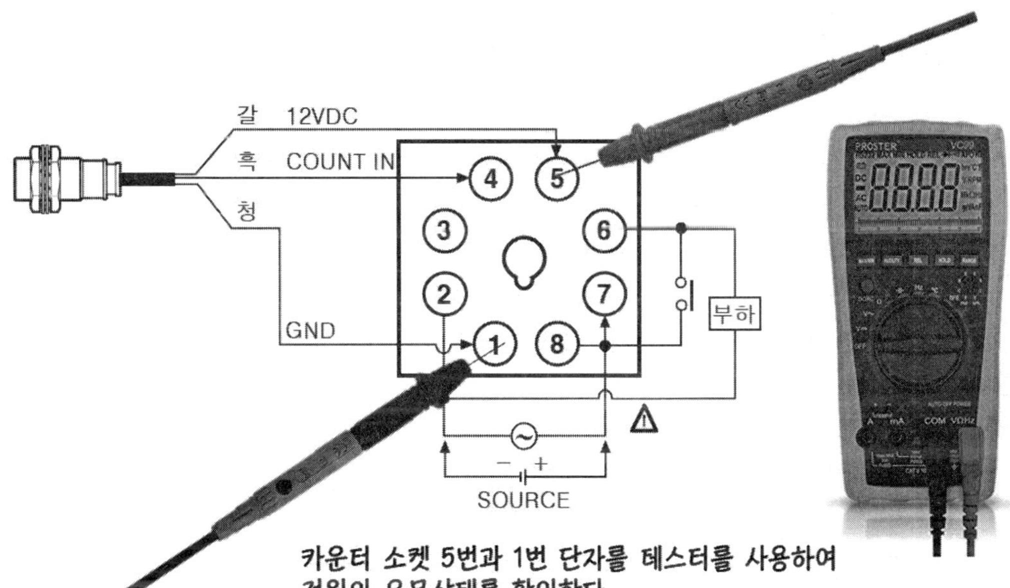

카운터 소켓 5번과 1번 단자를 테스터를 사용하여 전원의 유무상태를 확인한다.

14-15 타이머의 플리커 신호를 카운터 입력신호로 사용하는 회로

실습명	타이머의 플리커 신호를 카운터 입력신호로 사용하는 회로
실습목표	❶ 센서의 동작 원리를 이해하고 신호의 전기적 특성을 설명할 수 있다. ❷ 카운터의 입력과 출력접점을 확인하고 카운터 소켓에 정확히 배선할 수 있다.
준비물	배선용 차단기, LAMP 1개, 센서 1개, 누름 버튼 스위치 2개, 타이머 1개, 카운터 1개, 기본 공구, 단자대, 전선
주의사항	❶ 결선을 완료한 후, 회로 시험기로 단선이나 단락 등을 검사한다. ❷ 이상이 없으면 지도 교사의 지시를 받는다. ❸ 젖은 손으로 플러그를 콘센트에 꽂지 않도록 한다. ❹ 시퀀스도를 충분히 검토하여 동작 원리를 완전히 이해하여야 한다.
실습순서	❶ 동작 사항을 숙지하고, 시퀀스도를 보고 결선도와 같이 결선을 한다. ❷ 배선용 차단기를 ON 조작하고, 램프 상태를 확인하여 확인한다. ❸ 타이머의 모드를 플리커로 전환하여 설정한 주기로 타이머 출력이 발생하는지 확인한다. ❹ 타이머의 출력이 카운터의 입력으로 되는지 카운터의 상태를 확인한다. ❺ 카운터 리셋용 누름 버튼 스위치와 정지용 스위치를 On 조작했을 때의 카운터와 램프 상태를 확인한다.
시퀀스도	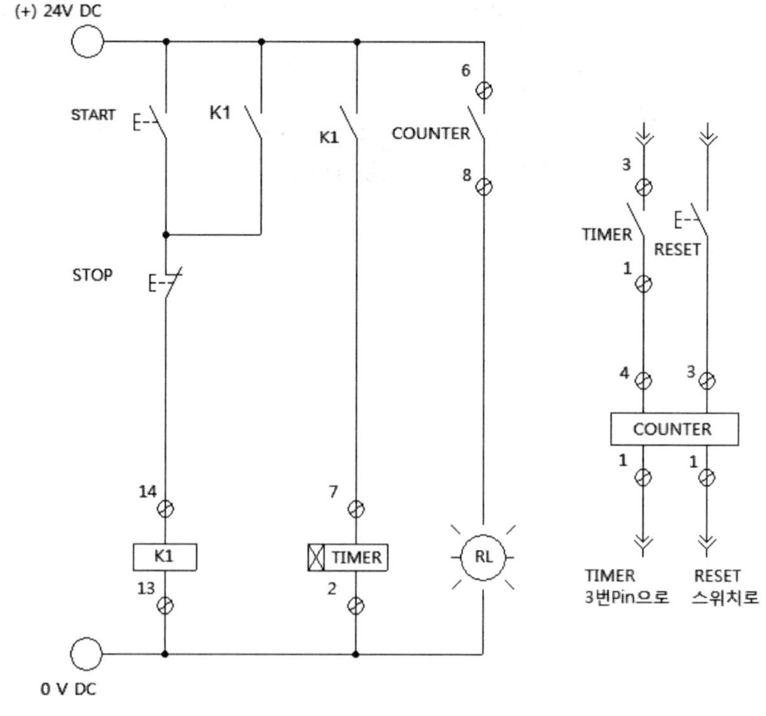

●[A], [F] mcde

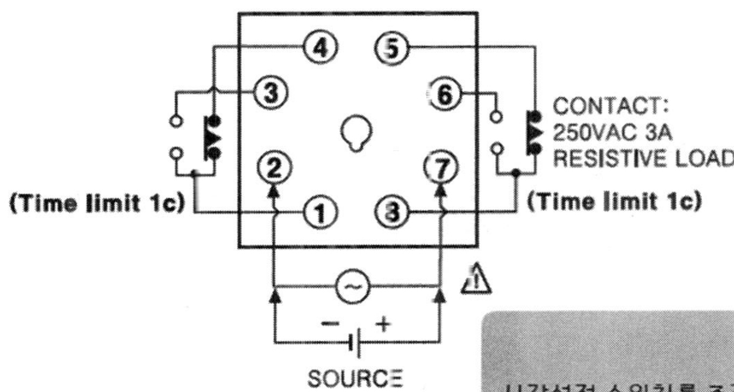

시간설정 스위치를 조정하여 "SEC"(초 단위)로 설정한다.

F MODE 스위치를 조정하여 "F"MODE (플리커 모드)로 설정한다.

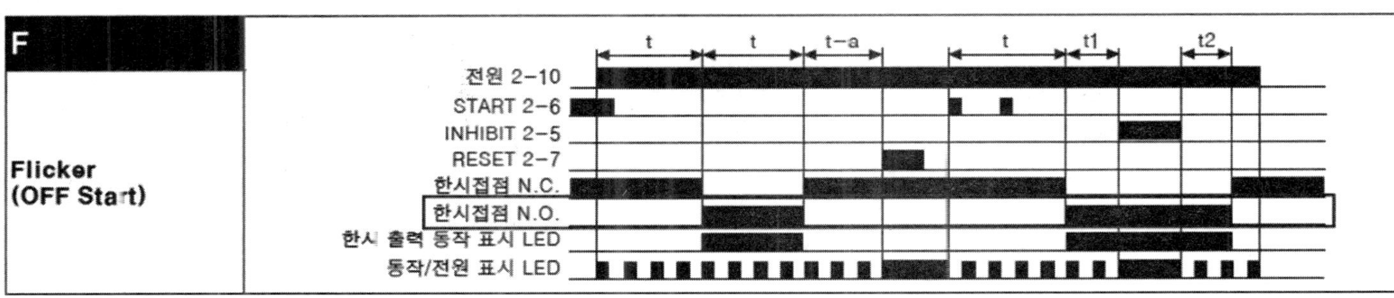

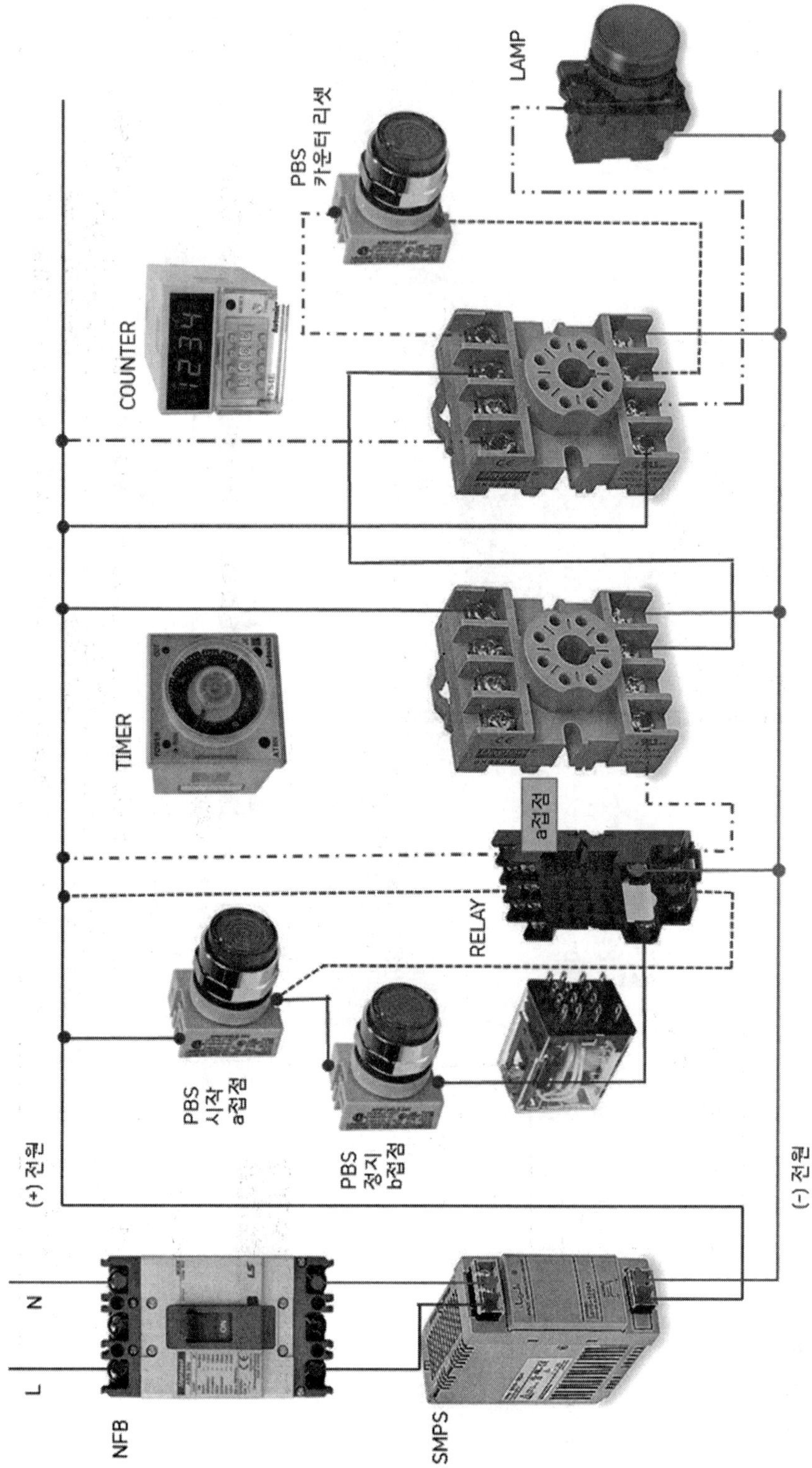
LAMP
PBS
카운터 리셋
COUNTER
TIMER
a접점
RELAY
PBS
시작
a접점
PBS
정지
b접점
(+) 전원
(-) 전원
N
L
NFB
SMPS

14-16 양수 회로

실습명	양수 회로
실습목표	❶ 리미트 스위치의 동작 원리를 이해하고 신호의 전기적 특성을 설명할 수 있다. ❷ 타이머의 입력과 출력접점을 확인하고 타이머 소켓에 정확히 배선할 수 있다.
준비물	배선용 차단기, LAMP 1개, 리미트스위치 2개, 누름 버튼 스위치 2개, 타이머 1개, 실린더와 솔레노이드 밸브 각 1개, 기본 공구, 단자대, 전선
주의사항	❶ 결선을 완료한 후, 회로 시험기로 단선이나 단락 등을 검사한다. ❷ 이상이 없으면 지도 교사의 지시를 받는다. ❸ 젖은 손으로 플러그를 콘센트에 꽂지 않도록 한다. ❹ 시퀀스도를 충분히 검토하여 동작 원리를 완전히 이해하여야 한다.
실습순서	❶ 동작 사항을 숙지하고, 시퀀스도를 보고 결선도와 같이 결선을 한다. ❷ 배선용 차단기를 ON 조작하고, 램프 상태를 확인하여 확인한다. ❸ 스위치를 동시에 조작하여 릴레이2의 동작 상태를 확인한다. ❹ 스위치를 미리 ON상태로 조작하고 다른 스위치를 ON조작하여 릴레이2의 동작 상태를 확인한다. ❺ 릴레이2에 연결된 솔레노이드 밸브는 스위치의 동시동작과 타이머의 설정값의 관계에 따른 출력 상태를 확인한다.
시퀀스도	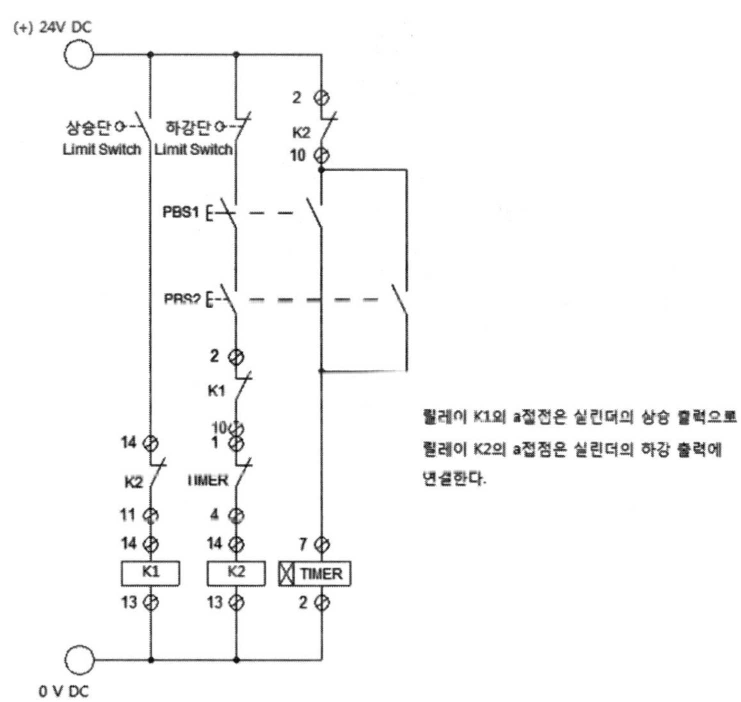

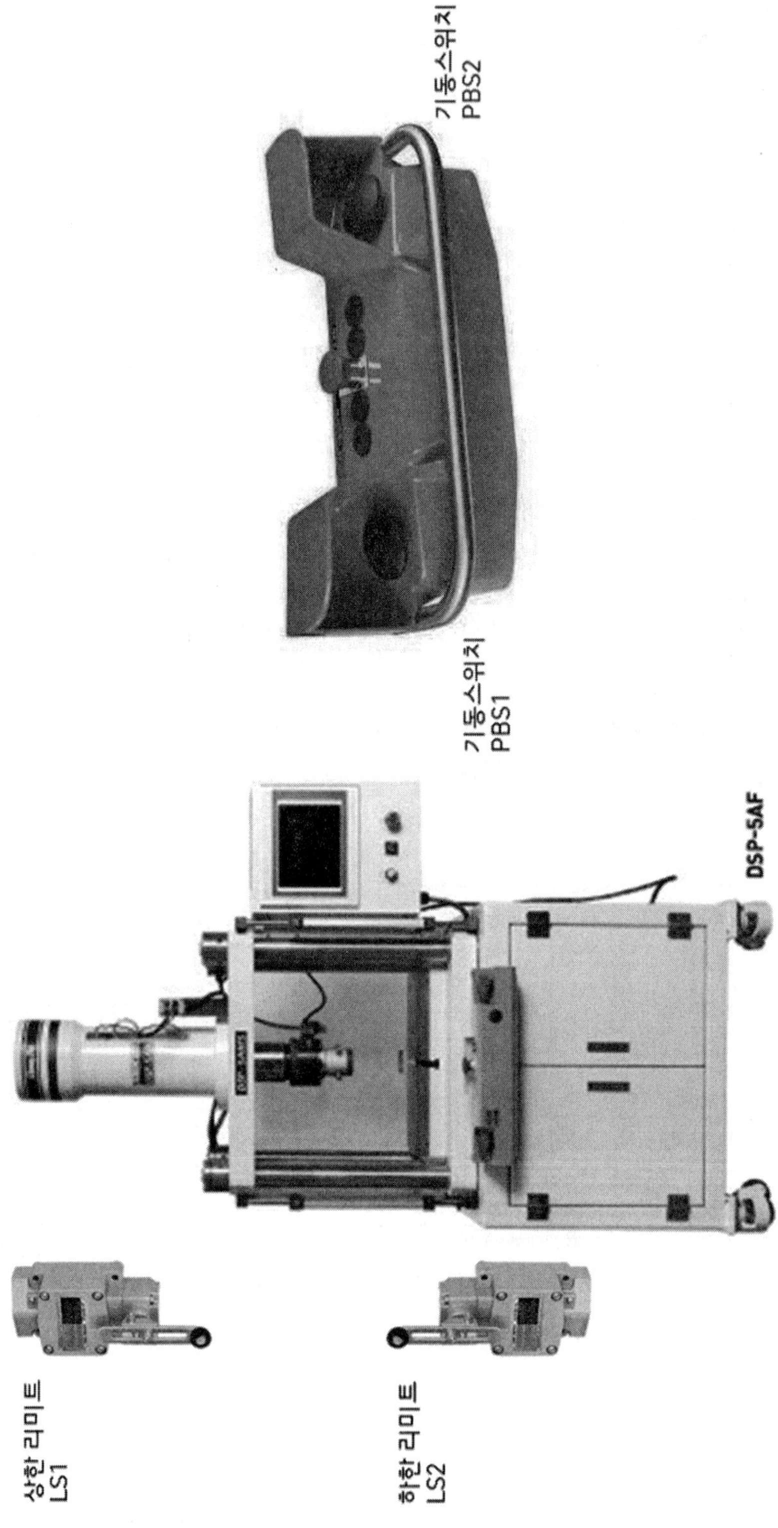
기동스위치
PBS2
기동스위치
PBS1
DSP-5AF
상한 리미트
LS1
하한 리미트
LS2

위험한 동작을 수행하는 기계와 함께 하는 운전자들에게는 상당한 위험이 따른다. 이러한 기계들은, 가령 수압 기술 등을 비롯하여, 다양한 생산 공정의 제반 영역에서 볼 수 있다. 특히, 이들 기계는 프레스, 펀치, 벤딩 머신, 프레스 브레이크 등을 포함하고 있다.

PRESS기계를 생각하면 우선 안전을 생각하여 작업자의 손이 PRESS안에 있을 때는 동작하지 않도록 해야 한다.

공정 처리될 자재는 때로 운전자가 기계에 수동으로 공급하기도 한다.

특히 이러한 작업 공정 도중에는 본원적인 위험이 내재하는데, 운전자의 루틴이 그 위험을 가중시키기도 한다.

안전센서(AREA SENSOR)를 설치할 수 도 있지만 보통은 기동 스위치를 2개로 하여 양손으로 눌렀을 때만 동작하도록 제어하여야 한다.

양손 제어 시스템들은 보호 디바이스들에 장착되는데, 이러한 디바이스는 어떤 기계의 운전자가 두 가지 상이한 명령 디바이스들을 동시에, 각각 한 손으로 조작함으로써 위험한 작업 공정을 초래할 수 있다. 이러한 목적으로, 양손 제어 콘솔들이 사용된다. 이는 정규 안전 요건에 부합하도록 특별히 고안된 것이다. 이들 양손 제어 콘솔은 두 개의 스위치와 하나의 비상 정지 스위치를 갖추고 있다. 물론 스위치의 한쪽을 눌려진 상태로 고정시키면 동작이 되지 말아야 한다.

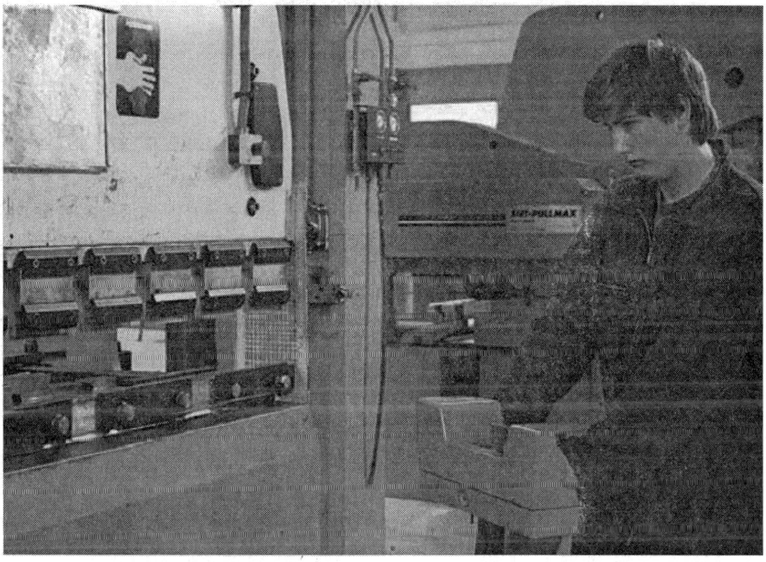

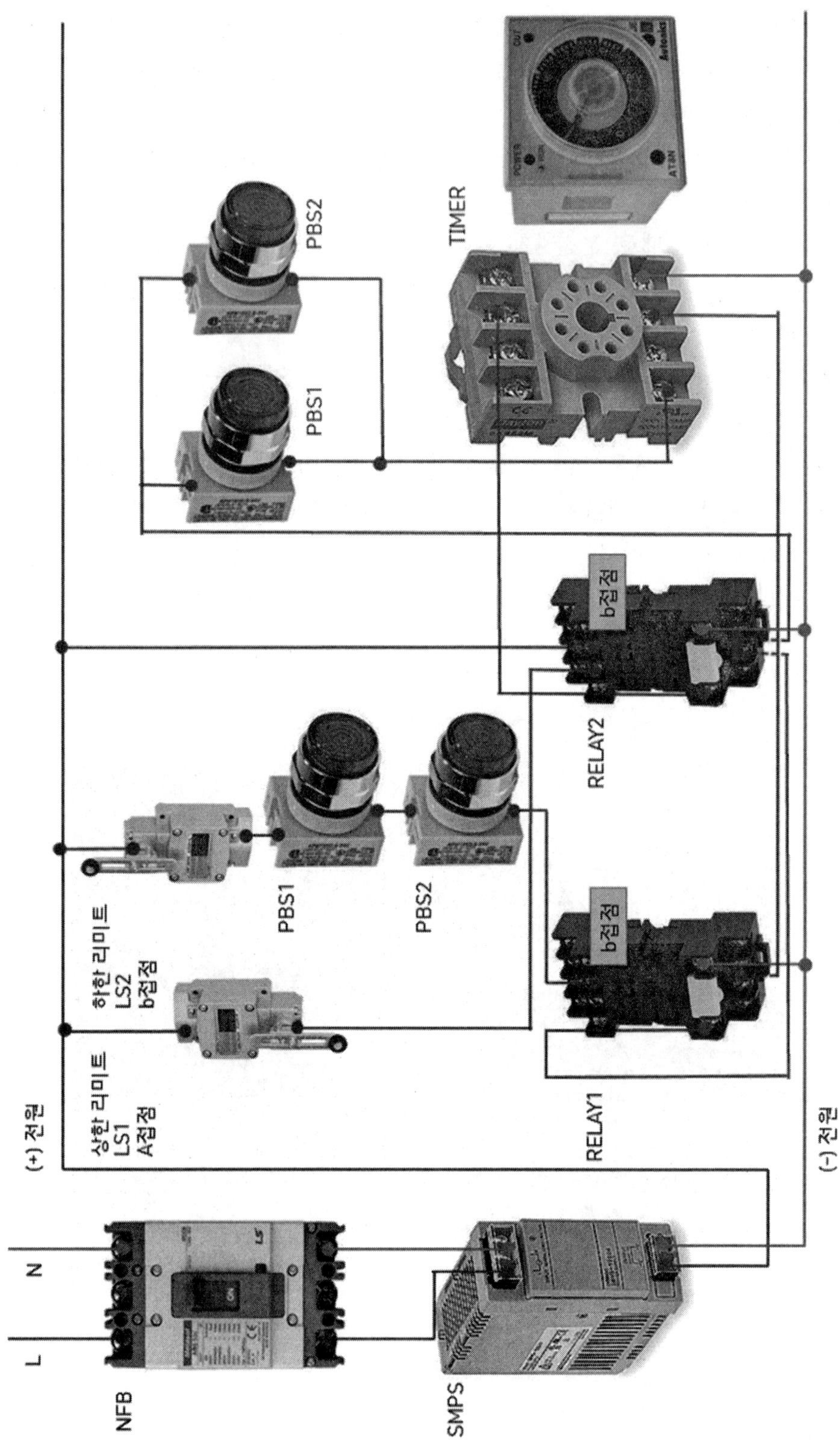
L
N
NFB
SMPS
(+) 전원
(-) 전원
상한 리미트
LS1
A접점
하한 리미트
LS2
b접점
PBS1
PBS2
RELAY1
RELAY2
b접점
b접점
PBS1
PBS2
TIMER

14-17 인버터의 전원투입과 운전 시퀀스 회로

실습명	인버터의 전원투입과 운전 시퀀스 회로
실습목표	❶ 자기유지회로를 응용하여 전원투입과 운전회로를 구성하고 동작원리를 설명할 수 있다. ❷ 전자접촉기(MC)의 동작원리를 이해하고 기능에 맞게 회로를 응용할 수 있다. ❸ 인버터나 서보드라이브 등의 장치에서 발생하는 알람용 접점의 사용목적을 이해하고 응용한다.
준비물	배선용 차단기, LAMP 2개, 누름 버튼 스위치 2개, 릴레이 1개, 전자접촉기(MC) 1개, 유도전동기, 기본 공구, 단자대, 전선
주의사항	❶ 결신을 완료한 후, 회로 시험기로 단선이나 단락 등을 검사한다. ❷ 이상이 없으면 지도 교사의 지시를 받는다 ❸ 젖은 손으로 플러그를 콘센트에 꽂지 않도록 한다. ❹ 시퀀스도를 충분히 검토하여 동작 원리를 완전히 이해하여야 한다.
실습순서	❶ 동작 사항을 숙지하고, 시퀀스도를 보고 결선도와 같이 결선을 한다. ❷ 배선용 차단기를 ON 조작하고, 전구의 상태를 확인한다. ❸ 전원투입 스위치를 ON/OFF 조작하고 전원의 투입상태를 확인한다. ❹ 운전/정지 스위치를 ON/OFF 조작하고 전동기의 동작상태를 확인한다.
시퀀스도	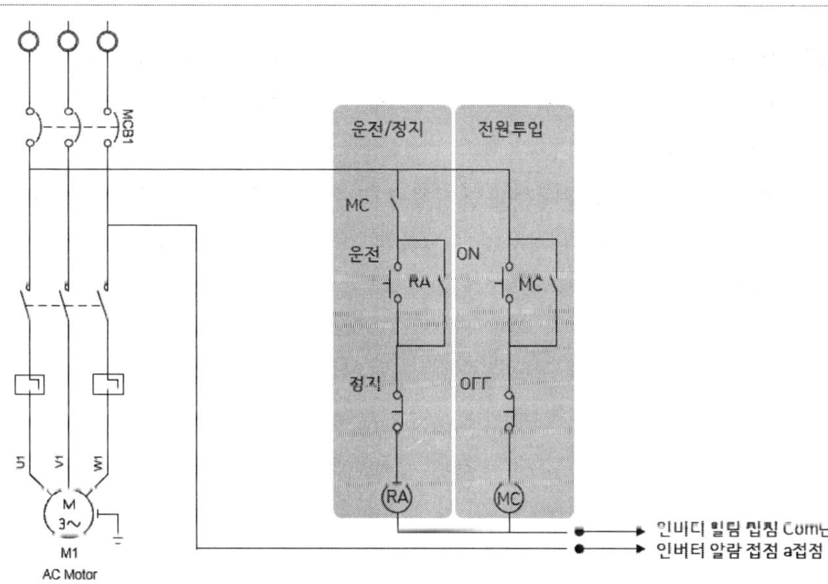

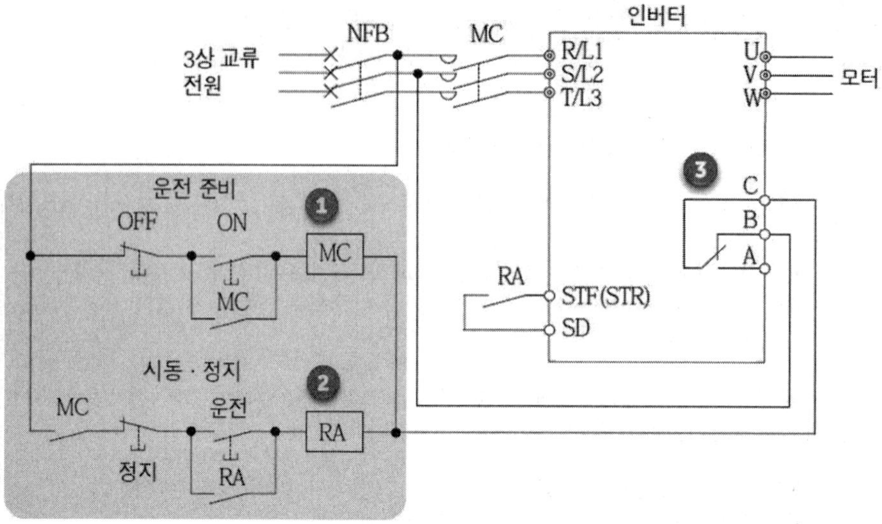

다음은 인버터의 전원투입과 운전/정지를 할 수 있는 간단한 시퀀스 회로도이다.

인버터뿐만 아니라 서보앰프에도 유사한 형태의 회로도를 찾아볼 수 있다.

전원라인을 보면 NFB 다음 단에 MC를 설치하고 ① 운전준비 ON스위치와 OFF스위치를 이용하여 MC를 동작하여 인버터에 전원을 공급할 수 있도록 되어있다. 회로는 자기유지 형태로 되어 있음을 쉽게 알 수 있다. MC의 보조접점을 사용하여 자기유지회로를 구성하였다. 그리고 하단의 ② 시동/정지 버튼은 인버터의 정회전단자(STF)(역회전단자는 STR이다.)에 연결되어 있다.RA로 표시된 것은 일반 릴레이로 생각하면 되겠다. 릴레이를 사용하여 자기유지회로를 구성하였다.

③ 인버터의 C단자와 B단자는 b접점형태로 인버터에서 발생된 알람을 외부로 출력해주는 단자이다. b접점을 사용하여 정상적인 상태를 의미하며 만약에 알람이 발생되면 C단자와 A단자가 연결된다.

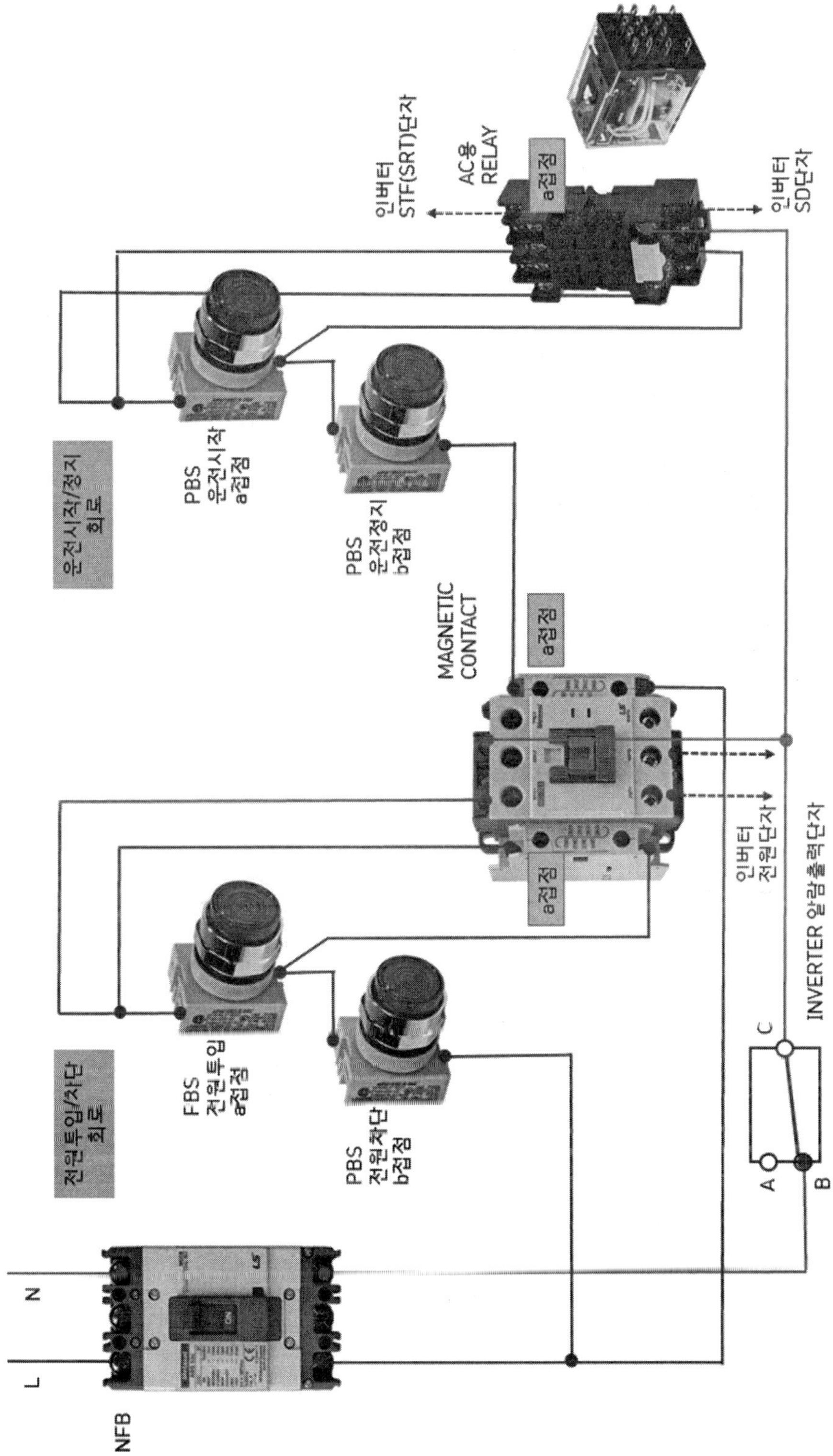

운전시작/정지 회로
PBS 운전시작 a접점
PBS 운전정지 b접점
인버터 STF(SRT)단자
AC용 RELAY
a접점
인버터 SD단자
MAGNETIC CONTACT
a접점
a접점
인버터 전원단자
INVERTER 알람출력단자
C
A
B
전원투입/차단 회로
FBS 전원투입 a접점
PBS 전원차단 b접점
N
L
NFB

14-18 DC 모터의 정/역 운전 회로

실습명	DC모터의 정/역 운전 회로
실습목표	❶ 자기유지회로의 동작 원리를 이해하고 설명할 수 있다. ❷ DC모터의 동작원리를 이해하고 정역회전용 회로를 구성할 수 있다.
준비물	배선용 차단기, SMPS 1개, LAMP 2개, 누름 버튼 스위치 3개, 릴레이 2개, DC 모터 1개, 기본 공구, 단자대, 전선
주의사항	❶ 결선을 완료한 후, 회로 시험기로 단선이나 단락 등을 검사한다. ❷ 이상이 없으면 지도 교사의 지시를 받는다. ❸ 젖은 손으로 플러그를 콘센트에 꽂지 않도록 한다. ❹ 시퀀스도를 충분히 검토하여 동작 원리를 완전히 이해하여야 한다.
실습순서	❶ 동작 사항을 숙지하고, 시퀀스도를 보고 결선도와 같이 결선을 한다. ❷ 배선용 차단기를 ON 조작하고, 전구의 상태를 확인하여 기록한다. ❸ 정회전 스위치를 ON 조작했을 때의 DC모터의 동작상태를 확인한다. ❹ 역회전 스위치를 ON 조작했을 때의 DC모터의 동작상태를 확인한다.
시퀀스도	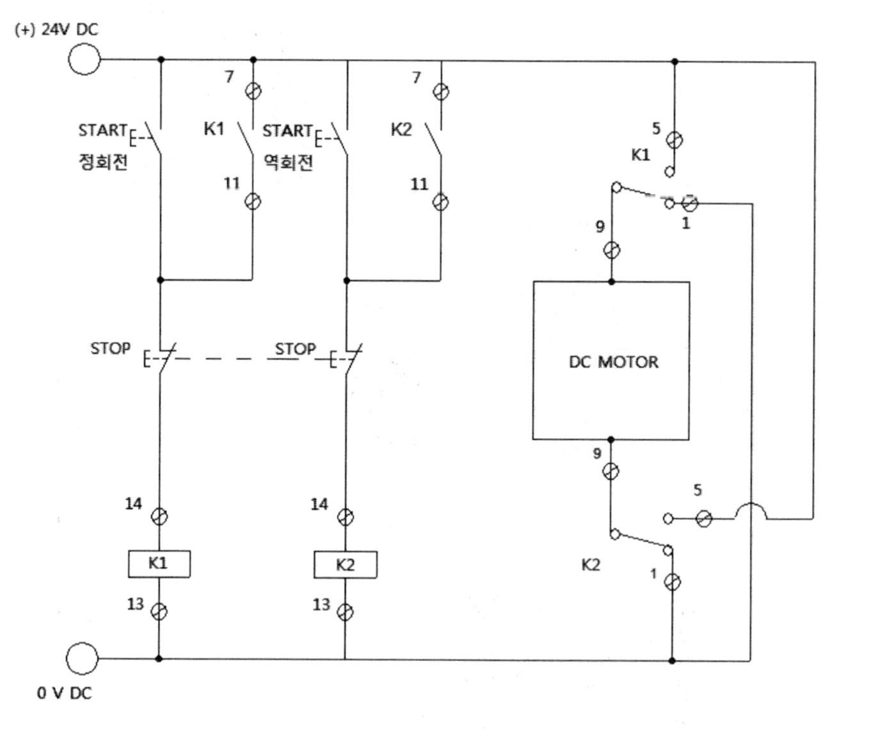

▌DC 모터란?

DC 모터란, 고정자로 영구자석을 사용하고, 회전자(전기자)로 코일을 사용하여 구성한 것으로, 전기자에 흐르는 전류의 방향을 전환함으로써 자력의 반발, 흡인력으로 회전력을 생성시키는 모터이다.

▌DC 모터의 구조

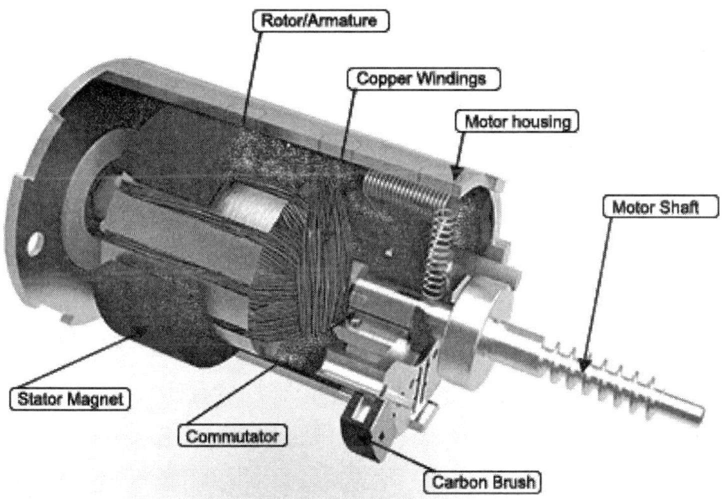

DC 모터는 자계(스테이터 Stator)와 전기자(로터 Rotor)로 분류된다. 여기에서 자계란 모터의 내부에 일정한 자계를 만드는 것으로서, 자력선을 통과하는 요크(계철)와 마그넷으로 구성되어 있다. 또 로터는 외부에서 전류를 공급하여 회전자석을 만드는 것으로서, 여기에서는 구동권선이 사용되고 있다. 이 경우, 로터는 연속적으로 회전해야 하므로 정류기(커뮤테이터 Commutator)가 부가 되고 있다.

정류기의 역할은 브러시를 통하여 공급되는 전류를 차례로 전환시켜 로터가 어디에 있을 지라도 일정한 방향으로 회전을 계속하는 것이다.

회전구조를 한 전자석(로터)은 브러시, 커뮤테이터의 작동에 의해 전자석의 극성을 전환시켜 스테이터측 의 자극(마그넷 Magnet)과 흡인/반발을 반복하여 로터를 연속적으로 회전시키는 것이다.

또한 여기에서 든 모터는 3슬롯(극수 Pole)이지만 이밖에 5~11 슬롯 등이 있다. 이 경우, 슬롯수가 많은 모터일수록 모터 전류가 완만하게 되어 제어성도 우수하다. 때문에 산업용 모터는 7슬롯 이상인 것이 많이 사용되고 있다.

DC 모터의 특성

DC 모터는 다음과 같은 특징이 있다.

① 기동 토크가 크다
② 인가전압에 대하여 회전특성이 직선적으로 비례한다.
③ 입력전류에 대하여 출력 토크가 직선적으로 비례하며, 또한 출력 효율이 양호하다
④ 가격이 저렴하다

DC 모터의 결점

DC 모터의 가장 큰 결점으로는 그 구조상 브러시(brush)와 정류자(commutator)에 의한 기계식 접점이 있다는 점이다.

이것에 의한 영향은 전류(轉流)시의 전기불꽃(spark), 회전 소음, 수명이라는 형태로 나타난다. 그리고 마이크로컴퓨터 제어를 하려는 경우는 "노이즈"가 발생하게 된다.

이 노이즈 대책을 위해서는 각 단자와 케이스 사이에 0.01㎌~0.1㎌ 정도의 세라믹 콘덴서를 직접 부착한다. 이것으로 정류자에서 발생하는 전기불꽃을 흡수하여 노이즈를 억제할 수 있다. DC 모터의 노이즈 대책에는 콘덴서를 케이스와 단자간에 직접 부착한다. 콘덴서의 리드는 가급적 짧게 한다.

DC 모터의 정역회전

DC 모터는 (+)와 (-) 두 개의 단자를 가지고 있는데 극성을 바꾸어두면 회전 방향이 반대로 된다. 정회전용 릴레이를 동작시켜 접점을 Close하면 모터는 정방향으로 회전하고 역회전용 릴레이를 동작시켜 닫아주면 모터는 역방향으로 회전하는 원리를 이용하는 회로이다. 이때 정회전용 릴레이와 역회전용 릴레이는 동시에 동작하면 안되므로 인터록 회로를 같이 사용하여 회로를 완성하도록 한다.

DC 모터의 (+)와 (−) 단자

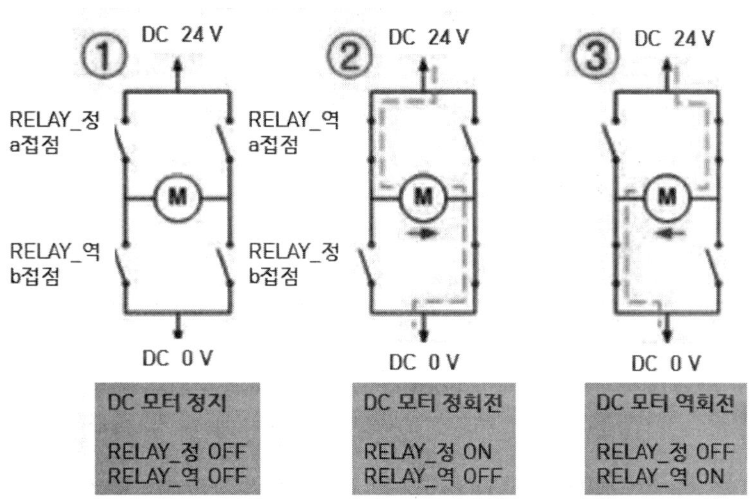
①
DC 24 V
RELAY_정
a접점
RELAY_역
b접점
DC 0 V
DC 모터 정지
RELAY_정 OFF
RELAY_역 OFF
②
DC 24 V
RELAY_역
a접점
RELAY_정
b접점
M
DC 0 V
DC 모터 정회전
RELAY_정 ON
RELAY_역 OFF
③
DC 24 V
DC 0 V
DC 모터 역회전
RELAY_정 OFF
RELAY_역 ON

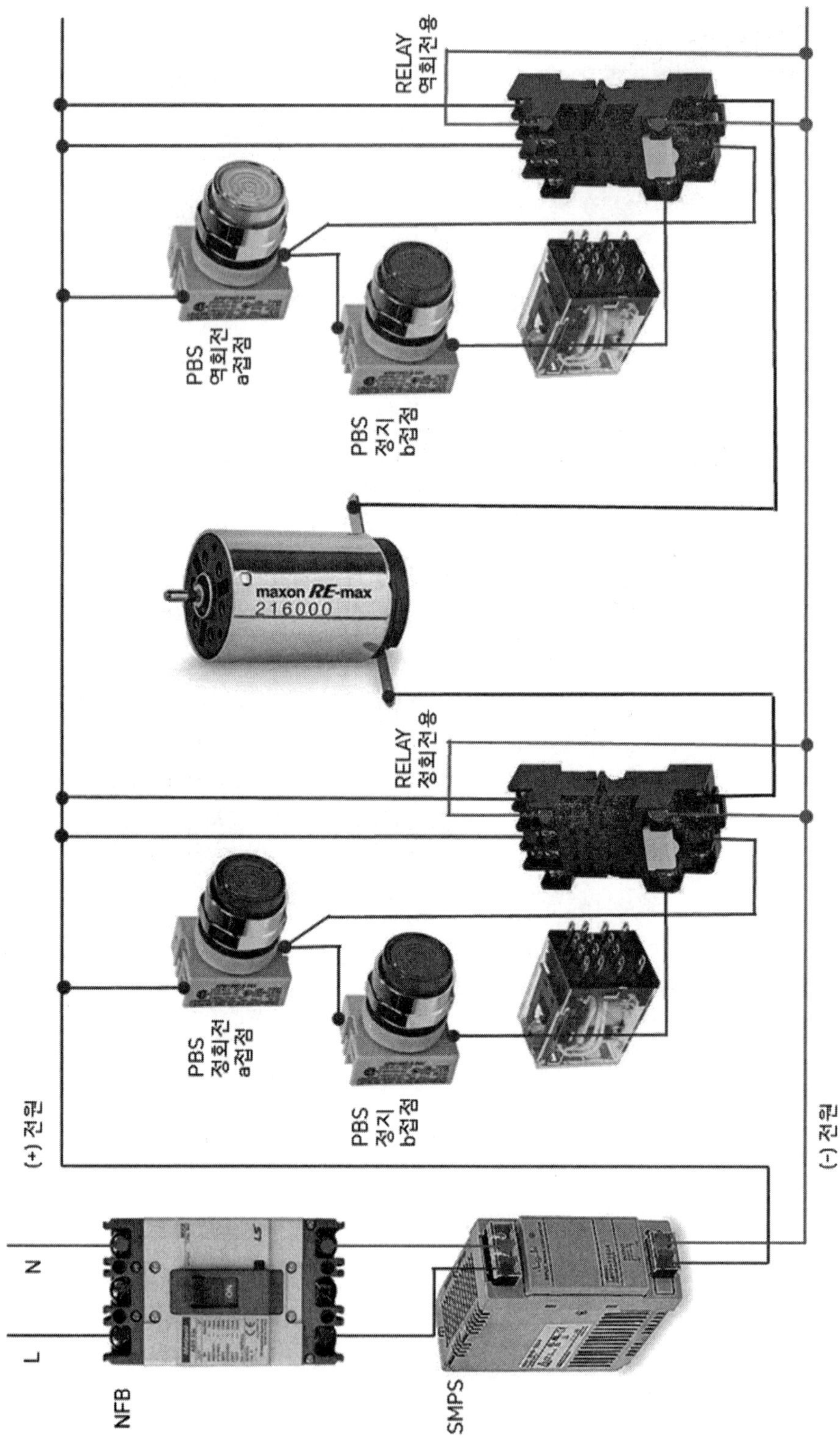
RELAY 역회전용
PBS 역회전 a접점
PBS 정지 b접점
maxon RE-max
216000
RELAY 정회전용
PBS 정회전 a접점
PBS 정지 b접점
(+) 전원
(-) 전원
N
L
NFB
SMPS

14-19 DC 모터의 정/역 운전 회로 II (인터록 적용)

실습명	DC모터의 정/역 운전 회로 II (인터록 적용)
실습목표	❶ 자기유지회로의 동작 원리를 이해하고 설명할 수 있다. ❷ DC모터의 동작원리를 이해하고 정역회전용 회로를 구성할 수 있다. ❸ 인터록회로를 동작원리를 이해하고 회로를 구성할 수 있다.
준비물	배선용 차단기, SMPS 1개, LAMP 2개, 누름 버튼 스위치 3개, 릴레이 2개, DC 모터 1개, 기본 공구, 단자대, 전선
주의사항	❶ 결선을 완료한 후, 회로 시험기로 단선이나 단락 등을 검사한다. ❷ 이상이 없으면 지도 교사의 지시를 받는다 ❸ 젖은 손으로 플러그를 콘센트에 꽂지 않도록 한다. ❹ 시퀀스도를 충분히 검토하여 동작 원리를 완전히 이해하여야 한다.
실습순서	❶ 동작 사항을 숙지하고, 시퀀스도를 보고 결선도와 같이 결선을 한다. ❷ 배선용 차단기를 ON 조작하고, 전구의 상태를 확인하여 기록한다. ❸ 정회전 스위치를 ON 조작했을 때의 DC모터의 동작상태를 확인한다. ❹ 역회전 스위치를 ON 조작했을 때의 DC모터의 동작상태를 확인한다. ❺ 모터의 회전중 반대 동작을 하는 스위치를 조작하고 모터의 동작상태를 확인한다.
시퀀스도	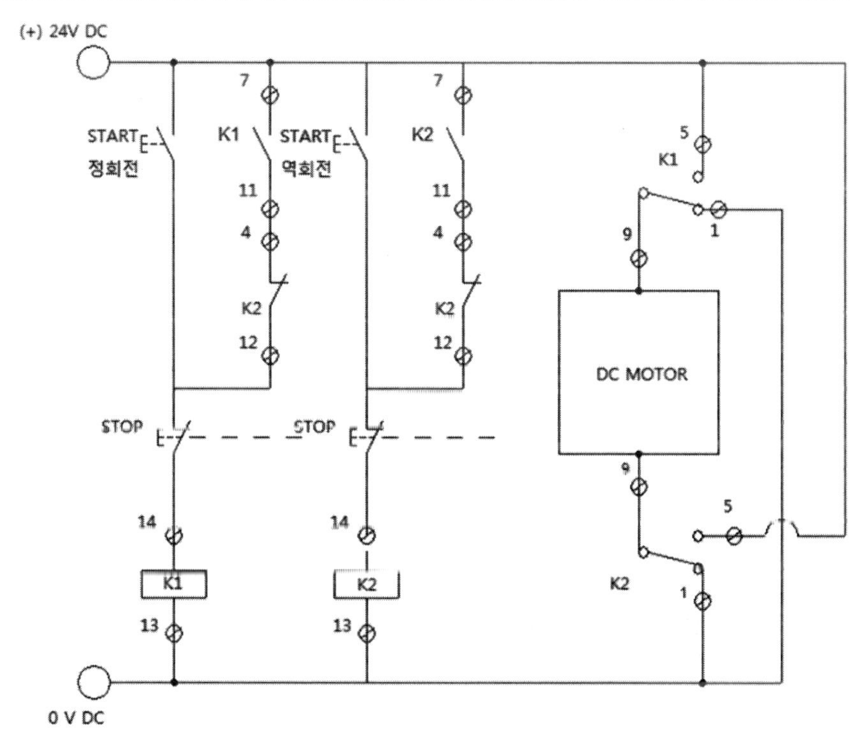

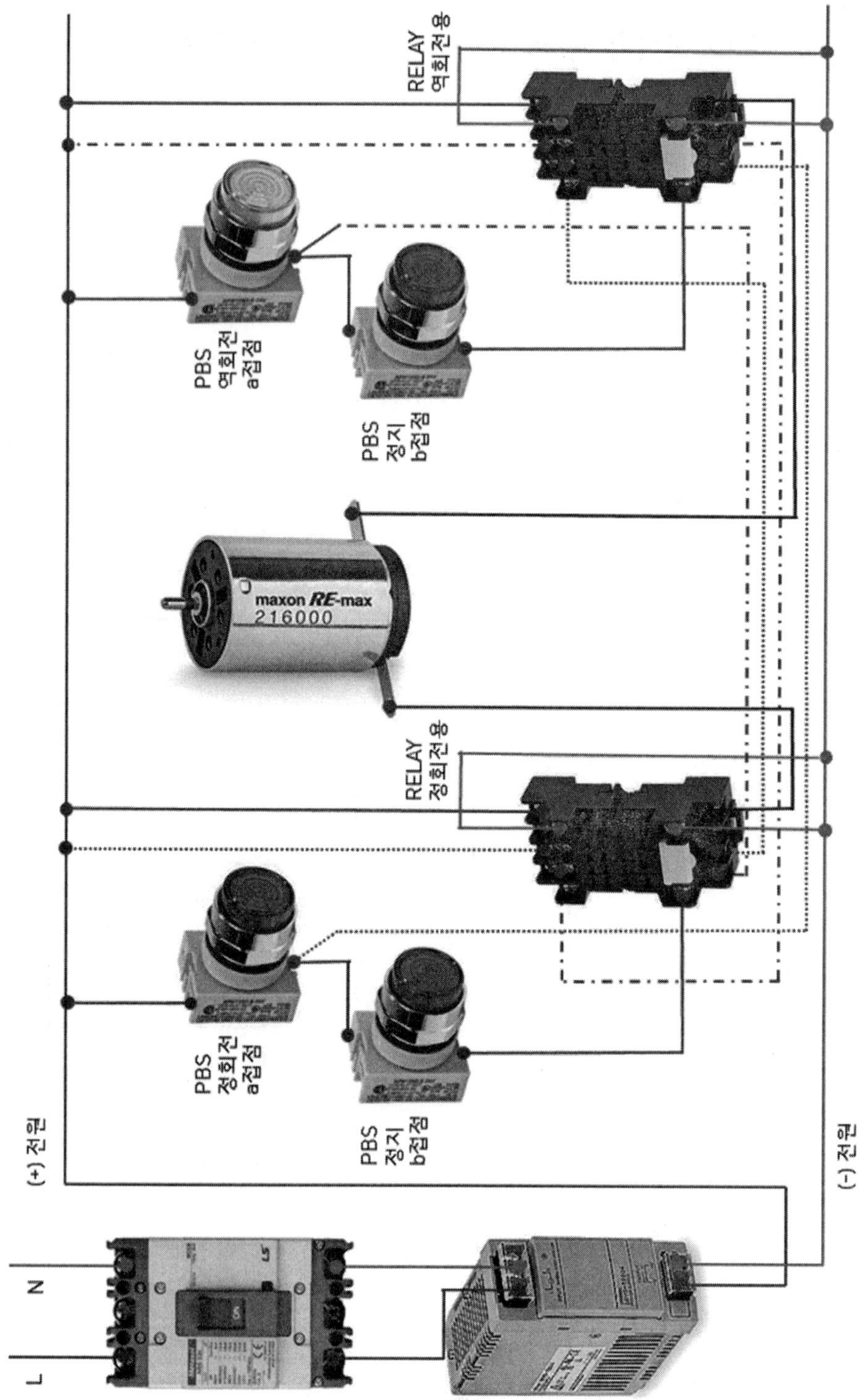
RELAY
역회전용
PBS
역회전
a접점
PBS
정지
b접점
maxon RE-max
216000
RELAY
정회전용
PBS
정회전
a접점
PBS
정지
b접점
(+) 전원
(-) 전원
N
L
NFB
SMPS

14-20 비상정지 회로

<table>
<tr><td>실습명</td><td>비상정지 회로</td></tr>
<tr><td>실습목표</td><td>❶ 비상정지 스위치의 구조 및 동작 원리를 이해하고 설명할 수 있다.
❷ 비상정지 스위치를 사용하여 회로의 정지에 응용할 수 있다.</td></tr>
<tr><td>준비물</td><td>배선용 차단기, SMPS, LAMP 1개, 누름 버튼 스위치 2개, 비상정지 스위치 1개, 기본 공구, 단자대, 전선</td></tr>
<tr><td>주의사항</td><td>❶ 결선을 완료한 후, 회로 시험기로 단선이나 단락 등을 검사한다.
❷ 이상이 없으면 지도 교사의 지시를 받는다.
❸ 젖은 손으로 플러그를 콘센트에 꽂지 않도록 한다.
❹ 시퀀스도를 충분히 검토하여 동작 원리를 완전히 이해하여야 한다.</td></tr>
<tr><td>실습순서</td><td>❶ 동작 사항을 숙지하고, 시퀀스도를 보고 결선도와 같이 결선을 한다.
❷ 배선용 차단기를 ON 조작하고, PBS1을 ON하고 램프 상태를 확인한다.
❸ 비상정지 스위치를 ON 조작했을 때의 램프 상태를 확인한다.</td></tr>
<tr><td>시퀀스도</td><td>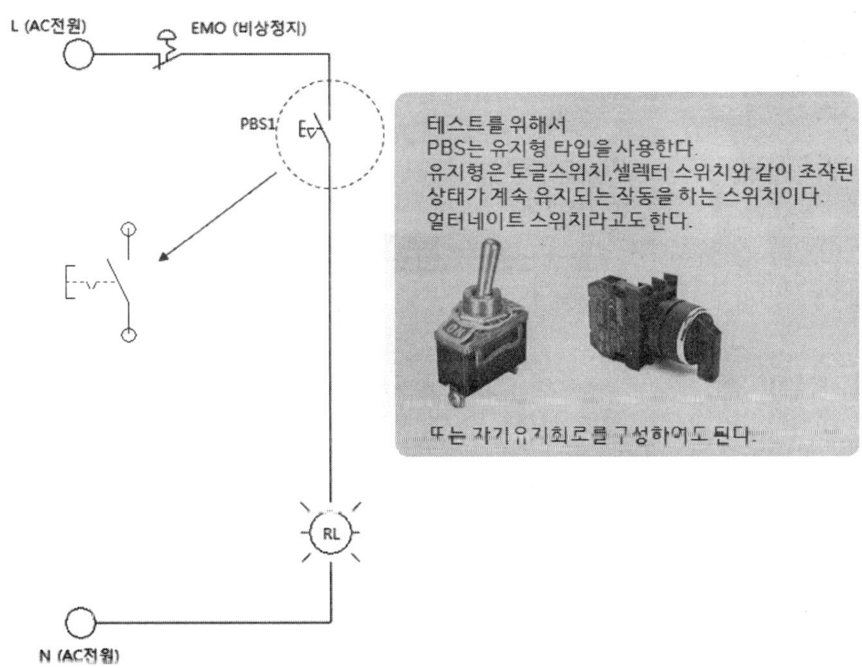
</td></tr>
<tr><td colspan="2">자기유지회로를 구성하여 테스트하면 전원의 재 투입시 램프는 OFF상태가 되므로 전원복귀시 동작이 되지 않아야 한다는 비상정지회로의 개념에 맞는 회로가 된다. 여기에서 현장에서 사용하는 경우 신호의 발생을 하기 위해서 사용하는 스위치의 종류는 유지형보다는 복귀형 스위치를 사용하는 것이 적합하다는 것을 알 수 있다.</td></tr>
</table>

기계류 지침에 따라 플랜트와 기계류에는 비상 정지 장비를 장착하여 비상 상황에서 위험을 방지하거나 감소시킬 수 있도록 해야 한다. 위험한 상황에서는 신호를 생성하여 위험 가능성이 있는 작동을 멈추게 할 수 있도록 비상 정지 제어 장치를 수동으로 작동시킨다. 비상 정지 명령이 작동하면 비상 정지 제어 장치가 동작한다. 제어 장치를 수동으로 해제할 때까지 이 상태를 유지해야 한다.

비상정지 버튼을 조작하였을 때 모든 작동이 정지되어야 하고 모든 스위치 제어회로는 비상 상태가 해지된 경우 또는 운전 가능상태를 확인한 후에 비상정지 스위치를 원위치로 복귀(리셋)하면 다시 재 작동이 가능하여야 한다.

비상정지 누름버튼은 한번 누르면 제어전원 및 주 전원이 차단되도록 회로 구성을 하고 버튼을 잡아 당겨 원위치로 복귀시키더라도 비상정지 버튼을 누른 직전의 동작이 자동으로 재동작을 하면 안되고 운전조작을 처음부터 시작하도록 회로 구성 등의 조치를 하여야 한다.

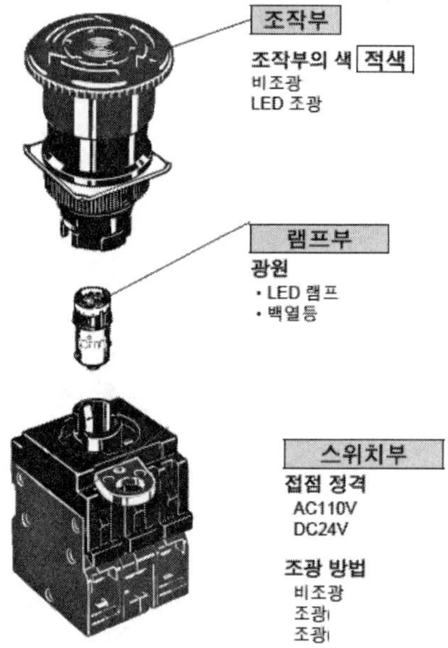

비상정지 장치의 접점 형식은 순시접점으로 사용하고 평상시 닫힘(N.C)상태를 유지하여야 한다. 비상정지버튼을 조작하면 열림 상태가 유지되어야 하고 복귀버튼을 조작하면 닫힘 상태로 유지되어야 하는 잠금형(Lock Type)이어야 한다.

Push to lock

Turn to reset

비상정지는 EMO (Emergency Machine Off)라고 부르기도 한다.

전기 또는 기계적으로 작동될 수 있는 비상정지 스위치는 기계의 전기적인 장비의 공급라인 쪽에 설치되어야 한다.

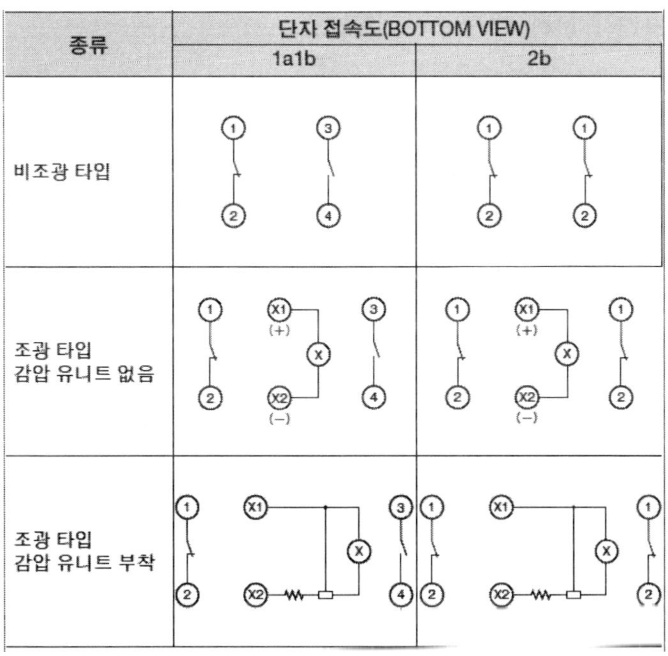

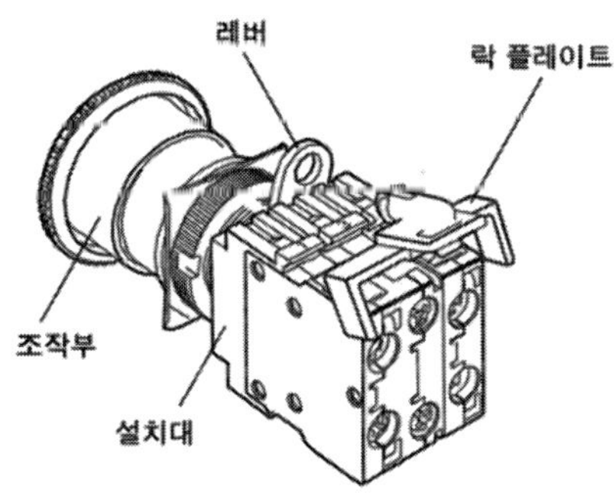

다음의 내용은 비상정지 상황에서 적용될 수 있는 작업들이다.

① 프로그램은 즉시 중단된다.
② 작동부와 관계없이 제어계는 동력원으로 부터 차단된다.
③ 작업요소는 최종 제어 요소를 통하여 즉각적으로 비상정지의 영향을 받는다.
④ 제어계는 비상정지 신호가 제거되었을 때 다시 기동될 수 있는 위치로 바뀌게 된다.
⑤ 비상정지 기구의 조작 버튼은 적색으로 하여야 하고 버튼은 쉽게 판별할 수 있도록 바탕은 황색으로 한다.
⑥ 작업자는 그의 작업위치에서 비상정지 버튼에 쉽게 어떤 장애도 없이 접근 할 수 있어야 한다.
⑦ 회로의 차단이 작업자나 기계에 위험을 줄 수 있는 상황에서는 비상정지 기구의 영향을 받지 않도록 하여야 한다.
⑧ 기계가 빠른 속도로 작업을 수행하는 경우에는 비상정지 시에 제동장치가 필요하게 되며 비상정지 장치로는 모든 작업요소를 귀환 운동시킬 수도 있다. 이때 에는 초기 위치가 작업자에게 어떤 위험도 없어야 한다. 비상정지 제어 스위치는 수동으로 직접 혹은 간접으로 작동될 수 있는 버섯 모양의 스위치를 사용하며 램프 내장형은 사용하지 않는다. 비상정지스위치의 잠금장치를 해제시킨 후에 기계는 시동 스위치에 의해서 시동될 수 있어야 한다.

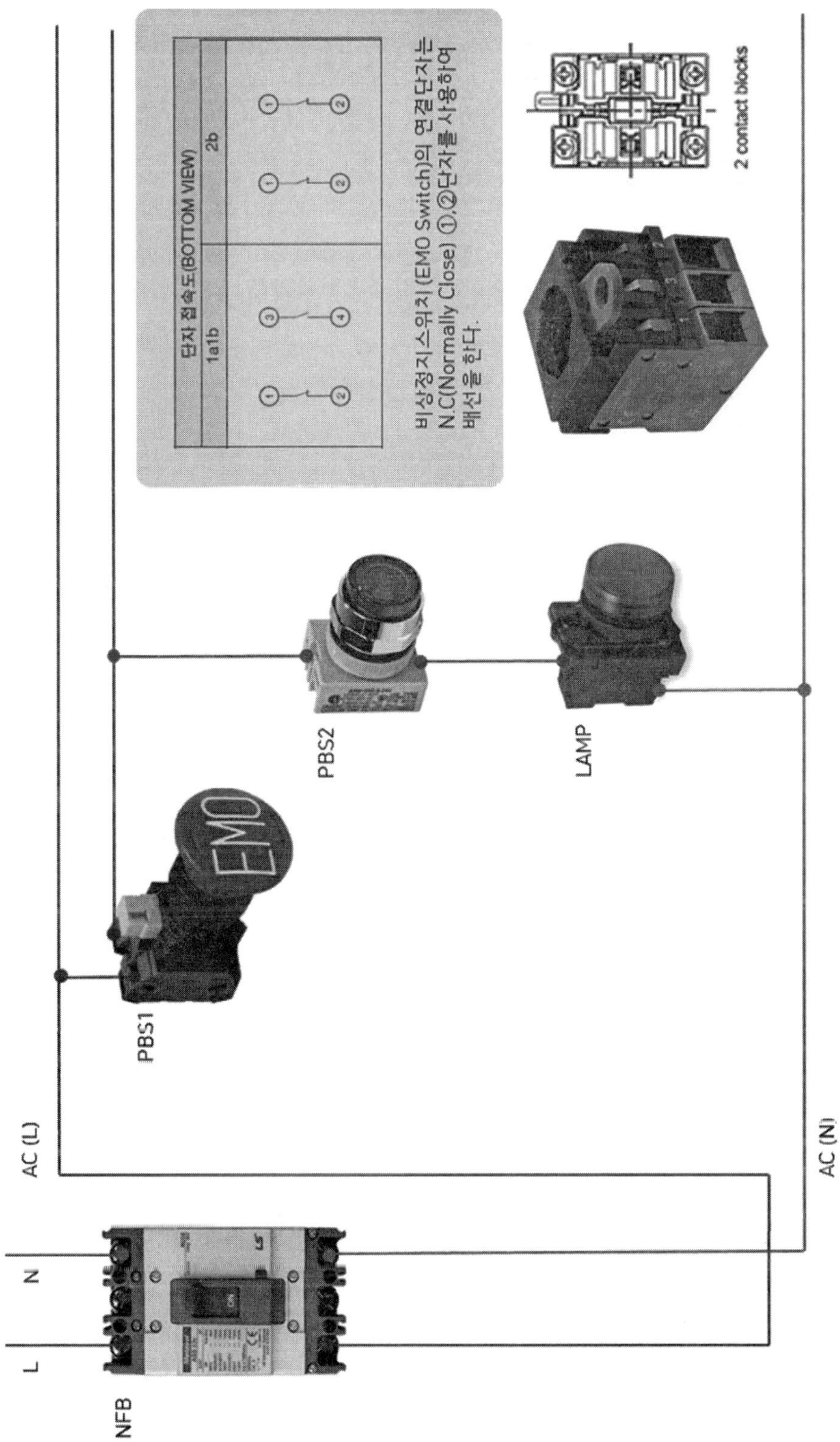
단자 접속도(BOTTOM VIEW)
1a1b
2b
비상정지스위치(EMO Switch)의 연결단자는 N.C(Normally Close) ①,②단자를 사용하여 배선을 한다.
2 contact blocks
EMO
PBS1
PBS2
LAMP
AC (L)
AC (N)
L
N
NFB

14-21 전자접촉기(MC)를 사용한 자기유지회로와 직입기동

▌유도전동기 기초 이론

산업현장에서는 펌프, 컴프레서, Blower등 다양한 종류의 설비들이 운전되고 있으며 이들을 구동하는 동력원으로써 가장 많이 사용되는 것이 유도전동기이다.

유도전동기는 구조가 간단하고 매우 튼튼하며 다른 모터들에 비에 가격도 상대적으로 저렴하기 때문에 거의 모든 부하에 무난하게 적용되는 장점을 가지고 있다.

▌유도전동기의 원리

전기로 구동되는 모든 회전기기는 그 원리가 플레밍의 왼손법칙을 따르도록 회전방향이 결정되며, 이렇게 하기 위해서는 반드시 자기장을 만들어 주는 자석과 이 자기장에서 자유롭게 회전할 수 있는 전류를 흘려주는 도체로 구성되어 있어야 한다.

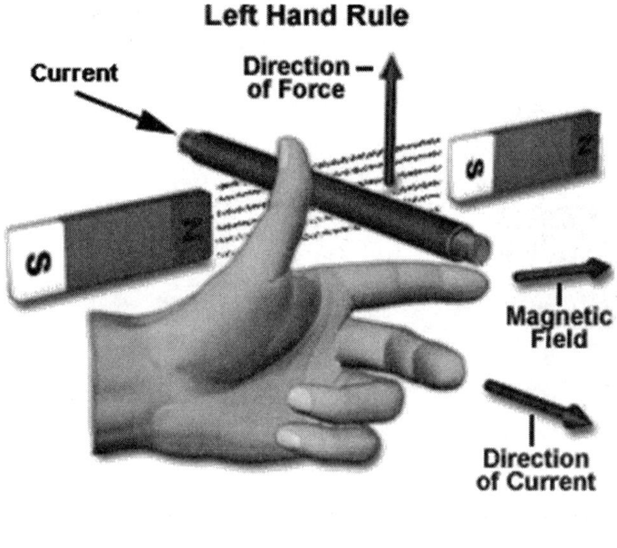

우리가 잘 알고 있는 직류전동기와 동기전동기를 보면 자기장을 만들어 주는 전자석과(또는 영구자석) 코일로 구성되어 있음을 알 수 있다.

따라서 직류전동기와 동기전동기는 전자석을 만들기 위한 계자전류 공급설비와 전류를 흘려주기 위한 주 전원공급설비를 반드시 갖추고 있어야 한다. 그런데 유도전동기를 보면 단지 3상 전원만을 공급하면 전동기가 회전한다.

유도전동기를 회전시키기 위해서는 자기장이 필요하며, 이때 자기장을 만드는 자석전류를 주 전원에서 유도하여 자기장을 만들기 때문에 유도전동기라 하는 것이다.

별도로 자기장을 만들기 위한 계자전류 공급설비가 필요한 타 전동기에 비해 유도전동기는 구조가 무척 간단하며 견고하고 제어가 간단하여 산업현장에서 그야말로 부하의 종류를 막론하고 편리하게 사용할 수 있는 것이다.

모터가 회전하기 위해서는 반드시 자기장을 만들 수 있는 자석과 이 자기장에서 자유롭게 회전할 수 있는 구조를 가진 전류가 흐르는 도체가 있어야 한다. 회전하는 자석을 만들어야 하는데 실제 기계적으로 회전하는 자석을 만들어서 이를 돌리면서 유도작용에 의해서 도체가 뒤따라 회전하는 모터를 만든다는 것은 차라리 별도의 자석을 만드는 것보다도 복잡하게 될 것이다. 하지만 테슬러는 다상교류를 일정한 전기각 간격으로 원주상에 배치하여 전류를 흘려주면 회전자계가 생긴다는 것을 알아냈으며, 3상 전원을 이용하여 3상 유도전동기로 구현해 냈다.

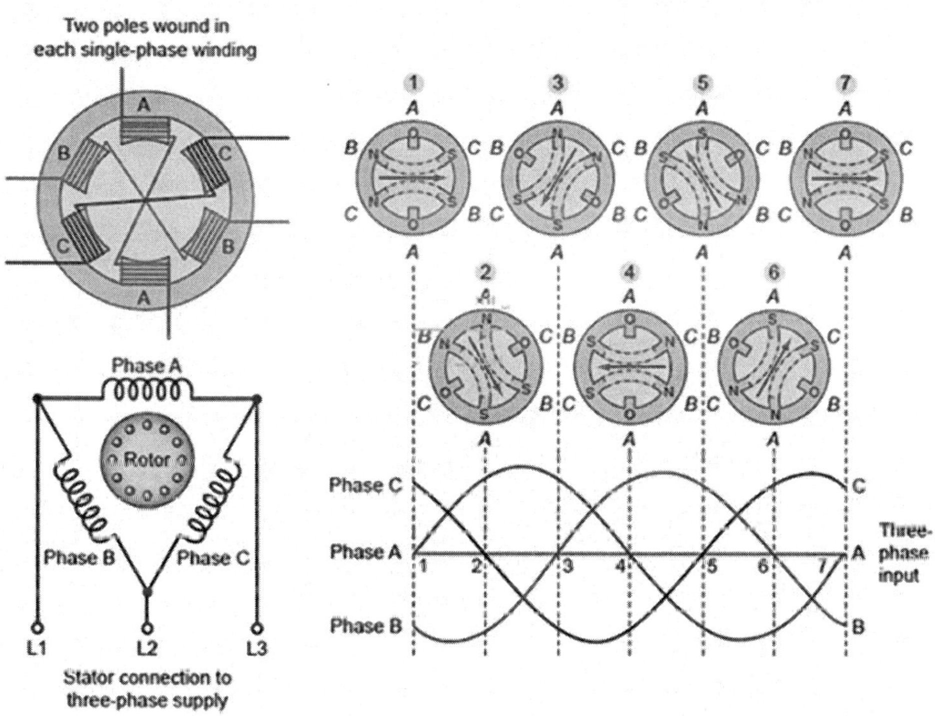

회전자계의 발생원리는 시간적으로 1초에 방향이 60번 바뀌는 (60Hz)교류를 적절하게 회전자 주변의 고정자에 감아서 시간영역에서 보면 자계의 방향이 회전하는 것이다.

대개 유도전동기는 단상과 3상 유도전동기가 있는데 단상은 교류 한상만 권선을 감은 것이라, 회전하지 않고 180방향으로 자계가 왔다 갔다 한다.

3상은 a, b, c상의 전류가 서로 120도의 위상차를 가지고 있으므로 그 합을 나타내면 시간적으로 흘러간다.

유도기와 동기기의 차이는 유도기는 고정자에만 전류를 인가하여 회전자계를 발생시키고 그 회전자계가 회전자에 유도전류를 유도시켜 회전자계와 회전자의 전류의 상호 작용에 의해 회전하는 원리이다. 회전자계의 속도와 회전자가 실제로 회전하는 속도 차이를 slip이라고 한다.

반면 동기기는 고정자에는 유도기와 같게 또는 비슷하게 권선을 감고 회전자에도 권선을 감아 전류를 흘려준다. 마치 회전자에 자석이 하나 있는 것처럼 권선을 감아서 고정자의 회전자계를 쫒아 같은 속도로 돌게 하는 원리이다. 유도기나 동기기 모두 회전자계가 존재하는 이 회전자계의 속도를 동기속도라 한다. 동기기는 슬립이 없기 때문에 회전자계의 속도로 돌 수 있어 동기 전동기라 부른다.

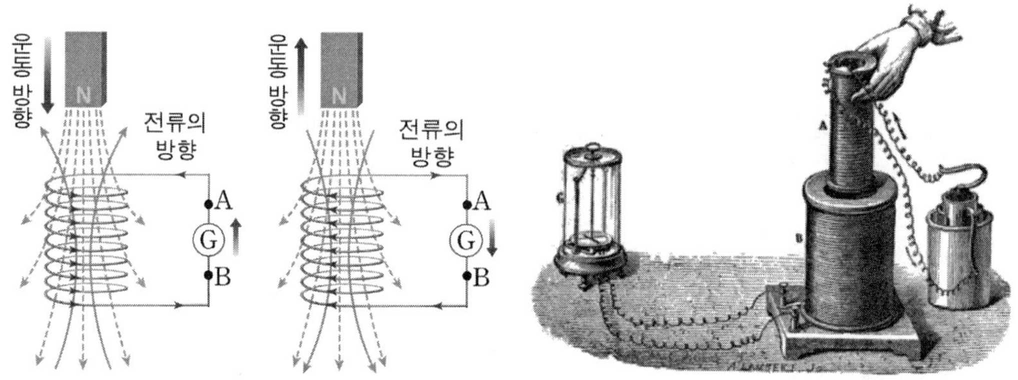

전자기유도현상은 마이클 패러데이와 요셉 헨리가 1831년 독자적으로 발견하였지만, 패러데이가 그의 연구 결과로서 처음으로 출판하였다. 1831년 8월 29일 전자기 유도에 대한 패러데이의 첫 번째 실험적 증명에서 철제 고리(또는 토러스)를 두 개의 와이어로 반대 방향에 감았다. 발견된 전자석의 특성에 대한 그의 평에 근거하여 하나의 와이어에 전류가 흐를 때, 파동의 부분이 고리를 따라 반대편에 전달되어 약간의 전기적 효과를 일으킬 것이라 생각했다. 하나의 와이어를 검류계에 연결하고 다른 한 쪽을 배터리에 연결하였을 때 일어나는 변화를 관찰하였다. 패러데이는 와이어를 배터리에 연결할 때 와 떼어낼 때 과도전류(패러데이는 이것을 '전기 파동'이라 불렀다.)를 관측했다. 이 유도현상은 배터리가 연결되었다 분리될 때 발생하는 자기력선속의 변화 때문에 발생한 것이다. 두 달 후, 패러데이는 몇 가지 다른 전자기유도의 단서들을 찾았다. 예를 들면, 막대자석을 코일에 빠르게 통과시킬 때 과도전류가 발생하는 것을 보았고 막대자석 근처에서 회전하는 동판에 의해 교류가 발생하는 것이 있다.

영구자석 사이에서 구리 원반을 회전시켜 연속적인 전류를 발생시키는 이 실험 장치는 최초의 발전기인 동시에 최초의 전동 모터이다.

유도전동기의 구조적인 개념

유도전동기의 고정자 원주둘레에 일정한 전기각으로 분리된 3상 교류전류를 인가하면 동기속도로 회전하는 회전자계가 형성된다.

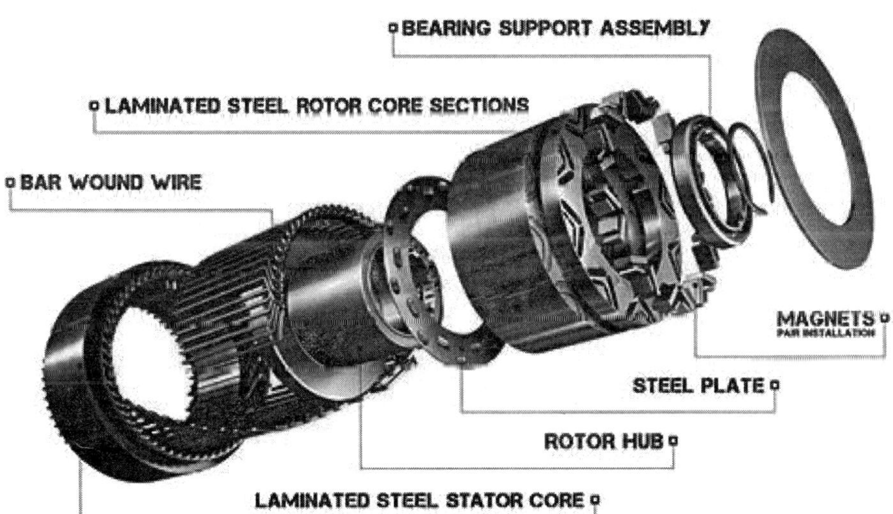

유도전동기는 고정자와 회전자로 크게 구성되며 고정자는 철심에 권선을 삽입한 구조이며 회전자는 철심에 권선을 삽입한 권선형과 철심에 단락봉을 삽입한 농형으로 구분된다.

삼상 교류모터는 크게 외함(Enclosure), 고정자(Stator), 회전자(Rotor)로 나누어진다.

1) 고정자(Stator)

고정자(Stator)는 모터의 전자기회로를 구성하는 부분으로 고정자의 Core는 Lamination이라고 부르는 얇은 철판으로 만들어 지는데 이를 층층이 쌓아서 Stator Core를 만든다. 얇은 철판을 쌓아서 Stator Core를 만드는 것이 금속을 통으로 가공하여 Stator Core를 만드는 것보다 에너지 손실측면에서 유리하다.

Stator Lamination을 쌓아 속이 빈 형태의 Stator Core를 만들고 절연된 구리선으로 코일을 만들어서 Stator Core의 Slot에 집어넣는다. 이것이 모터의 Winding이 된다. 모터가 조립이 완료되면 Stator전원이 공급되게 되고 Stator는 전자석이 된다. 이러한 작용이 전자기 유도이며 모터의 동작원리이다.

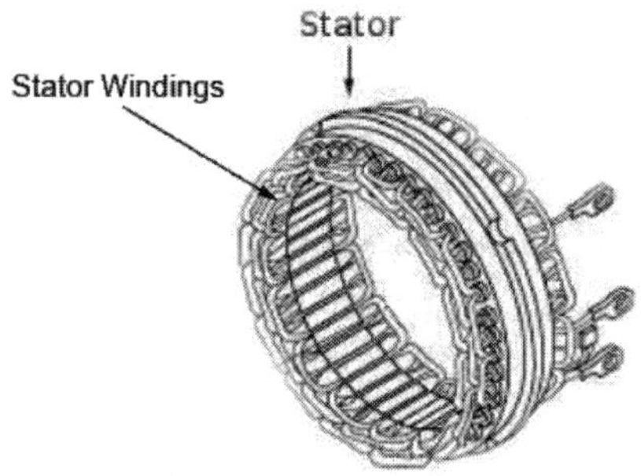

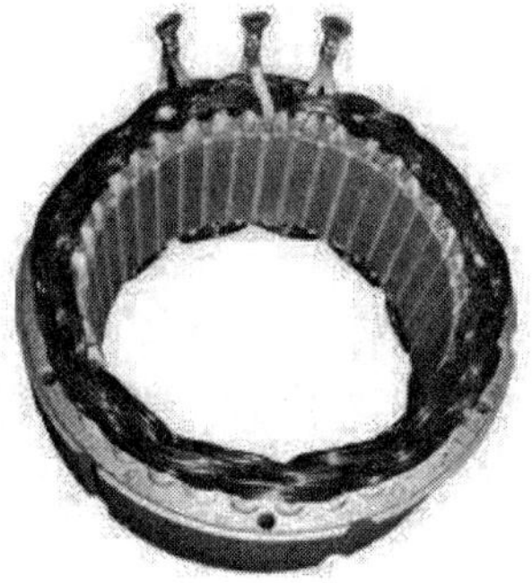

2) 회전자(Rotor)

회전자는 모터의 전자기회로에서 회전하는 부분이다. 모터의 회전자의 종류중 가장 보편적으로 사용되는 것이 Squirrel Cage타입이다. Startor와 마찬가지로 얇은 철판을 가공하여 Lamination을 만들고 쌓아서 Rotor Core를 만든다. Stator와는 다르게 Wire를 사용하지 않는다. 일반적으로 많은 수의 Squirrel Cage타입의 Rotor에서 알루미늄을 가공한 Conductor Bar를 사용한다. 고효율을 위해서 알루미늄 대신에 구리를 사용하기도 한다.

다이캐스팅 후 End Ring을 조립한 후에 Shaft와 연결한다.

3) 외함(Enclosure)

외함은 Frame과 두개의 Bearing Housing으로 구성된다. Stator가 외함에 고정되고 Rotor는 약간의 공간을 두고 Stator내부에 들어가게 된다.

외함은 모터를 외부환경으로 부터 보호하며 방수역할을 한다. 방수등급에 따라 모터의 종류가 달라지게 된다.

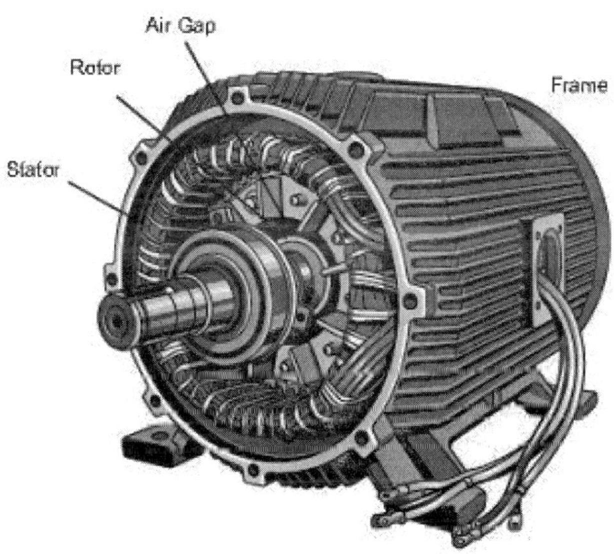

Partially Assembled Motor

▌유도전동기의 종류

회전자가 구리 막대 또는 알루미늄 막대와 단락 고리를 주조하여 만들어진 농형 유도전동기와 회전자의 권선을 둥근 구리선이나 평각 구리선을 사용하고 회전자의 권선은 Y결선으로 하여 슬립 링이나 브러시를 통하여 연결되어 있는 권선형 유도전동기가 있다.

① 농형 유도전동기 장점

구조가 간단하고 값이 싸며 튼튼하고 고장이 적고 다루기가 간편하다. 또한 속도 변동도 적고 거의 정속도로 운전이 가능하다. 단점으로는 기동전류가 많아서 정격전류의 약 6배 정도 흐르므로 전원에 나쁜 영향을 주며 기동 토크가 작다.

② 권선형 유도전동기

좋은 기동 특성을 가지고 있으므로 대형의 유도전동기에 많이 쓰인다.

단점으로는 구조가 복잡하고 가격이 비싸며 약간 토크가 변해도 속도가 심하게 변화하므로 안전한 운전을 할 수 없다.

③ 단상 유도전동기

소형 전동기는 1Hp 이하의 출력을 가지는 전동기이다. 특수한 경우 1Hp 이상의 것도 있다. 가정용 기기, 전동공구, 사무자동화 기기에 많이 사용된다. 또한 가정의 전원으로 간단히 사용 가능하다. 단점으로는 3상 유도 전동기에 비해 효율이 나쁘고 크기와 가격이 비싸다.

▌모터의 종류

1) 전원에 의한 분류

① 교류전동기

교류 전원으로 동작하는 전동기로써 유도 전동기, 동기 전동기, 교류 정류자 전동기 등이 이에 속한다.

• 단상 모터
  - 단상 전원은 일반 가정용의 상용 전원으로 한 상으로 되어 있다.
  - 전원 자체만으로는 모터가 회전되지 않기 때문에 기동을 위하여 콘덴서를 보조 코일에 연결하여 기동시킨다.
  - 단상모터에는 주로 콘덴서 운전형 유도전동기(CONDENSER RUN INDUCTION MOTOR)가 사용되고 있으며 기동시 뿐만 아니라 운전 중에도 항시 보조권선에 CONDENSER를

사용한다. 일반적으로 기동 TORQUE는 높지 않지만 구조가 간단하고 신뢰성이 높으며 결선이 간단하며 가정 및 공장에서 사용하기 적합하다. 단상 INDUCTION MOTOR를 사용할 때에는 반드시 MOTOR 부속품인 CONDENSER를 MOTOR 명판에 표시되어 있는 용량에 맞추어 사용한다.

- 단상 INDUCTION MOTOR는 회전중에 회전방향을 바꾸려 해도 회전방향과 역방향의 TORQUE를 발생하고 있기 때문에 관성부하의 경우에는 부하를 짧은 시간에 역전시키는 것은 불가능하므로 MOTOR를 일단 정지시킨 후에 회전 방향을 전환한다. 그러하지 않을 경우에는 모터가 소손될 수 있다.

• 삼상 모터

- 3상 모터는 전원에 3선을 바로 연결하여 사용하므로 단상모터에 비하여 결선이 간편하고 효율과 신뢰성이 높으며 기동특성이 좋다. 동력에서는 3상 모터가 범용모터로 많이 사용된다.
- 삼상 MOTOR는 동력으로 구분되며 전원의 각상 전압의 위상이 120°씩 틀어진 3개의 전원으로 되어 있다.
- 전원을 모터에 연결하여 구동시키면 용이하게 회전자계가 일어나 기동이 된다.
- 모터의 효율이 높고 기동토크도 비교적 크다.

② 직류전동기

전기자에 직류를 공급함으로써 회전하는 전동기이다. 자극 N과 S사이에 코일을 두고, 이 코일에 전류를 흘림으로써 생기는 토크에 의해 모터를 회전시키게 된다. 이 코일이 중성축을 통과할 때마다 전류의 방향을 반전시켜 연속적으로 회전시킨다.

2) 기능에 의한 분류

① 일정속도 모터

• Induction Motor(유도전동기) : 인덕션 모터는 구조적으로 고정자(Stator)와 회전자(Rotor)로 구성되어 있으며, 고정자에 교류 전압을 가하면 전자 유도에 의해 회전자 권선에 유도 전류가 흘러 모터가 회전하게 되는 원리로 작동한다. 유도전동기는 보통 정류자를 갖지 않고, 정상 운전상태에서는 동기 속도보다 느린 속도로 회전한다. 단상, 삼상으로 나뉘며, 회전자의 구조에 따라 농형, 권선형으로 나뉜다.

• Reversible Motor : Induction Motor의 일종이며, 정회전, 역회전 어느 방향으로도 같은 특성이 얻어지게 되어 있는 모터이다. 원리적으로는 Induction Motor와 같으나 모터 뒷부분

에 간이 브레이크 기구(마찰 브레이크)가 내장되어 있어 빈번한 정역운전에 적합하다.

② 브레이크 모터

무여자 작동형 전자 브레이크를 내장한 모터이다. 제동이 확실히 작동하여 유지력을 얻을 수 있다. 제동은 전원이 OFF상태일 때에 작동하므로 정전 시에도 안전하게 사용하는 브레이크로 적합하다.

③ 클러치브레이크 모터

클러치브레이크 모터에는 클러치&브레이크 메커니즘이 내장되어 있으며 감속기를 부착하여 사용한다. 연속 회전하는 인덕션 모터에 클러치브레이크가 결합되어 있어 잦은 기동과 정지, 위치제어, 인덱스 운전 및 상대치 FEEDING 운전 등에 적합하다.

④ 토크 모터

토크 모터는 큰 기동 토크와 수하특성을 지니며, 회전속도-토크 특성의 전 영역, 특히 저속 및 구속 시에 안정된 운전을 하는 모터이다. 이 특징을 살려 감아내기 및 장력용 모터로써 폭넓은 용도로 사용할 수 있다.

⑤ 스피트콘트롤 모터

속도 검출용 Tacho Generator를 탑재한 모터에 스피드 콘트롤러를 연결하여 사용자가 모터의 속도를 쉽게 조절할 수 있는 모터이다.

3. Induction Motor의 특징

① Induction Motor의 특징

- 한 방향 연속운전에 적합

  컨베이어 구동과 같이 한 방향으로 연속운전하는 용도에 적합하다.

- 단상 운전

  단상 운전의 경우 해당 모터의 용량에 적합한 콘덴서를 사용한다. 단상 인덕션 모터의 경우에는 운전 중 짧은 시간 내에 회전 방향을 바꾸는 것은 불가능하다.

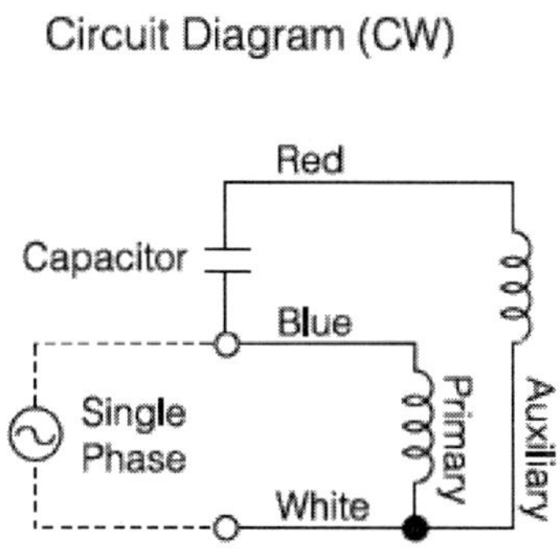

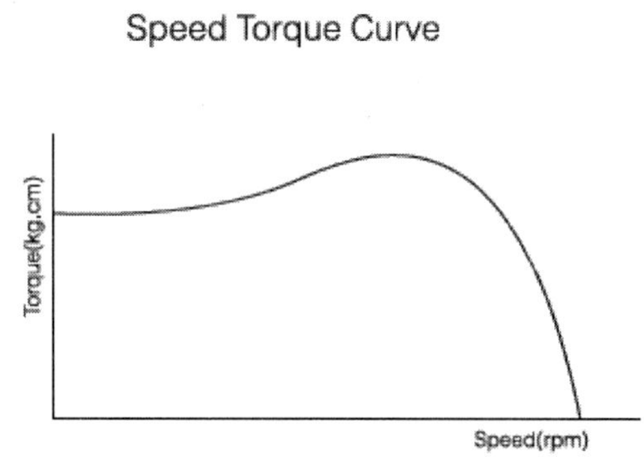

- 삼상 운전

삼상 인덕션 모터는 단상에 비해 상대적으로 높은 기동 토크와 높은 안전성을 가지고 있다.

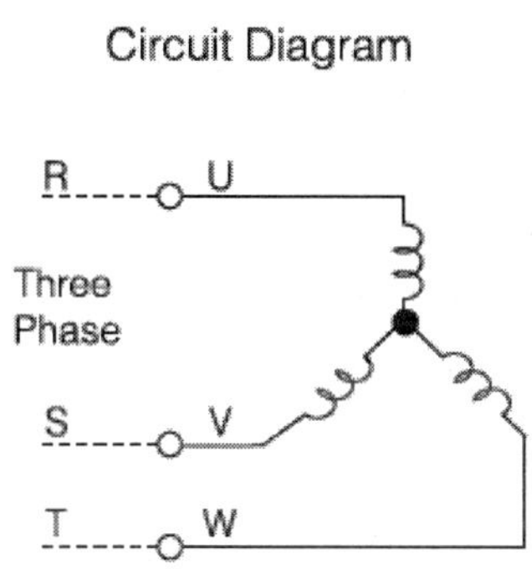

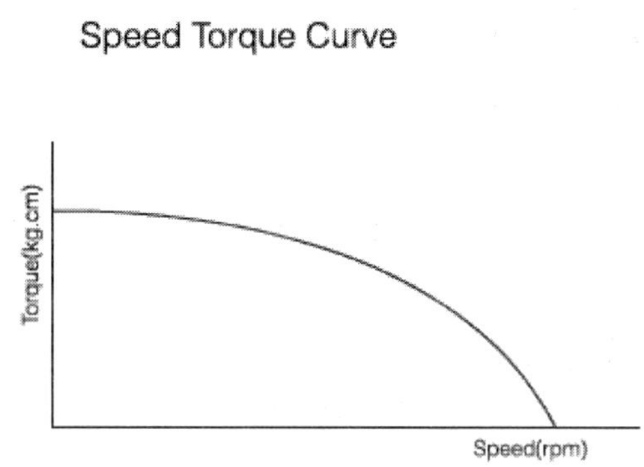

② 회전속도–Torque 특성

일정한 전압 하에서 '회전속도-Torque' 특성은 다음의 그림과 같다.

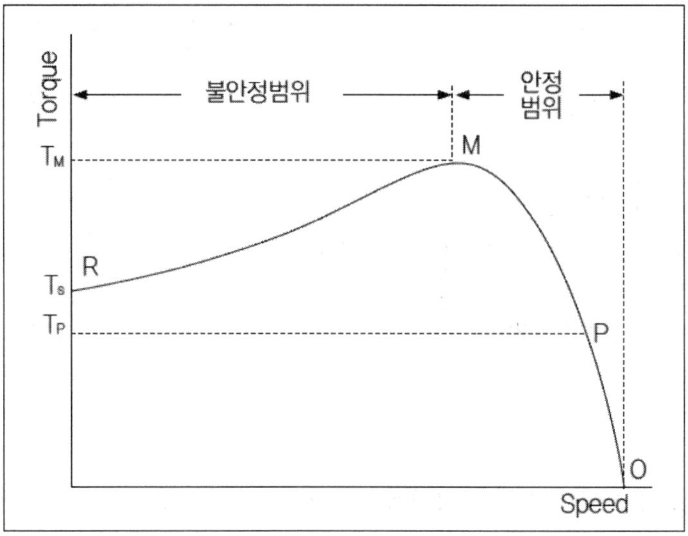

무부하 시의 경우에는 동기회전속도와 비슷한 속도로 회전하지만 부하증가와 함께 회전속도가 떨어져 부하와 모터의 토크 Tp와 만나는 점 P에서 회전하게 된다. 부하가 증가해 M점에 이르면 모터는 더 이상의 토크를 내지 못하므로 R점에 이르러 정지한다. 즉, R-M 사이는 불안정한 범위로 모터가 안정적으로 운전되는 범위는 O-M 사이가 된다.

부하가 더욱 증가하여 TM지점에 넘어가게 되면 모터의 TORQUE가 불안전 영역으로 도달하여 모터가 정지되고 구속전류가 흐르게 되어 높은 열이 발생되어 모터가 소손 될 우려가 있다. 따라서 안전영역구간에서 부하지점으로 사용하여야 안전운전이 가능하다.

③ 전압특성과 콘덴서

인덕션 모터의 토크는 전압의 두 배에 비례하며 콘덴서의 용량에 따라 변한다. 콘덴서의 용량이 증가함에 따라 기동 토크와 정격 토크가 증가하는데 콘덴서의 용량이 2.5배 내지 3배까지 증가하게 되면 정격 토크는 감소하고 기동 토크는 더 이상 증가하지 않는다.

인덕션 모터의 토크가 다소 부족할 경우 토크를 쉽게 증가시킬 수 있는 방법으로 전압이나 콘덴서의 용량을 높이는 방법이 있으나 이 경우에는 모터의 입력손실이 증가하고 모터의 온도가 급격히 상승하므로 공장출하상태에서의 운전을 권장된다. 그러나 부득이하게 사용할 경우에는 별도의 팬을 부착하는 등 모터의 열발산이 잘 되도록 해주고 모터 케이스(Housing)의 온도가 90℃ 이하가 되도록 주의하도록 한다.

<table>
<tr><td>실습명</td><td>전자접촉기(MC)를 사용한 자기유지회로와 직입기동</td></tr>
<tr><td>실습목표</td><td>❶ 전자접촉기의 동작 원리를 이해하고 설명할 수 있다.
❷ 전동기의 기동방법(직입기동)을 익혀 응용할 수 있다.</td></tr>
<tr><td>준비물</td><td>배선용 차단기, 전자접촉기, 열동계전기, 유도전동기, LAMP, 누름 버튼 스위치, 부저, 기본 공구, 단자대, 전선</td></tr>
<tr><td>주의사항</td><td>❶ 결선을 완료한 후, 회로 시험기로 단선이나 단락 등을 검사한다.
❷ 이상이 없으면 지도 교사의 지시를 받는다.
❸ 젖은 손으로 플러그를 콘센트에 꽂지 않도록 한다.
❹ 시퀀스도를 충분히 검토하여 동작 원리를 완전히 이해한다.</td></tr>
<tr><td>실습순서</td><td>❶ 동작 사항을 숙지하고, 시퀀스도를 보고 결선도와 같이 결선을 한다.
❷ 배선용 차단기를 ON 조작하고, 적색, 녹색 램프의 상태를 확인한다.
❸ 기동용 스위치를 ON 조작했을 때 전동기의 동작상태를 확인한다.
❹ 정지용 스위치를 ON 조작했을 때 전동기의 동작상태를 확인한다.
❺ 열동계전기의 Reset bar를 조작하여 인위적으로 THR를 Trip 시키고 전동기의 상태를 확인한다.</td></tr>
<tr><td>시퀀스도</td><td>

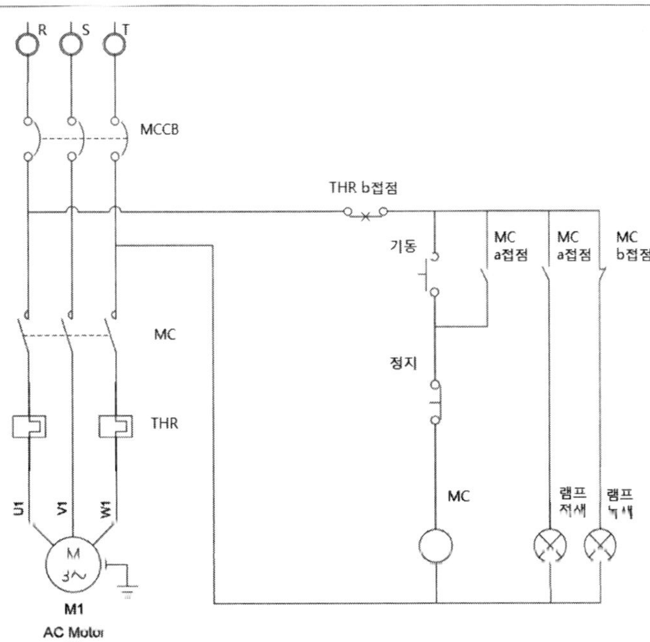

</td></tr>
<tr><td colspan="2">

직입 기동이란?

전동기에 전원 전압을 인가하여 기동시키는 방법으로 전동기 제어방법이 가장 간단하여 널리 사용된다. 기동 시 정격전류의 4~9배의 전류가 흐르기 때문에 큰 전동기에는 사용되지 않으며 5kW 이하의 소형 전동기에 많이 사용된다. 기동시간이 길어질 경우 과열이 발생될 수 있다.

</td></tr>
</table>

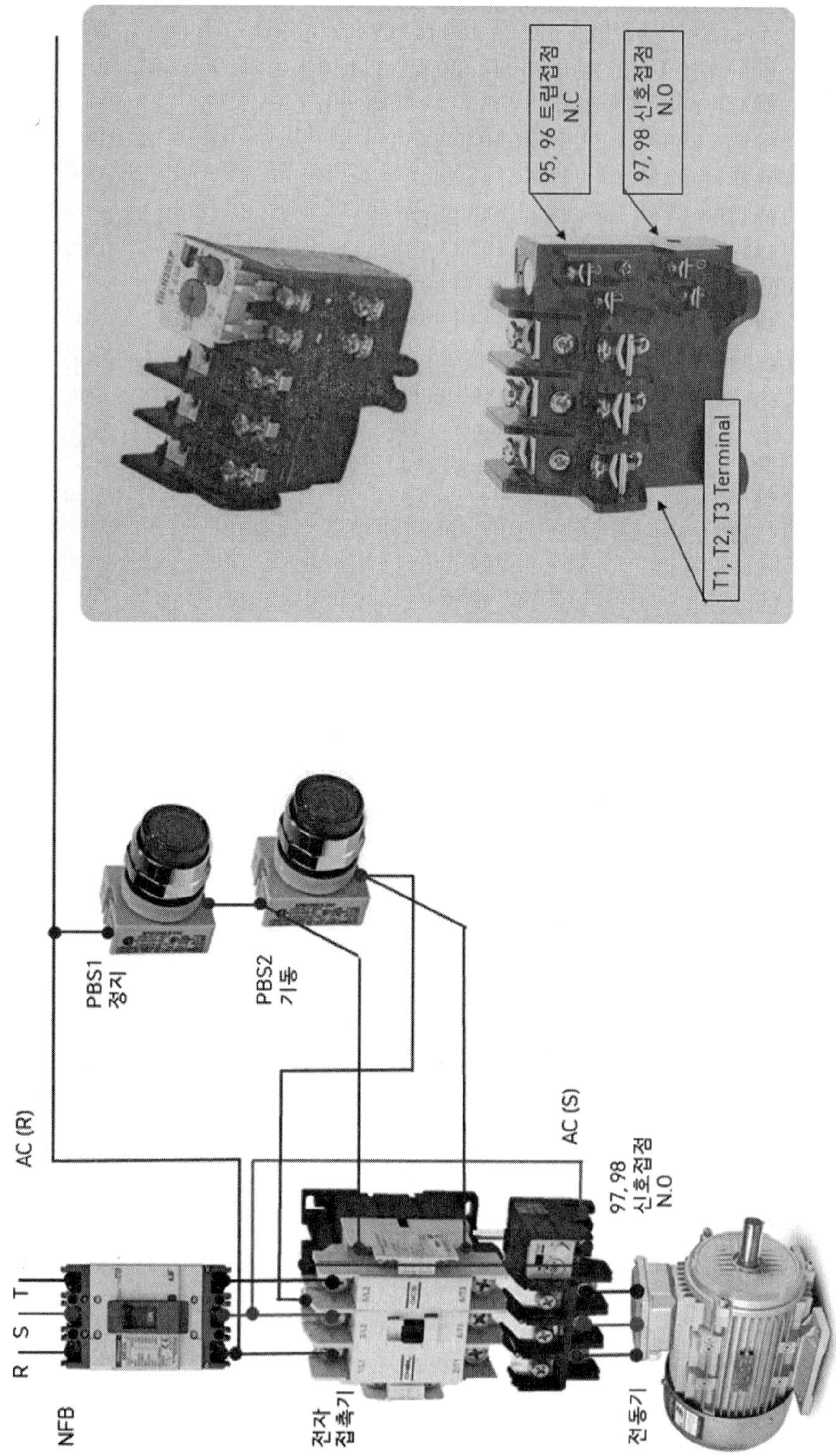
95, 96 트립접점
N.C
97, 98 신호접점
N.O
T1, T2, T3 Terminal
AC (R)
PBS1
정지
PBS2
기동
AC (S)
97, 98
신호접점
N.O
R
S
T
NFB
전자
접촉기
전동기

14-22 열동계전기를 사용한 경보회로 동작 실습

실습명	열동계전기를 사용한 경보회로 동작 실습
실습목표	❶ 열동계전기의 동작 원리를 이해하고 설명할 수 있다. ❷ 열동계전기의 a 접점, b접점 기능을 전동기 구동회로에 응용할 수 있다.
준비물	배선용 차단기, 전자접촉기, 열동계전기, 유도전동기, LAMP, 누름 버튼 스위치, 부저, 기본 공구, 단자대, 전선
주의사항	❶ 결선을 완료한 후, 회로 시험기로 단선이나 단락 등을 검사한다. ❷ 이상이 없으면 지도 교사의 지시를 받는다. ❸ 젖은 손으로 플러그를 콘센트에 꽂지 않도록 한다. ❹ 시퀀스도를 충분히 검토하여 동작 원리를 완전히 이해한다.
실습순서	❶ 동작 사항을 숙지하고, 시퀀스도를 보고 결선도와 같이 결선을 한다. ❷ 배선용 차단기를 ON 조작하고, 적색, 녹색 램프의 상태를 확인한다. ❸ 열동계전기의 Reset bar를 조작하여 인위적으로 THR를 Trip 시키고 전동기의 상태를 확인한다. ❹ 열동계전기의 Reset bar를 눌러 THR을 복귀시키고 전동기를 다시 기동해 본다.
시퀀스도	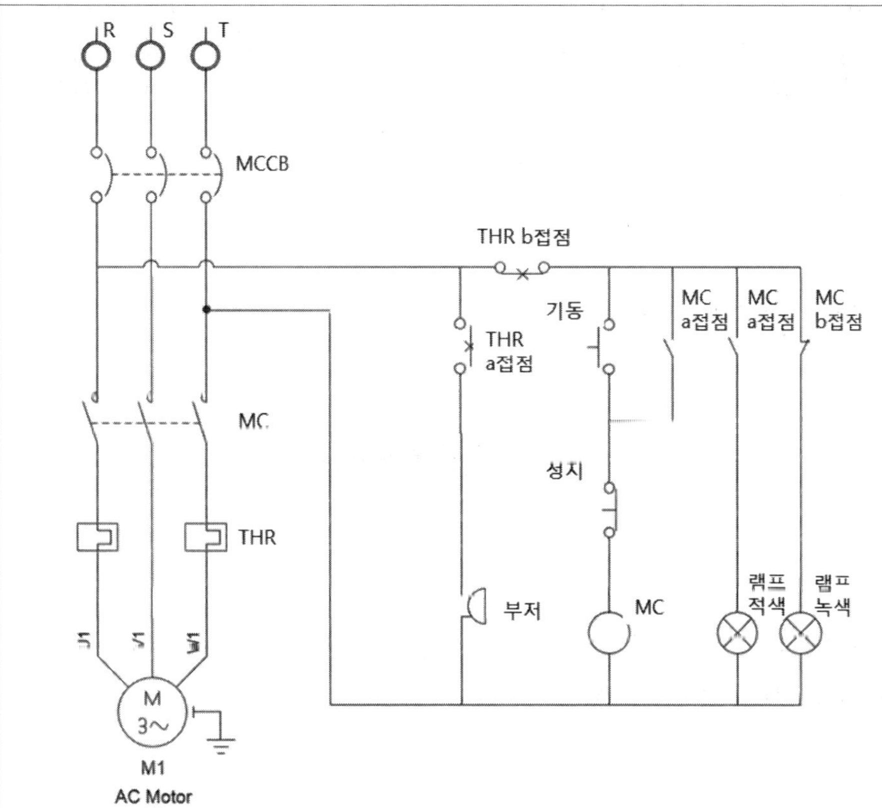

열동형 과부하계전기(THR)는 일반부하와는 달리 모터를 기동할 때 발생하는 초기기동전류를 고려하여 동작한다. 모터의 과부하 즉 정상적인 전류가 아닌 전류가 흐를 때 정해진 정격에 따라 일정시간 후에 트립신호를 주는 장치이며 주 보호소자는 바이메탈로 이루어져 전류값에 따라 바이메탈의 휨 특성을 이용한 트립기구이다.

▮ 열동형 과부하계전기 선정 방법

- 부하의 종류 : 모터 및 모터의 부하 종류
- 결상 또는 상 불평형에 대한 보호기능 필요 여부
- 모터 기동기 조합=모터보호용차단기(자기형)+전자접촉기+과부하계전기

▮ 열동형 과부하계전기 종류

2 소자형 2 elements	3 소자형 3 elements Non-differential	3 소자형 결상 보호 3 elements differential
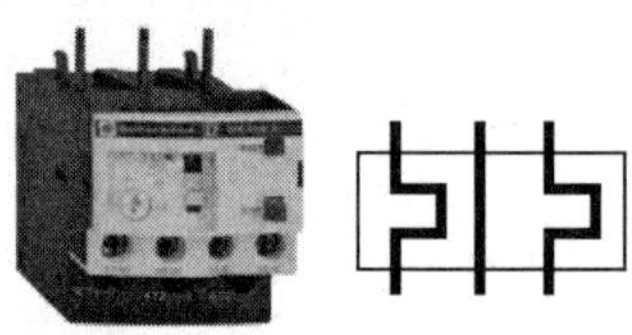		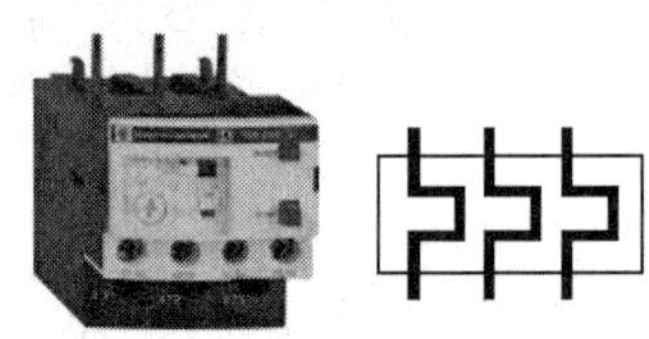
국내에서 많이 사용되는 종류로 S상에 보호소자가 없는 일반형이다.	3상 모두 보호소자를 가지고 있다.	3상 모두 보호소자를 가지고 있으며 결상 및 상 불평형에 대한 보호기능이 있다.

※ 참고 바이메탈_Bimetal

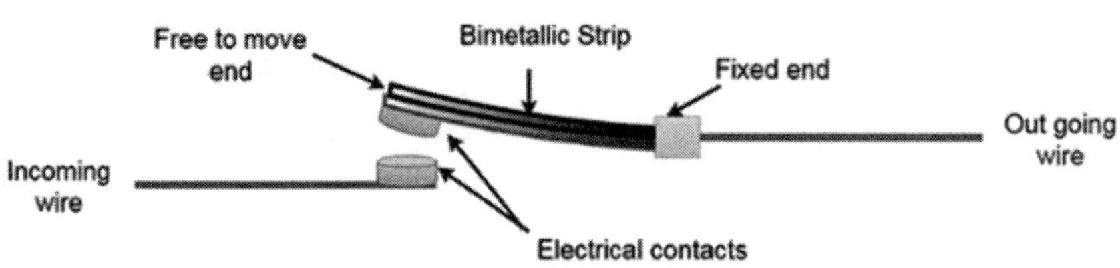

바이메탈은 보통 철과 구리판을 붙여 만든다. 두 금속의 열팽창계수의 차이에 의해 열이 가해졌을 때 늘어나는 길이의 차이를 이용한다.

바이메탈의 기계적인 특성을 이용하여 전기의 흐름을 제어할 수 있다.

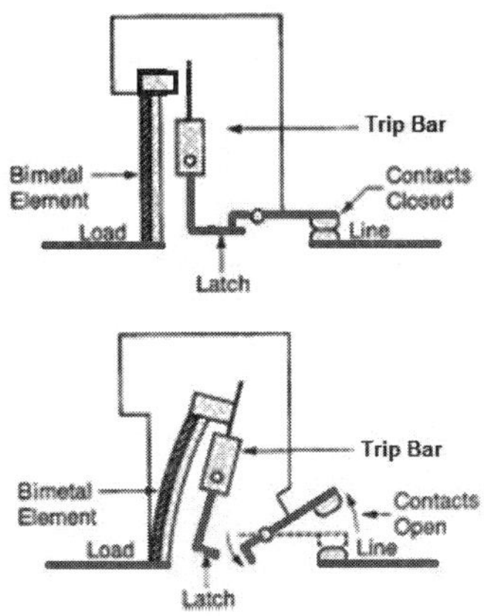

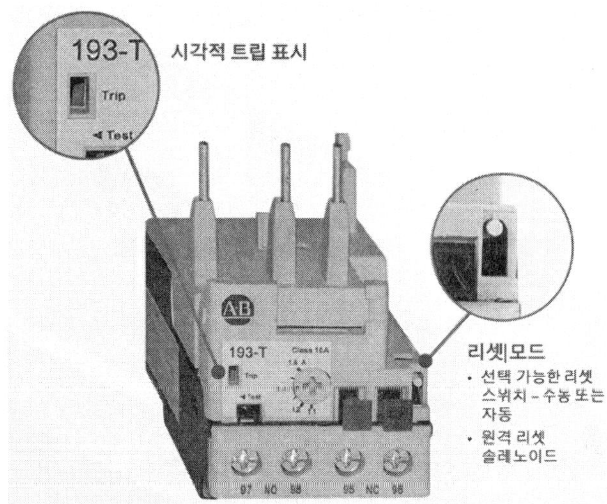

전자식과전류계전기 EOCR은 3상 모터 또는 저항부하를 CT에 의하여 감시하며, 미리 설정된 전류값과 실제 흐르는 전류와 비교하여 설정값보다 큰 경우, 설정된 시간만큼 지연 후 트립된다.

모터의 기동시간 동안 흐르는 5~8배의 전류에 의한 트립을 방지하고 부하에 따른 모터기동 시간이 다르므로 별도의 기동시간(D-Time) 설정 타이머를 가지고 있다.

전자식과전류계전기 선정방법

- 부하의 종류 : 모터, 히터, 전력기기
- 응용 : 관성이 큰 FAN, 모터부하의 변동이 심한 경우, 특정시간동안 모터기동이 빈번한 경우, Shock relay 기능
- 보호기능 : 결상, 구속, 과부하, 전류제한 기능

▌전자식과전류계전기 종류

	전자 접촉기 직결형	단독 설치형
		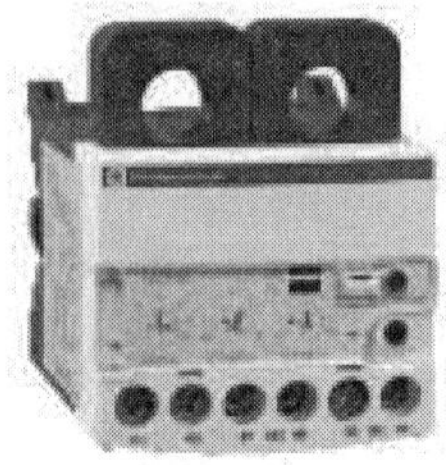
보호기능	과부하, 결상, Peak 전류	과부하, 결상, Peak 전류

▌열동형과부하계전기(THR) 및 전자식과 전류계전기(EOCR)의 올바른 선정방법

	열동형과부하계전기(THR)	전자식과전류계전기(EOCR)
모터 사양 (부하 대비)	필요로 하는 부하에 적절한 모터	필요로 하는 부하에 적절한 모터이거나, 필요로 하는 부하용량보다 큰 모터를 사용하는 경우
보호 방법	간단하고 기본적인 응용	복잡한 응용
응용 예	일반적인 모터 보호 일반 모터 기동 안정된 부하 시간당 30회 이하의 기동	특수한 용도의 모터 보호 관성이 큰 부하용 모터 부하변동이 심한 경우 빈번한 기동(시간당 약 30~50회)
사용 예	현재 열동형 과부하계전기를 사용하고 있는 응용	열동형 과부하계전기를 사용하기 어려운 응용
기타 기능	없음	쇼크릴레이 또는 전류 제한기로써 사용이 가능

• EOCR과 열동계전기를 사용한 경우의 모터의 보호

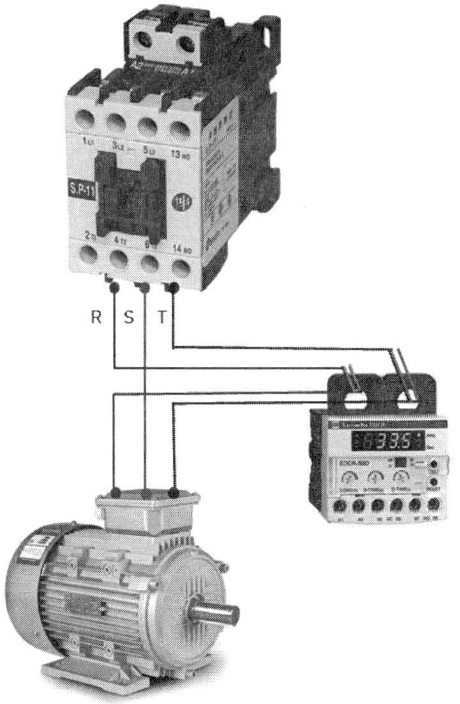

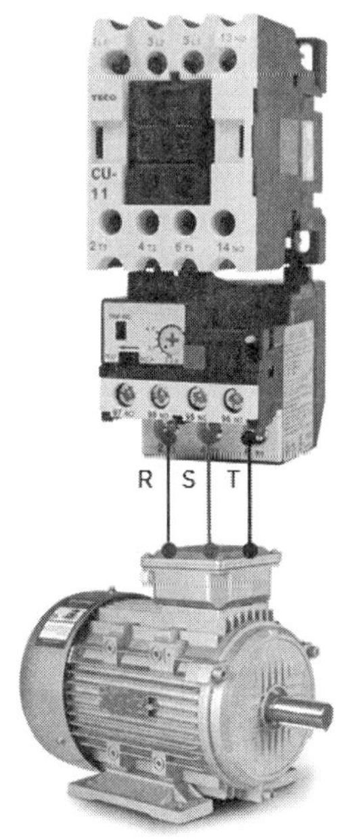

• EOCR을 사용한 모터의 기동회로의 구성 예

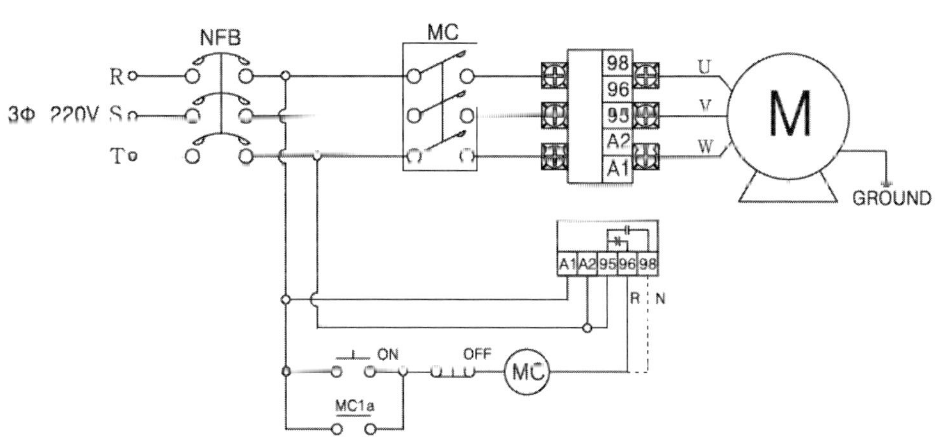

※ 참고 사항

• 전동기 보호의 종류

보호의 종류	내 용
과부하	전동기 권선의 과열에 의한 절연열화, 시간이 경과 후에는 소손, 단락 사고로 번지는 것을 전류를 감지하여 소손을 방지함
결 상	운전 중에 결상이 되면 건전상의 전류는 정상상태의 $\sqrt{3}$배로 증가하며 시동전에 결상이 되면 구속상태(Locked Rotor)의 전류치인 정격전류의 6~7배의 전류로 인한 권선의 전류를 감지하여 소손을 방지함.
역 상	상대기계의 역회전에 의한 손상을 방지함.
지 락	전동기의 주회로 또는 권선이 지락되면 지락전류가 흘러 인축에 위험을 초래하고 지락상태가 심화되면 궁극적으로 단락 상태를 유발하여 계통에 중대한 사고를 끼치는 것을 지락(누설)전류를 감지하여 소손을 방지함.
불평형	전동기의 3상 각 권선에 흐르는 전류의 불평형이 심화되면 정격출력 운전이 어렵게 되며 궁극적으로 과도한 전류가 흐르는 권선의 소손을 유발하게 되는 것을 불평형 전류를 감지하여 소손을 방지함.
구 속	전동기의 회전자(Rotor)가 구속되면 정격전류의 6~7배의 전류가 흘러 전동기의 권선이 과열, 소손되는 것을 방지함
부족전류	전동기가 부하운전 중에 부하가 걸리지 않고 운전되는 것을 부족전류를 감지하여 무부하 운전을 방지하고 수중펌프의 경우는 물이 없는 관계로 냉각이 되지 않아 권선이 과열되는 것을 방지함.

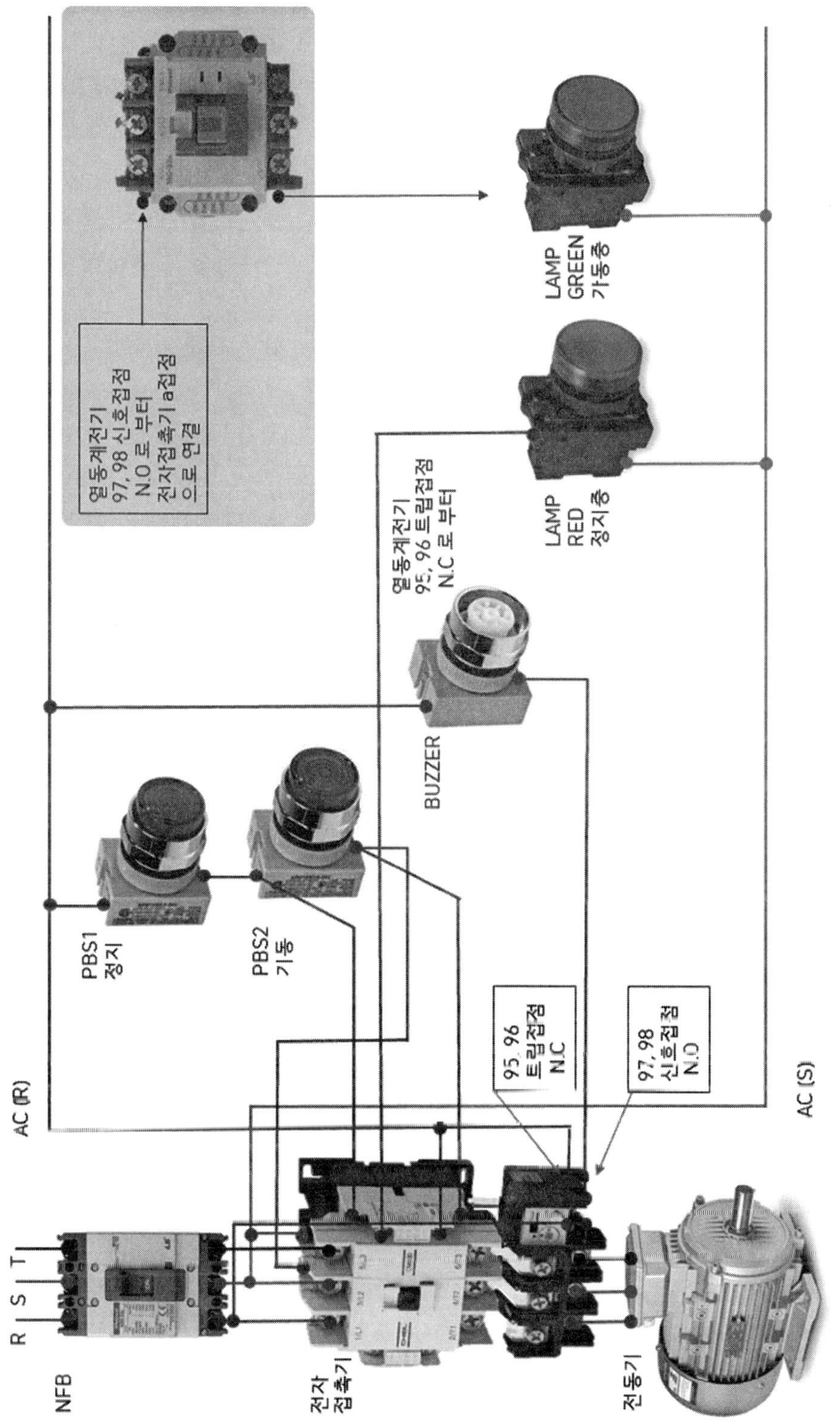

열동계전기 97, 98 신호접점 N.O로 부터 전자접촉기 a접점으로 연결
LAMP GREEN 가동중
LAMP RED 정지중
열동계전기 95, 96 트립접점 N.C로 부터
BUZZER
PBS1 정지
PBS2 기동
95, 96 트립접점 N.C
97, 98 신호접점 N.O
AC (R)
AC (S)
R S T
NFB
전자 접촉기
전동기

14-23 유도전동기의 JOG운전 회로(인칭(Inching) 회로)

실습명	유도전동기의 JOG운전 회로 (인칭(Inching) 회로)
실습목표	❶ 1a1b 접점의 스위치의 동작 원리를 이해하고 설명할 수 있다. ❷ 유도전동기의 JOG운전 회로의 기능을 응용할 수 있다.
준비물	배선용 차단기, 전자접촉기, 열동계전기, 유도전동기, LAMP, 누름 버튼 스위치, 부저, 기본 공구, 단자대, 전선
주의사항	❶ 결선을 완료한 후, 회로 시험기로 단선이나 단락 등을 검사한다. ❷ 이상이 없으면 지도 교사의 지시를 받는다. ❸ 젖은 손으로 플러그를 콘센트에 꽂지 않도록 한다. ❹ 시퀀스도를 충분히 검토하여 동작 원리를 완전히 이해한다.
실습순서	❶ 동작 사항을 숙지하고, 시퀀스도를 보고 결선도와 같이 결선을 한다. ❷ 배선용 차단기를 ON 조작하고, 적색, 녹색 램프의 상태를 확인한다. ❸ 기동용 스위치를 ON 조작했을 때 전동기의 동작상태를 확인한다. ❹ 정지용 스위치를 ON 조작했을 때 전동기의 동작상태를 확인한다. ❺ 기동용 스위치를 눌러 전동기를 기동하고. 전동기 운전 중에 JOG용 스위치를 일정 시간 (1~2초) On 조작하여 전동기의 동작상태를 확인한다. ❻ 열동계전기의 Reset bar를 조작하여 인위적으로 THR를 Trip 시키고 전동기의 상태를 확인한다.
시퀀스도	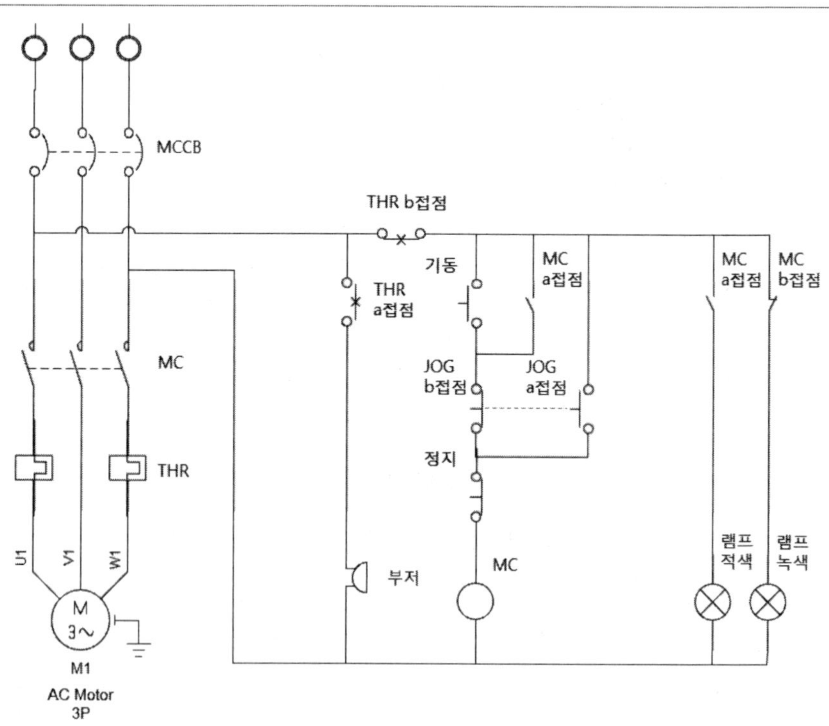

전동기를 운전하는데 기동 스위치와 정지 스위치를 사용하여 자기유지 회로를 구동하여 계속 운전하다 정지시키는 것이 아니고 별도의 (JOG 기능의)푸시버튼 스위치를 설치하여 이 스위치를 누르고 있는 동안만 전동기가 운전되는 것을 조그 운전이라 한다.

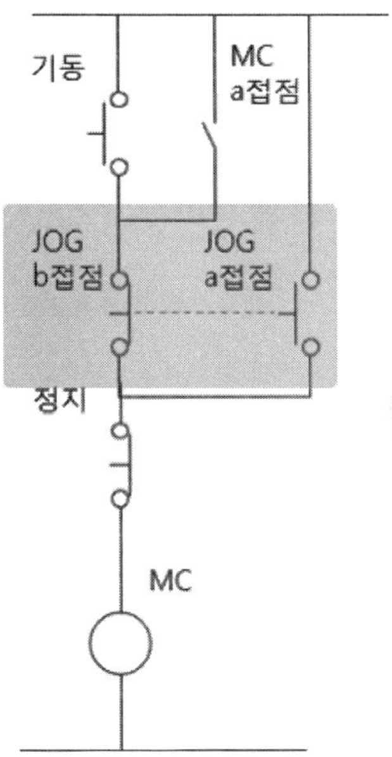

그림에서 1a 1b 푸시버튼 스위치를 JOG운전용으로 사용하였다.

b접점은 자기유지를 해제하기 위한 목적으로 a접점은 자기유지 회로와는 관계없이 MC에 전류가 흐르는 통로를 만들어 준다.

만일 b접점이 없는 푸시버튼 스위치를 사용하면 전동기의 운전 중에는 조그운전을 할 수 없으며 또한 정지 시에는 조그용 a접점을 누름으로서 MC의 a접점으로 자기 유지되어 조그운전이 되지 않는다. 이 조그운전은 선반에서 테이블 또는 바이트의 미세 이동 등 공작기계의 미세 위치조정에 적합하며 호이스트의 운전에 매우 적절한 운전회로이다.

JOG운전 PBS (Push Button Switch)의 연결단자는
N.C(Normally Close)①,②와
N.O(Normally Open)③,④단자가 있다.

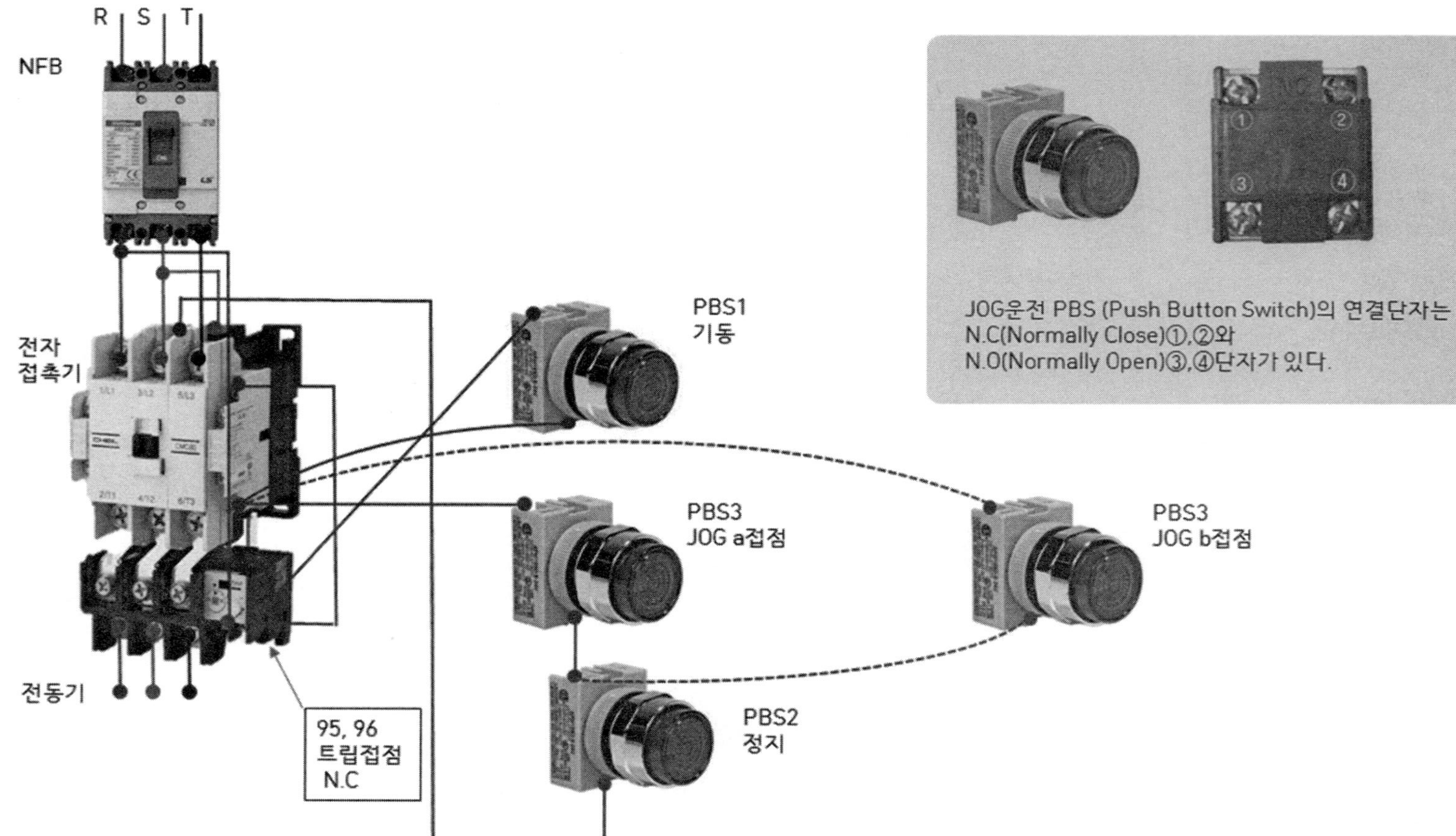

14-24 전자접촉기를 사용한 삼상 유도전동기의 정역운전 회로 동작 실습

실습명	전자접촉기를 사용한 삼상 유도전동기의 정역운전 회로 동작 실습
실습목표	❶ 정·역 운전 회로를 구성하고 운전할 수 있다. ❷ 삼상 유도전동기와 단상 콘덴서 전동기의 정역회전 회로를 구성할 수 있다.
준비물	배선용 차단기, 전자접촉기, 열동계전기, 유도전동기, LAMP, 누름 버튼 스위치, 부저, 기본 공구, 단자대, 전선
주의사항	❶ 결선을 완료한 후, 회로 시험기로 단선이나 단락 등을 검사한다. ❷ 이상이 없으면 지도 교사의 지시를 받는다 ❸ 젖은 손으로 플러그를 콘센트에 꽂지 않도록 한다. ❹ 시퀀스도를 충분히 검토하여 동작 원리를 완전히 이해한다.
실습순서	❶ 동작 사항을 숙지하고, 시퀀스도를 보고 결선도와 같이 결선을 한다. ❷ 배선용 차단기를 ON 조작하고, 전구의 상태를 확인하여 기록한다. ❸ 정회전용 스위치를 ON 조작했을 때 전동기의 동작상태를 확인한다. ❹ 역회전용 스위치를 ON 조작했을 때 전동기의 동작상태를 확인한다. ❺ 열동계전기의 Reset bar를 조작하여 인위적으로 THR를 Trip 시키고 전동기의 상태를 확인한다.
시퀀스도	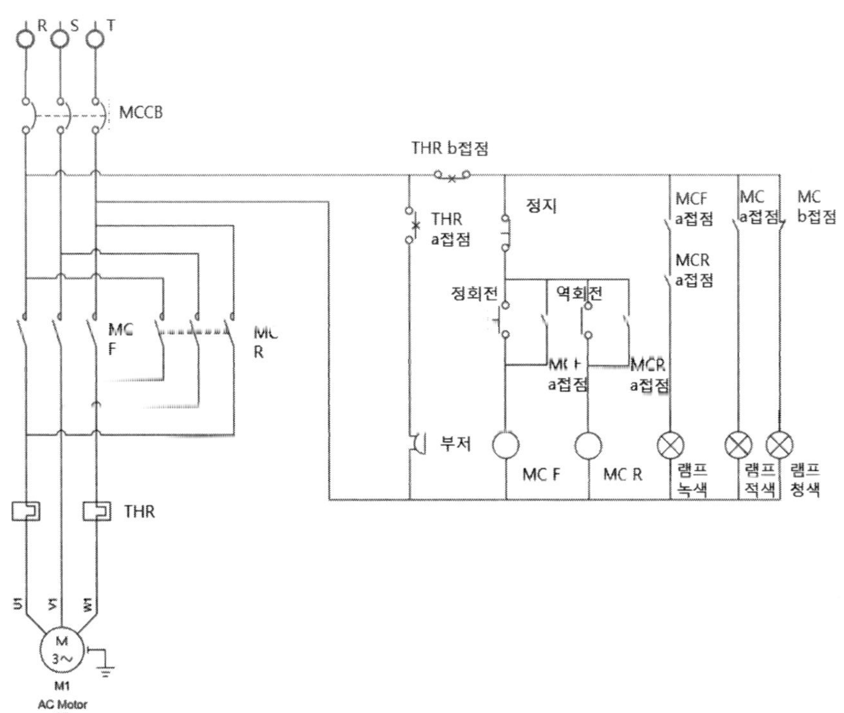

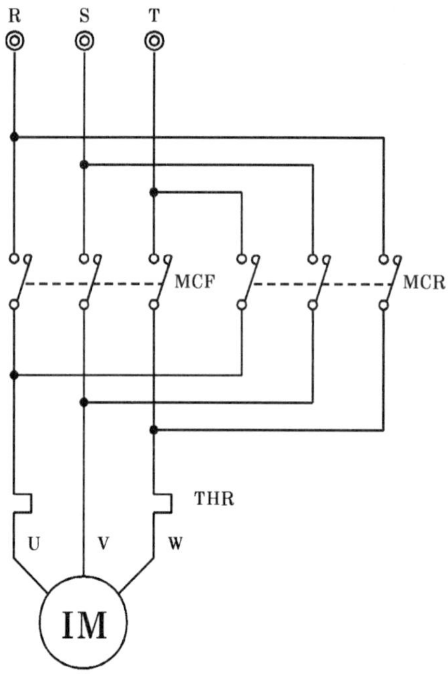

▌삼상 유도전동기의 정·역운전

삼상 유도전동기를 정회전 운전중에 역회전 운전으로 전환하려면 전동기를 일단 정지 시키고 전동기에 공급되는 3선중 2선을 서로 바꾸어 전원을 공급해 주면 유도전동기는 역회전하게 된다.

위의 그림과 같이 두 개의 전자 접촉기를 써서 전동기에 공급되는 전압의 상순을 바꾸는 기본적인 회로이다. 그림에서 MCF는 정회전용 전자 접촉기이고 MCR은 역회전용 전자 접촉기이다. 정회전용 전자접촉기 MCF가 여자되면 전원의 R상은 전동기의 U단자에, S상은 V단자에 T상은 W단자에 접속되어 정회전 운전을 한다면, 이번에는 역회전 전자접촉기 MCR이 여자되면 R상은 W단자에 T상은U단자에, S상은 그대로 V단자에 접속되어 결국 R상과 T상의 전원이 바뀌어 공급되게 되어 역회전한다. 제어회로에서는 전자 접촉기 MCF와 MCR이 동시에 여자되면 주 회로에 단락을 일으키게 되므로 2개의 전자 접촉기는 인터록(Inter lock)을 걸어 절대로 동시에 여자 되는 일이 없도록 하여야 한다.

전동기의 과부하에 대해서는 정 회전, 역회전 운전이 똑같은 조건이므로 열동형 과부하 계전기는 전동기 바로 앞에 1개만을 설치하여 정회전 운전이나 역회전 운전 시에 부하전류가 흐르도록 해준다.

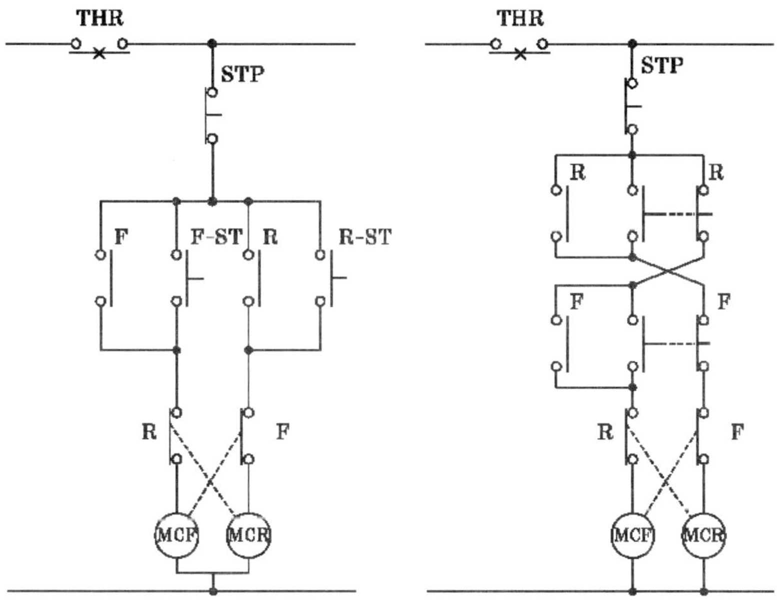

• 삼상 유도전동기의 정·역운전 인터록(Inter lock) 회로

좌측 그림은 정회전 운전 중에 역회전시키려면 반드시 STOP(STP)푸시버튼 스위치를 눌러 전동기를 정지시킨 후에 역회전 측 푸시버튼 스위치를 누르도록 되어 있는데 반해, 오른쪽 그림은 START 푸시버튼 스위치로 1a 1b용 스위치를 사용하여 정회전 운전에서 STOP 푸시버튼 스위치를 누르지 않고도(b접점으로 상대의 여자를 풀 수 있어)역회전 운전을 할 수 있다. 그러나 이 회로는 큰 용량의 전동기나 부하가 큰 경우에는 적합치 않다.

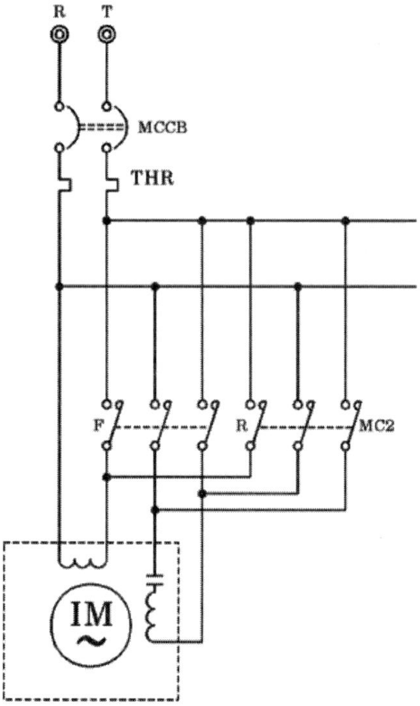

▌단상 유도전동기의 정역 운전

분상 기동형 및 콘덴서 기동형 단상 유도전동기를, 주 권선은 그대로 두고 기동 권선에 가해지는 전원의 극성을 바꾸어 주면 역회전하게 된다.

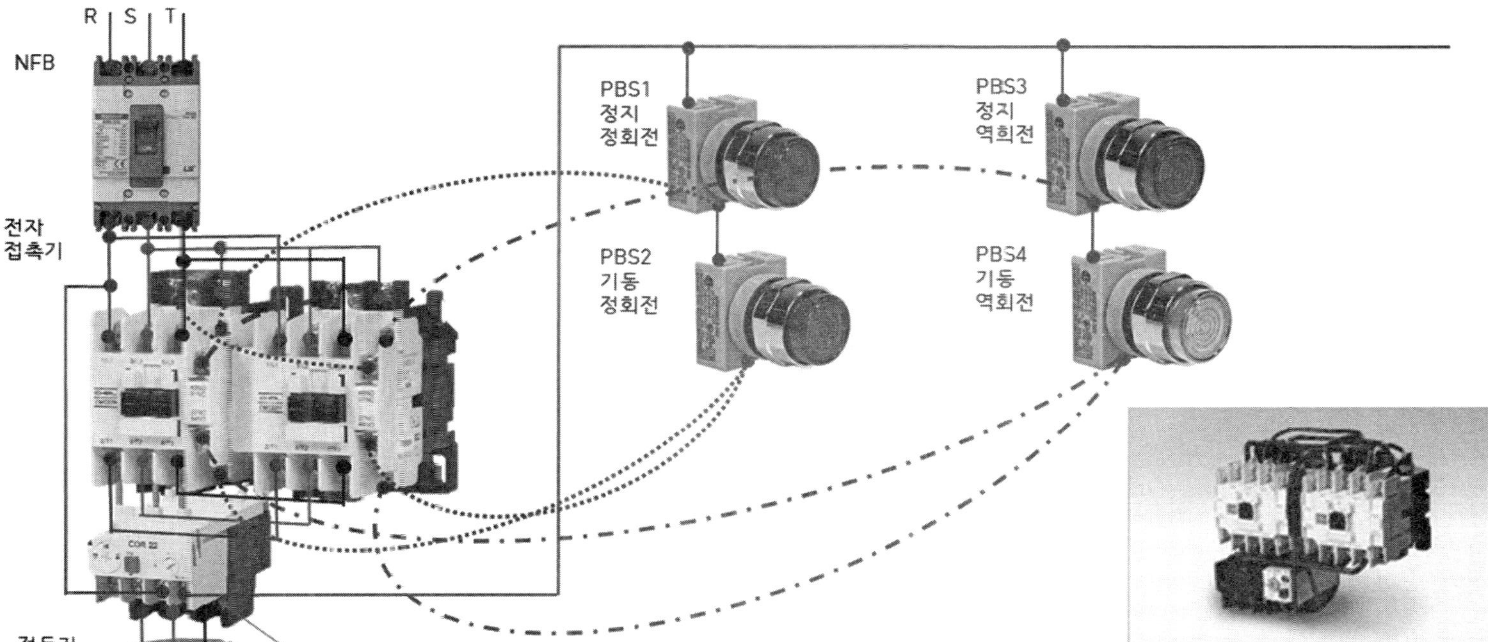

가역형 전자접촉기

전자접촉기는 주로 모터 부하의 개폐를 위하여 설치하게 되는데 모터의 정역회전을 제어하기 위해서는 3상 전원을 제어 해주어야 한다. 이를 제어하기 위해 사용되는 접촉기가 가역형 전자접촉기이다.
표준형 접촉기 2대를 조합하여 구성되어 있으며, 두 접촉기 간의 기계적 인터록 장치가 되어있다.

14-25 타이머를 사용한 유도전동기의 지연기동 회로

실습명	타이머를 사용한 유도전동기의 지연기동 회로
실습목표	❶ 타이머와 전자접촉기의 동작원리를 이해하고 설명할 수 있다. ❷ 타이머의 On Delay 출력접점 기능을 응용할 수 있다.
준비물	배선용 차단기, 전자접촉기, 열동계전기, 유도전동기, 타이머, LAMP, 누름 버튼 스위치, 부저, 기본 공구, 단자대, 전선
주의사항	❶ 결선을 완료한 후, 회로 시험기로 단선이나 단락 등을 검사한다. ❷ 이상이 없으면 지도 교사의 지시를 받는다 ❸ 젖은 손으로 플러그를 콘센트에 꽂지 않도록 한다. ❹ 시퀀스도를 충분히 검토하여 동작 원리를 완전히 이해한다.
실습순서	❶ 동작 사항을 숙지하고, 시퀀스도를 보고 결선도와 같이 결선을 한다. ❷ 배선용 차단기를 ON조작하고, 적색, 녹색 램프의 동작상태를 확인한다. ❸ 타이머에 시간을 설정한 뒤 기동 스위치를 On하여 전동기의 동작상태를 확인한다. ❹ 정지 스위치를 On 조작했을 때의 전동기의 동작상태를 확인한다.
시퀀스도	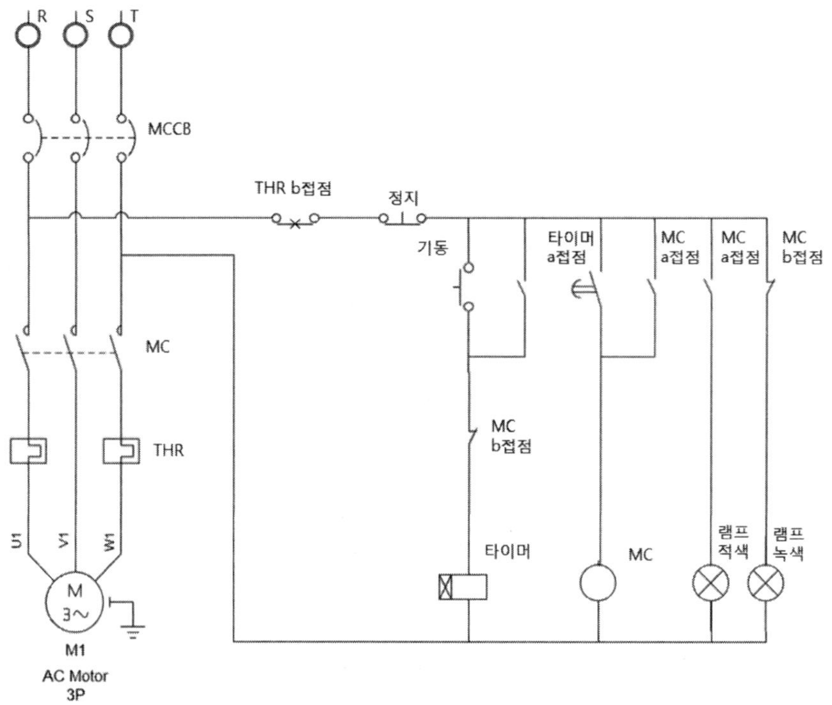

지연기동회로란?
회로에 전원을 투입한 후 기동스위치를 눌러도 전동기가 즉시 작동하지 않고 타이머 설정 시간이 되면 기동되며 정지 스위치를 이용하여 전동기를 정지시키는 회로를 말한다.

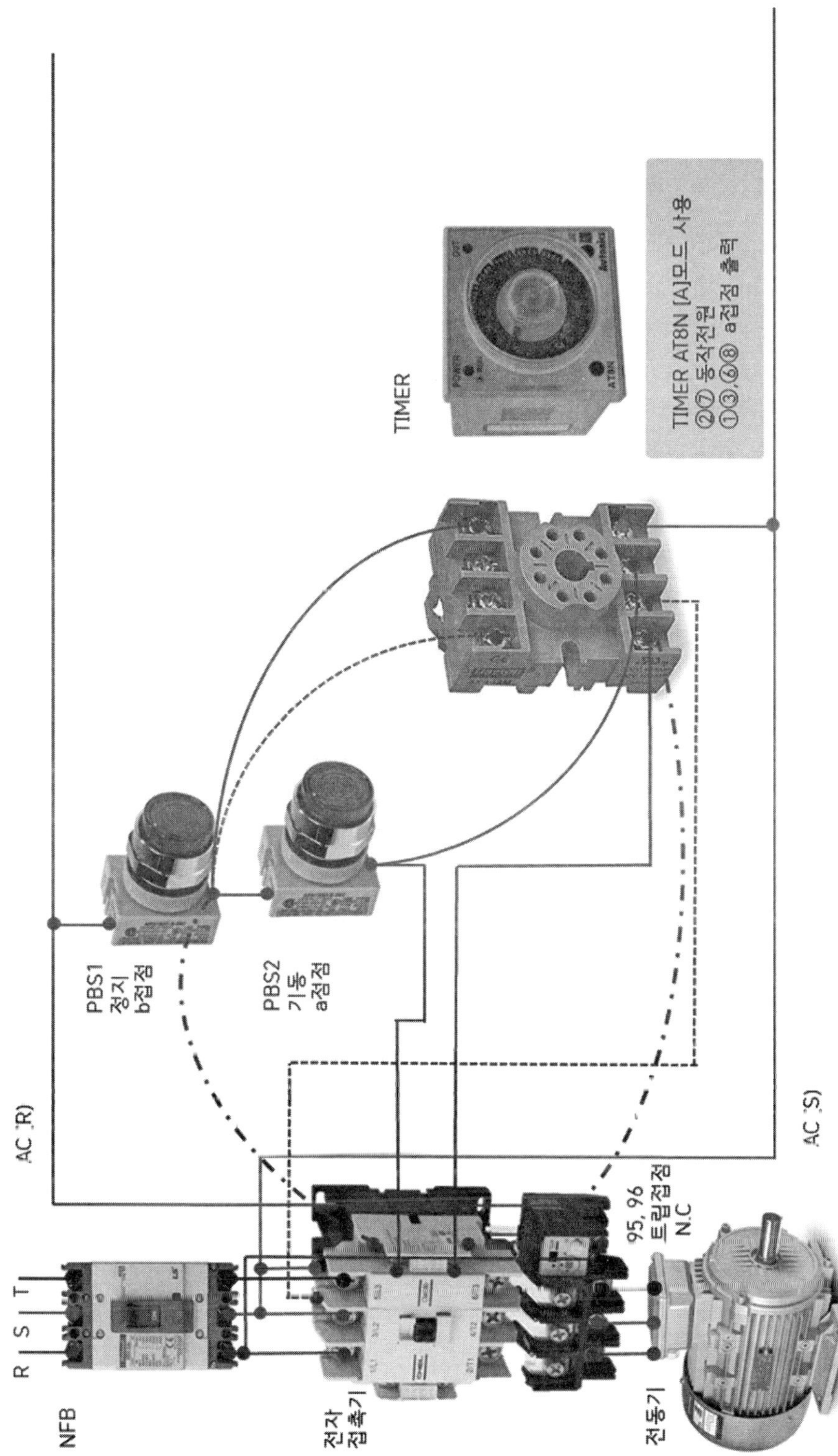

AC (R)
AC (S)
TIMER
TIMER AT8N [A]모드 사용
②⑦ 동작전원
①③,⑥⑧ a접점 출력
PBS1
정지
b접점
PBS2
기동
a접점
95, 96
트립접점
N.C
NFB
R
S
T
전자
접촉기
전동기

14-26 타이머를 사용한 유도전동기의 Off Delay 운전회로 동작 실습

실습명	타이머를 사용한 유도 전동기의 Off Delay 운전회로 동작 실습
실습목표	❶ 타이머와 전자접촉기의 동작원리를 이해하고 설명할 수 있다. ❷ 타이머의 On Delay 출력접점 기능을 응용할 수 있다
준비물	배선용 차단기, 전자접촉기, 열동계전기, 유도전동기, 타이머, LAMP, 누름 버튼 스위치, 부저, 기본 공구, 단자대, 전선
주의사항	❶ 결선을 완료한 후, 회로 시험기로 단선이나 단락 등을 검사한다. ❷ 이상이 없으면 지도 교사의 지시를 받는다. ❸ 젖은 손으로 플러그를 콘센트에 꽂지 않도록 한다. ❹ 시퀀스도를 충분히 검토하여 동작 원리를 완전히 이해한다.
실습순서	❶ 동작 사항을 숙지하고, 시퀀스도를 보고 결선도와 같이 결선을 한다. ❷ 배선용 차단기를 ON 조작하고, 전구의 상태를 확인하여 기록한다. ❸ 타이머에 시간을 설정한 뒤 기동 스위치를 On하여 전동기의 동작상태를 확인한다. ❹ 정지 스위치를 On 조작했을 때의 전동기의 동작상태를 확인한다.
시퀀스도	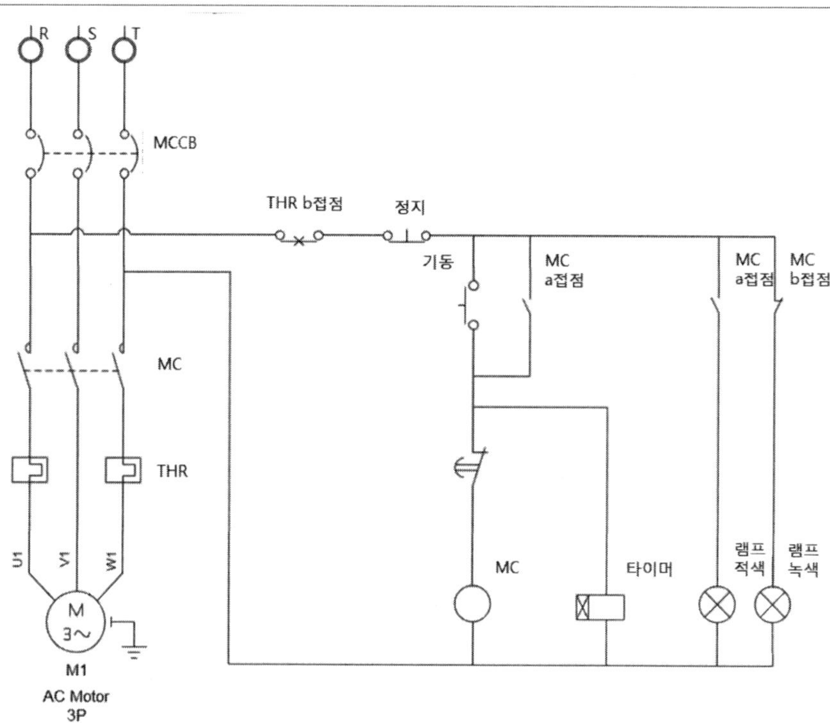

유도전동기의 Off Delay(한시)운전이란?
유도전동기를 기동시켜서 설정시간 동안만 운전하는 회로이며 기동 스위치를 누르면 전동기가 기동을 시작하고 설정시간이 되면 자동으로 정지하는 회로이다.

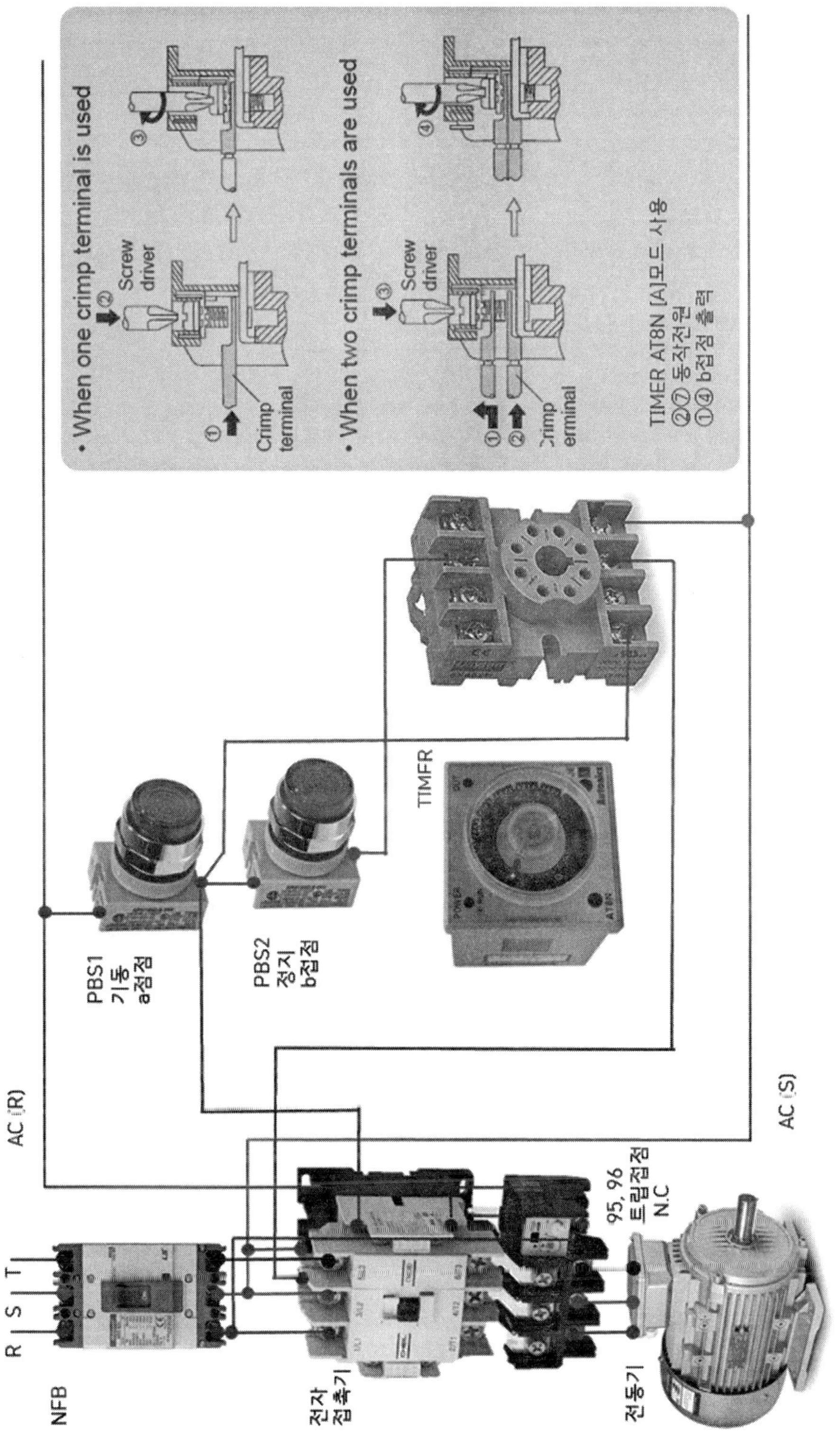

• When one crimp terminal is used
① Crimp terminal
② Screw driver
③
• When two crimp terminals are used
① ② Crimp terminal
③ Screw driver
④
TIMER AT8N [A]모드 사용
②⑦ 동작전원
①④ b접점 출력
TIMER
PBS1 기동 a접점
PBS2 정지 b접점
AC (R)
AC (S)
NFB
R S T
전자 접촉기
95, 96 트립접점 N.C
전동기

14-27 전자접촉기를 사용한 삼상 유도전동기의 Y-△, △-Y 회로 동작 실습

실습명	전자접촉기를 사용한 삼상 유도전동기의 Y-△, △-Y 회로 동작 실습
실습목표	❶ 삼상 유도전동기의 Y-△, △-Y운전 회로를 구성하고 운전 할 수 있다. ❷ 삼상 유도전동기의 Y결선과 △결선 회로를 구성할 수 있다.
준비물	배선용 차단기, 전자접촉기, 열동계전기, 유도전동기, LAMP, 누름 버튼 스위치, 부저, 기본 공구, 단자대, 전선
주의사항	❶ 결선을 완료한 후, 회로 시험기로 단선이나 단락 등을 검사한다. ❷ 이상이 없으면 지도 교사의 지시를 받는다 ❸ 젖은 손으로 플러그를 콘센트에 꽂지 않도록 한다. ❹ 시퀀스도를 충분히 검토하여 동작 원리를 완전히 이해한다.
실습순서	❶ 동작 사항을 숙지하고, 시퀀스도를 보고 결선도와 같이 결선을 한다. ❷ 배선용 차단기를 ON 조작하고, 전구의 상태를 확인하여 기록한다. ❸ 정회전용 스위치를 ON 조작했을 때 전동기의 동작상태를 확인한다. ❹ 역회전용 스위치를 ON 조작했을 때 전동기의 동작상태를 확인한다. ❺ 열동계전기의 Reset bar를 조작하여 인위적으로 THR를 Trip 시키고 전동기의 상태를 확인한다.
시퀀스도	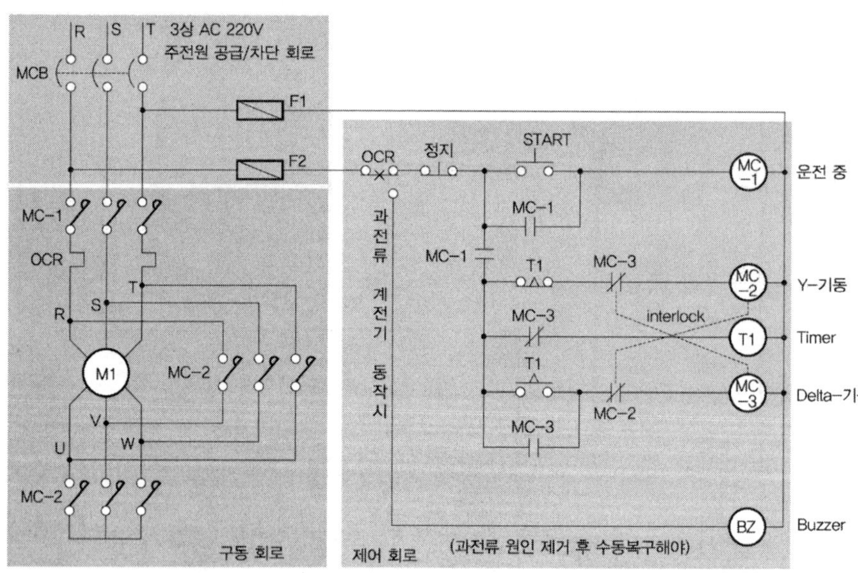

일반적으로 5.5kW 이상의 3상 유도전동기가 되면 기동전류(起動電流)가 커서(정격전류의 5~10배) 기동 시 배전계통에 전압강하 등의 악영향을 주어 문제를 발생시킬 수 있다. 이 문제를 해결하는 수단으로 Y-△ 기동법(일명 STAR-DELTA 기동법)을 사용한다. 삼상 유도전동기의 Y-△ 기동법은 기동 시 몇 초 동안은 모터 코일을 Y결선(star결선)함으로써 코일에 걸리는 전압을 전전압(全電壓)의 을 인가하여 어느 정도 회전시킨 후, 모터 코일을 결선으로 절환함으로써 전전압으로 정상운전에 들어가는 기동법이다.

Y결선

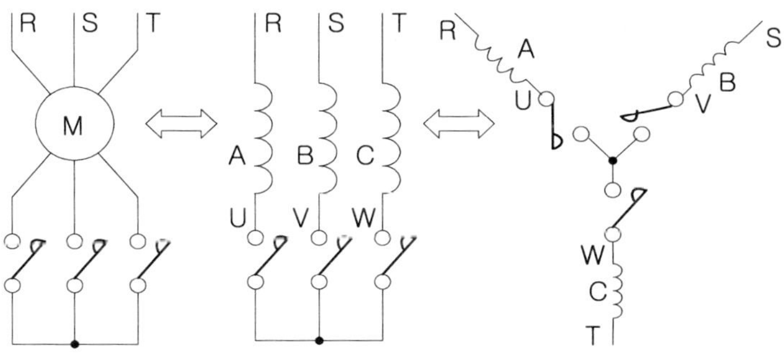

△결선

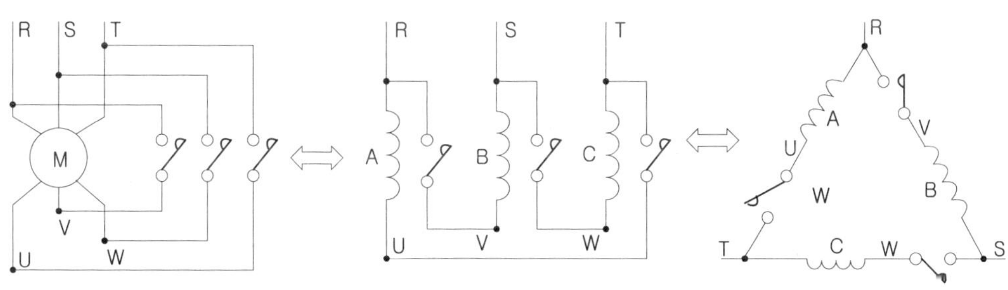

3상 유노 선동기는 보통은 운전중의 동력이 기동력보다 작으므로 기동전류 문제를 해결하기 위하여 Y-기동법을 사용하나, 섬유직기 같은 경우에는 아주 큰 기동력을 필요로 하므로 거꾸로 -Y 기동 방식을 사용하고 있다. 기동 초기에는 결선으로 운전하고, 어느 정도의 회전 속도에 도달하면 Y결선하여 운전한다. 기동전류나 기동력이 문제되지 않으면 정격전압 기동 방법으로 기동할 수 있다.

14-28 삼상 유도전동기의 2개소 운전/정지 회로 동작 실습

실습명	삼상유도전동기의 2개소 운전/정지 회로동작 실습
실습목표	❶ 삼상유도전동기와 전자접촉기의 동작원리를 이해하고 설명할 수 있다. ❷ 열동계전기의 보조출력접점 기능을 응용할 수 있다
준비물	배선용 차단기, 전자접촉기, 열동계전기, 삼상유도전동기, LAMP, 누름 버튼 스위치, 부저, 기본 공구, 단자대, 전선
주의사항	❶ 결선을 완료한 후, 회로 시험기로 단선이나 단락 등을 검사한다. ❷ 이상이 없으면 지도 교사의 지시를 받는다. ❸ 젖은 손으로 플러그를 콘센트에 꽂지 않도록 한다. ❹ 시퀀스도를 충분히 검토하여 동작 원리를 완전히 이해한다.
실습순서	❶ 동작 사항을 숙지하고, 시퀀스도를 보고 결선도와 같이 결선을 한다. ❷ 배선용 차단기를 ON 조작하고, 전원 투입 상태를 확인한다. ❸ 기동 스위치(START1, START2)를 On하여 전동기의 동작상태를 확인한다. ❹ 정지 스위치를 On 조작했을 때의 전동기의 동작상태를 확인한다.
시퀀스도	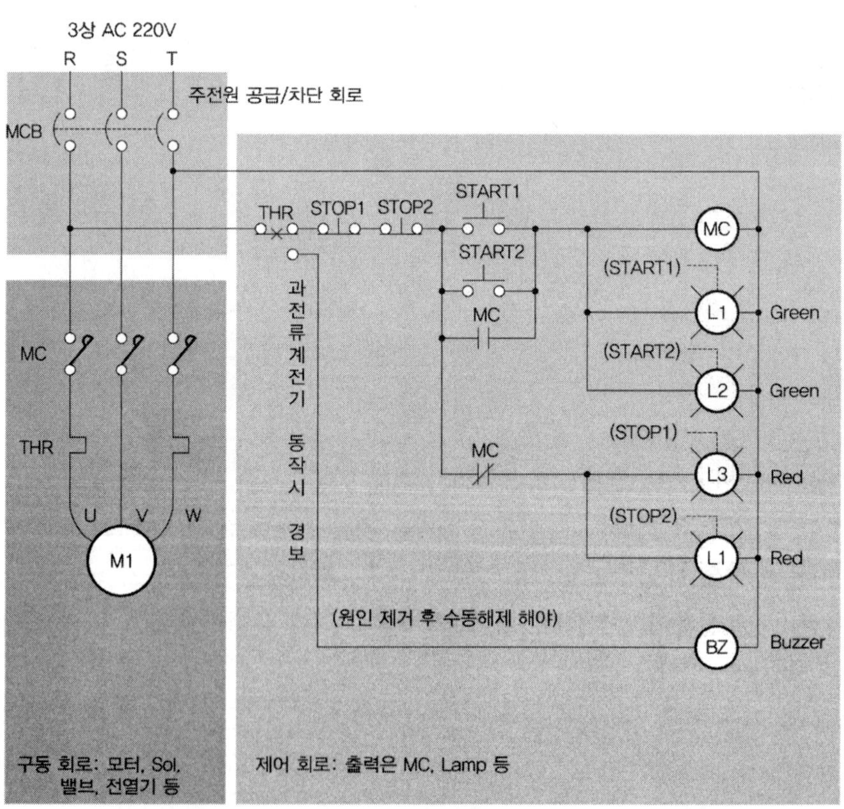

1대의 삼상유도전동기를 멀리 떨어진 2개의 운전 조작반에서 기동/정지하고자 하는 경우 운전/정지 제어동작을 릴레이시퀀스로 구현할 수 있으며 한 번의 START 스위치 조작으로 모터는 계속 회전해야 하므로 시퀀스제어 회로는 자기유지회로가 필요하고, 한 번의 STOP 스위치 조작으로 모터는 정지해야 하므로 STOP 스위치의 b접점이 직렬로 연결되어야 한다.

과전류계전기의 동작상태를 부저(buzzer) 울림으로 표시하려면 과전류계전기 THR의 C접점을 이용하여 경보 회로를 구현하도록 한다. 이 회로의 경우 과전류계전기 접점의 사용전압과 접점의 허용전류를 고려한다.

단상 콘덴서 전동기

단상 유도기의 기동 방식은 주 권선과 보조 권선의 전기적 위상차를 어떠한 방식으로 만들어 낼 것인가의 차이가 있다. 기동 코일에 흐르는 전류의 위상차를 만들어 낼 수 있는 간단한 방법은 콘덴서를 삽입하는 것이다. 콘덴서를 삽입함으로서 전류의 위상을 앞서게 할 수 있다. 결과적으로 기동 권선에 흐르는 전류는 주 권선에 흐르는 전류에 비하여 90° 정도 앞서게 되고 두 개의 권선은 공간적, 시간적인 위상차이를 가지므로 회전자계를 만들어내게 된다.

기동 권선에는 원심력 스위치가 달려 있고 어느 정도 속도에 이르면 이 스위치의 작용으로 기동 권선이 개방된다. 운전시에는 기동시 사용되었던 보조 권선을 개방하고 주 권선만 운전하는데 기여하게 된다. 커패시터가 기동하는 용도로만 사용되고 원심력 스위치에 의해서 분리되므로 이러한 경우에는 커패시터 기동 전동기라고 한다. 원심력 스위치를 사용하여 보조 권선을 사용하지 않고 계속하여 콘덴서가 연결되어 있는 보조 권선을 사용하게 되는 것은 커패시터 운전 전동기라고 한다. 원심력 스위치가 없기 때문에 구조가 간단해지고 역률이 좋기 때문에 큰 기동 토크를 요구하지 않고 속도를 조정할 필요가 있는 선풍기 나 세탁기 등에 널리 쓰이고 있다. 이 방식에는 기동 토크와 운전 토크의 양쪽을 모두 고려한 값으로 콘덴서의 값을 결정하므로 기동토크가 낮아질 수 있다.

커패시터 기동 커패시터 운전형은 기동시와 운전시에 콘덴서를 모두 사용하는 방식으로 이것은 기동시와 운전시 콘덴서가 연결되어 있는 두 개의 권선을 이용하는 방식이다. 이 방식은 높은 기동토크와 운전토크를 얻을 수 있는 장점이 있다.

▌단상 유도전동기의 기동법

① 분상 기동형

주 권선은 상당히 낮은 저항과 높은 리액턴스를 가지고 기동 권선은 높은 저항과 낮은 리액턴스에 원심력 스위치를 부착하여 기동하는 방법이다. 회전 방향을 반대로 하려면 주권선이나 기동권선의 어느 한쪽을 반대로 하면 된다.

② 콘덴서 기동형

기동 권선과 직렬로 콘덴서를 접속해서 기동하며 높은 기동토크를 얻을 수 있다. 기동 콘덴서는 전동기가 70%의 속도에 도달하면 원심력 스위치에 의해 분리된다. 최대 10Hp까지 있다.

③ 영구 콘덴서형

기동할 때에나 운전할 때 항상 콘덴서를 기동권선과 직렬로 접속하고 사용한다. 선풍기나 세탁기 등에 많이 쓰인다.

▌단상 콘덴서 전동기의 동작 원리

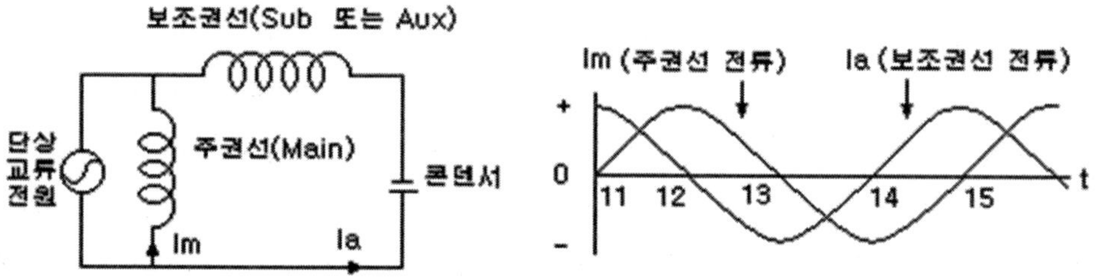

위의 그림과 같이 주권선과 보조권선을 가지고 있어 서로 전기각으로 $\pi/2$의 위치에 권선을 배치하고 있으며 보조권선과 직렬로 콘덴서를 접속하고 있다.

보조권선과 콘덴서가 기동장치이지만 콘덴서 운전형 모터의 경우 운전시에도 떨어지지 않고 통전을 하며 그래서 주권선의 전류 I_m에 대한 보조권선의 전류 I_a가 $\pi/2$만큼 앞서게 흐른다.

위의 주파수그림에서 주권선 전류 I_m과 보조권선 전류 I_a와의 관계를 횡축은 시간으로 1주기분을 나타내고 있으며(주파수가 60Hz라면 1/60초를 나타낸다.) 고정자의 권선의 예로 위쪽 우측그림과 같이 2극 콘덴서 모터의 권선 배치도를 나타내고 2극 콘덴서 모터에서 주권선은 A와 B, 보조권선은 C와 D로서 A와 B 및 C와 D는 상대극으로 되도록 배치했다.

지금 여기의 권선에 正의 전류가 흘렀을 때

A권선 - N극

B권선 - S극

C권선 - N극

D권선 - S극의 극성을 구성하도록 권선하고 있다.

아래 그림 권선 배치도에서의 正負와 이것과의 극성 관계를 결합시키면 권선의 극성 변화은 시간 t_1-t_2-t_3-t_4-t_5로 변화시키면 극성도 변화한다.

권선 배치도 상에서 동심원으로 시간을 외주에서 변화하도 하면 시간 t_1에 걸리는 보조권선 D의 S극은 시간 t_2에 걸리는 주권선 B의 위치에, 그리고 시간 t_3에 걸리는 보조권선 C의 위치에, 순서로 이동하고 시간 t_5가 1주기로 본래의 보조권선 D의 위치에 돌아온다.

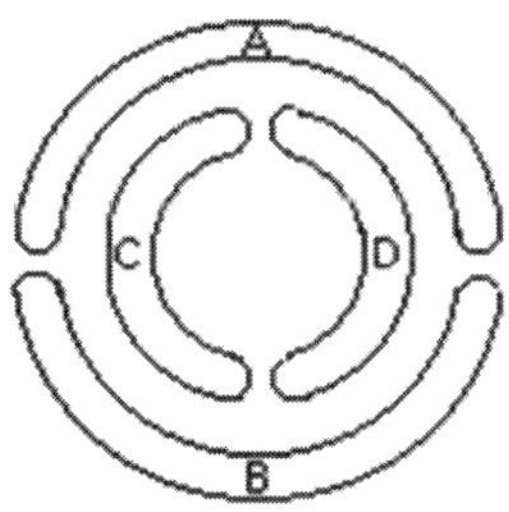

다른 극(N극)도 같은 모양으로서 시계 방향으로 회전하기 때문에 회전 자계를 구성하는 것이 된다.

여기에서 주파수가 60Hz이면 1/60초가 되므로 1분간 회전자계의 회전수 N_s는 $N_s = 60 \times 60 = 3600$[rpm]이 되며 이 회전수 N_s는 동기 속도라고 하며 유도 전동기의 회전자는 동기 속도보다 늦게 회전하고 그 늦은 율을 Slip s로 나타낸다.

▌단상 콘덴서 운전형 모터의 특 · 장점

기동 및 운전 중에도 같은 용량의 콘덴서를 보조권선과 직렬로 접속하여 운전하는 것으로 기동용 스위치가 없는 구조이다. 이 전동기의 콘덴서는 연속 사용하기 때문에 전해 콘넨서 대신 콘덴서 용량을 작게하여 M.F 콘덴서(유입콘덴서, 금속화지 콘덴서)를 사용한다.

따라서 기동토크가 낮기 때문에 선풍기, 환풍기, BLOWER, 오일버너 등에 많이 이용된다.

- 전기적으로 균형을 유지하여 소음진동 최소화
- 기동용 스위치가 없어 취급보전이 용이하다.
- 낮은 온도 상승값으로 신뢰성 부여

- 전폐외선형의 보호방식을 채택하여 먼지 등이 있는 장소에서도 사용 가능
- 기동전류 및 정격전류가 낮고 효율 및 역률이 좋다.

• 결선도

	단전압 SINGLE VOLTAGE		양전압 DUAL VOLTAGE	
	3가닥인출	4가닥인출	저전압(110V)	고전압(220V)
정회전 (CCW)	①→ ②—③→ 전원 POWER	①—④→ ②—③→ 전원 POWER	⑥—③—①→ ⑤—④—②→ 전원 POWER	①→ ⑤—④→ ⑥—③—②— 전원 POWER COM
역회전 (CW)	②→ ①—③→ 전원 POWER	①—③→ ②—④→ 전원 POWER	⑤—③—①→ ⑥—④—②→ 전원 POWER	①→ ⑥—④→ ⑤—③—②— 전원 POWER COM

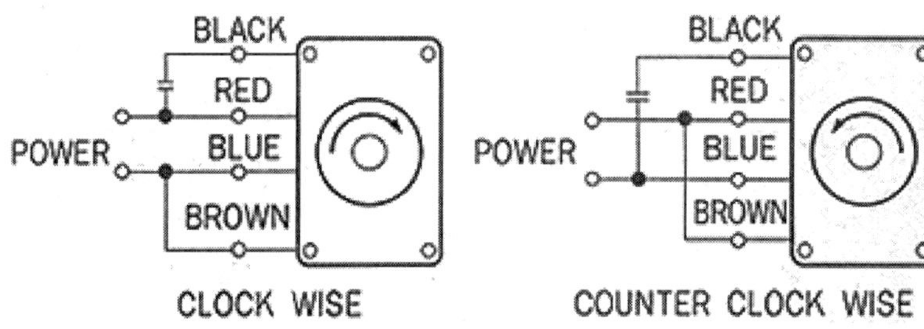

14-29 단상 콘덴서 전동기의 정역 운전회로 동작 실습

실습명	단상 콘덴서 전동기의 정역 운전회로 동작 실습
실습목표	❶ 단상 콘덴서 전동기의 동작원리를 이해하고 설명할 수 있다. ❷ 단상콘덴서 전동기의 배선 방법을 이해하고 결선할 수 있다
준비물	배선용 차단기, 전자접촉기, 열동계전기, 단상 콘덴서 전동기, LAMP, 누름 버튼 스위치, 부저, 기본 공구, 단자대, 전선
주의사항	❶ 결선을 완료한 후, 회로 시험기로 단선이나 단락 등을 검사한다. ❷ 이상이 없으면 지도 교사의 지시를 받는다. ❸ 젖은 손으로 플러그를 콘센트에 꽂지 않도록 한다. ❹ 시퀀스도를 충분히 검토하여 동작 원리를 완전히 이해한다.
실습순서	❶ 동작 사항을 숙지하고, 시퀀스도를 보고 결선도와 같이 결선을 한다. ❷ 배선용 차단기를 ON 조작하고, 전구의 상태를 확인하여 기록한다. ❸ 타이머에 시간을 설정한 뒤 기동 스위치를 On하여 전동기의 동작상태를 확인한다. ❹ 정지 스위치를 On 조작했을 때의 전동기의 동작상태를 확인한다.

시퀀스도	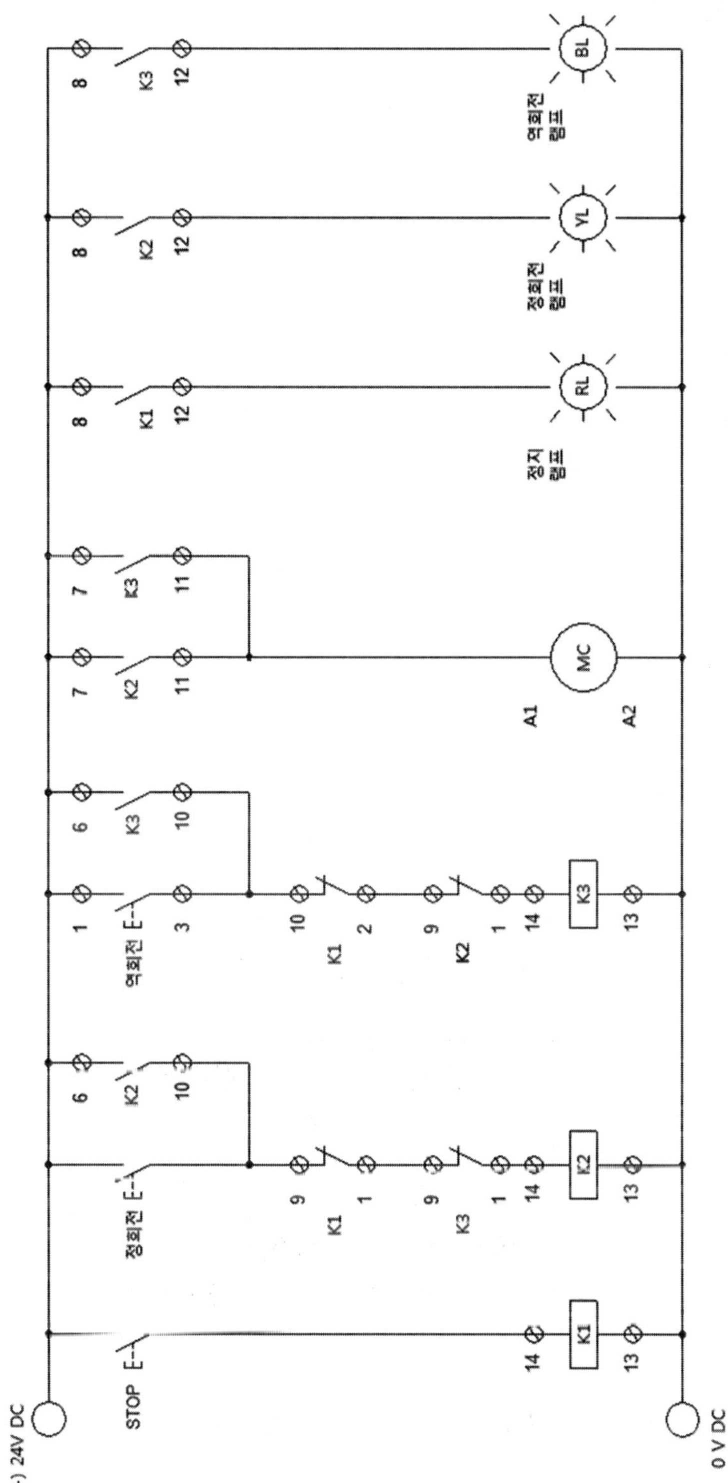

(+) 24V DC
0 V DC
STOP
정회전
역회전
정지 램프
정회전 램프
역회전 램프
RL
YL
BL
MC
A1
A2
K1
K2
K3

▌단상모터의 배선

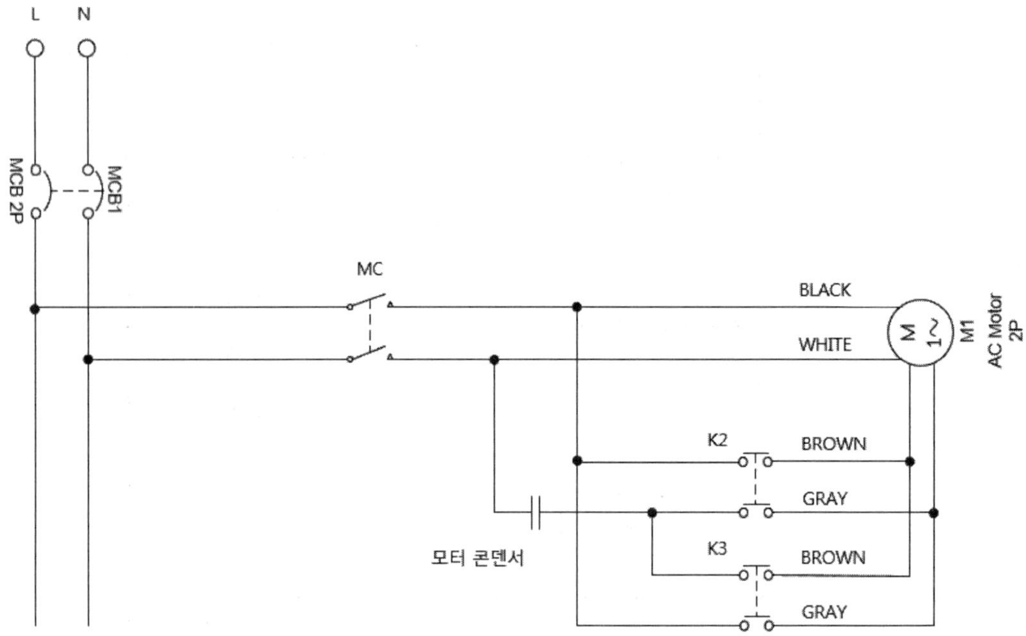

실습에서 사용한 단상모터는 성신모터(SPG)의 모델명 S8I25GB를 사용하였다.

제조사 홈페이지에서 모델명을 찾고 모터의 정역회전에 필요한 모터 결선도를 참조하면 다음과 같다.

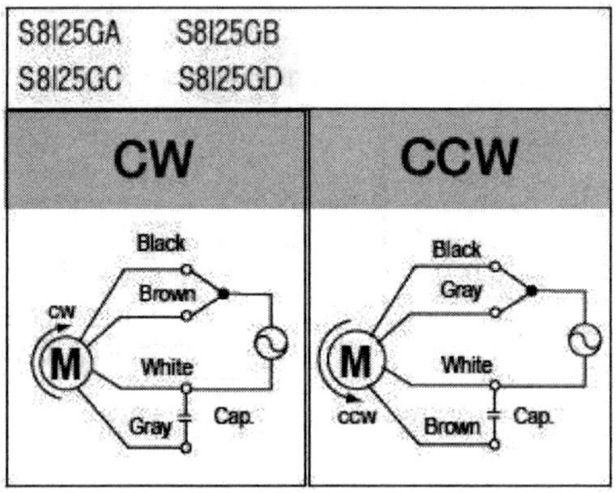

각자의 모터의 사양에 관련된 결선도를 확인하면 된다.

시퀀스회로도와 모터결선에 사용된 릴레이(K2, K3)의 접점의 수는 각각 5개이다. 하지만 릴레이 1개당 사용할 수 있는 접점은 4개이다. 이런 경우 다음과 같이 새로운 릴레이를 사용하여 접점 수를 확장하여 사용하면 접점 부족 문제를 해결할 수 있다.

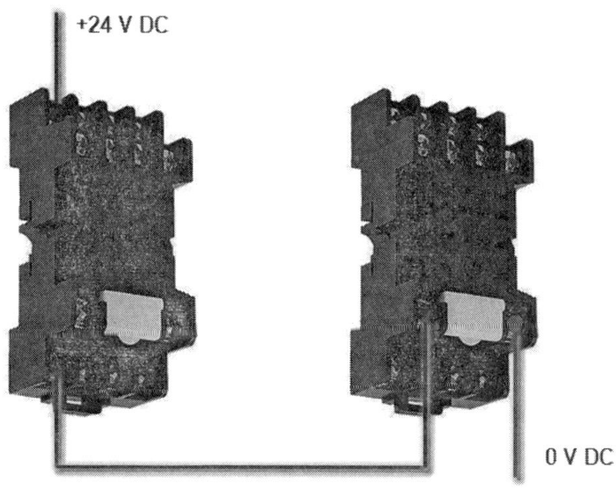

첫 번째 릴레이의 a접점을 두 번째 릴레이의 코일단자(14)에 연결하고 (13)에 0V전원을 연결하면 c접점 4개를 추가로 사용할 수 있다.

래크(Rack)과 피니언(Pinion)

래크(Rack)과 피니언(Pinion)은 항상 랙이 피니언과 맞붙어 회전운동을 직선운동으로 혹은 직선운동을 회전운동으로 바꾸어 주는 장치이다.

주로 피니언은 축을 조향축으로 한 조향장치들에 사용되고 이는 핸들의 회전운동 즉 피니언을 회전시켜 얻는 동력을 래크의 이동방향인 좌우 직선 동력으로 변경해 준다.

원통기어의 잇수가 무한히 많아져 원통의 직경이 거의 무한대가 되어 직선으로 기어가 늘어선 형태를 랙이라 부른다. 스퍼 랙(Spur rack)과 헬리컬 랙(Helical rack)이 있다.

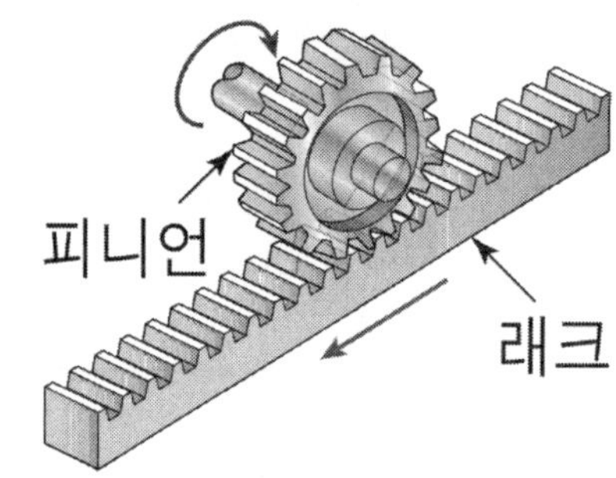

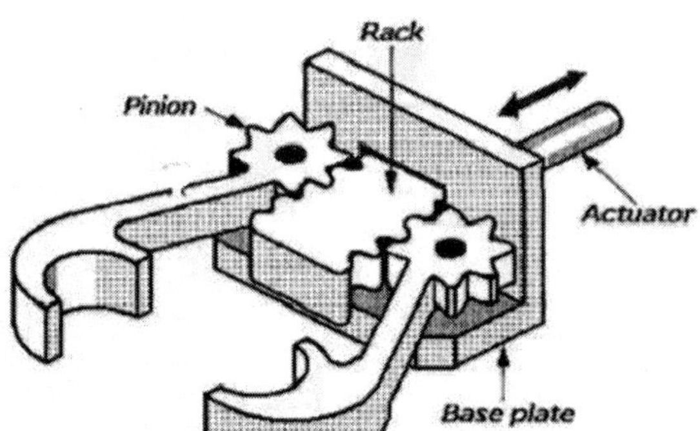

로보트 그립퍼(Gripper)에 사용된 랙&피니언

14-30 랙 & 피니언(Rack & Pinion)의 정역 운전회로 동작 실습

<table>
<tr><td>실습명</td><td>랙 &피니언(Rack & Pinion)의 정역 운전회로 동작 실습</td></tr>
<tr><td>실습목표</td><td>❶ 랙 & 피니언의 동작원리를 이해하고 설명할 수 있다.
❷ DC모터의 정역회전을 위한 배선 방법을 이해하고 결선할 수 있다.
카운터 동작을 이해하고 신호의 결선을 할 수 있다.</td></tr>
<tr><td>준비물</td><td>배선용 차단기, 랙 & 피니언, 리미트 스위치, 릴레이, LAMP, 누름 버튼 스위치, 카운터, 기본 공구, 단자대, 전선</td></tr>
<tr><td>주의사항</td><td>❶ 결선을 완료한 후, 회로 시험기로 단선이나 단락 등을 검사한다.
❷ 이상이 없으면 지도 교사의 지시를 받는다.
❸ 젖은 손으로 플러그를 콘센트에 꽂지 않도록 한다.
❹ 시퀀스도를 충분히 검토하여 동작 원리를 완진히 이해한다.</td></tr>
<tr><td>실습순서</td><td>❶ 동작 사항을 숙지하고, 시퀀스도를 보고 결선도와 같이 결선을 한다.
❷ DC모터의 정역회전 회로를 구성하고 동작을 확인한다.
❸ 1사이클 동작인 완료신호가 카운터의 입력이 되었는지 확인한다.
❹ 설정된 카운터의 횟수만큼 사이클 반복이 진행되는지 확인한다.</td></tr>
<tr><td>실습모듈 구성</td><td>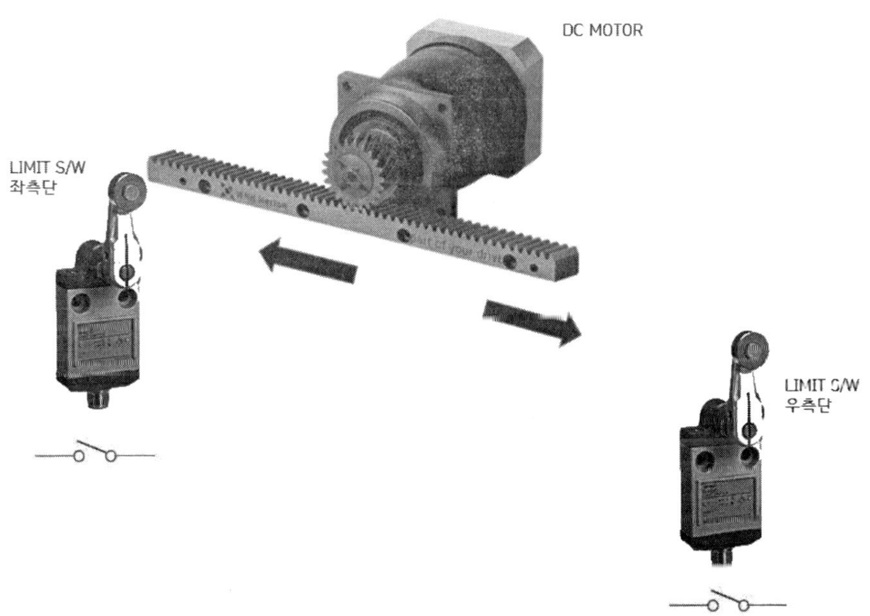
</td></tr>
</table>

DC Motor의 정역회전에 의한 랙&피니언의 직선 왕복운전

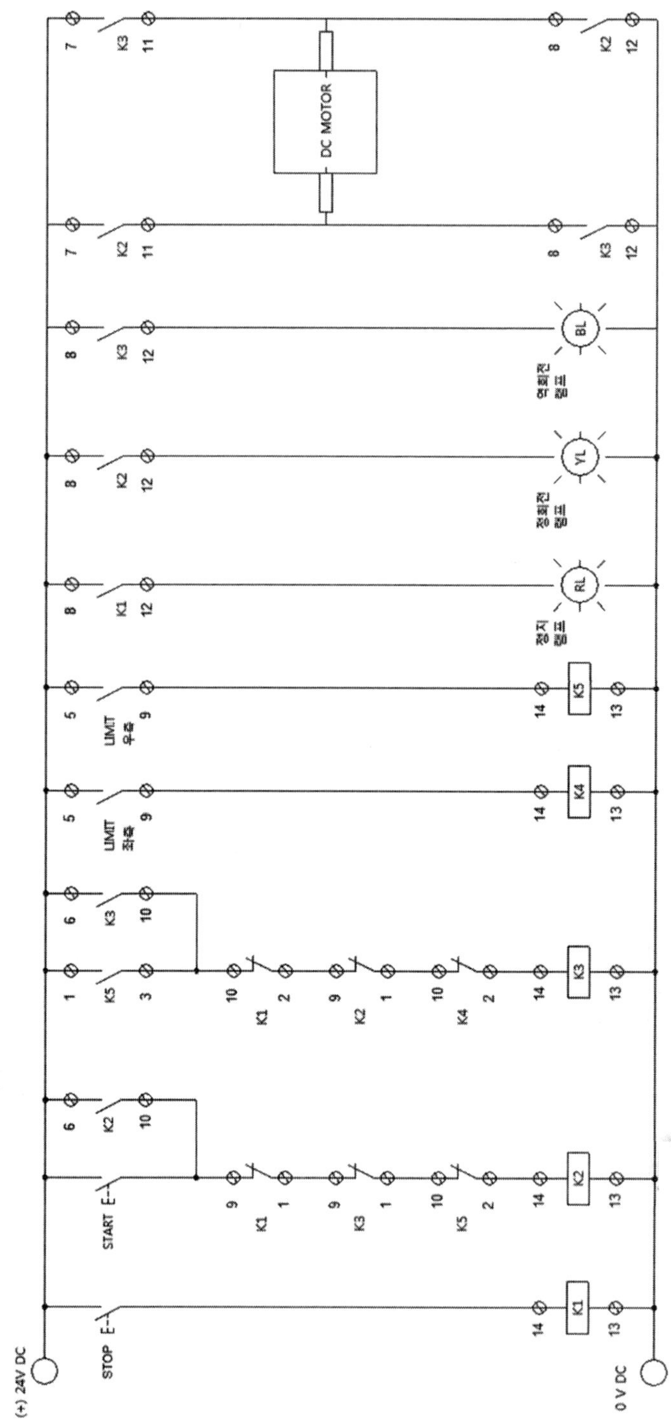

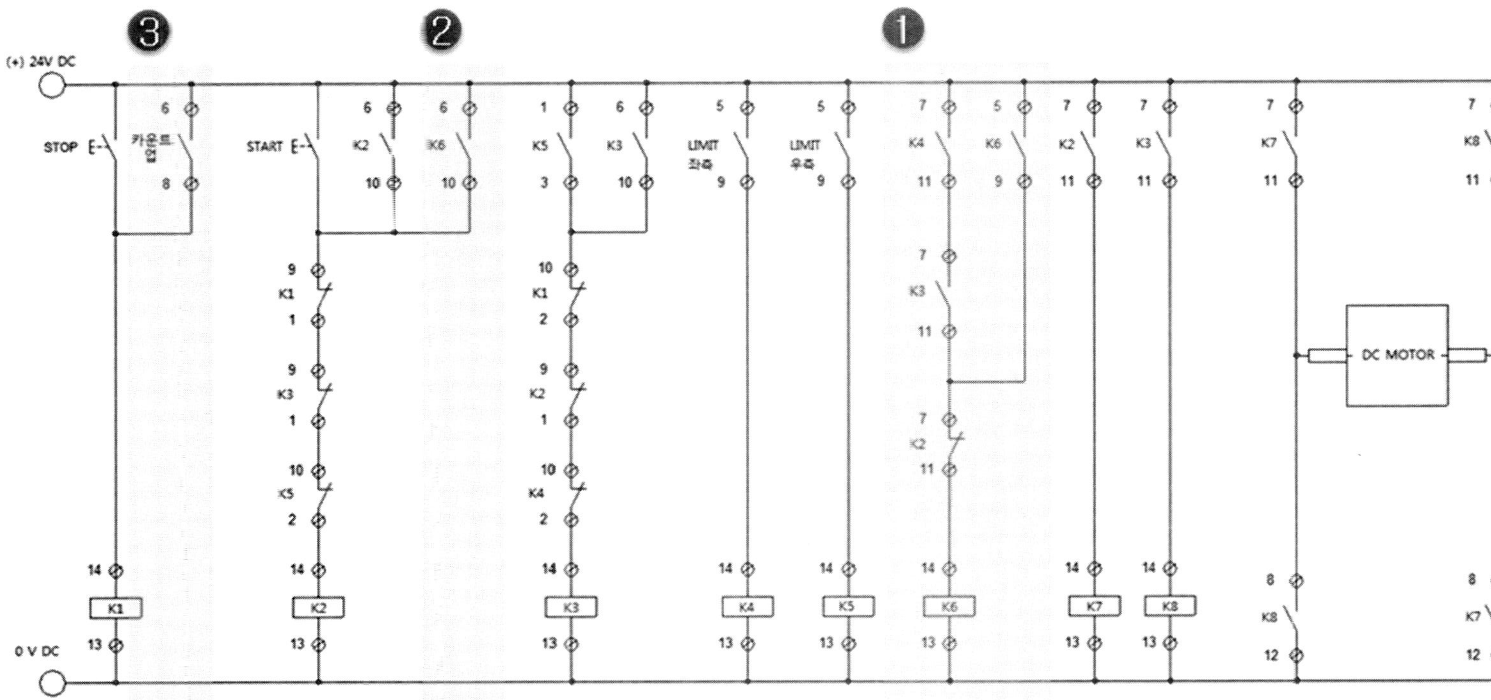

①표시된 부분이 연속운전과 카운터에 Count In신호를 발생시키는 로직이다.
코일 K4는 DC모터의 역회전 출력신호이고 K3은 좌측 Limit스위치이다. 두 접점의 AND논리는 모터의 역회전이 완료되었음을 의미한다. 즉 모듈이 [시작 → 우측이동 → 좌측이동]이 완료되어 1 사이클 동작이 완료되었으므로 카운터에 1이 증가되면 된다.
②이 신호(K6)을 START스위치 입력에 OR논리로 연결하면 새로운 사이클의 시작신호로 사용할 수 있다.
③.카운터 모듈에 설정한 횟수만큼 모듈이 사이클 횟수가 진행되면 카운터 모듈의 6-8단자의 a접점이 연결되므로 모듈동작을 STOP되게 릴레이 K1을 동작하도록 STOP스위치에 OR논리로 연결하면 되겠다.

연속모드시 반복되는 사이클 수를 카운트하기 위한 카운터 모듈부의 배선은 다음 그림과 같이 하면 되겠다.

카운터 소켓의 1번 핀은 카운터 In신호와 카운터 리셋의 공통단자(COM)으로 사용된다는 것에 주의하자.

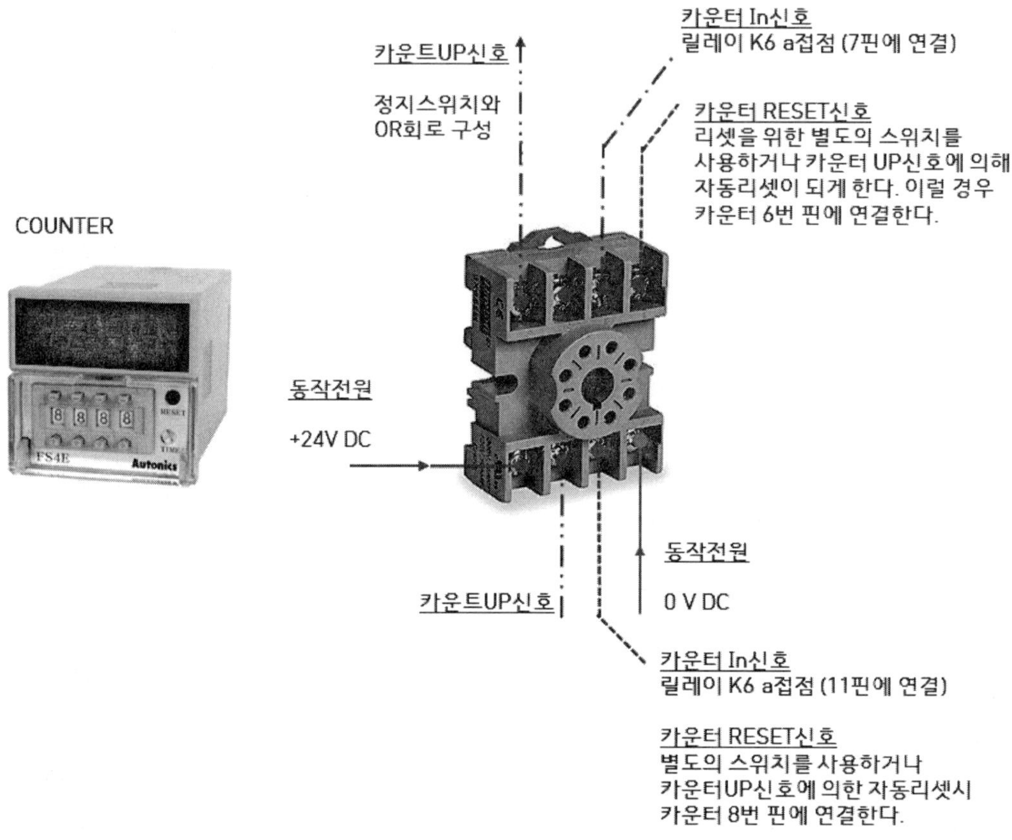

다음은 운전모드의 선택을 위해 셀렉트 스위치를 사용하였다. START스위치와 OR회로로써 1사이클 완료신호를 구성하였다. 이 신호가 연속모드가 선택되었을 때 새로운 시작 신호로 회로에 적용된다.

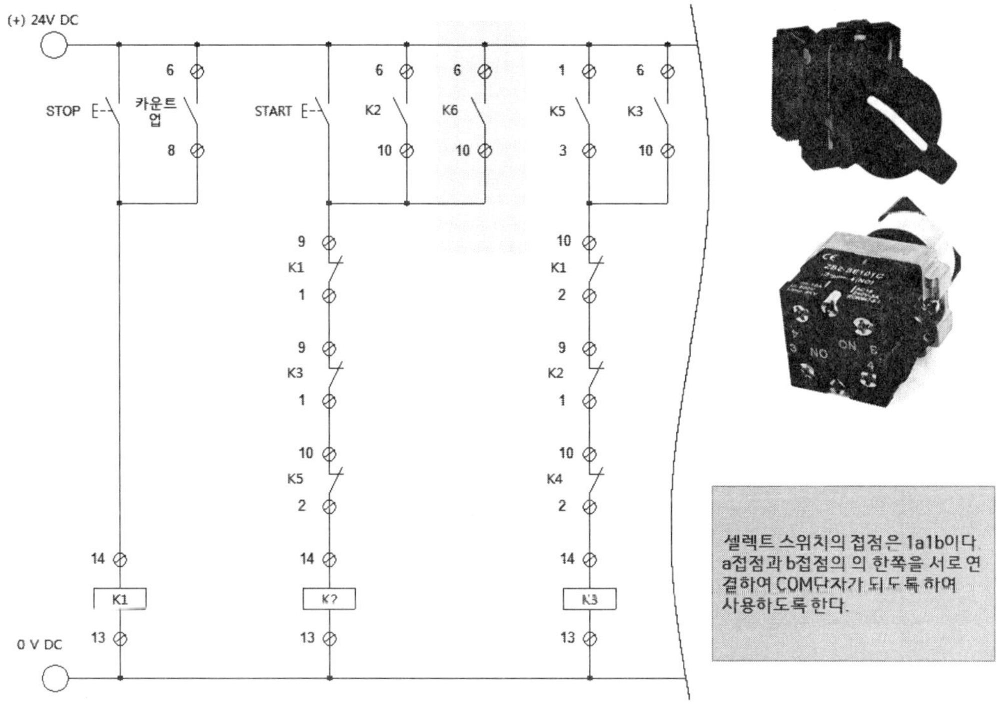
(+) 24V DC
0 V DC
STOP
카운트 업
START
K1
K2
K3
K4
K5
K6
셀렉트 스위치의 접점은 1a1b이다.
a접점과 b접점의 의 한쪽을 서로 연결하여 COM단자가 되도록 하여 사용하도록 한다.

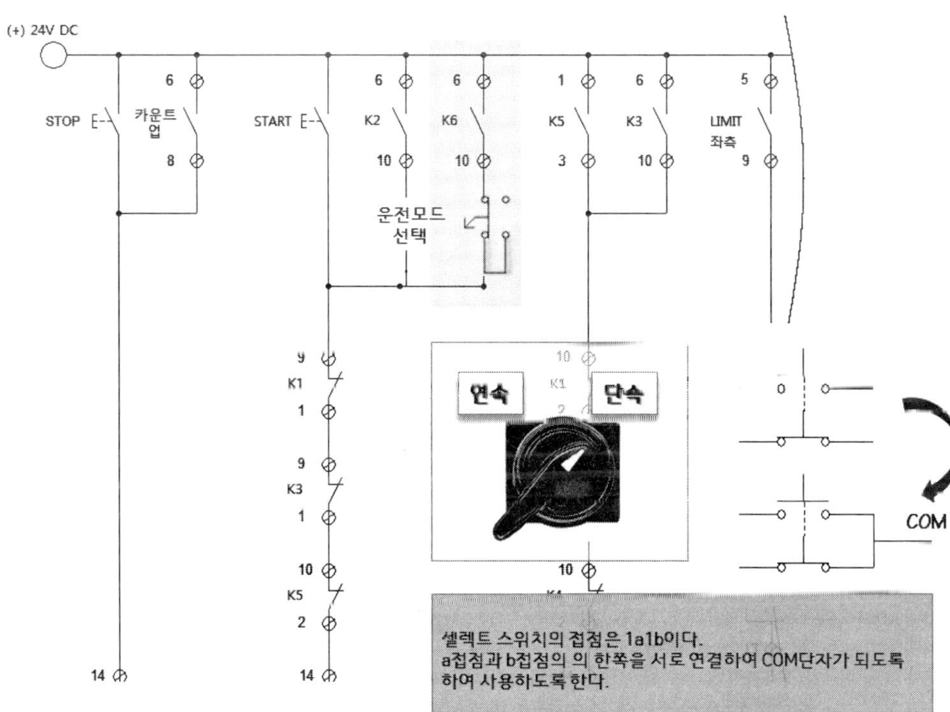
(+) 24V DC
STOP
카운트 업
START
K1
K2
K3
K5
K6
LIMIT 좌측
운전모드 선택
연속
단속
COM
셀렉트 스위치의 접점은 1a1b이다.
a접점과 b접점의 의 한쪽을 서로 연결하여 COM단자가 되도록 하여 사용하도록 한다.

운전 중에 정전이나 트러블 발생에 의해 설비의 초기위치로 모터나 실린더등을 이동시키는 것을 "원점복귀"라고 한다. 실습에서는 랙&피니언의 위치가 좌측으로 이동시키는 것을 원점위치로 복귀하는 것이므로 간단하게 역회전을 하는 릴레이 K3 코일을 ON하면 된다.

그림과 같이 스위치를 추가하여 신호를 발생시키도록 하자. K5신호에 OR회로로써 회로가 구성된다.

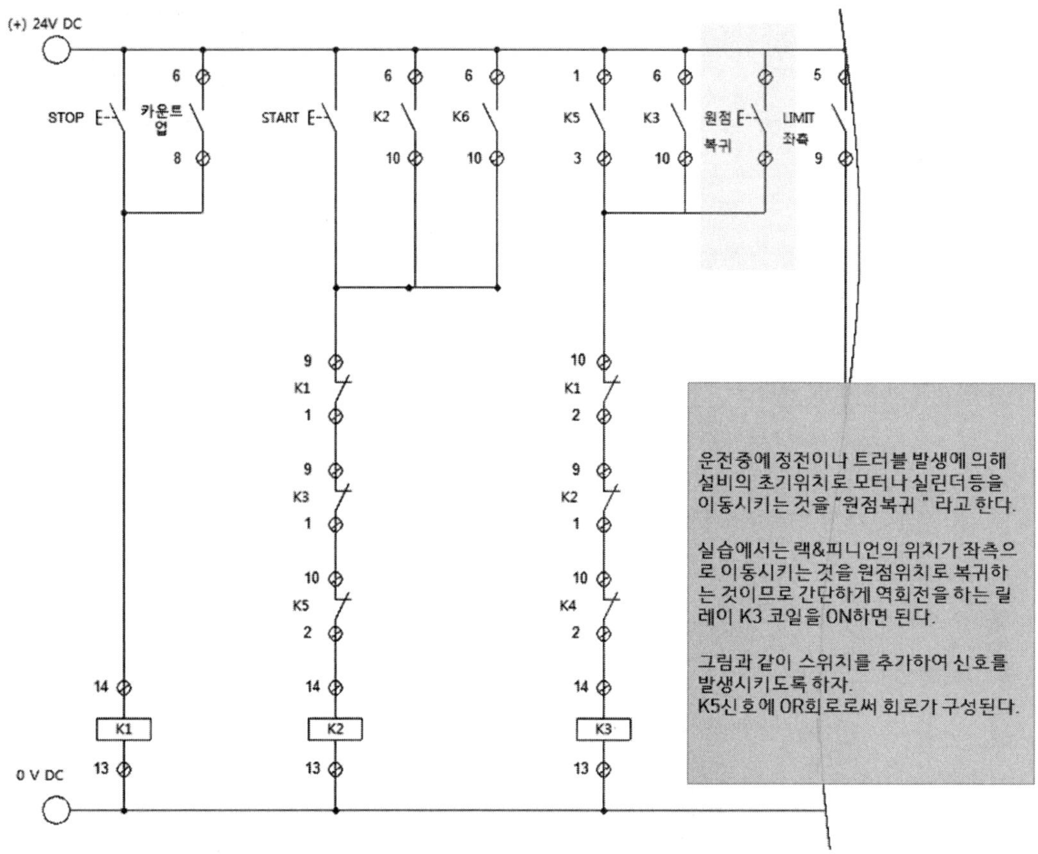

14-31 시퀀스 동작 회로(램프1(타이머1) → 램프2(타이머2))

실습명	시퀀스 동작 회로(램프1(타이머1) → 램프2(타이머2))
실습목표	❶ 타이머의 동작 원리를 이해하고 설명할 수 있다. ❷ 타이머의 입력과 출력접점을 확인하고 타이머 소켓에 정확히 배선할 수 있다.
준비물	배선용 차단기, LAMP 2개, 누름 버튼 스위치 2개, 릴레이 2개, 타이머 2개, 기본 공구, 단자대, 전선
주의사항	❶ 결선을 완료한 후, 회로 시험기로 단선이나 단락 등을 검사한다. ❷ 이상이 없으면 지도 교사의 지시를 받는다. ❸ 젖은 손으로 플러그를 콘센트에 꽂지 않도록 한다. ❹ 시퀀스도를 충분히 검토하여 동작 원리를 완전히 이해하여야 한다.
실습순서	❶ 동작 사항을 숙지하고, 시퀀스도를 보고 결선도와 같이 결선을 한다. ❷ 배선용 차단기를 ON 조작하고, 램프 상태를 확인하여 확인한다. ❸ START 스위치를 ON 조작했을 때의 램프의 순차적인 점등 상태를 확인한다. 램프 동작은 적색 → 황색으로 각 타이머의 시간 설정만큼 점등된다. ❹ TIMER1, TIMER2의 시간 설정을 변경했을 때의 램프의 순차적인 점등시간 상태를 확인한다.
시퀀스도	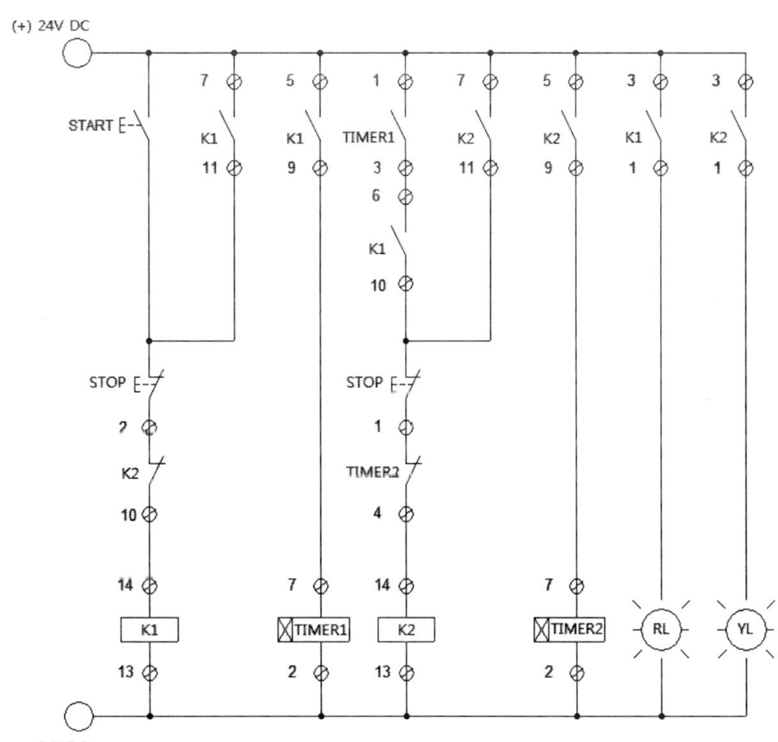

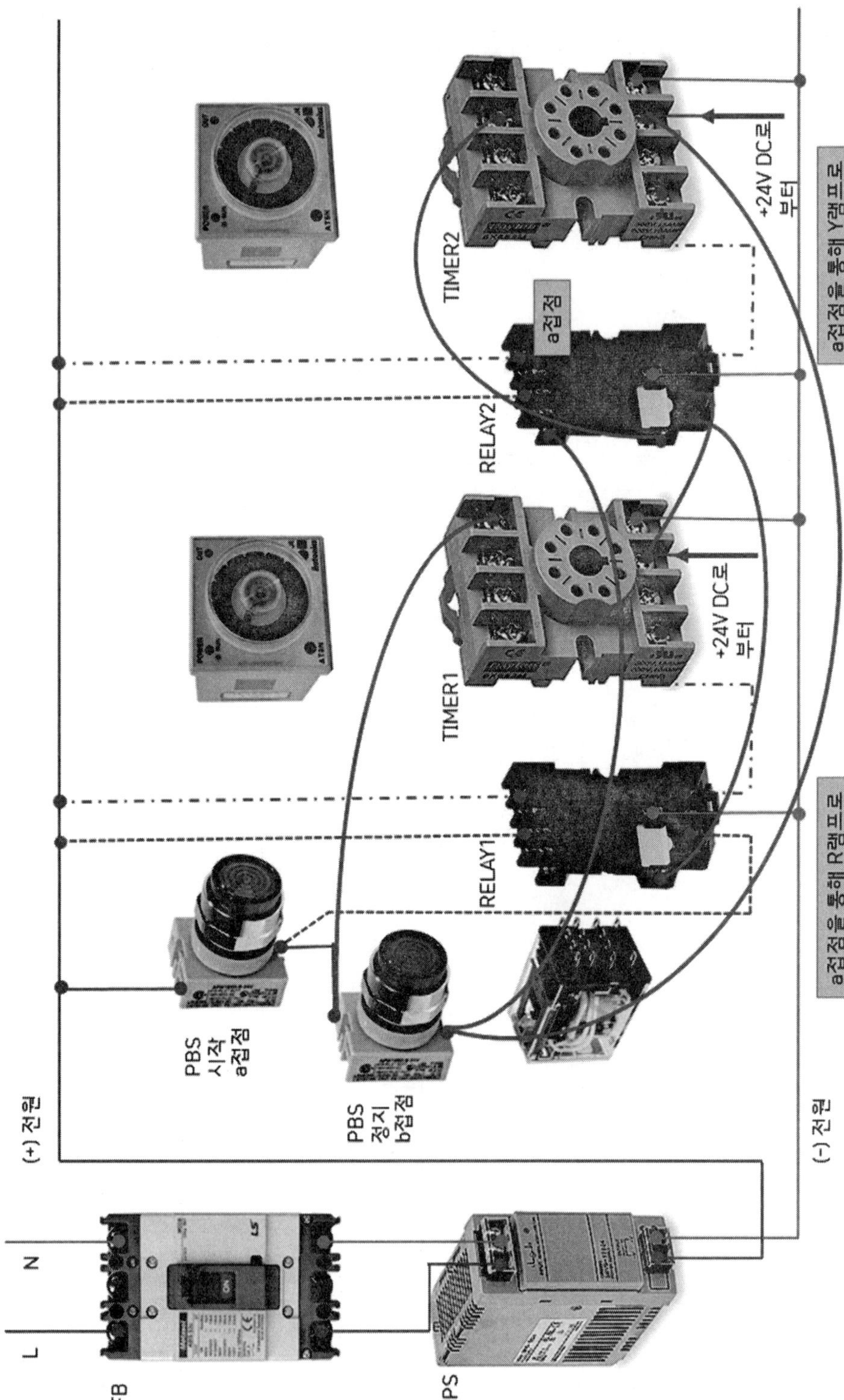
NFB
L
N
SMPS
(+) 전원
(-) 전원
PBS
시작
a접점
PBS
정지
b접점
RELAY1
TIMER1
RELAY2
TIMER2
+24V DC로
부터
+24V DC로
부터
a접점
a접점을 통해 R램프로
a접점을 통해 Y램프로

시퀀스 동작의 램프출력 대신에 부하에 해당하는 부품(예를 들어 부저, 모터, 실린더의 솔레노이드 밸브 그리고 릴레이와 타이머 카운터 등)을 연결해서 사용하면 설계했던 동작을 구현할 수 있다.

실습에서 타이머를 사용한 것은 램프 출력이 On상태를 알 수 있는 센서 등이 없기 때문이다. 실린더를 램프 대신에 사용한 경우 실린더의 전진이나 후진 상태를 알 수 있는 센서를 사용할 수 있기 때문에 타이머 대신 실린더에 장착되어 있는 센서를 사용할 수 있다.

실습에서 순서대로 두 가지의 동작을 구현했다. 이 동작의 수량과 자기유지회로를 사용한 개수는 동일하다. 예를 들어 동작의 개수가 5개라고 한다면 자기유지 회로는 5개를 사용하면 된다.

실습내용을 정확히 이해했다면 설계하려는 시퀀스동작의 순서를 정리하고 동작이 몇 개로 구분되어 전체 공정이 이루어지는지 분석하고 회로를 구현해 보도록 하자.

APPENDIX

Appendix 01

시퀀스 제어 문자 기호

기본 기호만으로는 상세하게 기기 및 장치의 종류, 기능, 용도를 표시하는데 부족하므로 전기 용어의 영문에서 머리 문자를 취한 문자 기호를 사용

(가) 회전기

문자 기호	용어	영문
EX	여자기	Exciter
FC	주파수 변환기	Frequency Changer, Frequency Converter
G	발전기	Generator
IM	유도 전동기	Induction Motor
M	전동기	Motor
MG	전동 발전기	Motor-Generator
OPM	조작용 전동기	Operating Motor
RC	회전 변류기	Rotary Converter
SEX	부 여자기	Sub-Exciter
SM	동기 전동기	Synchronous Motor
TG	회전 속도계 발전기	Tachometer Generator

(나) 변압기 및 정류기류

문자 기호	용어	영문
BCT	부싱변류기	Bushing Current Transformer
BST	승압기	Booster
CLX	한류리액터	Current Limiting Reactor
CT	변류기	Current Transformer
GT	접지변압기	Grounding Transformer
IR	유도전압조정기	Induction Voltage Regulator
LTT	부하시 탭전환변압기	On-load Tap-changing Transformer
LVR	부하시 전압조정기	On-load Voltage Regulator
PCT	계기용 변압변류기	Potential Current Transformer, Combined Voltage and Current Transformer
PT	계기용 변압기	Potential Transformer, Voltage Transformer
T	변압기	Transformer
PHS	이상기	Phase Shifter
RF	정류기	Rectifier
ZCT	영상변류기	Zero-phase-sequence Current Transformer

(다) 차단기 및 스위치류

문자 기호	용어	영문
ABB	공기 차단기	Airblast Circuit Breaker
ACB	기중 차단기	Air Circuit Breaker
AS	전류계 전환스위치	Ammeter Changer-over Switch
BS	버튼 스위치	Button Switch
CB	차단기	Circuit Breaker
COS	전환 스위치	Change-over Switch
SC	제어 스위치	Control Switch
DS	단로기	Disconnecting Switch
EMS	비상 스위치	Emergency Switch
F	퓨즈	Fuse
FCB	계자 차단기	Field Circuit Breaker
FLTS	플로트 스위치	Float Switch
FS	계자 스위치	Field Switch
FTS	발 밟음 스위치	Foot Switch
GCB	가스 차단기	Gas Circuit Breaker

HSCB	고속도 차단기	High-speed Circuit Breaker
KS	나이프 스위치	Knife Switch
LS	리밋 스위치	Limit Switch
LVS	레벨 스위치	Level Switch
MBB	자기 차단기	Magnetic Blow-out Circuit Breaker
MC	전자 접촉기	Electromagnetic Contactor
MCB	배선용 차단기	Molded Case Circuit Breaker
OCB	기름 차단기	Oil Circuit Breaker
OSS	과속 스위치	Over-speed Switch
PF	전력 퓨즈	Power Fuse
PRS	압력 스위치	Pressure Switch
RS	회전 스위치	Rotary Switch
S	스위치, 개폐기	Switch
SPS	속도 스위치	Speed Switch
TS	텀블러 스위치	Tumbler Switch
VCB	진공 차단기	Vacuum Circuit Breaker
VCS	진공 스위치	Vacuum Switch
VS	전압계 전환스위치	Voltmeter Change-over Switch
CTR	제어기	Controller
MCTR	주 제어기	Master Controller
STT	기동기	Starter

(라) 저항기

문자 기호	용어	영문
CLR	한류 저항기	Current-limiting Resistor
DBR	제동 저항기	Dynamic Braking Resistor
DR	방전 저항기	Discharging Resistor
FRH	계자 저항기	Field Regulator
GR	접지 저항기	Grounding Resistor
LDR	부하 저항기	Loading Resistor
NGR	중성점 접지저항기	Neutral Grounding Resistor
R	저항기	Resistor
RH	가감 저항기	Rheostat
STR	기동 저항기	Starting Resistor

(마) 계전기

문자 기호	용어	영문
BR	평형 계전기	Balance Relay
CLR	한류 계전기	Current Limiting Relay
CR	전류 계전기	Current Relay
DFR	차동 계전기	Differential Relay
FCR	플리커 계전기	Flicker Relay
FLR	흐름 계전기	Flow Relay
FR	주파수 계전기	Frequency Relay
GR	지락 계전기	Ground Relay
KR	유지 계전기	Keep Relay
LFR	계자 손실 계전기	Loss of Field Relay, Field Loss Relay
OCR	과전류 계전기	Overcurrent Relay
OSR	과속도 계전기	Over-speed Relay
OPR	결상 계전기	Open-phase Relay
OVR	과전압 계전기	Over voltage Relay
PLR	극성 계전기	Polarity Relay
PR	역전 방지 계전기	Plugging Relay
POR	위치 계전기	Position Relay
PRR	압력 계전기	Pressure Relay
PWR	전력 계전기	Power Relay
R	계전기	Relay
RCR	재폐로 계전기	Reclosing Relay
SOR	탈조(동기이탈) 계전기	Out-of-step Relay, Step-out Relay
SPR	속도 계전기	Speed Relay
STR	기동 계전기	Starting Relay
SR	단락 계전기	Short-circuit Relay
SYR	동기 투입 계전기	Synchronizing Relay
TDR	시연 계전기	Time Delay Relay
TFR	자유 트립 계전기	Trip-free Relay
THR	열동 계전기	Thermal Relay
TLR	한시 계전기	Time-lag Relay
TR	온도 계전기	Temperature Relay
UVR	부족 전압 계전기	Under-voltage Relay
VCR	진공 계전기	Vacuum Relay
VR	전압 계전기	Voltage Relay

(바) 계기

문자 기호	용어	영문
A	전류계	Ammeter
F	주파수계	Frequency Meter
FL	유량계	Flow Meter
GD	검류기	Ground Detector
HRM	시계	Hour Meter
MDA	최대 수요 전류계	Maximum Demand Ammeter
MDW	최대 수요 전력계	Maximum Demand Wattmeter
N	회전 속도계	Tachometer
PI	위치 지시계	Position Indicator
PF	역률계	Power-factor Meter
PG	압력계	Pressure Gauge
SH	분류기	Shunt
SY	동기검정기	Synchronoscope, Synchronism Indicator
TH	온도계	Thermometer
THC	열전대	Thormocouple
V	전압계	Voltmeter
VAR	무효 전력계	Var Meter, Reactive Power Meter
VG	진공계	Vacuum Gauge
W	전력계	Wattmeter
WH	전력량계	Watt-hour Meter
WLI	수위계	Water Level Indicator

(사) 기타

문자 기호	용어	영문
AN	표시기	Annunciator
B	전지	Battery
BC	충전기	Battery Charger
BL	벨	Bell
BL	송풍기	Blower
BZ	부저	Buzzer
C	콘덴서	Condenser, Capacitor
CC	폐로 코일	Closing Coil
CH	케이블 헤드	Cable Head

DL	더미 부하(의사부하)	Dummy Load
EL	지락 표시등	Earth Lamp
ET	접지 단자	Earth Terminal
FI	고장 표시기	Fault Indicator
FLT	필터	Filter
H	히터	Heater
HC	유지 코일	Holding Coil
HM	유지 자석	Holding Magnet
HO	혼	Horn
IL	조명등	Illuminating Lamp
MB	전자 브레이크	Electromagnetic Brake
MCL	전자 클러치	Electromagnetic Clutch
MCT	전자 카운터	Magnetic Counter
MOV	전동 밸브	Motor-operated Valve
OPC	동작 코일	Operating Coil
OTC	과전류 트립코일	Overcurrent Trip Coil
RSTC	복귀 코일	Reset Coil
SL	표시등	Signal Lamp, Pilot Lamp
SV	전자 밸브	Solenoid Valve
TB	단자대, 단자판	Terminal Block, Terminal Board
TC	트립 코일	Trip Coil
TT	시험 단자	Testing Terminal
UVC	부족전압 트립코일	Under-voltage Release Coil, Under-voltage Trip Coil

(아) 기능 기호

문자 기호	용어	영문
A	가속 · 증속	Accelerating
AUT	자동	Automatic
AUX	보조	Auxiliary
B	제동	Braking
BW	후방향	Backward
C	미동	Control
CL	닫음	Close
CO	전환	Chage-over
CRL	미속	Crawing

CST	코우스팅	Coasting
DE	감속	Decelerating
D	하강 · 아래	Down, Lower
DB	발전 제동	Dynamic Braking
DEC	감소	Decrease
EB	전기 제동	Electric Braking
EM	비상	Emergency
F	정방향	Forward
FW	앞으로	Forward
H	높다	High
HL	유지	Holding
HS	고속	High Speed
ICH	인칭	Inching
IL	인터록	Inter-locking
INC	증가	Increase
INS	순시	Instant
J	미동	Jogging
L	왼편	Left
L	낮다	Low
LO	록크아웃	Lock-out
MA	수동	Manual
MEB	기계 제동	Mechanical Braking
OFF	개로, 끊다	Open, Off
ON	폐로, 닫다	Close, On
OP	열다	Open
P	플러깅	Plugging
R	기록	Recording
R	반대로, 역으로	Reverse
R	오른편	Right
RB	재생제동	Regenerative Braking
RG	조정	Regulating
RN	운전	Run
RST	복귀	Reset
ST	시동	Start
SET	세트	Set
STP	정지	Stop

SY	동기	Synchronizing
U	상승, 위로	Raise, Up

(자) 무접점 계전기의 문자 기호

문자 기호	용어	영문
NOT	논리부정	Not, Negation
OR	논리합	Or
AND	논리적	And
NOR	노어	Nor
NAND	낸드	Nand
MEM	메모리	Memory
ORM	복귀 기억	Off Return Memory
RM	영구 기억	Retentive Memory
FF	플립 플롭	Flip Flop
BC	이진 카운터	Binary Counter
SFR	시프트 레지스터	Shift Register
TDE	동작 시간 지연	Time Delay Energizing
TDD	복귀 시간 지연	Time Delay De-energizing
TDB	시간 지연	Time Delay(Both)
SMT	쉬밋트 트리거	Schmidt Trigger
SSM	단안정 멀티바이브레이터	Single Shot Multi-vibrator
MLV	멀티바이브레이터	Multi-vibrator
AMP	증폭기	Amplifier

Appendix 02

시퀀스 제어 심볼 기호

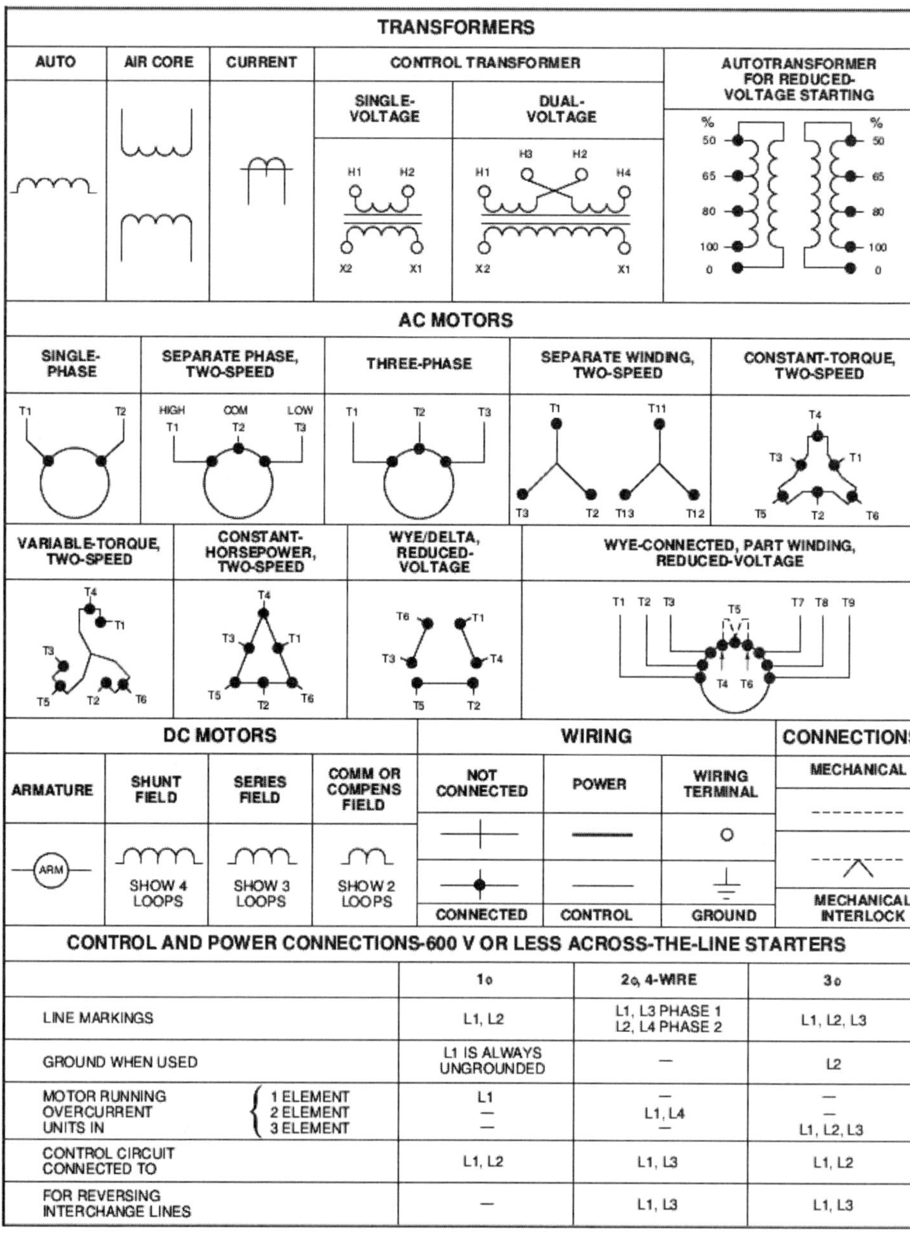

CONTROL AND POWER CONNECTIONS-600 V OR LESS ACROSS-THE-LINE STARTERS

		1φ	2φ, 4-WIRE	3φ
LINE MARKINGS		L1, L2	L1, L3 PHASE 1 L2, L4 PHASE 2	L1, L2, L3
GROUND WHEN USED		L1 IS ALWAYS UNGROUNDED	—	L2
MOTOR RUNNING OVERCURRENT UNITS IN	1 ELEMENT	L1	—	—
	2 ELEMENT	—	L1, L4	—
	3 ELEMENT	—	—	L1, L2, L3
CONTROL CIRCUIT CONNECTED TO		L1, L2	L1, L3	L1, L2
FOR REVERSING INTERCHANGE LINES		—	L1, L3	L1, L3

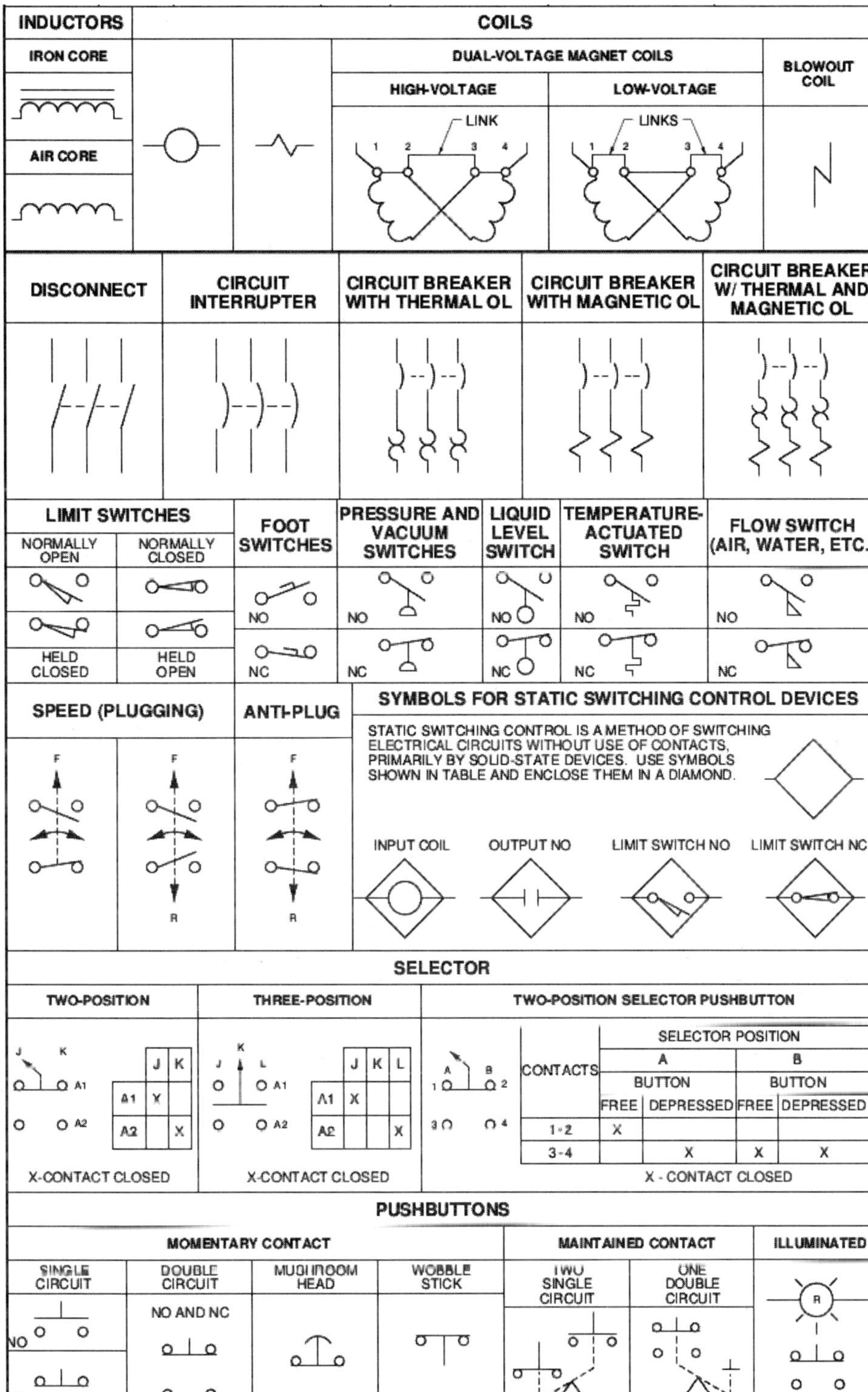
INDUCTORS
COILS
IRON CORE
AIR CORE
DUAL-VOLTAGE MAGNET COILS
HIGH-VOLTAGE
LOW-VOLTAGE
BLOWOUT COIL
LINK
LINKS
DISCONNECT
CIRCUIT INTERRUPTER
CIRCUIT BREAKER WITH THERMAL OL
CIRCUIT BREAKER WITH MAGNETIC OL
CIRCUIT BREAKER W/ THERMAL AND MAGNETIC OL
LIMIT SWITCHES
NORMALLY OPEN
NORMALLY CLOSED
HELD CLOSED
HELD OPEN
FOOT SWITCHES
PRESSURE AND VACUUM SWITCHES
LIQUID LEVEL SWITCH
TEMPERATURE-ACTUATED SWITCH
FLOW SWITCH (AIR, WATER, ETC.)
NO
NC
SPEED (PLUGGING)
ANTI-PLUG
F
R
SYMBOLS FOR STATIC SWITCHING CONTROL DEVICES
STATIC SWITCHING CONTROL IS A METHOD OF SWITCHING ELECTRICAL CIRCUITS WITHOUT USE OF CONTACTS, PRIMARILY BY SOLID-STATE DEVICES. USE SYMBOLS SHOWN IN TABLE AND ENCLOSE THEM IN A DIAMOND.
INPUT COIL
OUTPUT NO
LIMIT SWITCH NO
LIMIT SWITCH NC
SELECTOR
TWO-POSITION
THREE-POSITION
TWO-POSITION SELECTOR PUSHBUTTON
J K L
A1 A2
X-CONTACT CLOSED
A B
SELECTOR POSITION
CONTACTS
BUTTON
FREE DEPRESSED FREE DEPRESSED
1-2 X
3-4 X X X
X - CONTACT CLOSED
PUSHBUTTONS
MOMENTARY CONTACT
MAINTAINED CONTACT
ILLUMINATED
SINGLE CIRCUIT
DOUBLE CIRCUIT
MUSHROOM HEAD
WOBBLE STICK
TWO SINGLE CIRCUIT
ONE DOUBLE CIRCUIT
NO AND NC
R

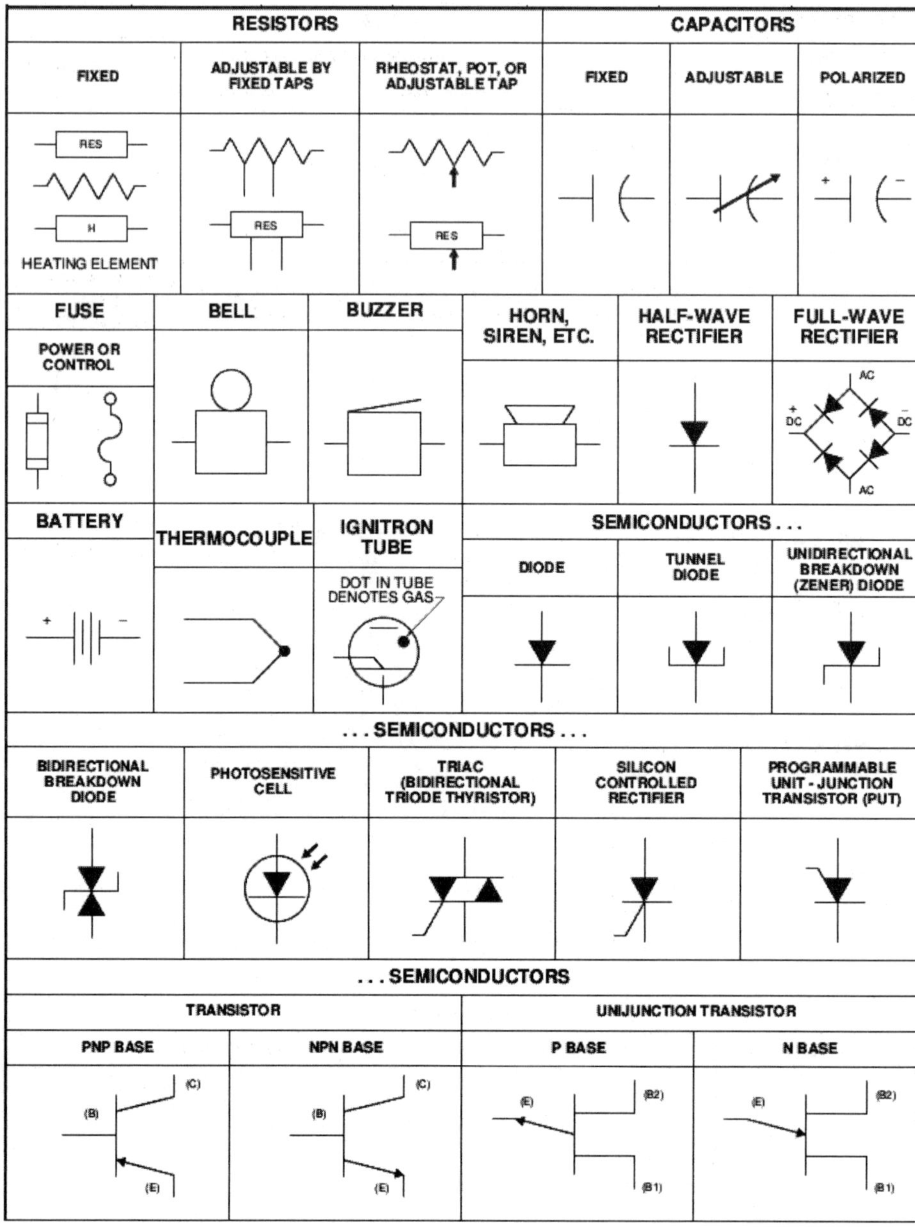
RESISTORS
FIXED
RES
H
HEATING ELEMENT
ADJUSTABLE BY FIXED TAPS
RES
RHEOSTAT, POT, OR ADJUSTABLE TAP
RES
CAPACITORS
FIXED
ADJUSTABLE
POLARIZED
+
−
FUSE
POWER OR CONTROL
BELL
BUZZER
HORN, SIREN, ETC.
HALF-WAVE RECTIFIER
FULL-WAVE RECTIFIER
AC
+ DC
− DC
AC
BATTERY
+
−
THERMOCOUPLE
IGNITRON TUBE
DOT IN TUBE DENOTES GAS
SEMICONDUCTORS . . .
DIODE
TUNNEL DIODE
UNIDIRECTIONAL BREAKDOWN (ZENER) DIODE
. . . SEMICONDUCTORS . . .
BIDIRECTIONAL BREAKDOWN DIODE
PHOTOSENSITIVE CELL
TRIAC (BIDIRECTIONAL TRIODE THYRISTOR)
SILICON CONTROLLED RECTIFIER
PROGRAMMABLE UNIT - JUNCTION TRANSISTOR (PUT)
. . . SEMICONDUCTORS
TRANSISTOR
PNP BASE
(B)
(C)
(E)
NPN BASE
(B)
(C)
(E)
UNIJUNCTION TRANSISTOR
P BASE
(E)
(B2)
(B1)
N BASE
(E)
(B2)
(B1)

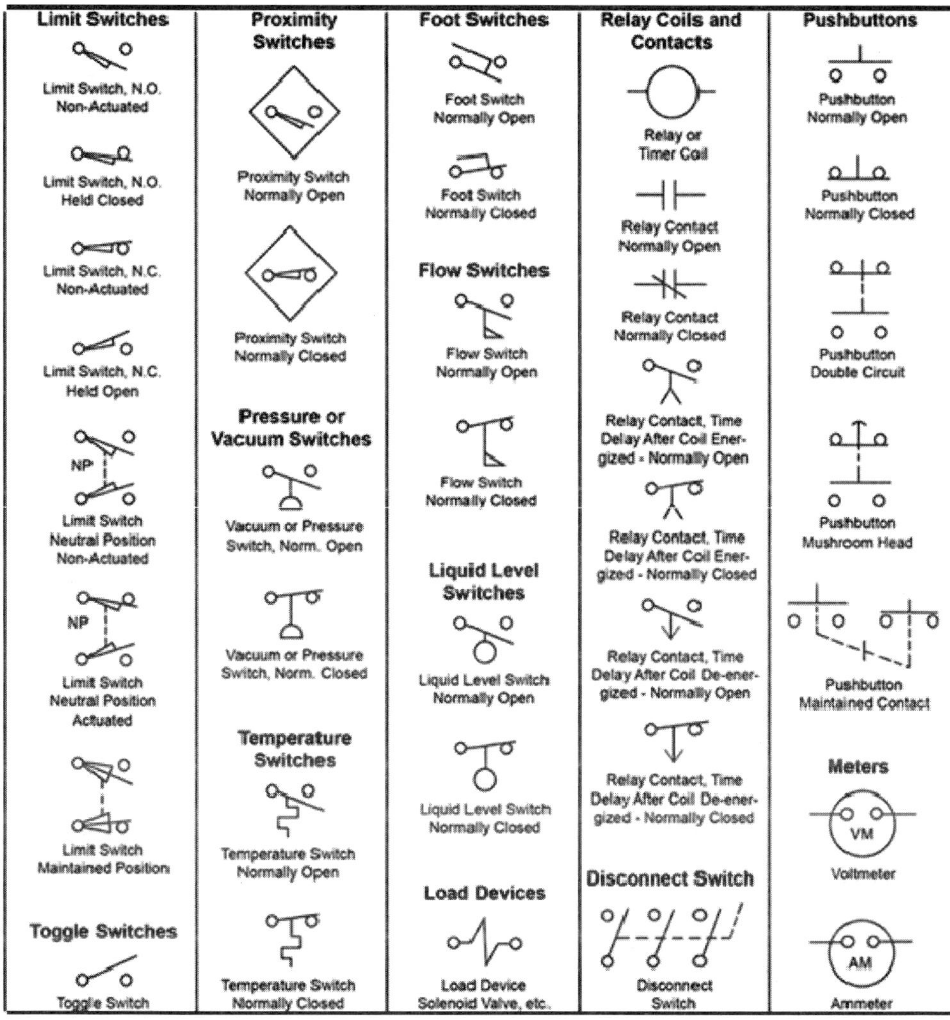
Limit Switches
Limit Switch, N.O. Non-Actuated
Limit Switch, N.O. Held Closed
Limit Switch, N.C. Non-Actuated
Limit Switch, N.C. Held Open
NP
Limit Switch Neutral Position Non-Actuated
NP
Limit Switch Neutral Position Actuated
Limit Switch Maintained Position
Toggle Switches
Toggle Switch
Proximity Switches
Proximity Switch Normally Open
Proximity Switch Normally Closed
Pressure or Vacuum Switches
Vacuum or Pressure Switch, Norm. Open
Vacuum or Pressure Switch, Norm. Closed
Temperature Switches
Temperature Switch Normally Open
Temperature Switch Normally Closed
Foot Switches
Foot Switch Normally Open
Foot Switch Normally Closed
Flow Switches
Flow Switch Normally Open
Flow Switch Normally Closed
Liquid Level Switches
Liquid Level Switch Normally Open
Liquid Level Switch Normally Closed
Load Devices
Load Device Solenoid Valve, etc.
Relay Coils and Contacts
Relay or Timer Coil
Relay Contact Normally Open
Relay Contact Normally Closed
Relay Contact, Time Delay After Coil Energized - Normally Open
Relay Contact, Time Delay After Coil Energized - Normally Closed
Relay Contact, Time Delay After Coil De-energized - Normally Open
Relay Contact, Time Delay After Coil De-energized - Normally Closed
Disconnect Switch
Disconnect Switch
Pushbuttons
Pushbutton Normally Open
Pushbutton Normally Closed
Pushbutton Double Circuit
Pushbutton Mushroom Head
Pushbutton Maintained Contact
Meters
VM
Voltmeter
AM
Ammeter

Appendix 03

계전기 고유번호

기구번호	명　칭	설　명
1	주제어 개폐기 또는 계전기	중요기기의 기동, 정지 S.W
2	시간지연 계전기	기동 또는 동작에 한시를 주는 것
2Q	유입장치 절환용 한시계전기	
2S	Strairmer용 Timer	
2G	Grease Pump 기동 Timer	
3	조작용 개폐기	기기를 조작함
3-28B	Bell 복귀용 조작 S.W	
3-28Z	Buzzer 복귀용 조작 S.W	
3-29	소화장비용 조작 S.W	
3-30	Indicator 복귀용 조작 S.W	
3-30L	Lamp 복귀용 조작 S.W	
3-41	계자개폐기용 조작 S.W	
3-52	차단기용 조작개폐기	
3-65L	전기조속기 Lock용 조작개폐기	
3-66F	Fleaker Ry 복귀용 조작개폐기	
3-75	제동장치용 조작 S.W	
3-86	Lock Out Ry 복귀용 조작 S.W	
3-88	보조기용 접촉기	
3-89	단로기용 접촉기 조작 S.W	
3-R	일반 복귀용 조작 S.W	
4	주제어회로용 접촉기 또는 계전기	주제어회로를 개폐하는 것
4GP	발전, 양수용 주제어회로 계전기	

5 5E 5T 5B	정지개폐기 또는 계전기 비상정지 개폐기 또는 계전기 Turbine 정지개폐기 Boiler 정지개폐기	기기를 정지하는 것
6 6-99	기동차단기, 접속기 또는 계전기 Locator 기동용 Aux Relay	기계를 기동회로에 접속함
7 7-24LR 7-24PC 7-55	조정개폐기 ULTC용 Tap 조정개폐기 P.C용 Tap 조정개폐기 자동역률조정기용 조정개폐기	기기를 조작 조정하는 것
7-65P 7-65JE 7-70 7-70E 7-77 7-90R 7-IR	전기조속기 출력조정용 개폐기 결합운전 주파수 조정기 Generator 계자조정용 조정개폐기 여자기계자조정용 부하조성장치용 조정개폐기 AVR의 진입조징용 유도전압조정기용 조정개폐기	
8 8A 8C 8D	제어전원개폐기 교류제어전원 개폐기 공동제어전원 개폐기 직류제어전원 개폐기 계전기전원 개폐기	제어전원을 개폐하는 것
9	계자 극성전환 개폐기	계자전류 극성을 반대로 함
10 10P	순서개폐기 또는 Program 조정기 Program 조정기	2조 이상 기기의 기동 정치순서를 정함
11 11-25 11L	시험개폐기 또는 Relay 자동동기장치용 개폐기 Lamp 점검용 개폐기	기기의 동작을 시험하는 것
12	과속도개폐기 또는 계전기	과속도시에 동작하는 것
13	동기속도개폐기 또는 계전기	동기속도에 동작하는 것
14	저속도개폐기 또는 계전기	저속도에 동작하는 것
15	속도조정 장치	회전기의 속도를 조정하는 것
16 16B 16BG 16BS 16G 16S	표시선 감시계전기 P/W 단선검출 계전기 P/W 지락용 단선검출 계전기 P/W 단락용 단선검출 계전기 P/W 지락검출 계전기 P/W 단락검출 계전기	표시선이 고장을 검출하는 것

17 17G 17GI 17GO 17S	표시선 계전기 지락용 P/W 계전기 지락용 내부고장 Relay 지락용 외부고장 Relay 단락용 P/W 계전기	표시선 계전방식에 사용하는 것
18	가속 또는 감속접촉기	가속 또는 감속시 다음 단계로 진행하는 것
19	기동 또는 운전절체 계전기	기기를 기동에서 운전으로 절환하는 것
20 20WC 20WE 20WB 20V	보조기 Valve 냉각수 Valve 비상용 급수 Valve 배수 Valve 진공 Pump 저지 Valve	보조기의 Valve
21 21S 21G	거리계전기(미국, 영국) 단락거리계전기 지락거리계전기 주기기 Valve(일본)	단락 또는 지락거리계전기
22	예비번호	
23 23Q 23R 23^{3}W	온도조정계전기 유온조정계전기 실내온도 조정계전기 냉각수 온도조정계전기	온도를 일정 범위로 유지함
24 24LR 24PC	Tap 절환장치 ULTC 전압조정용 PC 전압조정용	전기기기의 Tap을 절환하는 것
25	동기검출장치	교류회로의 동기를 검출함
26 26T 26LR 26PC 26SSH 26R 26RG	정지기 온도계전기 변압기용 온도계전기 ULTC용 온도계전기 P.C용 온도계전기 과열증기 온도계전기 분로 Reactor 온도계전기 재순환 Gas 온도계전기	변압기등 정지기의 온도에 의해 동작
27 27A 27H 27Q 27C	교류 부족전압 계전기 공기압축기 UVR 소내전원 UVR 유압 Pump용 UVR 제어용 교류전원 UVR	교류전압이 부족할 때 동작함

번호	명칭	설명
28	경보장치	
28B	Belldyd Relay	
28F	화재검출기	
28LA	LA 검출기	
28Z	Surge 검출계전기	
29	소화장치	화재시 동작하는 것
29CS	소화장치 Valve Coil	
29C	29용 투입 Coil	
29T	29용 개방 Coil	
30	기기상태 또는 고장표시 장치	기기의 동작상태나 고장을 표시하는 것
30F	고장표시기	
30L	Lamp 표시기	
30S	동작 표시기	
31	계자변경 차단기 또는 계전기	계자권선을 타여자 전원에 접속시키는 것
32	교류역전력계전기(미국) 직류역류계전기(일본)	교류회로 전력 방향이 반대로 될 때 동작
33	위치검출장치 또는 개폐기	유면 액면의 위치와 관련하여 동작
33CO2	CO2 소화기 개폐기	
33Q	유면검출장치	
33W	수위개폐기	
33S	Tap 검출장치	
34	전동순서 제어기	기동 또는 정지장치의 동작 순서를 정함
35	Brush 조작장치 또는 Slip Ring 단락장치	Brush의 조정 또는 Slip Ring을 단락함
35LR	35용 조작개폐기	
36	극성계전기	극성에 의해 동작하는 것
37	부족전류계전기	전류가 부족할 때 동작하는 것
37A	교류 부족전류계전기	
37D	직류 부족전류계전기	
37F	Fuse 용단계전기	
37V	진자관 Filament 단신 검출기	
38	축수온도계전기	회전기축수 가열시 동작
39	예비번호	
40	계자상실계전기	계자상실시 동작하는 것

41 41C 41T 41A 41D 41R	계자차단기 또는 접촉기 41용 Closing Coil 41용 Trip Coil 계자증폭기 Relay 자동계자 개폐기 조정계자 개폐기	재자회로를 차단 또는 연결하는 것
42	운전차단기 또는 개폐기	기기를 운전회로에 접속함
43 43-17 43-25 43-79 43-87 43-90 43A 43C 43P 43R	제어회로 전환개폐기 P/W 전환개폐기 동기검출회로 전환개폐기 재패로방식 전환개폐기 모선보호용 전환개폐기 자동전압조정기용 전환개폐기 자동수동 전환개폐기 반송장치 전환개폐기 PT회로 전환개폐기 원방세어 전환개폐기	제어회로를 자동 또는 수동으로 전환함
44 44G 44S	거리계전기(일본) 지락거리계전기 단락거리계전기 Sequence Starting Relay(미국)	
45	직류 과전압 계전기(일본) 기압계전기(미국)	
46	역상 또는 불평형계전기	역상 또는 불평형전류에 동작하는 것
47 47A 47F 47T	결상 또는 역상전압계전기 공기압축기용 Relay 변압기 냉가 Fan용 차단기 결상 Timer	결상 또는 역상시에 동작함
48 48-24 48-25	정체검출계전기 Tap 정체 검출 Relay 동기병열 정체 Relay	소정시간내 동작치 않을시 작동할 것
49 49A 49R	회전기 온도계전기 공기냉각용 온도계전기 회전자 온도계전기	회전기 온도가 규정치 이상, 이하에서 동작
50 50G 50S	단락, 지락 선택계전기 지락 선택계전기 단락 선택계전기	단락, 지락회로를 선택하는 것

51 51G 51H 51L 51N 51P 51S 51V	교류과전류 계전기 지락과전류 계전기 고정정 O.C.R 저정정 O.C.R 중성점 O.C.R MTr 1차 OCR MTr 2차 OCR 전압억제부 OCR	과전류에 동작하는 것
52 52C 52T 52H 52P 52S 52K	교류차단기 차단기 Closing Coil 차단기 Trip Coil 소내용 차단기 MTr 1차 차단기 MTr 2차 차단기 MTr 3차 차단기	교류회로를 차단하는 것
53	여자계전기	여자 예정상태에서 동작
54 54A 54F	직류고속도 차단기 양극용 DC고속 차단기 전철용 DC고속 차단기	직류회로를 고속도로 차단하는 것
55	역률계전기 또는 조정기	무효전력이나 역률을 조정함
56 56S	동기탈조검출계전기(일본) 자동여자조정기(미국) 동기기 탈조검출 계전기	
57	자동 전류조정기(일본) 접지 또는 단락장치(미국)	회로를 단락 접지시키는 장치
58	정류기 고장검출기	
59 59H 59L	교류과전압 계전기 고정정 O.V.R 저정정 O.V.R	교류전압이 규정치 이상에서 동작
60 60C 60P	전압평형 계전기 콘덴서 고장검출 Relay PT 고장검출 Relay	2회로의 전압으로 동작
61 61C	전류평형 계전기 콘덴서 고장검출 전류 Relay	2회로의 전류차로 동작하는 것
62	정지 또는 폐로지연용 계전기	
63 63A 63N 63Q 63V 63W	압력계전기 공기압력 계전기 질소압력 계전기 유압 계전기 진공 계전기 수압 계전기	유체의 압력에 의해 동작함

64 64D 64E 64H 64L 64N 64φ	지락과전압 계전기 직류접지계전기 여자회로 지락계전기 고정정 64계전기 저정정 64계전기 중성점 64계전기 지락상 판별계전기	접지회로의 전압에 동작함
65	고속장치 조속기	속도조정장치
66 66F	단속계전기 Flicker 계전기	교류회로의 전력, 지락방향에 따라 동작함
67 67G 67GA 67GI 67GO 67S	지락방향계전기 또는 전력방향계전기 지락방향계전기 67G용 O.C.R 지락내부방향 계전기 지락외부방향 계전기 단락방향계전기	교류회로의 전력, 지락방향에 따라 동작함
68	탈조저지 계전기(미국)	동기탈조시 회로동작을 저지함
69	유속계전기(일본) 절연접촉기(미국)	유체의 흐름에 의해 동작
70 70E 70M 70S	가감저항기(Rheostat) 주여자기 계자종정기 전등기 계저조정기 부여자기 계저종정기	
71	정류소자 고장검출기(일본) Level Switch(미국)	
72	직류차단기	직류회로를 개폐하는 것
73	저항단락용 차단기	전류제한 저항을 단락하는 것
74	경보용 계전기(미국, 영국) 조정변(일본)	수차조정면
75	위치변환장치(미국) 제동장치	기기의 제동을 하는 것
76	직류과전류계전기	직류회로 과전류로 동작
77	Pulse 전송기(미국) 부하조정장치	
78 78G 78S	반송보호 위상비교 계전기 지락위방비교 계전기 단락위상비교 계전기	전류의 위상차를 반송파로 비교 동작하는 것

79 79T1 79T2 79T3	교류재폐로 계전기 재폐로준비용 Timer 재폐무압시간용 Timer 재폐로확인용 Timer	교류회로 재폐로를 제어함
80	유속계전기(미국) 직류부족전압계전기(일본)	
81 81G	주파수계전기(미국) 조속기구동장치(일본) 조속기구동용 발전기	조속기를 움직이는 장치
82	직류재폐로 계전기	직류회로 재폐로를 제어함
83	선택접속기	전원을 선택 절환하는 것
84	일반구동장치(미국) 전압계전기(일본)	
85 85R 85R-1 85R-2 85RC 85RP 85S 85TA	신호계전기 수신용계전기 수신 Trip용 계전기 수신 점검용 계전기 반송보호용 계전기 표시선용 계전기 송신용 신호계전기 신호장치 점검 Timer	송신 또는 수신신호에 동작하는 것
86 86-1 86-2 86-3 86-5	폐쇄계전기(Look Out Relay) 비상정지용 Lock Out 급정지용 Lock Out 무부하용 Lock Out 고장 완정지용 Lock Out	
87 87B 87G 87T	전류차동계전기 모선보호 차동계전기 발전기용 차동계전기 주변압기 차동계전기	단락 또는 지락 차전류에 의해 동작하는 것
88 88A 88F 88H 88Q 88QT 88V 88W	보조기용 저축기 공기압축기용 개폐기 Fan용 개폐기 Heater용 개폐기 유압 Pump용 개폐기 OT 순환 Pump용 개폐기 전공 Pump용 개폐기 냉각수 Pump용 개폐기	전동장치의 운전용 개폐기

89 89C 89T 89IL	단로기 단로기용 Cilsing Coil 단로기용 Opening Coil 단로기 ock Magnet	
90	자동전압조정기 또는 조정계전기	전압을 어떤 범위로 조정하는 것
91	전력계전기(일본) 전력방향계전기(미국)	예정된 전력에 동작하는 것
92	전력방향계전기(미국) 문비(일본)	출입구의 Damper
93	여자절환개폐기(미국)	
94	Trip Free 접촉기	Trip Free 계전장치
95 95H 95L	주파수계전기 고정정 주파수계전기 저정정 주파수계전기	
96 96-1 96-2 96P	정지기 내부고장 검출장치 Bucholzz 경보계전기 Bucholzz Trip 계전기 순시압력 계전기	변압기 등의 내부고장을 기계적으로 검출하는 것
98	연결장치	동력전달을 위해 연결하는 것
99 99F 99S	자동기록장치 자동고장기록장치 자동동작기록장치	

Appendix 04

용량에 따른 전선굵기와 차단기 선정방법

용량에 따른 전선 굵기와 차단기 선정 (단상2선식과 3상4선식)

한전규정에 따른 용량과 허용전류와 전선 굵기와 차단기선정방법

$$P_{(단상)} = V * I$$ *I : 부하전류 V:전압*

$$P_{(3상)} = \sqrt{3} * V * I$$ *I : 부하전류 V:전압*

1) 차단기 용량

메인차단기 (정격전류) 용량	단상 220[V]는 1[kW]당 6[A]로 계산한다. 예) 4kW * 6A = 24A
	삼상 380[V] / 220[V]는 1[kW]당 6[A]로 계산한다. 예) 7kW * 2A = 14A
분기차단기 (정격전류) 용량	단상에서는 1[kW]당 5[A]로 계산한다. 예) 단상 220[V] 용량 10[kW]라고 가정하면 10kW * 5A = 50A
	삼상에서는 1[kW]당 1.7[A]로 계산한다. 예) 삼상 380[V] 용량 10[kW]라고 가정하면 10kW * 1.7A = 17A이므로 20A 차단기 선정

예시1) 단상 220V의 용량이 10kW라고 가정하면 10kW * 5A=50A
차단기는 50A를 선정한다.

예시2) 3상동력 380V의 용량이 10kW라고 가정하면 10kW * 1.7A=10.7
차단기는 15 또는 20A를 선정한다.

2) 단상용량(kW)*3=3상4선식용량(kW)

단상2선식 220V이고 계약전력 24kW 이상은 CT계량기 설치함.

계약전력(kw) 단상 220V	전선 굵기	계약전력(kW) 삼상 380V	전선 굵기	부하의 최대 전류	NFB/ELB 정격 전류 용량	CV케이블(가공용) 허용전류A		
						전선 굵기	2C	4C
2kW	2.5SQ	7kW	2.5SQ	12A	15A	2.5SQ	36A	32A
3kW	2.5SQ	9kW	2.5SQ	16A	20A	4SQ	49A	42A
5kW	4SQ	14kW	4SQ	24A	30A	6SQ	63A	54A
6kW	6SQ	18kW	6SQ	32A	40A	10SQ	86A	75A
7kW	6SQ	23kW	10SQ	40A	50A	16SQ	115A	100A
9kW	10SQ	28kW	16SQ	48A	60A	25SQ	149A	127A
11kW	10SQ	35kW	16SQ	60A	75A	35SQ	158A	158A
14kW	16SQ	47kW	25SQ	80A	100A	50SQ	225A	192A
19kW	25SQ	59kW	35SQ	100A	125A	70SQ	289A	246A
24kW	35SQ	71kW	50SQ	120A	150A	95SQ	352A	298A
29kW	35SQ	89kW	70SQ	140A	175A	120SQ	410A	346A
31kW	50SQ	94kW	70SQ	160A	200A	150SQ	473A	399A
35kW	70SQ	106kW	70SQ	180A	225A	185SQ	542A	456A
39kW	70SQ	118kW	95SQ	200A	250A	240SQ	641A	538A
49kW	95SQ	142kW	120SQ	240A	300A	300SQ	741A	621A

삼상4선식 380/220V이고 계약전력 72kW 이상은 CT계량기 설치함.

착안점 1) 전선굵기와 차단기용량은 허용전류 이내로 선정한다.
2) 반드시 부하의 최대전류<차단기정격전류<전선의 허용전류이어야 한다.

※ 참고) 부하전류 : 부하에 소비되는 전류
정격전류(차단기용량) : 기기의 평상시 작동할 때 전류
허용전류 : 전선에 흐를 수 있는 최대의 전류치

표사용법 예시1)

1. 한전계약전력 단상 220V, 19kW일 경우 차단기는 2P, 125A를 선정하고 허용전류표 2c항목에서 16sq는 115이고 25sq는 149이므로 차단기용량보다 높은 35sq 사용
2. 한전 계약전력 삼상 380/220V, 59kW일 경우 4p, 125A를 선정하고 허용전류표에서 4c항목에서 25sq는 127이고 35sq는 158이므로 차단기용량보다 높은 35sq를 사용.

표사용법 예시2)

3상4선식 18kW일 경우 메인차단기는 40A, 전선 굵기는 6sq란 의미이다.

표사용법 예시3)

단상 7kW일 경우 메인차단기는 50A, 전선 굵기는 6sq란 의미이다.

▶ 위의 표에서 차단기(정격전류)용량 * 0.052=접지선 굵기가 된다.

표사용법 예시)

차단기 용량 50A에서 접지선의 굵기는 50 * 0.052=2.6(즉 4sq)
차단기 용량 100A에서 접지선의 굵기는 100 * 0.052=5.2(즉 6sq)
차단기 용량 225A에서 접지선의 굵기는 225 * 0.052=11.7(즉 16sq)를 선택한다.

주의사항) 전선의 종류나 공사의 방법 전압 강하,등 여러 조건에 따라 틀려질 수 있다.

예를 들어 10kW의 단상 부하라고 가정해서 허용전류와 이에 따른 차단기 및 케이블의 굵기를 선정하는 방법을 살펴보지.

220V의 전압에서 10,000W의 전력을 사용하므로 전력을 구하는 공식 P=I * V를 변형하여 전류를 구할 수 있다.

I=P/V에 대입하면 I=10,000/220=45.5[A]가 된다. 이 값이 허용전류이다.

차단기의 메이커 마다 차단기를 선정할 수 있는 표를 제공하므로 공식에 의해 구한 허용전류를 표에서 찾는다.

20, 30, 50, 75, 100과 같이 나열되면 공식에서 구한 45.5[A]보다 큰 숫자를 선택한다. 즉

50[A]의 차단기를 선택하면 된다.

하지만 현장에서 모터와 같이 모터를 기동할 때 순간적으로 많은 전류가 필요하므로 (기동전류) 한 단계 올려서 75[A]의 차단기를 선택하도록 한다.

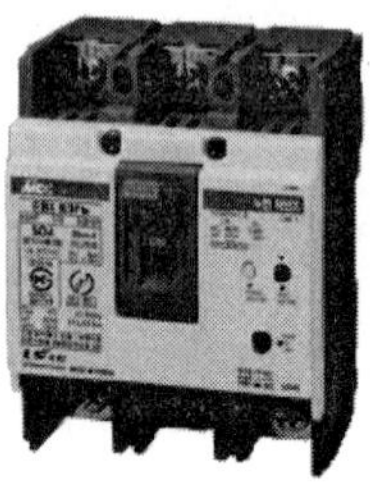

프레임의 크기		30AF		50AF	100AF	
형명 및 극수		경제형		경제형	경제형	
	2극 (2-pole)	EBE32Fb		EBE52Fb	EBE102Fb	
	3극 (3-pole)	EBE33Fb		EBE53Fb	EBE103Fb	
정격전류, In		5 A	15 A	5 A	60 A	
		10 A	20 A	10 A	75 A	
		15 A	30 A	15 A	100 A	
		20 A	-	20 A	-	
		30 A	-	30 A	-	
		-	-	40 A	-	
		-	-	50 A	-	
정격감도전류		30mA	50mA	30, 50mA	30mA	100mA
동작시간 (누전차단)		0.03		0.03	0.03	0.1
정격전압, Ue	2극 (2P2E)	AC . 220 V				
	3극 (3P3E)	AC : 220/380 V				
정격차단전류, Icu		경제형		경제형	경제형	
	AC 380V	1.5 kA(3극)		1.5 kA(3극)	2.5 kA(3극)	

사용할 수 있는 케이블(전선)을 선택하려면 산출된 허용전류를 케이블 기준표에서 찾아본다. 단상케이블(CV)의 45.5[A]를 보면 42[A]의 다음 단계인 57[A]에 해당되는 10SQ가 되는 굵기의 케이블을 선택할 수 있지만 한 단계 올려 76[A]에 해당되는 16SQ의 케이블을 선택하도록 한다.

동일한 부하조건에서 3상전원을 사용하는 경우의 예를 살펴보면 3상전원의 전압은 380V이므로 3상전원에서 전력은 P= $\sqrt{3}$V * I 에서 전류 I=10,000/(1.73 * 380)=15[A]가 된다. 따라서 허용전류는 약 15[A]가 된다. 15[A]에 해당되는 20[A] 차단기를 선정하면 되지만 한 단계 위의 30[A] 차단기를 선정한다.

산출된 허용전류를 기준표에 대입하여 보면 3상 케이블(CV)의 15[A]를 보면 16[A]의 다음 단계인 22[A]에 해당되는 2.5SQ를 확인할 수 있고 한 단계 위인 30[A]에 해당되는 4SQ의 케이블을 선정한다.

가. 전동기 전용에 공급하는 분기회로(내선규정 3115-4)의 전선은 단독의 전동기에 공급하는 경우에 정격전류가

① 50A 이하일 때는 정격전류의 1.25배 이상의 허용전류를 가져야 하며,

② 50A를 초과할 때는 정격전류의 1.1배 이상의 허용전류를 가져야 한다.

나. 전동기 전용에 공급하는 간선(내선규정 3115-6)의 전선은 간선에 접속하는 전동기의 정격전류의 합계가
① 50A 이하일 경우는 정격전류의 합계의 1.25배 이상의 허용전류를 가져야 하며,
② 50A를 초과하는 경우는 정격전류의 1.1배 이상의 허용전류를 가지는 것이어야 한다.

다. 전등(전열기) 및 전동기를 병용하는 간선(내선규정 3115-7)의 전선은 전열기 정격전류 합계에 다음 값을 더한 값 이상의 허용전류를 가져야 한다.
① 50A 이하일 경우는 전동기 정격전류 합계의 1.25배 이상의 허용전류
② 50A를 초과하는 경우는 전동기 정격전류 합계의 1.1배 이상의 허용전류

전로의 보호장치

저압전로에 접속된 조명, 동력, 전열 등에 전기를 공급하는 경우 사람과 가축에 대한 감전이나 기계기구에 손상을 주지 않도록 전선로 보호용 개폐기, 과전류 차단기, 누전차단기 등을 시설

1) 저압개폐기

수용가의 인입구, 전동기의 기동·정지 등 전로를 제어하는 장소, 고장 및 수리점검 등 전로를 차단할 필요성이 있는 곳에 사용하는 커버나이프스위치, 전자개폐기, 배선용 차단기 등을 설치

- 설치 장소
  - 부하전류를 개폐할 필요가 있는 개소
  - 인입구 기타 고장, 측정, 수리 등으로 개로가 필요한 개소
  - 퓨즈의 전원측

2) 과전류 차단기

가) 시설 목적

전선 및 기계기구를 보호하기 위한 목적으로 전로 중 필요한 개소에 과전류차단기 시설

나) 배전용차단기의 동작 특성

- 정격전류의 1배의 전류에는 동작하지 않는다.

- 정격전류의 1.25배 및 2배의 전류에 대해서는 정해진 시간 내에 자동적으로 동작해야 한다.

다) 배전용차단기의 시간 특성

정격전류의 구분	시간(분)	
	정격전류 1.25배의 전류가 흐를 때	정격전류 2배의 전류가 흐를 때
30A 이하	60	2
30A 초과 50A 이하	60	4
50A 초과 100A 이하	120	6
100A 초과 225A 이하	120	8
225A 초과 400A 이하	120	10
400A 초과 600A 이하	120	12
600A 초과 800A 이하	120	14
800A 초과 1000A 이하	120	16
1000A 초과 1200A 이하	120	18
1200A 초과 1600A 이하	120	20
1600A 초과 2000A 이하	120	22
2000A 초과	120	24

라) 과전류차단기의 차단용량

- 차단기가 설치된 전로의 단락전류를 차단할 능력이 있어야 함.

마) 과전류차단기의 시설

- 간선 보호

  간선 사고의 미연 방지, 과전류, 지락전류, 단락전류 등에 대한 보호

- 간선보호용 차단기의 설치 용량

  전동기 등의 정격전류 합계의 3배에 타 전기사용 기계기구의 정격전류의 합계

- 분기 보호

  굵은 전선에서 가는 전선으로 분기되는 경우 그 접속장소에 단락전류로부터 가는 간선을 보호하기 위하여 과전류차단기를 설치한다. 다음의 경우에는 과전류 차단기를 생략할 수 있다.

㉠ 전선을 보호하는 과전류차단기의 정격전류 및 전선을 보호하는 배선용 차단기의 과전류 소자 및 개폐부의 수에서 가는 간선이 굵은 간선에 직접 접속되어 있는 과전류 차단기로 보호할 수 있는 경우.

㉡ 가는 간선의 허용전류가 굵은 간선에 직접 접속되어 있는 과전류차단기의 정격전류의 55% 이상인 경우

㉢ 굵은 간선 또는 ㉡의 가는 간선에 접속하는 길이 8m 이하의 가는 간선으로서, 당해 가는 간선의 허용전류가 굵은 간선에 직접 접속되어 있는 과전류차단기의 정격전류의 35%이상인 경우

㉣ 굵은 간선 또는 ㉡ 또는 ㉢의 가는 간선에 접속하는 길이 3m 이하의 가는 간선으로서 당해 가는 간선의 부하측에 다른 간선을 접속하지 않는 경우

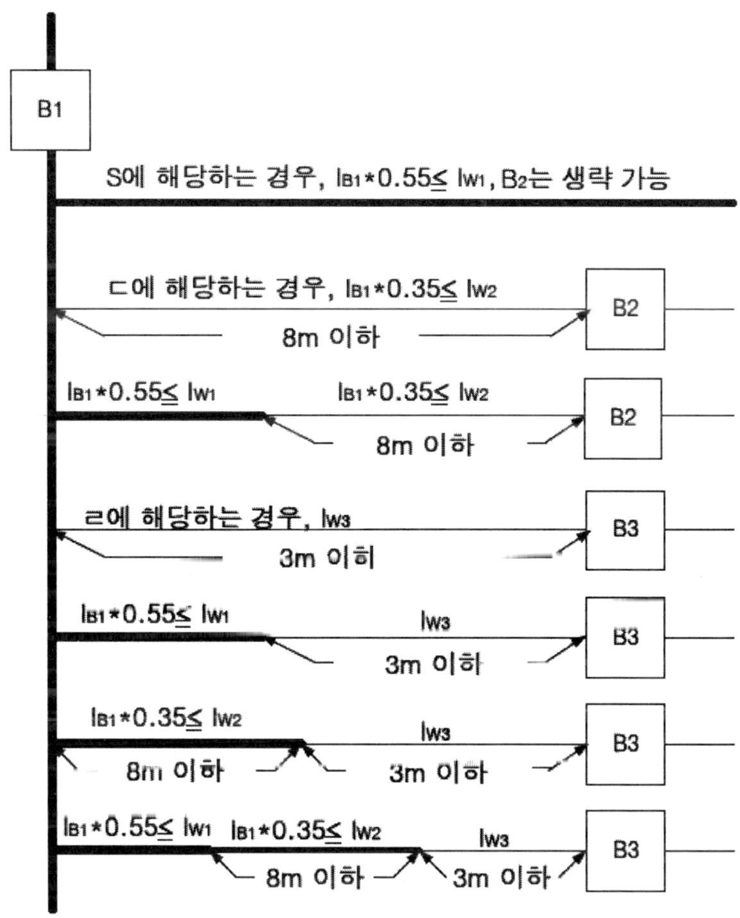

B1	굵은 전선을 보호하는 과전류 차단기
B2	가는 전선 또는 분기회로를 보호하는 과전류 차단기
B3	분기회로를 보호하는 과전류 차단기

3) 누전 차단기(ELB : Earth Leakage Breaker)

가) 사용목적

사용전압이 600V 이하 저압의 금속제 외함을 가지는 기계기구에 전기를 공급하는 전로에 누전으로 인한 감전사고와 전기화재 등을 방지하기 위하여 사용되는 차단기

나) 설치 장소

· 의무 장소
· 특고압, 고압선로 변압기에 결합되는 대지전압 300V를 초과하는 저압전로
· 전로의 대지전압이 150V를 넘고 300V 이하의 저압선로
· 화약고 내의 전기 공작물에 전기를 공급하는 경우
· 난방 또는 결빙 방지를 위한 발열선 시설의 경우
· 전기 온실
· 풀장, 수중조명
· 권장 장소
· 습기가 많은 곳
· 옥외 시설 선로를 사람이 닿기 쉬운 장소에 시설의 경우
· 아케이드의 조명설비
· 가공 전식에 전기를 공급하는 경우

참고문헌

1. 회로보호용 차단기 기술자료 /DACO 대륙 2012.02
2. 배선용차단기, 누전차단기 카탈로그 /LS산전 2015.04
3. Thermal Overload Relays 카탈로그 /ABB 2012.05
4. Electronic Over Current Relays 카탈로그 /SamWha EOCR.Ltd 2007.04
5. 릴레이 기술자료 /한독전자 자료실
6. 연구실 안전 표준 교재 /전기전자 안전 KIRD국가과학기술인력개발원

쉽게 배우는
릴레이 시퀀스제어 완전정복

4판 3쇄 2025년 3월 17일

저 자 김학철
발행인 송광헌
발행처 **복두(더)**
주 소 서울특별시 영등포구 경인로82길 3-4
센터플러스 807호
(우) 07371
전 화 02-2164-2580
FAX 02-2164-2584
등 록 1993. 11. 22. 제 10-902 호

정가 : 28,000원
ISBN : 979-11-6675-235-3 93560

한국과학기술출판협회 회원사